# 地下建筑规划与设计

彭立敏　王　薇　余　俊　编著

中南大学出版社
www.csupress.com.cn

**图书在版编目(CIP)数据**

地下建筑规划与设计 / 彭立敏,王薇,余俊编著.
—长沙:中南大学出版社,2012.9(2021.8重印)
ISBN 978-7-5487-0670-0

Ⅰ.地… Ⅱ.①彭…②王…③余… Ⅲ.①地下建筑物—
城市规划—教材②地下建筑—结构设计—教材
Ⅳ.①TU984.11②TU93

中国版本图书馆 CIP 数据核字(2012)第 229144 号

# 地下建筑规划与设计

彭立敏 王 薇 余 俊 编著

| □责任编辑 | 刘 辉 |
| □责任印制 | 唐 曦 |
| □出版发行 | 中南大学出版社 |
| | 社址:长沙市麓山南路  邮编:410083 |
| | 发行科电话:0731-88876770  传真:0731-88710482 |
| □印 装 | 长沙市宏发印刷有限公司 |

| □开 本 | 787 mm×1092 mm 1/16 | □印张 18.5 | □字数 455 千字 |
| □版 次 | 2012 年 9 月第 1 版 | □2021 年 8 月第 2 次印刷 |
| □书 号 | ISBN 978-7-5487-0670-0 |
| □定 价 | 58.00 元 |

# 高等学校土木工程专业系列教材
## 编审委员会

# 前　言 ......

　　进入 21 世纪以来，随着我国国民经济高速、持续地发展，城市建设的规模和水平不断提高，城市地面用地短缺问题已日益突出，使得城市地下空间的开发利用已越来越受到人们的重视。中国目前已成为城市地下空间开发利用的大国，是世界上地下空间开发利用的研究的热点地区。本书编写的主要目的便是让在校学生能够比较全面地熟悉和了解掌握地下工程的基本知识，充分认识地下工程是国家的重要社会资源，是我国未来的几十年内重点开发的土木工程领域。

　　本书比较全面系统地介绍了城市地下建筑的国内外发展概况和所涉及诸多领域，包括：规划与设计理论、交通工程、商业街、贮库建筑、工业建筑、居住建筑、地下管线、人防工程、防水技术、环境控制、防灾以及环境保护等方面。

　　本书由中南大学的彭立敏、王薇和余俊三位主编，其中第 1 章、第 3 章、第 4 章、第 9 和 12 章由彭立敏编写；第 2 章、第 5 章、第 8 章、第 10 章由王薇编写；第 6 章、第 7 章、第 11 章、第 13 章由余俊编写。全书由彭立敏负责定稿。

　　本书主要是作为普通高等学校土木工程专业选修隧道与地下工程方向的教科书，还可用作从事隧道与地下工程的设计、施工和科学研究的专业技术人员、大专院校师生的参考书。

　　本书的初稿在此次正式出版之前，已在学校内部的专业课程教学中使用了数年，其中部分章节由刘小兵教授撰稿，在此一并致谢。

　　由于编者业务水平有限，书中不足之处，敬请读者批评指正。

编者

2012 年 9 月

# 目　录

# 第1章 绪 论

## 1.1 概述

### 1.1.1 基本概念

地下建筑(underground building and structure),是指建造在土层或岩层中的各种建筑结构,是在地下形成的建筑空间。它既包括全部埋置于地下的建筑物,也包括地面建筑物的地下室部分;一部分露出地面,大部分位于地下的则称为半地下建筑。与"地下建筑"密切相关的两个术语是"地下空间"与"地下工程"。

地下空间(underground space)是在岩层或土层中天然形成或经人工开发形成的空间。天然地下空间,是与溶蚀、火山、风蚀、海蚀等地质作用有关的地下空间资源,按其原因分为喀斯特溶洞、熔岩洞、风蚀洞、海蚀洞等。天然地下空间可以作为旅游资源加以开发利用,也可以作地下工厂、地下仓库、地下电站、地下停车场,战时亦可作为防空洞利用。人工地下空间,包括两类:一是因城市建设需要开发的地下交通空间、地下物流空间、地下贮存空间等,另一类是开发地下矿藏、石油而形成的废旧矿井空间。

地下工程(underground engineering)通常有两方面的含义:一方面是指建在地下的各种工程设施;另一方面是指从事建造和研究各种地下工程的规划、勘察、设计、施工和维护的一门综合性应用科学与工程技术,是土木工程的一个分支。随着国民经济的发展,地下工程的应用越来越广泛,城市地铁、公路、水电站、仓库、商场、体育馆、工厂等许多工程都安排在地下,某种场合下还必须安排在地下。

### 1.1.2 开发地下空间的意义

20世纪后50年以来,人类开发地下空间的动力源自两个方面的严峻挑战:一是人口危机,二是城市化的需求。

1. 人口危机

危机的根本原因在于人口的爆炸性增长。从世界范围看,1930—1960年的30年间,人口从20亿增加到30亿,年增长速度为33%;1960—1980年的20年间,人口从30亿增加到了45亿,年增长速度为75%,人口增长的速度加快了42%;1999年世界人口突破60亿大关,至2011年10月已达70亿。预计2050年将接近100亿,即人口在1950—2050年的百年之内将翻2番,因此生存空间是人类面临的巨大课题。

我国目前人口为13亿,希望在2050年之前,控制在15亿之内。由于我国人口众多,这一矛盾就显得尤为突出,反映出来的主要现象大致有:

①环境恶化。据2007年的资料,我国生态环境正在逼近承载能力极限。

水资源:我国水资源总量居世界第6位,但人均占有水资源量仅居第110位,是世界21

个贫水国之一。全国 600 多座城市中，300 多座缺水，严重缺水的有 108 个。全国七大水系中已有近一半河段受到不同程度的污染，湖泊、水库富营养化程度加重，多次在各大湖泊、沿海暴发大规模的赤潮（蓝藻）。

大气污染：2005 年监测的 523 个城市中，1/3 以上城市的空气质量低于二级标准。1/5 的城市空气污染严重。2008 年北京奥运会投入巨额资金整顿大气污染。

水土流失和荒漠化：全国水土流失面积 356 万 $km^2$，占国土总面积的 37.1%；国土荒漠化总面积已经达到 262 万 $km^2$，占国土总面积的 27%，并正以每年 6700 $km^2$ 的速度扩展。

②交通拥挤。以北京市为例，尽管已经修了五环，但干道的平均车速比 10 年前降低了50% 以上，而且车速正在以每年 2 km/h 的速度下降。道路的发展始终赶不上人口与车辆的增长，因此，交通成为了城市发展的瓶颈。

③住房紧张。人们原来只求有房住，现在追求房屋宽敞、舒适，讲究环境良好，已经产生了很大的变化。1990 年，城镇人均住房建筑面积仅为 13.4 $m^2$；2001 年达到 21 $m^2$，提高了57%，约相当于 20 世纪 80 年代美国的 1/3，德国、法国的 1/2。2005 年达到 26.11 $m^2$，比1990 年翻了一番，但仍然不能满足日益高涨的市场需求。

④耕地锐减。人口增长一方面需要增加住房，增加道路等社会相关设施，另一方面也需要增加口粮，这就形成了矛盾。世界人均耕地为 3.75 亩，中国只有 1.6 亩，仅为世界人均数的 43%。全国有 2800 多个县级行政单位，人均耕地小于 0.8 亩的就有 666 个，占到总数的23.7%。国家土地管理局的数据，从 1986—1996 年的 10 年间，全国 31 座大城市的扩展规模都在 60% 以上，有的城市占地面积成倍增长，占用了大量的耕地。耕地净减少 2963 万亩，这比韩国耕地的总量还多。截至 2006 年，全国耕地比 2005 年净减 460.2 万亩，总面积下降到18.27 亿亩，已经逼近"十一五"规划纲要"到 2010 年末全国耕地面积必须确保不低于 18 亿亩"的红线。

### 2. 城市化的需要

城市化是现代化的必经之路，而城市人口增长是城市化的重要特点。我国城镇人口 1997年底为 3.6 亿（占人口比例 29%，即城市化水平为 29%）；2003 年底为 4.4 亿，城市化水平为34%，6 年的时间城镇人口增加了 8000 万（5 个百分点）；到 2010 年，为 6.3 亿，净增 1.9 亿多，城市人口增长速度翻了一番，城市化水平要达到 45%，这将对城市空间形成巨大的压力。

资料表明，为了维持较高质量的生活标准，城市人均占地约需 100 $m^2$（不仅指住房，还包括公共服务设施、道路等），则我国城市还需要增加 1 亿多亩土地，这对于城市的发展形成了巨大的压力。因此开发利用城市地下空间的战略意义在于：

①在不扩大或少扩大城市用地的前提下，实现城市空间的三维式拓展，从而提高土地利用效率，节约土地资源；

②缓解城市发展中的各种矛盾；

③保护和改善城市生态环境；

④实现城市的集约化发展和可持续发展，最终大幅度提高整个城市的生活质量，达到高度的现代化。

# 1.2 地下建筑的类型与特征

## 1.2.1 地下建筑的类型

地下建筑的类型多样,几乎涵盖人类生活的方方面面。按照用途、存在环境和建造方式及开发深度,其类型划分如下。

**1. 按用途分类**

地下交通建筑:是至今为止,城市地下工程建设的主要类型,是为发展城市交通事业,提高城市内车辆运行时速,减少对城市的空间污染而建造的地下铁道、地下轻轨交通、地下汽车交通道、地下步行道、水底隧道及地下停车场等。

地下商业(与公共)建筑:是为改善人们的生活环境而建造的地下商场与商业街、地下影剧院和音乐厅、地下展览馆和图书馆、地下运动场和地下游泳馆、地下医院等。这些建筑即使在地面上,也多采用人工通风照明,若将其设置在地下,使用功能与地面无异,相反还不受地面噪声、尘灰及气候的影响。

地下贮库建筑:地下环境最适宜于储存物质,为使用方便、安全和节省能源而建造的地下贮库,可以用来贮存粮食、食品、油类、药品等,具有成本低、质量高、经济效益好,且节约大量地上仓库用地等特点。

地下工业建筑:在地下进行某些轻工业、某些手工业的生产是完全可能的,特别是对于精密性生产的工业,地下环境就更为有利。目前,地下工业建筑常见的主要类型有:地下核电站、地下精密机械厂、地下酿造厂、地下煤炭气化工程和地下水力发电厂等。

地下居住建筑:有窑洞式民居工程和覆土住宅及有地面建筑物的地下室住宅等。

地下市政管线:是指各种城市市政公用设施的管道、电缆等工程。

地下人防建筑:是为战备需要而建设的地下人员掩蔽部、地下指挥所、地下救护医院和地下备用电站等。

地下国防建筑:主要指为国防需要而建设的地下飞机库、地下潜艇基地、地下导弹发射井、地下弹药库及地下军事指挥所等。

地下宗教建筑:是为宗教活动而建设的地下宫殿、宗教艺术石窟和地下墓穴等工程。

**2. 按存在环境及建造方式分类**

按地下工程的存在环境及建造方式,可分为两类,即岩石中的地下建筑和土层中的地下建筑。

岩石中的地下建筑包括三种方式:一是现代城市在岩石中建设的各种上述地下建筑;二是开发地下矿藏、石油而形成的废旧矿井空间加以改造利用而形成的地下建筑,据现有资料统计,改造利用已没有价值的废旧矿井,用作兵工厂、军火仓库等,相对来说投资少,见效快,变废为宝,是充分利用地下空间资源的好途径;三是利用和改造天然溶洞,在这方面,我国广西、云南、贵州、四川及湖南等省均积累了丰富的经验,节省了大量开挖岩石的费用和时间。

土层中地下建筑根据建造方式分为单建式和附建式两类,单建式地下建筑,是指独立建在土中,在地面以上没有其他建筑物;附建式地下建筑,是指各种建筑物的地下室部分。我国上海、天津市，均有很厚的土层，其中天津市的土层达 1000 余米，这些城市建设的地下建筑，均为土层中地下建筑。

**3. 按开发深度分类**

地下建筑按开发深度分为三类，即浅层地下建筑、中层地下建筑和深层地下建筑。浅层地下建筑，一般是指地表至 −10 m 的深度空间建设的地下工程，主要用于商业、文娱和部分业务空间；中层地下建筑，是指 −30 ～ −10 m 的深度空间内建设的地下工程，主要用于地下交通、地下污水处理场及城市水、电、气、通信等公用设施之用；深层地下工程，主要指在 −30 m 以下建设的地下工程，可以建设高速地下交通轨道，危险品仓库、冷库、油库等地下工程。

## 1.2.2 地下建筑的特征

**1. 可为人类的生存开拓广阔的空间**

随着国民经济现代化水平的提高和城市人口的增加，人类因居住和从事各种活动而争占土地的矛盾日趋激化。在这种情况下，地下空间资源的开发与综合利用，为人类生存空间的扩展提供了具有很大潜力的自然资源。

目前城市地下空间的开发深度已达 30 m 左右，有人曾大胆地估计，即使只开发相当于城市总容积 1/3 的地下空间，就等于全部城市地面建筑的容积。这足以说明，地下空间资源的潜力很大。如图 1−1 所示，不仅开发利用本身创造提供了空间，而且用开掘出的弃土废碴填筑低洼地、河滩地等，也可变城市的无用地为有用地，如图 1−2 所示。

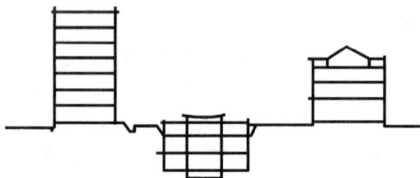

图 1−1　利用建筑间空地修地下建筑　　　图 1−2　利用地下空间开挖的弃土废碴填筑河滩地

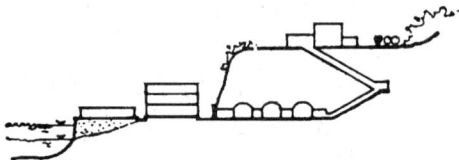

**2. 具有良好的热稳定性和密闭性**

岩土的特性是热稳定性和密闭性，这样使得地下建筑周围有一个比较稳定的温度场，对于要求恒温、恒湿、超净的生产、生活用建筑非常适宜，尤其对低温或高温状态下贮存物资效果更为显著，在地下比在地面创造这样的环境容易，造价和运营费用较低。

**3. 具有良好的抗灾和防护性能**

地下建筑处于一定厚度的土层或岩层的覆盖下，可免遭或减轻包括核武器在内的空袭、炮轰、爆破的破坏，同时也能较有效地抗御地震、飓风等自然灾害，以及火灾、爆炸等人为灾害。

**4. 社会、经济、环境等多方面的综合效益好**

在大城市中有规划地建造地下各种建筑工程，对节省城市占地、节约能源（有统计说明，地下与地面同类型建筑空间相比，其空间内部的加热或冷冻负荷所耗能源可节省费用 30% ～ 60%），克服地面各种障碍改善城市交通、减少城市污染、扩大城市空间容量、节省时间、提高工作效率和提高城市生活质量等方面，都能起到极其重要的作用，是现代化城市建设的必由之路。

**5. 施工条件较复杂，造价较高**

城市地下工程往往是在大城市形成之后兴建的，而且要与地面建筑、交通设施等分工、配合和衔接，因而它要通过各种土岩层或者河湖、建筑物基础和市政地下管道等。修建时既要不影响地面交通与正常生活，又要使地面不沉降、开裂，绝对保证地面或地下建筑物与设施的安全，这就给地下工程增加了难度，为此必须有万无一失的施工组织设计和可靠的技术措施来保证。一般讲，地下工程的施工期较长，工程造价较高；但随着科技的进步，地下工程的某些局限性将会逐渐得到改善和克服。

## 1.2.3 地下建筑的基本属性

**1. 综合性**

地下建筑是埋设在城市地面以下的土或岩层中的工程结构物，其设计和施工都受到地质及其周围环境条件的制约，因此在规划、设计之前必须对工程所处环境作周密调查，尤其重要的是工程地质和水文地质的勘探，该项工作应贯穿于整个工程建设的始终。规划、设计与施工需要运用工程测量、岩土力学、工程力学、工程设计、建筑材料、建筑结构、建筑设备、工程机械、技术经济等学科和洞室施工技术、施工组织等领域的知识以及电子计算机和工程测试等技术。因而地下建筑是一门涉及范围广阔的综合性学科。

地下建筑作为人类活动的地下物质空间，对空气、光和声，对人的生理与心理产生的影响等环境的要求越来越高，为此要求设计者还要具备地下建筑环境的知识。

**2. 社会性**

地下建筑是伴随着人类社会发展需要而逐渐发展起来的，它所建造的工程设施应反映出各个不同年代社会经济、文化、科学技术发展的面貌与水平。根据我国规划和现代化城市功能的要求，地下建筑应成为我国人民创造崭新的地下物质环境，为人类社会现代文明服务的重要组成部分。

**3. 实践性**

地下建筑是具有很强实践性的学科，是在早期广义的地下工程，像铁路的隧道、人民防护地下工程等工程实践过程中，通过总结成功的经验，尤其是失败的教训发展起来的。材料力学、结构力学、流体力学以及近期有较大发展的土力学、岩体力学和流变力学等，是城市地下工程的基础理论学科。但地下建筑修建在土或岩层中，而各地的土岩层的组分、成因与构造变换复杂，局部与区域地应力难以如实地确定，即使进行实验室实验、现场测试和理论分析也是有很大局限性的；荷载不能准确核定，而按传统的以荷载核定支承结构尺寸的设计方法，显然不宜应用。而且在工程实践中，出现的许多新现象和新因素，用已有的理论都很难释疑，因此，在某种意义上说，地下建筑的工程实践常先行于理论。至今不少工程问题的处理，在很大程度上仍然依靠实践经验；即使结构的设计，以工程类比为主的经验法至今仍在广泛应用。在以工程类比为主的经验法的基础上，只有通过新的工程实践，才能揭示新的问题，才能发展新理论、新技术、新材料和新工艺。

**4. 技术、经济、建筑艺术和环境的统一性**

符合功能要求的地下建筑设施作为一种地下物质空间艺术，首先要通过总体布局有机地与地面建筑设施的配合与衔接；本身造型(各部尺寸比例、凹凸部线条)通风、照明与色彩面饰；安全出口与人行、活动线路等协调和谐加以体现出来。其次要通过符合地下建筑功能所要求的环境标准，利用附加于工程设施的局部装饰艺术完美地反映出来。第三，要求工程设施的所有结构、构造、装饰等不应造成地下建筑环境的污染，并能保证设施内空气新鲜、畅通、无异味，湿度、温度适宜，隔音防噪声，光线明亮，照度适中，在艺术处理上流畅、典雅，使人们在心理上感到清新舒适。第四，要使工程设施表现出民族风格、地方色彩和时代特征。总之，一个成功的、优美的地下建筑工程设施，能够为城市增添新的景观，创造新的地下物质活动空间，给人以美的享受，从而提高人民的生活质量。

# 1.3　地下建筑的发展

## 1.3.1　地下建筑的发展简史

人类对地下空间的利用，经历了一个从自发到自觉的漫长过程，大体可划分为五个时期。

**1. 远古时期**

从出现人类到公元前 3000 年。初始人类利用天然洞穴作为防风雨、避难的居住处所。考古发现，距今一万年前，被称为"新洞人"和"山顶洞人"的两种古人类居住地就在北京周口店龙骨山自然条件较好的天然岩洞中；我国黄河流域已发现挖掘出公元前 8000—前 3000 年的洞穴遗址 7000 余处，其中最早的是河南新郑裴李岗及河北武安磁山的窑址和窑穴，典型的村落遗址有西安半坡、临潼姜寨、郑州大河村等，住房多为浅穴，房中央有火塘。同时日本也发现有古人类居住的洞穴。掘土为穴，构木为巢，谓之"土木"，最早的土木工程就是地下工程。

**2. 古代时期**

公元前 3000 年至 5 世纪。从公元前 3000 年以后，世界进入了铜器和铁器时代，劳动工具的进步和生产关系的改变，导致生产力有很大发展，出现了古埃及、希腊、罗马及古代中国的高度文明。如公元前 4000 年，伊朗出现最早期的引水隧洞，称为"坎尔井"，长度从几公里至几十公里，每隔 20～30 m 设一竖井，用于出碴和通风，也成为取水的井口，在伊朗最长的有 80 km，至今仍在使用，我国新疆也广泛采用；公元前 3000 年，古埃及人在金字塔下修建了许多甬道；公元前 2200 年，古巴比伦王朝修建了横穿幼发拉底河的水底隧道、公元前 1800—前 1200 年我国殷代墓葬群、公元前 312—前 226 年罗马地下输水道及贮水池、公元前 221 年—220 年，我国秦汉时期修建的地下粮仓，已具有相当的规模；以及公元前 206 年我国建成的秦始皇陵，从已发掘出的兵马俑坑群看可能是我国历史上最大的地下陵墓工程。

**3. 中世纪时期**

5 世纪至 14 世纪。欧洲经历了千年文化低潮，地下工程的开发处于停滞状态。而我国 7 世纪的隋朝在洛阳东北建造了面积达 600 m×700 m 的近 200 个地下粮仓，容量 445 m³，可存粮 2500～3000 t；宋朝在河北峰峰建造的军用地道，约长 40 km。自 4 世纪中叶佛教传入我国后，相继建成著名的云冈石窟、龙门石窟、敦煌莫高窟，以及甘肃麦积山和河北邯郸响堂山石窟等，这些石窟岩洞形成一个大型的雕刻艺术空间。我国在这一时期修建了大量的帝王陵墓，如唐代的 18 座陵墓分布在陕西省乾县等六县，东西绵延达 106 km。其中最具代表性的是唐高宗李治与武则天的合葬墓乾陵，规模宏大，气势雄伟。

4.近代时期

15 世纪初至 20 世纪初。从 15 世纪开始，欧洲出现文艺复兴，产业革命、科学技术开始走在世界的前列，17 世纪炸药的使用和 18 世纪蒸汽机的应用，尤其是 19 世纪，诺贝尔黄色炸药的发明，使地下建筑工程迅速发展。1613 年，伦敦建造了 130 km 长的地下公共污水下水干道，连接超过 1600 km 长的户用污水道，将污水引至下游处理厂，净化后再排回河中，成为现代下水道系统的蓝本。1681 年法国修建的罗弗隧道将马赛港与内陆罗纳运河成功地连接起来，隧道长 7 km，宽 22 m，高 15.4 m，通航水深 4 m，可通行 1000 t 级的船舶。英国 1843 年修建了泰晤士河隧道，1845 年建成世界上第一条铁路隧道，长 600 m。1863 年英国在伦敦建成世界第一条城市地下铁道，1871 年，穿过阿尔卑斯山，连接法、意边境的仙尼斯峰铁路隧道，长 12.85 km；1900 年在巴黎、1902 年在柏林、1904 年在纽约相继建成地下铁道。

5.现代

20 世纪初至今。城市地铁的规模不断扩大，1927 年在东京、1929 年在芝加哥、1935 年在莫斯科都相继建成地铁。我国 1965 年开始修建地铁，至今已有数座城市开通了地铁。20 世纪 60 年代后，发达国家对地下空间的开发达到了空前的规模，地下建筑也从较为单一的交通和市政功能往更多的功能方面发展。进入 20 世纪 80 年代后，国际隧协(ITA)提出了"大力开发地下空间，开始人类新的穴居时代"的倡议，得到了世界各国的广泛响应。各国政府都把地下空间的利用作为一项国策来推行，地下建筑进入了大力发展的新时期。

## 1.3.2 国外地下建筑发展概况

1.日本

日本各大城市的浅层地下空间已经得到了广泛开发，它开发了很多的地下街、地下铁道、地下综合体。比如，大阪的大型地下综合体，由地下商业街、地下广场、地下停车场和地铁车站组成。大阪 200 多万人口，每天有 1/3 的人在地下生活和工作，加上游客，往返地下的人数每天达百万以上。其梅田地下街是规模最大、最繁华的地下商业街，面积 6 万多 m²，分上、中、下三层，层与层之间有螺旋形楼梯相通；在这里有 500 多家商店、3 个大商场、38 个进出口；而且还建有 4 个地下广场，分设在地下街拐弯处，也是地铁的中枢；地下街道纵横交错，还有一条人工地下河穿流其间，流水潺潺，清澈见底，同时具有花圃、群雕、壁画、喷泉，是颇具特色的地下建筑群。

东京火车站著名的八重街地下街，长 6 km，直接与地下铁道、地下公路相连，面积 6.8 万 m²，地下街内有 141 家商店，并与地面 51 座大厦相通，每天在这儿活动的人数超过 300 万人。据统计，日本已至少在 26 个城市中建造地下街 146 处，日进出地下街的人数达到 1200 万人，占国民总数的 1/9。

2.美国

美国一直提倡发展地下空间。比如，纽约的大型供水系统，完全置于地下岩层中，有一条长 22 km、直径 7.5 m 的输水隧道，还有若干级调水用的大型洞室，每一级都是一项空间布置复杂的大型地下建筑。

南方城市达拉斯修建的大规模地下步行道系统，拥有 29 条步行道，将市内主要公共建筑和活动中心在地下连接起来,夏季在地下行走很阴凉。

美国地下单体建筑也很有特色,如哈佛大学、加州大学、密执安大学、伊利诺斯大学等都建造了地下或半地下的图书馆,既安静,又保护了校园环境。

3. 北欧

斯堪地道纳维亚半岛地质条件好,这对于开发地下空间十分有利,因此北欧诸国发展了大量的地下建筑。

瑞典:地下供排水系统在世界上处于领先地位。大型供排水系统全部在地下,埋深 $30 \sim 90$ m;斯德哥尔摩市排水隧道总长 200 km,拥有大型地下污水处理厂 6 座,处理率为 100%,不但保护了城市水源,还使波罗的海免遭污染。1983 年,建造一套空气吹送的地下管道清运垃圾系统,$3 \sim 4$ 年就收回了投资。斯德哥尔摩地区仅地下大型供热隧道就有 120 km 长。

芬兰:地下文化体育娱乐设施发达。如赫尔辛基的一座地下游泳馆,面积达 1 万多 $m^2$,该市的一座地下运动中心,面积 8000 $m^2$,内设体育馆、比赛馆、体育舞蹈厅、摔跤柔道厅、艺术体操厅和射击馆等。有一座地下艺术中心,内设 3000 $m^2$ 的展览馆,2000 $m^2$ 的画廊,以及有 1000 个座位的高质量音响效果的音乐厅,每年吸引 20 万参观者。在这些地下建筑的地面都是低密度的建筑,因而得以保留了开阔的绿化面积,创造了良好的空间环境。

挪威:世界上约 100 条最长的公路隧道中有 1/4 是在挪威。挪威的地下水电站也很发达,已建成地下电站引水隧道总长达 3500 km,全球 500 座地下水电站中约有半数是在挪威。

其他发达国家,如加拿大、法国、德国、澳大利亚等也都广泛拓展地下空间。

### 1.3.3 我国地下建筑发展概况

我国地下空间的现代开发于解放后不久就开始了,但较大规模的开发有两个阶段。

1. 第一次开发阶段

20 世纪 60 年代初至 20 世纪 70 年代中期。这是第一轮大规模的开发,但由于当时特殊的政治与社会背景,使得开发局限于人防工程,而且是一种搞政治运动式的低级开发,留下了许多后遗症,且形成了独立的管理与投资体系,未纳入城市的总体规划,具有布局不合理,与城市建设脱节等特点。问题的具体表现为:

(1)建筑档次低。大批的早期简易地下人防工事,占人防总量的 70% 以上。其特点是空间狭小;结构性能与防水性能差;几十年封闭不用;改造困难;维护费用大。

(2)缺乏规划与法规。我国过去在地下空间开发方面没有相应法规,这使得开发几乎处于一种无序的状态,不利于地下建筑互为连通以形成集聚效益,浪费了宝贵的地下资源。

2. 第二次开发阶段

自 20 世纪 80 年代初至今。我国进入了地下空间开发新的历史时期。

①改造既有人防建筑。1986 年,国家提出了"平战结合"的方针,开始了对第一次开发阶段中遗留问题的大规模处理。例如:吉林市于 1987 年在市中心结合市政道路改造,修建了一座集交通、商业和人防三位一体的地下环形街,面积 5900 $m^2$,埋深 6 m,首开我国地下综合建筑的先河。沈阳市在火车站广场修建了地下综合体,包括地下人行道、地下商业街、地下停车场和人防工程,面积达 40000 $m^2$。南昌市的老福山地下环形街,建于五条街的交叉口之下,共有三层:最下层为由人防战备通道改造的地下娱乐场,埋深 16 m;中层为保留的原人防干道;上层为 1986 年新建的地下环形商业街,埋深 6 m,面积 4000 多 $m^2$。

②实施科学规划。20世纪90年代以后，对城市地下空间的开发更为重视。南京、上海、长沙、青岛、杭州、长春、哈尔滨、深圳等许多城市都将地下空间开发列入了城市发展规划。大规模的规划城市建设开始了。以深圳为例，规划地下空间范围为327 km²，以地铁网络为骨架体系，逐步形成大型公共设施密集区、商业密集区、地铁换乘站、城市公共交通枢纽等发展区。如在益田与金田站之间，沿道路绿色浮岛下，将拓展出一个东西长1200 m、南北宽200 m、深15 m的地下商业街，具有商业功能、市民集散功能、交通功能。

③制定相关法规与规范。1997年建设部颁布第一个重要法规《城市地下空间开发利用管理规定》，2001年发布修改版。这预示着我国地下空间的开发有据可依了，虽然这一法规还不完善，有待进一步提高，但它的重要性是不言而喻的。此外，在铁路隧道、公路隧道、水工隧道、地下铁道等地下工程方面已都有了相应的各种规范，这使得地下建筑的建设进入了正常的发展时期。

### 1.3.4　地下建筑发展方向

地下空间是迄今尚未被充分开发的一种宝贵自然资源，具有强大的潜力和生命力。开发地下空间在技术上已比较成熟，在原有技术基础上发展新技术要比开发宇宙、海上的技术容易，更重要的是开发地下空间可以与原有城市上部空间得到协调发展。城市地下工程的开拓应遵循：人在地上，物在地下；人的长时间活动在地面，短时间活动在地下；先近后远，先浅后深，先易后难等原则已被实践证明是正确的。

城市地下建筑今后开拓发展的方向是：

*1. 浅层和次浅层空间应全面、充分地开发利用*

浅层和次浅层地下空间是指地表以下10 m以内和10～30 m的空间。这部分地下空间距地表较近，人员上下较方便，天然光线传输到选样深度还不太困难，是地下空间使用价值最高、开发最容易的宝贵地区。浅层地下空间宜安排商业、文化娱乐、体育及人员较多、较集中的业务活动等场所，在平面规划上与城市主要街道、地上地下交通系统相对应、衔接，便于人员进出、集散或换乘；以街道两侧建筑红线的宽度，加上两侧建筑物的地下室，可形成一条几十米甚至百米宽的地下街，从中心区逐步向外扩展延伸，最后形成一个与地面上道路系统相协调的地下街道网。这样的街道网可统一规划，形成地下交通通道、停车库、商娱体系及社区活动等多功能的地下建筑联合体。在这种情况下地面仅保留少量汽车与自行车道路，使主要街道实现步行化和大面积绿化，改善城市环境和景观。

*2. 在次深层和深层空间建立城市配套设施的封闭性再循环系统*

现时城市生活基本上处于一种开放性的自然循环系统中。依靠自然界取水，用后排入河湖海；能源也多为一次性使用，热效低；废弃物未经处理和回收而堆积，对环境造成二次污染。这种自然循环对自然资源造成很大浪费。为此，日本学者提出了在城市地下空间中建立封闭性再循环系统的构想，用工程的方法将多种循环系统组织在一定深度的地下空间中，故又称为城市的"集积回路"。拟在地下50～100 m深的稳定岩土层中建造内径为11 m，总长55 km的圆形隧道，其中布置上多种封闭循环系统，形成一个地上使用，地下输送、处理、回收、储存的封闭性再循环系统。虽然投资较大，但城市生活再循环的程度大大提高，对节省资源、提高城市生活质量，是一个具有方向性的尝试，将创造巨大财富。

### 3.将大量的城市设施向地下转移

发达国家为解决城市中交通、商业、电力、通信、停车场、上下水道过密等问题，已经或正在将大量的城市设施向地下转移。

美国早在1974—1984年的10年之中，用于地下工程的投资额就高达7500亿美元，占基本建设总投资的30%。

日本更是提出了向地下发展，将国土扩大10倍的大胆构想，日本政府已初步将目标定位到地下深至101 m。例如：清水公司在东京以皇宫为中心，在直径40 km范围内，以方格网的形式组成一座地下城市，深50~60 m。网格间距10 km，在网格的每个节点建造一座八层的球形建筑物，顶部有通向地面的天窗，可以引入阳光，种植植物，形成舒适的地下环境，以适合人类工作与居住。藤田公司计划在地下200 m深处修建一座六角形的地下城，城市交通网络依靠地下管线连接，规划于2100年建成。该地下城分为市区、办公区和基础设施区三部分：市区有青翠的地下林荫大道和地下露天广场，在大道两边以及广场周边设有购物中心、文娱活动中心和医疗中心；办公区：供商业活动用，有商店、宾馆，在每个办公中心上空，设置日光圆屋顶；基础设施区：保证水电供应、废物回收和污水处理。各区之间的交通由垂直快速电梯和地铁组成，人们也可以由地面开车进入地下停车场，然后换乘地下交通工具去往地下城的任一地点。这相当于在地下又开辟了一个新的天地。

### 4.在地下空间建立水和能源储存系统，以及危险品存放系统

利用地下热稳定性好，能承受高压，高温和低温的能力，大量储存水和能源是非常必要的。建造大容量水库成本过高，除必需外，应尽量利用土层中的含水层，特别已疏干的含水层，这样，工程费用比建储水池小得多。储存低峰负荷的多余能量，供高峰时使用；储存常规能源以建立战略储备；储存间歇性生产的能源供无法生产时使用；储存天然的低密度能源，如夏季的热能，冬季的冷能等，供交替使用等都是能源储存的重要内容，可根据其不同性能与要求分别建造。一些对城市安全构成威胁的危险品，如剧毒品、易燃易爆物品等。存放在深层地下空间或者城市附近的废弃矿坑中。核废料存放在远离城市的无人地区，以防止污染地下水资源。

关于城市地下工程开拓发展的方向问题，无论在何处都应把城市地面空间与地下空间作为一个整体来统一规划，特别是在已形成相当规模的大城市，城市立体化再开发过程应是有计划有目的地去逐步实现。随着经济的发展，科学技术高度的发达，产业结构将会发生变化，城市的国际性也将进一步加强。因此，城市地下工程势必将进入蓬勃发展的时期。

# 思 考 题

1.简述地下建筑的定义。

2.按使用功能分,地下建筑的主要类型有哪些?

# 第2章 地下建筑规划与设计理论

## 2.1 地下空间资源分析

### 2.1.1 城市地下空间的资源

从广义上讲地下空间包含所有地表以下土体或岩体为主要介质的空间领域。由于世界经济的增长，科学技术的提高，人类社会取得了空前的进步，城市化水平有了极大的提高，同时也造成了城市用地的紧张，地下空间资源显得更加重要，其开发利用在扩大城市容量，改善城市生活质量等方面，有着显著的作用。国外发达国家在最近的30~40年中大量开发利用城市地下空间，其规模之大、范围之广，令人瞩目。地下空间具有为人类开掘和提供可用空间的巨大潜力。联合国自然资源委员会于1981年5月把地下空间确定为重要的自然资源，并对世界各国开发利用给予支持。国外很多城市制定了城市地下规划，地下空间被认为是与开发宇宙、海洋并列的最后留下的新开拓领域。

由于各个城市的地理环境、工程地质、水文地质、土地利用情况、城市环境、城市面临的问题等各不相同，要对一个地区的地下空间资源有一个明确的认识，对城市地下空间资源进行分析是必要的。明确城市地下空间资源量，明确城市地下空间资源的分布和可利用率等情况，可以为城市地下空间规划提供重要依据。

1. 地下资源开发分析

（1）地下空间资源含义

地下空间资源包含三个方面的定义：

①天然存在的资源蕴藏总量。地球表面积为5.15亿 $km^2$，陆地岩石圈厚度33 km，海洋岩石圈厚度为7 km。从理论上讲，整个岩石圈都具备开发地下空间的条件，城市地下空间资源的天然蕴藏总量为地表以下一定深度内的全部自然空间总体积，总量为 $75 \times 10^{17} m^3$。但实际开发会受到诸多条件限制，因此可能开发的范围才是真正值得关注的。

②在一定技术条件下可供合理开发的资源总量。在地下空间资源的天然蕴藏区域内，排除不良条件分布范围和地质灾害危险区、生态及自然资源保护禁建区、文物与建筑保护范围和规划特殊用地等空间区域后，在一定的技术条件下，剩余的潜在可开发利用地下空间的范围和体积，也可称可用的地下空间资源。

③在一定历史时期内可供有效利用的地下空间总量。可供合理开发的地下空间资源范围内，在一定技术条件下，满足地质稳定性和生态系统保护要求，保持地下空间的合理距离、形态和密度，能够实际开发利用的地下资源。

（2）可能开发的范围

1）开发的约束条件

温度：岩石圈的温度升高速率为(15~30)℃/1000 m，到地壳底部的温度估计在1000℃

左右。

压力：岩石圈内部的压力增加速率为 2.736 MPa/100 m。地壳底部的压力最大可能超过 900 MPa。

2）可供开发的容量

从目前的技术水平和造价来看，地下空间的合理开发深度以 2 km 为宜，但还要考虑 3 种约束条件：

①结构约束条件：两个相邻岩洞之间应保留相当于岩洞直径 1~1.5 倍厚的岩体。

②活动约束条件：人类的活动主要集中在陆地表面积 20% 的范围内，开发只在这个范围之内。

考虑这两个约束条件：相当长一段时间内，地下 2 km 深度以内可供合理开发的地下空间资源总量为 $4.12 \times 10^{17} \text{m}^3$。而目前可有效利用的地下空间资源为 $0.24 \times 10^{17} \text{m}^3$。

③功能约束条件：地下建筑物使用功能，它们之间还应有必要的距离。例如，地下医院需要安静，附近不宜有地铁、地下商业街等喧闹设施；地下军事建筑需要保密，附近一定范围内都不能有地下民用设施等。

综合考虑以上三个约束条件，一座城市可供合理开发的地下空间资源量是城市总用地面积乘上合理开发深度所得体积的 40%，即下式：

$$V = (A \times H)40\% \tag{2-1}$$

式中：$V$——可供合理开发的地下空间资源量，$\text{m}^3$；

    $A$——城市总用地面积，$\text{m}^2$；

    $H$——合理开发深度，m。

这仍是一个十分巨大的空间资源。

可以估算出：开发深度 100 m，当城市容积率为 80% 时，可扩大城市空间容量 26~40 倍；开发深度 2000 m，以建筑层高平均 3 m 计，一座面积 100 km² 的城市，可提供建筑面积 $2.7 \times 10^{10} \text{m}^2$，这相当于一个容积率为 50% 的城市地面空间所容纳建筑面积的 540 倍；在 30 m 深度范围内，开发相当于城市总面积 1/3 的地下空间，就等于全部城市地面建筑的容积。

在未来 100 年内，地下空间的合理开发深度为 100~150 m。所以地下空间资源还有极大的开发利用潜力。

（3）我国地下空间开发资源

我国生活空间用地面积约占国土总面积的 15%，按照上面的测算方法，将地下空间容积折算成建筑面积（以平均层高 3 m 计），则可得出不同开发深度时的地下空间资源与可提供的建筑面积，如表 2-1 所示。

由该表可知，在深度 2 km 以内，可供有效利用的地下空间资源总量约为 $11.5 \times 10^{14} \text{m}^3$，从开拓人类生存空间的意义上看，这无疑是一种具有极大潜力的自然资源。

从表中还可以看出，在 50 m 深度范围以内，可提供建筑面积 6 万亿 m²，以目前的技术水平，这是完全能够做到的。到 2050 年，生活空间用地将占国土面积的 7.3%，为 70 万 km²，假定这些土地上的平均建筑密度为 30%，平均建筑层数为 4 层，则建筑总面积为 8400 亿 m²，仅占这部分地面下的地下空间所能提供建筑面积资源的 14%。

表 2 – 1  我国可供有效利用的地下空间资源

| 开发深度(m) | 可供有效利用的地下空间(m³) | 可提供的建筑面积(m²) |
|---|---|---|
| 2000 | $11.5 \times 10^{14}$ | $3.83 \times 10^{14}$ |
| 1000 | $5.8 \times 10^{14}$ | $1.93 \times 10^{14}$ |
| 500 | $2.9 \times 10^{14}$ | $0.97 \times 10^{14}$ |
| 100 | $0.58 \times 10^{14}$ | $1.19 \times 10^{14}$ |
| 50 | $0.18 \times 10^{14}$ | $0.06 \times 10^{14}$ |

2. 地下建筑的造价

开发城市地下空间造价很高,需要强大的经济实力。

(1)地下与地上建筑的造价比较

类型和规模相同的建筑物土建造价比:地面为 1;地下为 3 ~ 4,甚至 8 ~ 10。以城市轨道交通为例:地面轨道交通为 1;高架铁道为 3 ~ 5;地铁为 5 ~ 10。

(2)影响地下建筑造价的因素

1)地价对造价的影响

地下建筑不占或仅占用很少的地皮,似乎与地价关系并不大,但恰恰是地价,对地下建筑的造价有着举足轻重的影响。

若考虑地价因素,则当地下建筑不需或只需支付少量土地费用时,其劣势将转化为优势(半地下建筑因要占用地皮,故不作此比较)。以开发地下商业空间为例,日本在 1976—1980 年间建造的 11 处地下商业街,不计地价时,工程造价随年度不同分别为(25 ~ 90)万日元/m²,为地面同类型建筑的 3 ~ 4 倍;但因地面建筑必须支付地价,则地下建筑的造价仅为地面同类建筑的 1/12 ~ 1/4,反而便宜了。由此可见,城市地下空间只有在无偿使用或只需支付少量补偿费的前提下,才能获得较高的开发价值。

我国目前计算地块开发容积率时也不包括地下空间部分,这就带来了效益空间,即:每开发一层地下建筑,即相当于无偿得到一块土地。当开发地下层数达到一定数量时,无偿土地的价值就将超过地下建筑的投资。

2)地下建筑使用功能对造价的影响

某些特殊用途的地下建筑的造价相比地上建筑其造价反而更低,例如用于仓储功能的地下贮藏建筑。美国一座利用石灰岩矿扩建而成的大型冷库,造价仅为地面同容量冷库造价的 1/10。加拿大在岩盐中建造的液化天然气库,每立方米贮量的造价仅为地上的 6% ~ 8%。还有地下粮库、冷冻库往往比地面同类规模的造价节约 30% ~ 60%。

(3)地下建筑的特点对使用费用的影响

1)耗能

由于有恒温、恒湿、遮光、隔闭等物理特点,地下建筑物在采暖与制冷方面具有很强的优势,比地面要节省 1/2 ~ 2/3 的空调费用。

例如，瑞典将大量的精密光学仪器车间建于地下，温度保持在$(22 \pm 1)$℃，相对湿度小于50%，节约了大量的空调费用。挪威许多冷库建在岩层中，送冷后3个月库温就稳定在$-23$℃至$-22$℃，此后只需间歇送冷就可维持库温，若遇停电或其他故障，库温也不致急剧回升，节省了大量使用费用。

但是，在通风与照明方面，地下建筑耗费费用比地面要多2~3倍。以居住为主要目的的地下建筑，若希望其内部环境质量标准不低于地面建筑，则运行所耗费的能源要比在地面上多3倍左右。

2）维修

地下建筑具有耐压、抗震的构造特点，因而具有很高的安全性，只要防水措施合理，其维修费将远少于地面建筑。

### 2.1.2 地下空间开发的效益

在经济实力、城市空间需求增长以及不断减少的土地资源、不断上涨的能源成本的人类社会发展趋势下，开发地下空间对城市社会的发展有着诸多的效益，为了更好地对城市地下空间开发进行规划建设，有必要对各种地下建筑的效益进行评估。

1. 直接经济效益

地下建筑物在运营中能产生直接经济效益，但由于使用功能等的不同，产生的经济效益也有所不同，分为有效益、无效益和负效益的三种地下建筑。

有效益：地下商业街、地下仓储。地下商业街一般都建于城市商业密集区，人流量大，产生的经济效益比较可观。日本于1957年建成了第一条地下商业街，因经济效益好，带动广泛修建地下商业街；开发地下空间用来贮热和贮冷，由于岩、土的热稳定性和密闭性，使热量或冷量损失小，不需要保温材料，利用岩石的自承能力，构造简单，维护保养费大为降低。我国共有地下冷库200多座，均收到很好的经济效益，如辽宁大连的地下水产冷冻库，储量为2000 t，投资150万，一年半就收回了全部投资，之后产生的都是直接经济效益。

无效益：一些无商业用途仅仅用于交通等目的的地下建筑一般无法产生直接的经济效益，如地下行人通道。

负效益：地下铁道的修建和运营成本巨大，由于是公共交通项目，运营后的各种运营收入一般很难完全收回建设成本，甚至产生负效益。

2. 综合效益

（1）社会效益

①增加城市基础设施空间；②带给城市新的商业契机；③提高城市活动效率；④增加城市就业率。同样的投入，增加建设工人——建筑就业人员为其他工业的4倍，增加了从业服务人员；⑤改善城市居住条件。

（2）环境效益

城市化的快速发展提高了城市经济水平的同时也带了诸多问题，交通堵塞、环境污染、生态恶化等是其集中表现，而通过开发地下空间可以很好地缓解这些问题。

1）缓解城市交通矛盾

交通堵塞、行车速度缓慢已成为我国许多城市普遍的突出问题。如北京市干道平均车速比 10 年前降低 50% 以上，而且正以每年递减 2 km/h 的速度继续下降。尽管近年来采取了限制车牌上号的一些控制车辆的措施，但道路的扩展还是远远赶不上车辆的增长，道路的增长永远跟不上机动车保有量的增长。城市交通拥挤成为必然，在有限的道路里程情况下，只能寻求向地下空间发展，充分开发利用地下空间资源。

很多国家解决交通问题的主要出路是修建地下停车场和地下铁道。地下停车场的突出优点是容量大、用地少，布局容易接近服务对象，特别是结合地铁车站修建地下车库，便于换乘地铁到达城市中心区，有助于减轻城市中心区的交通压力，既提高地铁的利用率，又减轻了由汽车造成的城市公害。

2）改善城市生态环境

当前我国城市环境形势相当严峻：大气污染日趋加剧，全国 500 多座城市，大气质量达到一级标准的不到 1%，世界卫生组织全球大气监测网对 150 个城市的检测表明，北京、兰州、西安、上海、广州名列世界十大污染严重的城市；城市噪声污染普遍超标，全国有 1/3 的城市居民生活在噪声超标的环境中，城市交通噪声大部分超过 70 dB 值，生活噪声大部分超过 55 dB 值。

通过发展地铁、轻轨等使用电能的公共交通网，减少了城市尾气污染，改变了公共交通的燃料能源结构，消除二氧化硫、二氧化碳和悬浮颗粒物等主要污染源。地铁开通后，城市空气中的一氧化碳、碳酸浓度会下降 35%，硝酸含量会显著下降。而由于地铁等地下交通体系运行于地下，对于地面上居住环境噪音污染几乎为零，很好地解决了公共交通工具产生的噪音污染。

3. 国土效益

随着我国城市化进程的加快，加上我国人口众多，城市人口集聚效应大，造成我国城市在现在和今后相当一段时间内城市中心用地十分紧张，进行城市的改造与再开发是十分困难的。通过对城市地下空间的开发，逐步形成地面空间，上部空间和地下空间协调发展的城市空间，对城市进行立体化再开发，充分利用地下空间是城市化立体开发的主要组成部分。这样的立体化开发扩大了空间容量，减少了城市占地，提高了集约度。

4. 防灾效益

城市的总体抗灾抗毁能力是城市可持续发展的重要内容。对于人口和经济高度集中的城市，不论是战争或是平时自然灾害都会给城市造成人员伤亡、道路和建筑被破坏、城市功能瘫痪等重大灾难，构成城市可持续发展的严重威胁。

地下空间具有较强的抗灾特性。对于地面上难以抗御的外部灾害如战争空袭、地震、风暴、地面火灾等有较强的防御能力，还能提供灾害时的避难空间、储备防灾物资的防灾仓库、紧急饮用水仓库以及救灾安全通道。

## 2.2 地下建筑规划理论

### 2.2.1 城市规划理论基础

1.城市容量

城市容量是指一个城市在某一时期对人口和人类活动及与人类活动有关的各类设施(建筑物、道路等城市设施)的容纳能力。这种容纳是综合性的,包含有人口容量、建筑容量、交通容量等等。城市容量是一个动态发展变化的事物,其容量总和的大小取决于城市用地面积、条件、城市的社会经济技术发展程度等因素,在其他条件不变的情况下,用地面积的大小和社会经济技术发展程度的高低与城市容量的大小成正比。

如将城市容量作为总系统,则其子系统(人口容量、建筑容量、交通容量等)之间并不是孤立的,而是相互联系的,如图 2-1 所示。

毫无疑问,城市规划的最大目的是促使生产力的发展和改善人类生活水平,因此,在众多子系统中人口容量是最重要的,人口容量的大小制约建筑容量等的发展,同时,建筑容量也反作用于人口容量。所以,城市容量是一个相互关联而总是处于寻找相互协调平衡状态中系统,这一点,有点类似自然界的生物链。当人口过多过快发展时,建筑容量出现不足,增加建筑容量后往往引发交通容量和环境容量的下降,最终的结果是生活环境恶化,人口开始向外围疏散。这种恶性循环的后果是城市衰退,国外很多发达城市都曾有过类似的经历。

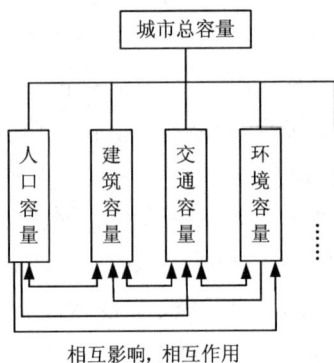

图 2-1 城市容量系统

在用城市容量及其关系的眼光考察城市发展问题的时候,还存在这样两个概念:"城市实际容量"和"城市理论容量"。城市实际容量,即城市在某一阶段实际发生的承载容量情况;而城市理论容量则是指在某一阶段的当前条件下,在各种主客观因素的制约下,城市所能达到的最大的理论承载能力。

当城市实际容量小于理论容量时,各种城市矛盾一般不会尖锐化,城市各种容量之间能保持一种相对稳定,城市容量未能达到最大限度的开发和利用,也可以理解为城市发展尚有潜力。我国很多小城市都处在这种情况下。如何度量城市容量是处在良好还是不良发展状态,关键是要看城市各种容量之间是"物尽其用"还是存在"浪费"现象。如,我国北方某小镇,在完全没有必要的情况下大兴土木,修筑宽三四十米的道路,结果道路的最主要用处从"交通"变成了"晒谷场"。很明显,对于这类城市建设现象,只能称之为"盲目浪费"。

当城市实际容量等于理论极限容量时,城市容量得到最充分的发挥,城市活力充足。当然,在这种情况下,也面临着如何开拓城市理论容量的问题。

当城市的实际容量超过城市理论容量时,必然地,城市各种容量之间的矛盾尖锐化后,必将影响城市功能的正常发挥,上述的城市衰退现象则多是在这种情况下发生的。

城市发展,自始至终面临着一个如何拓展城市理论容量的问题。影响城市理论容量大小的因素中，城市各种容量的协调与全面发展是一个要点，也即在城市中往往一种容量因素的制约，而影响了其他多种容量的发展；当这一主要因素得以解决时，城市理论容量能得到较大的拓展。最典型的是天津市，以前因供水紧张一度严重制约了工业和其他容量的增长，当兴建了"引滦入津"工程之后，供水问题得到解决的同时，城市理论容量也得到了一个质的飞跃。所以，可以说，城市人口、建筑、交通、基础设施和环境容量之间的不平衡，往往形成"瓶颈"现象，使得城市理论容量无法提高。在所有的规划工作中，认真考虑城市诸多因素的平衡发展是至关重要的。

　　规划工作，实际上是一个不断调整城市发展与城市理论容量、城市理论容量与实际容量、城市各种容量之间的平衡发展关系的过程。其中的要领是"平衡"。关于这一点，城市地下空间开发规划中更应重视，并贯穿始终。

　　**2. 城市容量的拓展**

　　城市容量固然会因某一种或几种因素的改变而改变，拓展城市容量的第一步是保持各种城市功能的协调发展。可是，城市容量必然要落实到城市空间方面，所以，拓展城市容量的根本是开发城市空间。

　　城市空间可以分为上部空间、地面空间和地下空间三大部分。从城市发展史来看，地面空间首先得到开发利用，其次是上部空间，最后是地下空间。这与经济技术条件和人们的生活习惯有关。当然，某些特殊情况例外，如，我国大西北的黄土高坡，从古至今一直以窑洞（地下空间）为主要起居空间。

　　城市空间的拓展一般可以分为外延水平方向扩展和内涵式立体方向扩展两种方式。前者以增加城市用地为主，后者则在不增加城市用地的情况下，向上和向下要空间为主进行扩展。当然在城市发展的过程中两者并不排斥，既可以独立存在，也可以两者同时出现在城市建设中。

　　在近代产业革命以前，城市发展的初期，城市规模较小，基本上处在自发发展阶段，城市空间的拓展以外延式沿同心圆扩展为主，城市建设是一个分散的过程，在当时人口不多，生产力水平低（没有汽车等现代工具，以自然经济为主等）的条件下，城市按部就班，发展缓慢，因此引不起很大的城市矛盾。无论我国还是在世界范围，基本上每一个城市都是如此，城市开发的空间层次主要以地面（包括地面上的低矮建筑）空间为主，这是城市用地不紧张和生产力水平低的结果。

　　但到了近代产业革命以后，蒸汽机推动了欧洲乃至整个世界前进的步伐，工业蓬勃发展，人口增加，生活节奏加快，必然引发两大问题：一是土地资源不足，二是交通问题加剧。在人口向城市集中而产生这样两个问题的同时，也使得城市中心区土地价值日益上升，形成了一定的集聚效应，吸引了更多的人力、财力往城市中心区堆积。在这过程中，政府也试图通过开发新的地区来缓解原有城区压力，但因为种种原因，新开发区的经济效益远远不如原有城区，尤其是城市中心区。于是，人力、财力再次向城市中产生经济效益高的地区集中。因此，半自觉半自发地开始了城市内涵式发展。

　　随着工程的日新月异和经济力量的快速发展，近现代发达国家在 20 世纪开始的"城市更新"运动，将城市内涵式拓展容量提到了一个前所未有的高度。

　　**3. 城市空间的分类**

　　城市空间的划分方式很多，因地下空间规划的需要，一般先将城市空间按层次的不同划分为三种：地面、上部和地下空间(见图 2 - 2)。

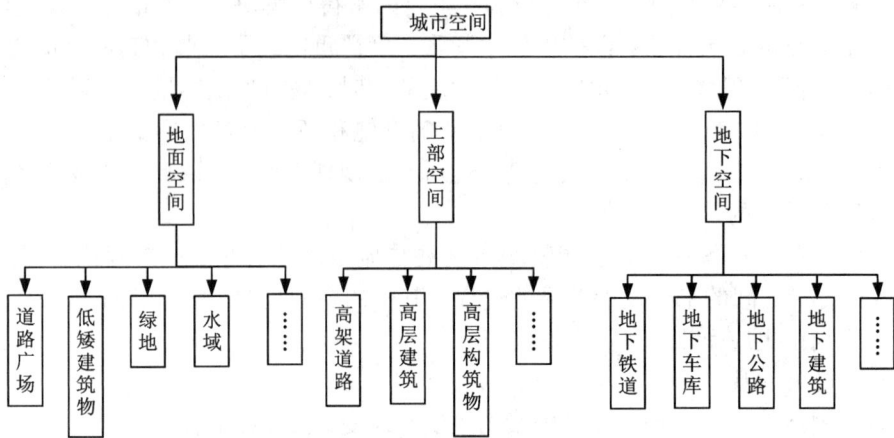

图 2 - 2　城市空间划分

地下空间包含所有地表以下土体或岩体为主要介质的空间领域。

目前阶段，在城市的开发(更新)中，开发地下空间的首要目的在于缓解地面矛盾(尤指交通)，具体措施如修建地铁、地下公路、地下人行过街道、地下停车库等；其次是增加新的商业服务、文娱等措施，与地面产生更大的综合效益。另外，地下管线排设也是地下空间开发利用中不可忽视的内容。

很明显，城市地下空间只是城市空间的一部分，没有必要也不可能将所有功能容纳于一身。那么，哪些设施应置于地下呢？一般来说，无人空间和不具备外观魅力的设施应优先考虑置于地下。此外，还应充分考虑地下空间的特性，尽量做到扬长避短。其功能与环境之间的关系，可归纳为如表 2 - 2 所示。

表 2 - 2　城市地下空间特性与适用表

| 分类 | 地下特性 | 隔闭性、隐蔽性 | | | | | | | 耐震性 | 空间开拓性 |
|---|---|---|---|---|---|---|---|---|---|---|
| | | 绝热 | 气密 | 隔离 | 防爆 | 恒温 | 恒湿 | 隔声 | | |
| 业务 | 办公室 | | × | × | | | | | | ★ |
| | 地下街 | | × | × | | | | | | ★ |
| 处理供给 | 电信、通信电缆 | | | ☆ | | | | | ☆ | ☆ |
| | 煤气管道 | | | ☆ | ★ | | | | ☆ | ☆ |
| | 上、下水管道 | | ☆ | ★ | | | | | ☆ | ☆ |
| | 废弃物管道 | | ☆ | ★ | | ☆ | | | | ☆ |
| | 供热管道 | ★ | | ☆ | | ☆ | | | | ☆ |
| 文化生活 | 住宅 | | × | × | | ☆ | ☆ | ☆ | | ☆ |
| | 文化体育设施 | | × | × | | | | | | ★ |
| 生产 | 工厂 | | × | × | | ☆ | | ☆ | | |

续表 2-2

| 分类 | 地下特性 | 隔闭性、隐蔽性 | | | | | | | 耐震性 | 空间开拓性 |
|---|---|---|---|---|---|---|---|---|---|---|
| | | 绝热 | 气密 | 隔离 | 防爆 | 恒温 | 恒湿 | 隔声 | | |
| 交通 | 道路 | | × | ☆ | | | | ☆ | | ★ |
| | 停车场 | | × | | | | | ☆ | | ★ |
| | 地铁 | | × | ☆ | | | | ☆ | | ★ |
| | 物流隧道 | | | ☆ | | | | | | ★ |
| | 步行道 | ☆ | × | | | ☆ | | | | |
| 防灾 | 掩蔽所 | ☆ | ☆ | ☆ | | | | | ☆ | |
| | 防水路 | | | | | | | | | ★ |
| | 储水池 | | | | | | | | | ★ |
| 贮存 | 食物饮料库 | | | ☆ | | ★ | ★ | | | ☆ |
| | 能源库 | | | ☆ | ★ | ☆ | | | | ☆ |

☆表示对该设备有利的特性

★表示对该设备特别有利或重要

×表示该设备需要克服的局限性

从宏观上来讲，应将城市空间做如下功能分配以创造优美的生活空间，即：①地面以上空间——生活居住区、步行区；②地下空间——车行交通、仓储、公用设施等。

## 2.2.2 我国城市地下建筑的发展区域与重点

1. 我国城市地下建筑的发展特点

我国城市地下空间大规模的开发利用始于 20 世纪 60 年代后期的人防工程建设。迄今为止我国城市地下空间的开发利用，从总体上可以归纳为如下几个特点：

①国外一些大城市的地下空间开发利用，一般是结合城市交通的改造而开始，我国因历史的原因，城市地下空间的开发则始于人防工程建设，且形成了独立的管理、投资体系，在一定的时期内未纳入城市的总体规划，因而形成了布局不合理与城市建设脱节的现象。

②城市地下空间的利用，多偏重于经营商业，在城市地下交通、地下公用设施综合（共同沟），地下贮存和处理城市废物等的利用较少，且其内部环境和安全方面，除少数工程外，尚处于较低的水平。

③我国近几年在城市规划和城市建设领域内，已陆续制定了有关的法律和法规；在人防领域中，也已有了一些必要的法规和设计规范。但涉及城市地下空间开发利用的一些全局性问题，例如城市地下空间的所有权和使用权问题，开发战略和方针政策问题，领导和管理体制问题，则仍处于无法可依的状况。在技术政策方面，目前还缺乏技术先进并符合我国国情的建设标准和设计标准，例如环境标准、安全标准等，尚无反映地下空间特点的统一标准可循。

中国城市地下空间的开发利用，应根据城市的实际情况和经济发展水平以及开发能力，因地制宜，区别对待。经济比较发达的大城市，应结合城市改造，适度开发利用地下空间。例如，应当结合交通设施的建设，适当多搞一些地下交通工程，以改善城市交通条件；在城市中心地区可适当建设地下公共设施，以缓解地上利用的拥挤程度，改善环境，提高城市效率，促进城市经济的发展，新建城市或新开发的城市经济特区，应当对地上和地下空间的开发统一规划，同步实施，使浅层地下空间得到充分利用，以最少的土地换取最大的城市效益。城市新建居住区或旧区改造，应考虑地下空间的开发利用，将按规定修建的人防工程与地面配套设施适当结合，根据功能需要，统一规划，搞好平战结合。

经济尚不发达，目前开发地下空间紧迫程度不大的城市和中小城市，在近期应以提高城市空间容量为主，少量开发地下空间，并制定地面与地下空间综合开发的远景规划。

一些历史文化名城或因特殊需要，使得城市的地面空间容量的扩大受到一定限制时，在经济条件许可的前提下，应考虑开发部分地下空间资源，以弥补城市的空间容量不足，促进城市的发展。

2.我国城市地下建筑的发展区域和重点

根据以上对我国城市地下空间开发利用问题的总结，可以大致划出我国城市地下建筑的发展区域和重点。

(1)城市地下建筑的发展区域

以道路为界线，按开发深度至100 m，作大致的区域划分。如表2-3所示。

表2-3　城市地下建筑的发展区域

| 深度<br>区域 | 10 m 以内 | 10～30 m | 30～100 m |
|---|---|---|---|
| 道路以下 | 地铁、人行道、停车库、商业街、共同沟等 | 地铁、车行公路、停车库、供水隧道、输气管等 | 变电站、水处理厂等 |
| 道路以外 | 地铁、商业街、办公室、停车库、变电站、住宅等 | 地铁、车行公路、停车库、泵站、变电站等 | 变电站、水处理厂等 |

(2)当前发展的重点

地下建筑首先应大力开发地下交通，地面一旦修成道路，则其上部空间就不能发展了，所以优先发展地下铁道、地下立交通道、地下停车场等交通设施是很合理的。

### 2.2.3　城市地下空间发展预测

1.城市地下空间开发的需求和条件

(1)城市开发的客观需求

城市的发展总是面临着一个难以解决的命题，即发展与地皮的矛盾。城市发展需要占用地皮，但建筑、道路等社会占地面积多了就会影响环境，因为绿地和广场少了。而这就需要充分利用地下空间来缓解城市用地紧张的局面，在如何利用地下空间的问题上，就产生了两种城市发展模式：正反馈和负反馈模式(见图2-3)。

负反馈模式[图2-3(a)]：为了追求好的环境，市区人口开始迁往郊区，就必然又要占地。从占地开始又到新一轮更大的占地开始，每轮占地都蕴涵着环境劣化的因素，从而形成不良循环，这就是负反馈模式。

正反馈模式［图2-3(b)］：通过开发地下空间使得地面环境得到改善，经济实力就会大大增强，又可以扩大地下空间开发的规模，从而是一种良性发展模式。因此要消除城市负反馈发展模式的弊端，就必须在城市发展的过程中采用正反馈模式，即发展地下空间。

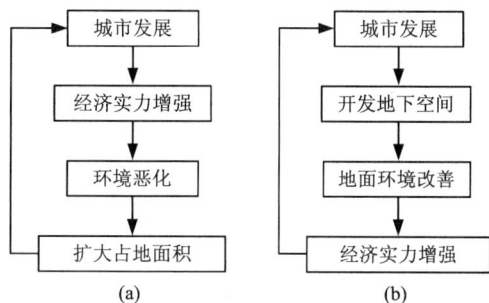

**图2-3 城市发展的两种模式**

(a)负反馈模式；(b)正反馈模式

城市地下空间的开发利用不是孤立的或偶然的现象，而是城市发展到一定阶段的产物，受城市发展的客观规律所支配，同时也受到世界政治、经济、军事形势变化，以及各国在地理位置、经济条件上的差异的影响。尽管各国各地区各城市在地下空间利用上千差万别，各有特色，但是有一个共同点，就是只有当城市在发展过程中出现了对地下空间的需求，城市又具备了开发的能力和条件，这时为了满足这种需求而进行开发才是合理的。例如，欧洲一些古老城市，像伦敦、巴黎、罗马等，当城市道路的宽度、数量和石砌的路面能够满足马车行驶和行人走路的情况下，就不存在开发利用地下空间、修建地下铁道的需要。然而到了汽车时代，原有道路不能满足汽车数量的增多、速度的提高和城市人口增加的需要，出现了建设地下铁道以改善城市交通的需求，于是1863年伦敦地铁的建成通车就被公认为现代城市地下空间开发利用的开始。一般来说，当城市出现以下几种情况时，应被认为产生了对地下空间开发客观需求：

①城市发展用地严重不足，地面空间容量接近饱和，容积率过高。建筑密度过大，高层建筑过多，导致绿化率过低和环境恶化。在这种情况下，开发利用地下空间有可能在不增加城市用地的条件下使城市空间容量适当扩大，使城市环境得到一定程度的改善。

②城市交通矛盾发展到严重程度，经常发生大面积、长时间堵塞，单纯靠在地面上增加路网和拓宽街道已不可能疏导过大的车流量和人流量。这时，即使要付出再高的代价，也只能通过修建地下铁道、地下高速路和地下步行道以缓解地面交通矛盾。据国外经验，当一条城市干道上的单向客流量超过(4~6)万人/时，就有必要建地下铁道；当一条街道上的行人人流量超过2万人/时时，建地下步行道就是合理的。此外，当车辆的数量增多到不可能在道路两侧占路停放，地面上又没有多余土地可供建造多层停车场时，地下停车场可以满足大量停车的需要。

③单纯的地下交通设施需要大量资金，但很难取得较高收益，因此在地下交通设施沿线，特别是在大站和线路交汇的节点，就产生了开发地下商业空间的吸引力。由于交通与商业的互动作用，可以产生很高的经济效益，既可在一定程度上弥补地下交通设施经济效益之不足，又可以与地面上的商业形成互补，使城市更加繁荣。

④当城市受到战争或其他自然和人为灾害的威胁时，开发利用地下空间可以有效地起到综合防灾减灾的作用，有些作用是地面空间无法替代的。

⑤如果城市处于不良的气候条件下，如严寒、酷暑、风沙、多雨雪等，开发利用地下空间可使相当大部分城市活动摆脱不良气候的影响。

⑥为了城市的安全，需建立能源和物资的战略储备，供发生战争和灾害时使用，部分也

可用于平时的周转。地下空间的封闭、隐藏、热稳定等特性，对于建立能源和物资储备系统最为有利。

以上分析的六种需求中，起决定性作用的是前两种，即城市用地情况和城市矛盾的严重程度，特别是交通矛盾。

从总体上看，我国大部分城市还处于发展的初级阶段，对开发利用地下空间的需求并不迫切，而对于一些特大城市，由于市域面积都很大，供城市发展用的土地资源从局部来看并不短缺，正是这种情况助长了原有城市的粗放型发展，不断在水平方向上扩展，使土地利用效率很低，中心城市难以发挥集聚作用。从这个意义上说，这些特大城市迫切需要开发利用地下空间，使城市空间呈三维式发展，走集约型发展的道路。我国大城市人均城市用地 60 ~ 80 $m^2$，与发达国家大城市还有较大差异，因此在一定情况下，适当增加一些城市用地还是合理的，但是更重要的不是土地数量上的增多，而是单位面积城市用地所产生效益的高低，在这一点上，与发达国家差距更为悬殊。

(2)开发城市地下空间应具备的条件

当以上一种或一种以上的需求已经出现，城市还需要具备一定的条件和能力，才可以合理地开发利用地下空间资源，一般有经济实力、地理位置、地质状况、灾害程度、技术能力、管理水平等几方面其中最主要的是经济实力，地质状况也是重要条件之一。

从近代国内外城市地下空间利用的发展过程看，地下空间开发的时机和规模，与国家和城市经济发展水平有直接的关系。一般认为，人均国内生产总值(GDP)超过 1000 美元后，城市对开发地下空间开始有需求，并有条件进行小规模的重点开发。超过 3000 美元后，则具备了适度规模开发地下空间的能力。

我国城市由于历史和自然环境的不同，在经济、社会、文化等多方面的发展很不平衡，大体上可分为东部沿海发达城市、东中部较发达城市和中西部欠发达城市三大类。而现阶段我国大多数的中小型城市，尚不具备或只是初步具备开发地下空间的经济能力，应当慎重，做好规划。对于超大型城市而言，大部分已进入城市发展的新阶段，城市建设和旧城改造都需要与地下空间的开发利用同步进行，经济上也具备了适度发展地下空间的实力。这样的城市主要是东部地区的直辖市、省会、经济特区等经济发达地区的大型城市。

2.我国城市地下空间发展目标

地下空间的开发利用与城市发展是一致的，必然要与城市社会、经济的发展阶段和发展水平相适应，滞后和超前都会造成不良的后果。在全国范围内，21 世纪的前 50 年，即建国到 100 年时，将城市的发展，包括地下空间的发展，大体上按照前 20 年和后 30 年两个阶段确定发展目标是适宜的，而最终的发展目标，应当是全面实现城市现代化。当然，不同城市所能达到的现代化程度是不同的，有的可能只是"初步现代化"，有些则可能达到"高度现代化"。这里仅以全国最发达的城市为例，按照"高度现代化"的标准，列举地下空间发展的总目标和分阶段发展目标。

(1)地下空间开发利用总目标

①充分发挥地下空间资源潜力，在不扩大或少扩大城市用地的前提下，提高土地三维空间的利用效率，拓展城市空间容量，加强城市中心地区的集聚作用。一般情况下，城市地下空间开发的建筑总量，应相当于城市地面建筑总量的 20% ~ 30%。

②完善城市功能，改善城市环境，保护传统风貌，实现地面、地上、地下三维空间的协调

发展；旧城区的改造实行立体化再开发，新城区的建设从规划阶段就实行立体化开发，然后分期、分层实施。

③为水资源和传统能源的循环使用及新能源的开发提供有利条件，为建立循环经济和建设节约型社会做出贡献。

④充分利用地下空间的防灾特性，保障城市安全，减轻灾害损失，使城市基本上摆脱各种灾害的威胁。

（2）地下空间分阶段发展目标

为与城市总体发展相适应，地下空间发展的总目标应分为两步实现：第一步，即前 20 年，地下空间开发的目标应以扩大城市空间容量，缓解城市矛盾为主。第二步，即后 30 年，在城市空间的理论容量与实际容量基本上取得平衡的情况下，空间容量达到饱和。届时，地下空间开发的目标应向提高城市生活质量和改善城市环境质量转移，在 50 ~ 100 m 的深层地下空间中，大规模建设城市基础设施，实现水资源、能源从开放型的自然循环到封闭式再循环的转变，同时适应常规能源渐趋枯竭和开发新能源的需要。

3. 城市地下空间需求预测

（1）地下空间需求量预测的方法

从图 2 - 4 可以看出，影响地下空间开发的主因是人口的规模，同时还受环境、就业人口、地下工程技术等因素的制约，包含着诸多影响因素及各种因素之间的相互关系，且相互之间的关系复杂。

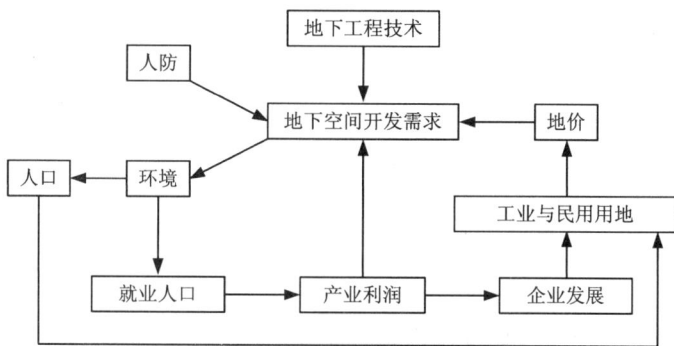

图 2 - 4　城市地下空间需求预测模型

近年来，随着国内外对所谓生态城市研究的进展，提出了各种各样的对生态城市的评价方法，其中在我国应用较多的是单项和综合指标评价法。首先拟定生态城市若干评价指标及其标准取值，然后按式（2 - 2）计算出整个城市生态空间的需求量：

$$S_{总} = \left( CL + \frac{CA}{N} + RA + GL \right) \cdot \beta \cdot P \, (\text{m}^2) \qquad (2 - 2)$$

式中：$S_{总}$——城市生态空间需求总容量；

$CL$——城市人均建设用地指标；

$CA$——城市人均建筑面积指标；

$N$——容积率，是指项目规划建设用地范围内全部建筑面积与规划建设用地面积之比；

*RA*——城市人均道路面积指标；

*GL*——人均公共绿地指标；

*P*——规划城市建成区内从事第三产业的人口；

*β*——开发强度系数，考虑到生态空间作为城市发展空间需求的相对较高的层次，所以在城市立体化空间开发过程中不会一次性开发建设完所需的全部空间容量，因而在对其容量进行预测的过程中，对于各指标的标准值应乘以开发强度系数，对于不同发展阶段该系数值有所不同，可结合城市发展目标及近期、远期规划最终给定 *β* 值($0 < β < 1$)。

根据近几年几个城市制订地下空间规划的经验，采用对地下空间利用的主体内容，选取合理的指标，分项进行预测，有些只进行适当的推算，仍有可能得到比较符合城市发展实际的结果。下面综合几个城市的经验，介绍这种分项推测方法。

(2)厦门市地下空间需求量预测示例

首先，将地下空间需求量比较大的主体内容分为：居住区、城市公共设施、城市广场和大型绿地、工业及仓储物流区、城市基础设施各系统、防空防灾系统、地下贮库系统等几大项，然后根据各项不同的内容和特点，选取适当的系数和指标，再按历年的平均发展速度推算出规划期内的发展量，最后综合成地下空间在不同年份的需求量。下面重点针对居住区和城市公共设施介绍推算过程及结果。

1)居住区

居住区包括新建大型居住区、居住小区，以及整片拆除重建的危旧房改造区。居住区地下空间开发利用需求的主要内容有：

①高层和多层居住建筑地下室，主要用于家庭防灾、贮藏和放置设备、管线；

②区内公共建筑地下室或地下公共建筑，用于餐饮、会所、物业管理、社区活动等公共服务设施，以及防灾、仓储等设施；

③地下停车设施；

④地下管线及市政综合廊道；

⑤区内变电站、热交换站、燃气调压站、泵房、垃圾站等的地下化；

⑥区内地下物流系统。

厦门城市居住区地下空间建筑需求量的估算基准依据如下：

①2010 年以前，人均居住建筑面积取 25 m²，2020 年以前取 30 m²，户均3.3人；

②地下防灾空间：人均面积 1.2 m²；

③地下停车空间：根据《厦门城市交通综合规划》配建停车指标以及《厦门城市总体规划》布局原则，岛内居住区以建设高标准住宅为多数，岛外以建设普通居住区占多数，故岛内岛外平均取每户 0.5 辆车。再按地下停车率 80%，每车占用建筑面积 35 m²，则户均地下停车空间面积为 14 m²；

④居住区公共建筑按照住在建筑量的 15% 比例配套，按建筑规模的 20% 比例建设地下室；

⑤每 100 万 m² 居住建筑面积，按 2010 年以前建设标准可容纳居住人口 4 万人，1.3 万

户；按 2020 年以前建设标准，可容纳居住人口 3.3 万，1 万户；

⑥根据上述标准，每 100 万 m² 新建居住建筑需地下防灾空间分别为 2010 年以前 4.8 万 m² 和 2020 年以前 3.96 万 m²，地下停车空间分别为 2010 年以前 18.2 万 m² 和 2020 年以前 14 万 m²，公共建筑地下空间 3 万 m²，总计地下空间需求量分别是：2010 年以前为 26 万 m²，2020 年以前为 19.64 万 m²，即相当于地面住房建筑规模的 26% 和 19.64%。

第一种方法，按居住区新增建筑量估算地下空间需求量。

根据《厦门市住房发展研究报告》预测数据，从 2006—2010 年，厦门城市住房建设规模为 2291.05 万 m²，年平均增长率为 8.5%，如果按此标准推算，从 2010—2020 年住房建设规模应为 5327 万 m²。

因此，居住区地下建筑建设规模应为：

2006—2010 年，地下建筑建设规模为 2291 万 m² × 0.26 = 595 万 m²，其中岛内 127 万 m²，岛外 468 万 m²；

2011—2020 年，地下建筑建设规模 5327 万 m² × 0.196 = 1046 万 m²，主要在岛外发展，岛内仅为改造和少量开发。

第二种方法，按人口增长规模估算地下空间需求量。

统计资料表明，2005 年末厦门全市户籍人口 153 万人，城市人口约 96 万，常住人口 225 万人。根据《厦门城市总体规划》预测，2010 年全市总人口规模为 270 万人，其中城市人口规模为 210 万人。2020 年，全市总人口规模为 330 万人，其中城市人口规模为 290 万人，这样：

从 2006—2010 年，城镇人口增加量为 210 – 96 = 104 万人；

从 2011—2020 年，城镇人口增加量为 290 – 210 = 80 万人。

根据人口增长量，厦门城市居住区地下建筑建设规模应为：

从 2006—2020 年，地下建筑建设规模为 104 万人 × 25 m²/人 × 0.292 = 2600 万 m² × 0.292 = 759 万 m²；

从 2011—2020 年，地下建筑规模为 80 万人 × 30 m²/人 × 0.236 = 2400 万 m² × 0.236 = 566 万 m²。

按以上两种方法推算的结果表明，按照《总规》修编的人口发展目标，以及住宅建筑增量预测，从 2006—2010 年居住区地下建筑建设规模大体为 600 万 m² 到 760 万 m²，从 2011—2020 年建设规模大体在 560 万 m² 到 1050 万 m²。总计，从 2006—2020 年总需求量约为 1160 万 m² 到 1800 万 m²。

2）城市公共设施

第一种方法，根据厦门市统计年鉴有关竣工数据比例估算，可得到 2006—2020 年公共设施地下空间建设需求量：2006—2010 年约为 202 万 m²，2011—2020 年为 404 万 m²，总计 606 万 m²。如表 2 - 4 所示。

根据当前公共设施建设量推算 2006—2020 年公共设施地下建筑发展规模如表 2 - 4 所示。

表 2-4  2006—2020 年公共设施地下空间发展规模

| 公共设施用地类型 | 预测建设比例 Z | 平均容积率 R | 地下与地上建筑比例 L | 地下建筑规模（万 m²） | | |
|---|---|---|---|---|---|---|
| | | | | 2006—2010 年 | 2011—2020 年 | 合计 |
| 行政办公（C1） | 40% | 1.8 | 0.1 | 104.4 | 208.8 | 313.2 |
| 商业金融（C2） | 7.1% | 2.2 | 0.15 | 34 | 68 | 102 |
| 文化娱乐（C3） | 10% | 1.2 | 0.2 | 34.8 | 69.6 | 104.4 |
| 体育（C4） | 5% | 0.5 | 0.1 | 3.6 | 7.2 | 10.9 |
| 医疗卫生（C5） | 5% | 1.8 | 0.1 | 13.5 | 27 | 40.5 |
| 教育科研（C6） | 22% | 0.4 | 0.1 | 11.8 | 23.6 | 35.4 |
| 文物古迹及其他（C7，C9） | 10.9% | — | — | — | — | — |
| 总计 | 100% | | | 202.1 | 404.2 | 606.3 |

第二种方法，根据 2020 年厦门市城市公共设施用地发展规模估算。

由于缺乏公共设施工地现状的分类统计数据，假设现状公共设施用地之间的比例与公共设施新增用地类型之间的比例基本接近，采用各类公共设施新增用地的规模比例，分别计算各类公共设施用地增加规模，并估算得到 2006—2020 年公共设施地下空间建设需求量：2006—2010 年约为 190 万 m²，2011—2020 年为 380 万 m²，总计 570 万 m²，如表2-5所示。

以上两种算法的估测值基本接近，故取厦门城市公用设施地下建筑在 2006—2010 年的需求量为 190 万～200 万 m²，2011—2020 年的需求量为 380 万～400 万 m²，到 2020 年公共设施地下建设需求量总计为 570 万～600 万 m²。

表 2-5  厦门城市相关公共设施用地地下建设规模需求量估算表

| 公共设施用地类型 | | 建设用地规模（公顷）和比例 2020 年总比例/用地增加量 | 容积率 R | 地下与地上建筑比例 L | 地下建筑规模（万 m²） | | |
|---|---|---|---|---|---|---|---|
| | | | | | 2006—2010 年 | 2011—2020 年 | 合计 |
| 行政办公（C1） | 岛内 | 225/163.66 | 2.0 | 0.1 | 10.91 | 21.82 | 32.73 |
| | 岛外 | 350/176.24 | 1.6 | 0.1 | 3.40 | 6.80 | 28.20 |
| | 合计 | 11%/339.9 | | | 14.31 | 28.62 | 60.93 |
| 商业金融（C2） | 岛内 | 710/419.07 | 2.0～2.5/2.2 | 0.15 | 46.10 | 92.20 | 138.30 |
| | 岛外 | 1750/1033.14 | 1.6～2.0/1.8 | 0.15 | 92.98 | 185.97 | 278.95 |
| | 合计 | 47%/1452 | | | 139.08 | 278.17 | 417.25 |

续表 2 - 5

| 公共设施用地类型 | | 建设用地规模（公顷）和比例 2020年 总比例/用地增加量 | 容积率 R | 地下与地上建筑比例 L | 地下建筑规模（万 m²） | | |
|---|---|---|---|---|---|---|---|
| | | | | | 2006—2010 年 | 2011—2020 年 | 合计 |
| 文化娱乐 (C3) | 岛内 | 130/80.34 | 1.0～1.2/1.1 | 0.2 | 6.43 | 12.85 | 19.28 |
| | 岛外 | 270/166.86 | 0.5 | 0.2 | 12.24 | 24.47 | 26.71 |
| | 合计 | 8%/247.2 | | | 18.67 | 37.32 | 55.99 |
| 体育 (C4) | 岛内 | 35/21.33 | 0.5 | 0.3 | 1.07 | 2.13 | 3.20 |
| | 岛外 | 320/194.97 | 1.5～2.0/1.8 | 0.1 | 3.25 | 6.50 | 9.75 |
| | 合计 | 7%/216.3 | | | 4.32 | 8.63 | 12.95 |
| 医疗卫生 (C5) | 岛内 | 45/23.175 | 1.5 | 0.1 | 1.39 | 2.78 | 4.17 |
| | 岛外 | 75/38.625 | 0.4 | 0.1 | 1.93 | 3.86 | 5.79 |
| | 合计 | 2%61.8 | | | 3.32 | 6.64 | 9.86 |
| 教育科研 (C6) | 岛内 | 240/143.72 | 0.4 | 0.1 | 1.92 | 3.83 | 5.75 |
| | 岛外 | 1050/628.78 | | 0.1 | 8.38 | 16.77 | 25.15 |
| | 合计 | 25%/772.5 | | | 10.30 | 20.60 | 10.90 |
| 总计 | 岛内 | 1385/465 | | | 67.82 | 135.64 | 203.46 |
| | 岛外 | 3815/2635 | | | 122.18 | 244.36 | 366.54 |
| | 合计 | 100%/3090 | | | 190 | 380 | 570 |

对于其他分项采用同样方法推算，后将所得结果汇总于表 2 - 6。

表 2 - 6 厦门市城市地下空间需求量预测汇总表（单位：万 m²）

| 序号 | 项目 | 需求量 | | | | 备注 |
|---|---|---|---|---|---|---|
| | | 2010 年 | | 2020 年 | | |
| 1 | 居住区 | 600～760 | 岛内 127～160 | 560～1050（以岛内为主） | | 新增、不含现状 |
| | | | 岛外 468～540 | | | |
| 2 | 城市公共设施 | 190～200 | 岛内 68～70 | 390～400 | 岛内 136～140 | 新增、不含现状 |
| | | | 岛外 122～130 | | 岛外 244～260 | |
| 3 | 城市大型公共绿地 | 150 | | 300 | | 新增、不含现状 |
| 4 | 工业区 | 45 | 岛内 0 | 90 | 岛内 0 | |
| | | | 岛外 45 | | 岛外 90 | |
| 5 | 物流仓储区 | 50 | | 100 | | |

续表 2－6

| 序号 | 项目 | | 需求量 | | | | 备注 |
|---|---|---|---|---|---|---|---|
| | | | 2010 年 | | 2020 年 | | |
| 6 | 基础设施各系统 | 轨道交通地下段 | | | 16.8 | | 规划 1 号线 |
| 7 | | 地下公共停车 | 8.7 | 岛内 6.7 | 39 | 岛内 18 | 含现状；分布于其他城市用地中，不单独计入预测总规模 |
| | | | | 岛外 2 | | 岛外 21 | |
| 8 | | 市政管线综合隧道系统 | 340 | | | | 干线长 30 km，支线长 70 km |
| 9 | | 地下快速路 | 240 | | 岛内 83 | | 新增 |
| | | | | | 岛外 21 | | |
| 10 | 防空防灾系统 | | 100 | | | | 新增，不含现状不单独计入预测总规模 |
| 11 | 各类地下贮库 | | 100 | | | | 新增 |
| 12 | 总计 | 土层中 | 1040 ~ 1100 | | 1450 ~ 1950 | | 不含本表 7 ~ 11 项 |
| | | 岩层中 | 680 | | | | 只含本表第 8，9，11 项 |

通过对厦门市地下空间需求量的预测，得出本岛地区 2010 年地下空间需求量为 1040 万 $m^2$，2020 年为 1450 万 $m^2$，大体相当于本岛地区 2010 年建筑总量的 10% 和 2020 年的 20%，与规划发展目标提出的指标基本相符，说明预测结果基本上是合理可信的。

### 2.2.4 地下建筑规划原则

在城市地下空间规划中，有下列三个理论原则。

1. 疏导与对应原则

①地下空间开发的首要任务是疏导地面以上空间的矛盾（以交通问题为主）；

②在满足首要任务需要的前提下，尽可能地与地面对应地发展商业等设施。在发展地下商业等第三产业设施时，应强调发挥土地的集聚效应。

2. 集聚原则

土地开发的理想循环应是在空间容量协调的前提下，土地价格上升吸引人力、财力的集中，人力、财力集中又再次使得土地价格上升⋯⋯这种良性循环下，是自觉或不自觉强调集聚原则的结果。在城市中心区发展与地面对应的地下空间，用于相应的用途功能（或适当互补的）与地面、上部空间产生更大集聚效应，创造更多的综合效益，就是"集聚原则"的内涵。以我国哈尔滨地下空间开发为例，在中心区地下商业设施开发使用前，曾被不少地上相应行业的同行们排斥，怕"生意被分流"。而事实证明，担心是多余的，当地下商业设施投入运营后,地上商业的效益当月就有明显上升。在此之后,地上、地下相互促进,形成良好的共生关系。

3. 等高线原则

根据城市土地价值的高低可以绘出城市土地价值等高线,一般而言,土地价值高的地区的城市功能多为商业服务和娱乐办公等,地面建筑多,交通等压力大,经济也最发达。根据城市土地价值等高线图,可以找到地下空间开发的起始点及以后的发展方向,无疑,起始点应是土地价值的最高点,这里土地价格高,城市病最易出现,吸收资金容易,地下空间一旦开发,经济、社会和防灾效益都是最高的。地下空间的发展方向就沿等高线方向发展,这一方向上土地价值衰减慢,发展潜力大,沿此方向开发利用地下空间,则可避免地上空间开发过于集中、孤立的毛病,又有利于有效地发挥滚动效益。

开发地下空间是城市发展的新课题,首次开发是否成功,会在很大程度上影响未来发展,如果顺利,可能在一段时间内统一认识并蓬勃发展起来,但如果首期失败,则也可能将城市地下空间大规模开发的时间大大滞后。所以,城市地下空间开发的位置选择相当重要。

当然,上述反梯度原则的论述,是从土地价值的单一角度考虑的。具体分析时,还应综合考虑其他因素,如建成区情况(地面开发是否完善)等。

## 2.3 地下空间的生理与心理问题

### 2.3.1 生理效应

地下空间的利用,应考虑其环境质量对人体产生的生理效应。

1. 空气污染的影响

当地下空间内空气污染物超过一定浓度,并持续一段时间,则可对人体产生不同程度的危害。

(1)一氧化碳

一氧化碳(CO)是一种侵害血液、神经的毒物。接触者血液中 COHb(碳氧血红蛋白)的含量与空气中一氧化碳浓度和接触时间成正比关系,中毒症状则取决于血液中 COHb 的含量。空气中 CO 浓度和血液中 COHb 的饱和度与人体反应之间的关系如表 2-7 所示。

表 2-7　空气中一氧化碳浓度和血液中 COHb 的结合度与人体反应之间的关系

| 空气中的 CO 浓度($\mu$g/g) | 吸收半量时间(min) | 平衡状态时(COHb%) | 人体反应 |
| --- | --- | --- | --- |
| 50 | 150 | 7 | 轻度头晕 |
| 100 | 120 | 12 | 中度头晕、眩晕 |
| 250 | 120 | 25 | 严重头晕、眩晕 |
| 500 | 90 | 45 | 恶心,呕吐,虚脱 |
| 1000 | 60 | 60 | 昏迷 |
| 10000 | 5 | 90 | 死亡 |

近年来,许多动物实验和流行病调查证明,长期接触低浓度 CO 对健康的影响主要表现在:

①对心血管系统的影响:当血液中 COHb 的饱和度为 8% 时,静脉血氧张力降低,冠状动脉血流量增如,从而引起心肌摄取氧量减少和促使某些细胞内氧化酶系统停止活动;COHb 达到 15% 时,能促使大血管内膜对胆固醇的摄入量增加,并促进胆固醇沉积,使原有的动脉硬化症加重,从而对心肌产生影响,使心电图出现异常。

②对神经系统的影响:脑是人体内耗氧量最多的器官,也是对缺氧最敏感的器官,由于缺氧,还会引起细胞呼吸内窒息,发生软化和坏死,出现视野缩小,听力丧失等。轻者也会出现头痛、头晕、记忆力降低等神经衰弱症候群,兼有心前区紧迫感和刺样痛。

③造成低氧血症:出现红细胞、血红蛋白等代偿性增加,其症状与缺氧引起的病理变化相似。

④遗传影响:通过对吸烟与非吸烟孕妇观察,吸烟者的胎儿,有出生时体重低和智力发育迟缓的趋向。

(2)可吸入颗粒物

空气中气溶胶由于粒径不同可分为降尘,总悬浮颗粒物及可吸入颗粒物。颗径小于 5 pm 的颗粒物。可进入深部呼吸道,沉积在肺泡内的颗粒物,尚可促进肺泡的壁纤维增生。这些因素均可影响肺组织的换气功能,造成慢性支气管炎患病率的上升。

空气中的悬浮颗粒物一般具有很强的吸附能力。很多有害气体或液体,都能吸附在颗粒物上面被带入肺脏深部,从而促成急性或慢性病症的发生。

(3)二氧化硫

二氧化硫是窒息性气体,有腐蚀作用。它能刺激眼结膜和鼻咽等黏膜,当空气中湿度大并有催化剂存在时,它能与水分结合,形成亚硫酸,并缓慢地形成硫酸,使其刺激作用增强。当空气中浓度为 $0.3 \sim 1 \ \mu g/g$ 时,健康人可有嗅觉感知;浓度为 $6 \sim 12 \ \mu g/g$ 时,则对鼻咽及呼吸道黏膜有强烈刺激作用。

(4)氮氧化合物

氮氧化合物难溶于水,故对眼睛和上呼吸道的刺激作用较小,易大量进入深呼吸道而不被人所觉察。但如空气中氮氧化合物的浓度较高为 $60 \sim 150 \ \mu g/g$ 时,可立即引起鼻腔和咽喉的刺激,并发生咳嗽及喉头和胸部的灼烧感;引入新鲜空气后上述症状即可消失。但是在吸入后 $6 \sim 24 \ h$ 又可能发生胸部紧缩和灼烧感,并出现呼吸紧迫、失眠不安,又可发生肺水肿、呼吸困难加剧、昏迷,甚至死亡。幸存者日后有可能再发肺炎。浓度 $100 \sim 150 \ \mu g/g$ 时,吸入 $50 \sim 60 \ min$ 即有危险,浓度 $200 \sim 700 \ \mu g/g$ 时,短时间吸入即可致死。

(5)苯并(a)芘

苯并芘是含碳燃料及有机物质在温度高于 400℃ 时,经热解环化,聚合作用而生成的产物,最适生成温度约 $600 \sim 900$℃,当温度高于 1000℃ 时,则分解成二氧化碳和水蒸气。因此,凡是煤、木材、油、有机物,在一定条件下进行燃烧均可产生 B(a)Po[苯并(a)芘]。动物试验和环境流行病学调查确认,苯并(a)芘具有局部和全身的致癌作用。

(6)二氧化碳

成人在安静状态时,呼出的 $CO_2$ 约为 $20 \ L/h$ 左右。儿童每小时呼出量为成人的一半。劳动时 $CO_2$ 的排出量为安静时的 $1.5 \sim 2$ 倍以上。随着室内 $CO_2$ 的增加,室温、湿度和臭气增高，而且灰尘和细菌也随之增高。当人们呼出 $CO_2$ 的同时，身体其他部分也会不断排出污染物，如汗的分解产物、其他挥发性不良气味等。实验证明，当 $CO_2$ 含量达 0.07% 时，有少数对气体敏感的人就有不适感觉；当达到 0.1% 时，人们普遍感到不适；当达到 3% 时，呼吸深度增加；当达到 4% 时，则感到头痛、耳鸣、血压上升；当达 8%～10% 时，呼吸明显困难，陷入意识不清。

（7）甲醛

甲醛是具有特殊刺激性的无色气体，易溶于水。对黏膜有刺激作用，低浓度的甲醛可致结膜炎、鼻炎、咽炎等，浓度高时则发生肺炎、肺水肿等。不同浓度的甲醛对健康的影响如表 2 - 8 所示。

表 2 - 8　不同浓度的甲醛所致的健康效应

| 甲醛浓度（μg/g） | 健康效应 |
| --- | --- |
| 0.00～0.05 | 无 |
| 0.05～1.00 | 嗅闻 |
| 0.05～1.5 | 神经系统效应 |
| 0.01～2.00 | 眼部刺激 |
| 0.01～2.50 | 上呼吸道刺激 |
| 5.0～30.0 | 下呼吸道肺部效应 |
| 50～100 | 肺水肿，肺炎 |
| 100 以上 | 死亡 |

（8）氡气

氡及其子体对人体健康产生危害的主要是钋 - 218（$^{218}Po$）和钋 - 214（$^{214}Po$）。这些放射衰变产物常黏附在可吸入颗粒物上，随呼吸而进入人体并沉积在肺部。氡气对人体的早期健康效应不易觉察，但长期接触氡气则对人体有害，且发病潜伏期较长。

（9）臭氧

室内污染物臭氧主要能刺激和破坏深部呼吸道黏膜及组织，对眼睛亦可有轻度刺激性。在低浓度长时间作用时，它可引起慢性呼吸道疾病及其他慢性病，当空气中臭氧浓度为 0.05 μg/g 时，即可引起鼻和喉头黏膜的刺激；浓度为 0.3～0.5 μg/g 时，可刺激眼睛；浓度为 1 μg/g 以上时，可引起头痛、肺气肿以及组织缺氧等。

（10）室内空气中的微生物

室内空气中的微生物主要来自室外受污染的空气和人体。室内微生物污染程度与周围环境、室内空气温湿度、灰尘含量及采光通风等因素有关。室内空气中的微生物可通过如下三种不同的方式进行疾病的传播：

①附着于悬浮颗粒物上；

②附着于自鼻腔和口腔喷出的飞沫小滴上；

③附着于飞沫表面蒸发后形成的"飞沫核"（亦称阿氏核）上，这种细小的颗粒可长时悬

浮于空气中，并随气流转移。

空气微生物通过空气传播而产生的主要疾病有：①流行性感冒；②麻疹；③结核；④百日咳和其他疾病等。

2. 空气离子化对人体的影响

空气离子化作为一个生物气象因素，已经引起人们的注意。空气离子化程度，可以作为判断空气质量的一个特殊指标，可用于检查建筑物的通风换气状况。一般认为，在一定浓度下，阴离子(也称贞离子)对机体呈良好的作用，而阳离子(正离子)则起到不良作用，但阴阳离子的生物学作用，并不完全是相反的，两种离子依其浓度和持续作用时间的不同，对机体的作用也不相同。低数量的阳、阴离子对机体均呈良好作用，数量过高时，即使是阴离子也将起不良作用。

空气离子对整个机体起作用，例如对血液及心血管系统、机体代谢和氧化还原过程、调节中枢神经系统的兴奋和抑制状态等都产生影响。

除了上述诸因素对室内空气质量有明显影响外，一些物理因素如噪声、电磁辐射(射频、红外、可视、紫外线等)，范围从 $10^4$ Hz(射频)到 $10^{15}$ Hz(紫外线)，这些因素也会对人产生心理及生理上的影响。

室内空气污染物的来源可分为：燃料、人的活动(吸烟、呼出气)、建筑材料以及室外等四大类。地下空间处在特殊的环境中，封闭性强，自然光线不易被引入，温湿环境受地温的影响很大，结构受地层介质的包围，室内环境几乎都是由人工创造的，在相同条件下，与地面室内空间相比，地下空间室内空气污染源的排除，有时还要困难一些。这对于每一个从事地下空间规划与设计者来说，都是需要事先了解的内容。

### 2.3.2  心理障碍分析及处理

1. 心理障碍分析

众所周知，地下空间是一个封闭的空间，人们在地下活动时，由于与户外隔绝，地下建筑与地面环境只能由有限的洞口联系，造成空气不流通，湿空气难以排除等，人们对地下建筑常有一种恐惧心理，当他们进入地下建筑工程后，难免会产生压抑感。

地下建筑不同于地面建筑的特点，主要表现如下：

(1)地下建筑工程被封闭在地下，没有阳光和水、无外部景观和自然景色，而且由于难以利用自然光线，人们无法形成时间观念，这是引起人们不安的原因之一。

(2)封闭的地下空间中，没有外界人们熟悉的环境声，没有鸟语花香，无自然的风感，这会引起人们的反感，会产生枯燥乏味、拥挤隔绝等不良的心理反应。

(3)人们身处异境，加上对下空间的"无意识"消极作用，不少人可能会产生幽闭恐怖，联想到阴曹地府、坟墓闭塞、阴暗潮湿、空气浑浊，令人窒息等，这是引起人们心理障碍的又一原因。

(4)人们身在地下，担心水灾、火灾、断电、断风、其他骚乱等灾难降临，时时有种恐惧心理。

(5)由于人们心理上的偏见，一想到无窗的地下生活，显然存在一种否定的印象，总要联想到穴居社会与原始的文化，即使居住地下可能是当今中等收入人们的一种选择，而对于某些发展中国家的低社会经济阶层来说，则可能是不得已的。因此，人们总容易把地下居住与贫困相联系。

（6）因为地下空间是封闭的，因此其扩建和改造受到各种条件的限制。

综上所述，引起人们进入地下空间心理障碍的原因主要归结为以下两点：

（1）习惯与非习惯空间的设计差异

人们习惯的外部空间实际上是人与自然进行"光合作用"的场所，必不可少，而如果在地下不能创造这种"外部空间"，人们则感觉不到已经习惯的"外部空间"的刺激，而根据人类经验证明，人们只有在"外部空间"这种环境下，才能使人在生理和心理上达到最佳刺激效益，感到舒适，从而使人处在最适于机体生理需要的环境内，情绪唤醒水平最佳，如图 2 - 5 所示。

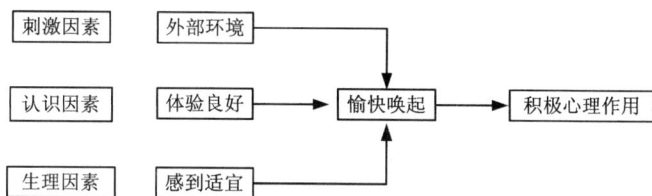

图 2 - 5　地面外部环境的唤醒模拟

而在地下空间环境中，只能引起消极心理作用，如图 2 - 6 所示。

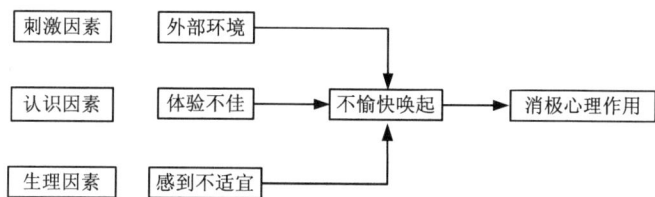

图 2 - 6　地下环境的唤醒模拟

（2）"无意识"的作用

人们即使在内部条件和地面传统建筑一样的条件下生活工作，还是会产生各种各样的恐惧心理，这主要是由于人们脑子里已经有了地下环境的"心理地图"的"无意识"。这个"心理地图"是一幅黑暗的恐惧地图。人的这种"无意识"的来源是很复杂的，它也许来源于人的体验，以及传说、宗教等文化背景。

2.试验研究

为了加速地下空间的开发，必须弄清楚地下空间对其内部工作人员的潜在影响。欧美等发达国家都在地下空间心理学方面进行了系统的研究与实验，尤其是日本在这方面的研究得到了本国政府的支持。我国同济大学地下空间中心，在国内人防部门和医务系统的配合下，也曾对此进行了试验研究，取得了可喜的进步。目前，心理效应的研究，主要是通过社会调查和实验室研究的方法进行。

20 世纪 80 年代末，日本曾对在地下办公室、地铁车站、地下购物中心等地点工作的人员进行了调查，调查的内容主要有：

①工作空间的心理效应(如焦虑感、恐惧感、孤独感);

②地下工作的积极性、消极性;

③物理环境评价(植物、颜色、光线、宽敞度、声音、通信);

④地下工作空间对行为欲望的影响(如外出、交谈、视域、活动等);

⑤地下工作空间的可接受性(即人们是否希望在地下工作);

⑥环境特征(面积、窗户、进入工作地点的方式、工作同伴数量);

⑦被调查者的个人特征(性别、年龄、职业、地下工作时间)。

被调查者,大多数认为地下空间的空气质量差、难知外界的气候、压抑感强,若继续在地下工作时,其环境必须改善,如:

①改善物理环境(如:宽敞、通风、阳光);

②使地下与地面接近(绿化、开窗等)。

在同一课题中,日本的研究者们,还在同一时间,进行了实验室试验,其试验条件如表2-9所示,要求被试验者(男女学生)在实验室内工作,每次试验都要在实验室内停留2~4 h。该试验在三个建筑中完成(情况A,B,C),每个建筑的物理条件稍有差别,但房间大小几乎相同,因此建筑物的对比差别不大。

表2-9　实验室试验条件

| 情况 | 层次 | 环境系统 | 工作类型 | 进入方式 | 被试验者(人) | 总数 |
|---|---|---|---|---|---|---|
| A-1 | 地下一层 | 无 | H/C/D | 楼梯 | 8 | |
| A-2 | | 闭路电视、植物 | H/C/D | 楼梯 | 8 | 24 |
| A-3 | 地上第四层 | 窗、植物 | H/C/D | 电梯 | 8 | |
| B-1 | 地下四层 | 无 | H/C | 电梯 | 2 | |
| B-2 | | 无 | H/C | 电梯 | 3 | 5 |
| C-1 | 地下一层 | 太阳导向系统 | H/C | 楼梯 | 2 | |
| C-2 | | 无 | H/C | 楼梯 | 3 | 5 |

工作类型(按字母)H:手工(攻丝)

　　　　　　　　C:计算(脑力)

　　　　　　　　D:数据输入

空间的心理和生理效应由以下方法测得:

①测定各类工作的工作效率(完成数量、错误率、工作速度);

②检测生理变化(通过摇晃检测仪、眼睛疲劳检测仪);

③检测心理变化(被试验者对疲劳感的评价);

④观察被试验者的行为(通过录像)。

试验结果表明:

①阳光导向系统(情况C-1)能减轻疲劳,闭路电视(情况A-2)的作用次之;

②地下栽种植物(情况A-2)的作用并不明显,栽花的作用要好一些;

③(情况B)表明,地下进出方式,电梯好于楼梯;

④手工劳动(垫圈攻丝),地面的效率高于地下;

⑤地下工作容易进入角色,精力易于集中。

**3.消除心理和生理影响的途径**

地下空间的开发是要创造出适应人生活的人工环境。地下空间内部空气质量的好坏、口部的处理、内部空间的布置分隔、色彩设计和自然景观的引入,都会直接影响这一人工环境的效果。若处理不好,将增加人们的心理障碍,破坏人们的生理机能。以下对上述的五种主要因素加以分析,并简要指出解决的途径。

(1)入口部设计

根据弗罗伊德的精神分析理论:人的"无意识"状态,是在人脑底层的,一旦有某种诱发才能转变成意识"蹦"出来。人们对地下空间的消极"无意识",是由于人们在体验、传说、宗教及神话中得到的,只要一想到"地下",这种消极的"无意识"就会"跳"出来,只有让人并不知道他在地下,控制这种诱因,关键的第一步就是"口部"处理。

为了更大限度地消除对地下建筑的偏见及常伴随地下居住而生的幽闭感,最重要的是对建筑入口作精心的设计。设想的蓝图是:通向地下的阶梯不是直接与口部相连,而是一种看起来不是为了进入地下空间而设置的。最普遍的一种方式是,企图做出一种类似传统建筑入口的那种入口,在可能的情况下,在口部的前方设一比倒适当的外部空间,充当过渡区段。把这种入口设计在地面上,并且避免在入口近旁的外部或内部下很多阶梯,无疑是最理想的了,因为下降似乎具有某种消极的联想,而上升则更积极些。

在地下建筑中,主要入口通常并非与此建筑在同一水平面上。然而,在某些情况下,地下结构与传统的建筑相仿,也能够从地面上进入,比如在斜坡地上,如图 2-7(a)一类没有下降的入口;在平坦地带的土台上也是可能的,如图 2-7(b);当建筑物有一部分露出在地面上时,入口可以出现在地上部分,如图 2-7(c)。在有些情况下,比如在平坦地带完全置于地下的建筑,没有像上面所讨论的传统入口的机会可利用,为了能设计出以上可以接受的入口,而又保持建筑物较低的位置,可以采用一个下沉的院子,以便人们在建筑物外先行下降,然后水平进入建筑物的上层,如图 2-7(d)。这一方法保持了传统入口的很多特色,能够部分地消除消极的联想,因下降是在室外地带的空间中逐渐进行的,整个日本许多地下街就是利用这种巧妙的设计手法,把入口处做成低位庭园,人们先步入低位庭园,再从敞开的门厅进入地下街,消除了进入地下的感觉。

地下建筑的入口可以有多种做法,一般取决于整个地区设计所希望的外部构图。

当然,在设计时,要注意采取一些设计技巧:

①口部处设计亮度力求与天空亮度一致(最好用自然光),随着空间的深入而逐渐降低;

②由外到内的过渡体部位用同种材料,使之具有等同的感觉和色泽,一切都具有联结的感觉;

③要注意入口的角度,使之方便,并且能避免得热或失热;

④在过渡段及内部要布置与外部连续的绿化、壁画以及雕塑等艺术品,有助于增强其魅力;

⑤适当的时候,布置商店,从外一直延伸到内,采取相同或相似的比例、尺度;

⑥入口部应有识别性,同时也要具有独创性,入口处颜色应清淡悦目,整体以及门的设计应深思熟虑并富有吸引力。

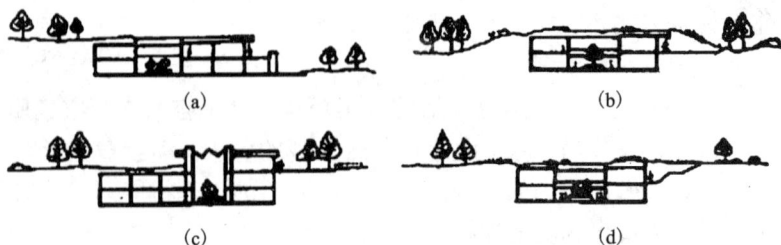

**图 2-7　地下结构入口形式**

(a)在一斜坡上，一个地下结构可以在其内外部不下坡面进入建筑物；(b)平坦地面的土台结构，虽然这个建筑的外型可能是采用类似于地上建筑的方式在地面处入口，但非传统建筑；(c)小小的地面形式，能为地下建筑提供图像并起入口的作用；(d)平坦地带的完全置于地下的结构，可以先下降到建筑物外的系统里，然后再进入其内部

总之，利用种种设计技巧与手法，从而诱导人们在信步与漫游之际深入新的空间。口部设计所起到的效果就是要使人们从地上到地下就像从繁华的街道进入大商场一样顺理成章。

（2）地下建筑心理空间的创造

地下空间通过"挖"的方式组成相应空间，其内部空间可分为实体空间和心理空间两类。

实体空间的特点是空间范围较明确，各空间之间有比较明确的界限，私密性较强。心理空间的特征是空间范围不太明确，私密性较小，处于实体空间内，因此又叫"空间里的空间"。

地下建筑心理空间既有实际作用，又有心理作用。一方面它能为使用者提供一个相对独立的环境；另一方面，人们在地下空间内常有压抑感。生理空间能够改变人的观感，从而解除这种心理障碍。构成地下建筑心理空间的方法一般有如下几种：

①改变地面的标高。实际空间内，地面标高不同的部分，各有一定的独立性。因此，可结合功能要求，提高某个部分的标高，或降低某个部分的标高，可以改善空间感。

②改变顶棚的高度。实体空间内，顶棚高度不同的部分，在感觉上也各有一定的独立性，用这种方法处理空间，可以区别各空间其地位和作用的不同。

③借助家具与设备。借助家具、设备形成心理空间，一种方法是分隔，另一种方法是围合。

④改变照明方法和灯具种类

⑤借助绿化与水体。绿化、叠石、水体、栏杆、雕塑都可作为构成心理空间的手段。由于它们种类繁多，形态生动，构成的心理空间更显得新颖活泼。

⑥借用各种隔断。在地下空间室内设计中，常用玻璃花格隔断，增加空间的深远开阔感，形成相应的心理空间。

（3）室内色彩

地下空间内部环境中，色彩占有重要的地位，因为经验证明，室内色彩能影响人们的情绪，使人欢快、兴奋或淡漠、安静，在减弱人们进入地下空间的心理障碍上将起到重要作用。

大量研究表明，色彩具有明显的生理效果和心理效果。

色彩的心理效果主要表现在两个方面：一是它的悦目性，二是它的情感性。所谓悦目性，就是可以给人以美感；所谓情感性就是它能影响人的情绪、引起联想，乃至具有象征的作用。不同的人对于色彩的好恶是不同的，在不同的时期，人们喜欢色彩的基本倾向也有差异。

另外，由于人的年龄、性别、文化程度、社会经历、职业以及美学修养的不同，色彩所引起的联想也是不同的：这种联想可以是具体的，也可以是抽象的。所谓抽象的，就是联想起某些事物的品格和属性。如：

红色联想到太阳、万物生命之源；也可能联想到血，从而感到热情、艳丽、强烈、活跃、崇高、吉祥，也可以感到危险、卑俗和浮躁。

黄色，古代帝王的服饰和宫殿常用此色。能给人以活泼、温暖、高贵、华丽的印象，还可以给人以光明和喜悦。

绿色，生命之色。可以给人以深远、和平、生机、凉爽、安静的感觉。

蓝色，常使人想到天空、海洋、潮水等给人以深远、冷僻、永恒、纯洁的感觉；也易激起忧郁、贫寒、冷淡的感觉。

紫色，欧洲古代的王者喜欢用紫色，中国古代的将相也常常将紫色用于服饰，因此，紫色既可使人想到高贵、优雅、古朴，也可使人想到阴暗、污秽和险恶。

白色，常使人想起冰雪、寒冷。给人以纯洁、明亮、柔软、活泼、清凉的感觉，也可使人想到哀怜、冷酷、空虚。

灰色，具有朴实、沉静、调和之感，但更多的是使人想到平凡、空虚、沉默、阴冷、忧郁和绝望。

黑色，可以使人感到坚实、庄严、肃穆，也可使人想起不祥、黑暗和罪恶。

当然，色彩的联想作用还受历史、地理、民族、宗教风俗习惯等多种因素的影响。

色彩对人的生理具有较明显的作用。在地下建筑室内设计中，色适应的原理常被选用。一般做法是把器物色彩的补色做背景色，以消除视觉干扰，减少视觉疲觉，使人视觉器官从背景色中得到平衡和休息。色彩的生理效果还表现为对人的脉搏、心率、血压等具有明显影响。

红色能刺激和兴奋神经系统，加速血液循环，增加肾上激素的分泌。但长时间接触红色会使人疲劳。因此，起居室、会议室等不宜过多使用红色。

橙色能产生活力，诱人食欲，有助于钙吸收，可用于餐厅等场所，但彩度不宜过高，否则，很可能使人过于兴奋，出现醉酒等现象。

黄色可刺激神经系统和消化系统，有助于提高逻辑思维能力。但是大量使用金黄色易出现不稳定感，引起行为上的任意性。因此，不宜过多地用于办公室或其他公共场所。

绿色有助于消化和镇静，地下建筑室内采用绿色对消除人们的压抑感比较有效。

蓝色对运动神经、淋巴系统和心脏系统有抑制作用，可以维持身体内钾平衡，具有安全感。用于产房可使产妇镇静。

（4）通风

众所周知，在地面自然环境中，空气、水、土壤和食物是自然环境的四大要素，都是人类和各种生物不可缺少的物质。其中空气居首，它与人体关系最为密切。一个成人每天通过鼻子呼吸空气大约2万多次，吸入的空气量达 $15 \sim 20 \ m^3$，大约为每天所需食物和饮水量的千倍。生命的新陈代谢也同样一时一刻都离不开空气。

空气环境的优劣直接影响人体的生存、生活和工作。由于地下空间,是一个封闭的空间,几乎与外界环境隔绝,所以其内部存在着缺氧和一氧化碳中毒的危险。另外因为周围介质地下水、裂隙水、施工水、生活水和人体散热等因素,相对温度很高,利于细菌繁殖,直接对人体造成危害,还会使生产设备、仪器锈蚀,影响生产和产品质量。再加上空气流动不畅,加剧了空气对人体的热作用。以上这些,无论哪一点都会带来人体的不舒适感,甚至会影响健康,危及生命,这就需要通过通风设计来解除这一危险。

地下房屋由于有围护结构,通风受到限制,主要靠可控制的开口部位,如通风道和窗户来实现。

通风可提供新鲜空气、排走污气、消除人和机器产生的热量,通风换气还能减少相对温度,对人体健康是必要的。具体设计时要做到:

①保证空气中的氧气含量。正常空气的气体组成中,氧气的含量为 20.94%,变动范围约为 0.5%,它是人体呼吸作用和物质代谢不可缺少的条件。如果氧气含量低于 17%。在室内工作活动的人就会感到呼吸困难;当低于 15%,人体会缺氧,呼吸,心跳急促,感觉及判别能力减弱,肌肉功能被破坏,失去劳动能力;含量在 10% ~12% 时,人失去理智,时间稍长就有生命危险;当含量为 6% ~9% 时呼吸停止,不急救就会导致死亡。

②尽量减少空气中 $CO_2$ 和 $CO$ 及尘埃的含量。$CO$ 俗称煤气,经肺、心脏吸进血液,会使血素色丧失运输氧气的能力,以至于全身组织尤其是中枢神经系统严重缺氧,造成中毒。主要表现有:头痛、心悸、眩晕、恶心、呕吐、四肢无力、昏厥,严重的会昏迷、虚脱、甚至心律紊乱、惊厥直至死亡。同样,吸入过量的 $CO_2$ 也是有损健康的,当其浓度达 10% ~20%,人体死亡率就在 20% ~25%。在地下空间中,存在的异味、人体体臭及过量的尘埃也是引起人们不舒适的原因。由此而引起的危害也是不能低估的。

③处理好室内的温度。温度是表示空气冷热程度的指标,也是衡量空气环境对人和生产是否合适的一个十分重要的系数。地下建筑冬暖夏凉,温差小,但若处理不当,与室外温度不协调(夏天过低,7℃以上;冬天又过高,不能及时散热)都可能影响人体健康,只要选择恰当的送风温度和通风形式(如下送上等),就可以有效地提高地下室内的下部温度。

④保持适当的相对湿度。所谓相对湿度,就是空气中实际所含水蒸气密度和同温度下饱和水蒸气密度的百分比。一般空调工程常以相对湿度表示空气的干湿程度。它也是衡量空气环境的潮湿程度对生产工艺和人员舒适感影响的重要指标。一般保持在 40% ~60% 为宜。

⑤控制好室内空气的流速。室内的空气流动速度也是影响人体对流散热和水分蒸发散热的主要因素之一。当气流速度大时,对流散热和水分蒸发散热随之增强。亦即加剧了空气对人体的冷作用,当空气流速小时,效果正相反,加剧了热作用。如果超过一定限度,不管冷、热作用都会导致生病。

⑥控制围护结构内表面的温度。周围物体表面的温度决定了人体辐射散热的程度。在同样的室内空气环境条件下,当围护结构内表面温度高时,会使人增加热感,而当表面温度低时,则会增加冷感。由于地下建筑壁面温度一般较低。尤其夏天温差很大会对人体增加冷感,同时造成壁面结露,使增加室内湿源。如果没有处理好,肯定会增加人体在"地下"的不适感。

另外,在地下建筑室内通风设计中,有不少工程设置电力通风以备应急之用,然而这种通风往往可能产生很危险的一氧化碳。所以有必要设置固定的被动式通风作为安全措施,同时还可将其发展成为制冷系统。

（5）自然景观

工业的发展、城市人口的集中和住房的拥挤，许多绿地被侵占，这就使人们与养育自己的大自然越来越远了，特别是在地下建筑室内，人们常有置于地下的恐惧感和压抑感，他们更渴望周围有绿色的自然环境。因此，将自然景观引进室内已不单纯是为了装饰，而且作为提高环境质量，满足人们心理需求所不可缺少的因素。'

大自然中的许多景物如瀑布、小溪、花草树木等都可以使人联想到生命、运动和力量。在地下建筑室内设计中，把自然界的景物恰当引入室内，可以作为消除人们的心理障碍。这些自然景观主要有水体、山石、绿化盆栽。日本地下都市，大阪的彩虹市，在中心广场上设置了漂亮的喷泉，使顾客们如投身于大自然的怀抱而流连忘返，有世界最漂亮的地下都市的美称。

众所周知，地下建筑内部较为幽静，一定程度上这是其长处，然而，习惯于地面环境声的人们，一下子进入地下后，环境声的消失，加重了他们心理上封闭感。为此，地下建筑室内设计应适量引入大自然的环境声。

地下建筑室内设计中的声音，大部分来自流水和飞禽。除水声、鸟声外，近年来，国外不少设计师们在发掘其他声源方面也做了许多新的尝试，如日本的"音浴室"、印度的音乐楼梯等。

## 2.4 地下工程设计理论简介

### 2.4.1 地下结构体系基本理论

地下结构和地面结构物，如房屋、桥梁、水坝等一样，都是一种结构体系，但两者之间在赋存环境、力学作用机理等方面都存在着明显的差异。地面结构体系一般都是由上部结构和地基组成：地基只在上部结构底部起约束或支承作用，除了自重外，荷载都是来自结构外部，如人群、设备、列车、水力等［见图 2 - 8（a）］，而地下结构是埋入地层中的，四周都与地层紧密接触。结构承受的荷载来自于洞室开挖后引起周围地层的变形和坍塌面产生的力，同时结构在荷载作用下发生的变形又受到地层给予的约束。在地层稳固的情况下，开挖出的洞室中甚至可以不设支护结构而只留下地层，如我国陕北的黄土窑洞，证实了在无支护结构的洞室中，围岩本身就是承载结构。

由于地下结构周围的地层是千差万别的，洞室是否稳定不仅取决于岩石强度，而且取决于地层构造的完整程度。相比之下，周围地层构造的完整性对洞室稳定更有影响。各类岩土地层在洞室开挖之后，都具有一定程度的自稳能力：地层自稳能力较强时，地下结构将不受或少受地层压力的荷载作用，否则地下结构将承受较大的荷载直至必须独立承受全部荷载作用。因此，周围地层能与地下结构一起承受荷载，共同组成地下结构体系。地层既是承载结构的基本组成部分，又是形成荷载的主要来源［见图 2 - 8（b）］，且洞室周围的地层在很大程度上是地下结构体系中承载的主体。地下结构的安全度首先取决于地下结构周围的地层能否保持持续稳定，并且应充分利用和更好地发挥围岩的承载能力。在需要设置支护结构时，支护结构能够阻止围岩的变形，使其达到稳定的作用，这种合二为一的作用机理与地面结构是完全不同的。

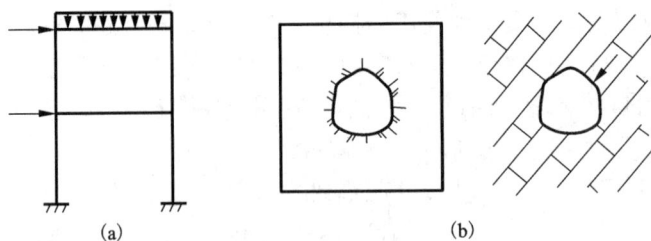

图 2 - 8　地下结构与地面结构的区别

除在坚固、完整而又不易风化的稳定岩层中可以只开成毛洞外，其他在所有地层中的坑道都需要修建支护结构，即衬砌。它是在坑道内部修建的永久性支护结构。因此，支护结构有两个最基本的使用要求：一是满足结构强度、刚度要求，以承受诸如水、土压力以及一些特殊使用要求的外荷载；二是提供一个能满足使用要求的工作环境，以便保持隧道内部的干燥和清洁。这两个要求是彼此密切相关的。支护结构即是我们所要研究的地下结构物。有时，在衬砌内部还设有为分割不同使用空间的梁、板、柱等内部结构。所以地下结构包括衬砌结构和内部结构两部分，内部结构的设计和计算与地面结构相同。

### 2.4.2　地下支护结构基本类型

因为地下结构周围的介质是千差万别的，所以不同地质条件需要的支护结构形式会有很大的不同，它直接影响到地下结构上的荷载。因此，结构形式首先由受力条件来控制。通常按其使用目的有如下基本类型。

1. 防护型支护

如顶部防护，这是开挖支护中最轻型者，它既不能阻止围岩变形，又不能承受岩体压力，而是仅用以封闭岩面，防止坑道周围岩体质量的进一步恶化。它通常是采用喷浆、喷混凝土或局部锚杆来完成的。

2. 构造型支护

在基本稳定的岩体中，如大块状岩体，坑道开挖后的围岩可能出现局部掉块或崩塌，但在较长时间内不会造成整个坑道的失稳或破坏。

支护结构的构造参数应满足施工及构造要求。构造型支护通常采用喷混凝土、锚杆和金属网、模筑混凝土等支护类型。

3. 承载型支护

承载型支护是坑道支护的主要类型。视坑道围岩的力学动态，它可分为轻型、中型及重型等。

对于承载型结构，其断面形式主要由使用、地质和施工三个因素综合决定。要注意到施工方法对地下结构的形式会起重要影响，并且会影响到支护结构的计算方法。

当地质条件较好、跨度较小或埋深较浅时，常采用矩形结构；当地质条件较差，围岩压力较大，特别是承受较大的静水压力时，应优先采用圆形结构，可充分发挥混凝土结构的抗压强度。当地质条件介于两者之间时，按具体荷载的大小和结构尺寸决定。如以竖直压力为主时，则用直墙拱形结构为宜；跨度较大时，可用落地拱结构，且底板常做成倒拱形（称为仰拱）。

地层性质的这种差别不仅影响地下结构的选型，而且影响施工方法的选择。因地下结构在施工阶段同样必须安全可靠，故采用不同的施工方法是决定地下结构形式的重要因素之一。在使用及地质条件相同的情况下，施工方法不同也会采用不同的结构形式。

此外，地下结构的选型还与工程的使用要求有关。如人行通道，可做成单跨矩形或拱形结构；地下铁道车站或地下医院等应采用多跨结构，既减少内力，又利于使用；飞机库则中间不能设柱，而常用大跨度落地拱；在工业车间中，矩形隧道接近使用界限。

### 2.4.3 地下结构基本计算理论

地下工程所处的环境条件与地面工程是全然不同的，早期的地下工程建设都是沿用适用于地面工程的理论和方法来指导地下工程的设计与施工，因而常常不能正确地阐明地下工程中出现的各种力学现象和过程。经过较长时间的实践，人们才逐步认识到地下结构受力、变形的特点，并形成以考虑地层对结构变形约束为特点的地下结构计算理论和方法。

地下工程支护结构理论的发展至今已有百余年的历史，它与岩土力学的发展有着密切关系。土力学的发展促使着松散地层围岩稳定和围岩压力理论的发展，而岩石力学的发展促使围岩压力和地下工程支护结构理论的进一步飞跃。

20 世纪 60 年代以来，随着计算机技术的推广和岩土介质本构关系研究的进步，地下结构的数值计算方法有了很大发展。有限元法、边界元法及离散元法等数值解法迅速发展，模拟围岩弹塑性、粘弹塑性及岩体节理面等大型程序已经很多，这些理论都是以支护与围岩共同作用和需得知地应力及施工条件为前提的，比较符合地下工程的力学原理。然而，计算参数还难以准确获得，如原岩应力、岩体力学参数及施工因素等。另外，人们对岩土材料的本构模型与围岩的破坏失稳准则还认识不足。因此目前根据共同作用所得的计算结果，一般也只能作为设计参考依据。

与此同时，锚杆与喷射混凝土一类新型支护的出现和与此相应的一整套新奥地利隧道设计施工方法的兴起，终于形成了以岩体力学原理为基础、考虑支护与围岩共同作用的地下工程现代支护理论。

现代支护理论与传统支护理论之间的区别主要表现在以下几方面：

（1）对围岩和围岩压力的认识方面

传统支护理论认为围岩压力由洞室塌落的围岩"松动压力"为围岩具有自承能力，围岩作用于支护的压力不是松动压力造成，而现代支护理论则认为是阻止围岩变形的形变。

（2）围岩和支护间的相互关系

传统支护理论把围岩和支护分开考虑、围岩当作荷载，支护作为承载结构，属于"荷载—结构"体系，现代支护理论则将围岩和支护作为一个统一体，二者组成"围岩—支护"结构体系共同参与工作。

（3）支护功能和作用原理

传统支护只是为了承受荷载，现代支护则是为了及时稳定和加固围岩。

（4）设计计算方法

传统支护主要是确定作用在支护上的荷载，现代支护设计的作用荷载是岩体地应力，由围岩和支护共同承载。

（5）支护形式和工艺

现代支护理论的形成与发展，首先是由于锚喷支护结构的大量使用，它可在围岩松动之前及时加固围岩，其应用实践给人们积累了丰富的经验。新奥法是典型的代表，尤其是现场监控量测的应用，20世纪80年代又将现场监控量测与理论分析结合起来，发展成为一种适应地下工程特点和当前施工技术水平的新设计方法——现场监控设计方法（也称信息化设计方法）。

目前，工程中主要使用的工程类比设计法，也正在向着定量化、精确化和科学化方向发展。地下工程支护结构理论的另一类内容，是岩体中由于节理裂隙切割而形成的不稳定块体失稳，一般应用工程地质和力学计算相结合的分析方法，即岩石块体极限平衡分析法。这种方法主要是在工程地质的基础上，根据极限平衡理论，研究岩块的形状和大小及其塌落条件，以确定支护参数。

与此同时，在地下工程支护结构设计中应用可靠性理论、推行概率极限状态设计研究方面也取得了重要进展。采用动态可靠度分析法，即利用现场监测信息，从反馈信息的数据预测地下工程的稳定可靠度，从而对支护结构进行优化设计，是改善地下工程支护结构设计的有效途径。考虑各主要影响因素及准则本身的随机性，可将判别方法引入可靠度范畴。

在计算分析方法研究方面，随机有限元（包括摄动法、纽曼法、最大熵法和响应面法等）、Monte-Carlo模拟、随机块体理论和随机边界元法等一系列新的地下工程支护结构理论分析方法近年来都有了较大的发展。

地下工程支护结构理论正在不断发展，各种设计方法都需要不断提高和完善，尤其是能较好地反映地下工程特点的现场监控设计方法，更迫切需要在近期内形成比较完善的量测体系与计算体系。从发展趋势看，新奥法开创的理论—经验—量测相结合的"信息化设计"体现了地下工程支护结构设计理论的发展方向。

### 2.4.4　地下结构的计算特性和设计方法

1.地下结构的计算特性

地下工程所处的环境和受力条件与地面工程有很大不同，反映在计算模型中，大致可归纳成如下几点：

①必须充分认识地质环境对地下结构设计的影响。地下工程是在自然状态下的岩土地质体内开挖的，这种地质体有史以来就在地层的原始应力作用下参与工作，并处于相对的平衡中。因而地下工程的这种地质环境对支护结构设计有着决定性意义。地下工程上的荷载取决于原岩应力，这种原岩应力是很难预先确定的，这就使地下工程的计算精度受到影响。其次，地质体力学参数很难通过测试手段准确获得。不仅不同地段差别很大，而且由于开挖过程会引起原有初始荷载的应力释放而改变地层中原有的平衡状态，其后果也会改变围岩的工程性质，如由弹性体变为塑性体。这一变化过程不能简单地用一个力学模型来概括，因为它与形成最终稳定的工程结构体系的类型及时间过程有很大关系。这也使地下工程的计算精度受到影响。因此对地下工程来说，只有正确认识地质环境对支护结构体系的影响，才能正确地进行支护结构的设计。

②地下工程周围的地质体是工程材料、承载结构，同时又是产生荷载的来源。地下结构

周围的地质体不仅会对支护结构产生荷载，同时它本身又是一种承载体。我们既不能选择，也不能极大地影响它的力学性质。作用在地质体上的原岩应力是由地质体本身和支护共同来承载的。作用在支护结构上的压力除与原岩应力有关外，还与地质体强度、支护的架设时间、支护的形式与尺寸及洞室形状等因素有关，是由支护结构和周围岩体之间的相互作用决定的，并且很大程度上取决于周围岩体的稳定性，它不是事先能给定的参数。充分发挥地质体自身的承载力是地下支护结构设计的一个根本出发点。

③地下结构施工因素和时间因素会极大地影响结构体系的安全性。地下结构在修筑的中间阶段，即施工状态，其荷载、变形和安全度与其他结构相比都还远远没有固定，尤其是与最终状态相比，因此计算中应尽量反映这些中间状态对结构体系安全性的影响。与地面结构不同，作用在支护结构上的荷载受到施工方法和施工时机的影响。某些情况下，即使选用的支护尺寸已经足够大，但由于施工时机和施工方法不当，支护仍然会遭受破坏。如矿山法施工过程中，若开挖方法不当，会引起洞室周围岩体的坍塌；若支护结构施加的时间过早，会造成结构内力过大；支护结构施加的时间过晚，会造成围岩过度的松弛以至于坍塌；若衬砌与围岩之间回填不密实或由于地下水的流失而在衬砌背后形成空洞，也会降低结构后期的安全性等。

④与地面结构不同，地下工程支护结构安全与否，既要考虑到支护结构能否承载，又要考虑围岩会不会失稳，这两种原因都能最终导致支护结构破坏。支护结构的承载力可由支护材料强度来判断，但围岩是否失稳至今没有妥善的判断准则，一般都按经验来确定。

⑤地下工程支护结构设计的关键问题在于充分发挥围岩自承力。要做到这点，就必须要求围岩在一定范围内进入塑性状态。但当岩土地质体进入塑性状态后，其本构关系是很复杂的。因此，由于本构模型选用不当亦会影响到计算的精度。可见，在力学模型上，地下工程也要比地面工程复杂得多。

**2. 地下结构的设计方法**

综上所述，地下结构的工程特性、设计原则及计算方法与地面结构有所不同。在选择地下结构的计算模型时，一方面要考虑结构和围岩相互作用的机理，另一方面也要考虑影响结构安全性的各种因素，包括施工过程的影响，才能得到比较符合实际的结果。

因此，地下工程从外表观之很简单，但在物理模型上却是一个高度复杂的体系。影响结构与围岩相互作用的因素很多、且变化很大，有些因素很难甚至无法完全搞清楚，没有粗略的简化就不可能用分析的方法反映它。加之地下结构的受力特性在很大程度上还与地下工程的施工方法、施工步骤直接相关。这些问题的存在使得一些地下结构的计算结果，无论在精度上和可靠程度上然后对模型进行分析计算，并按计算结果预测将来可能发生的现象，做相应的设计和施工决策，还是采用以围岩分级为基础的经验方法，从目前发展的水平来看，都不可能得到非常可靠的结论，其原因有：围岩的性质太复杂，而且变化很大，现在尚无法将如此复杂的围岩介质考虑得十分周全，并且在施工前，甚至在施工中都很难彻底地将围岩的性质搞清楚；人为的因素如开挖和支护方法，对围岩性质影响很大，事先又无法估计。所有这些都将严重影响我们所做的设计和施工决策的可靠性。

这些问题的存在使得地下结构的设计不仅要进行结构计算分析，严格地说还应该包括施工方法和施工参数的选择在内。同时，在施工过程中，还要根据围岩的稳定情况对这些参数进行修正。所以，目前在进行地下结构设计时，广泛采用结构计算、经验判断和实地量测相结合的所谓"信息化设计"方法。同时还要研究更完善的用于地下结构计算的力学模型，以便能更好地考虑结构与围岩的共同作用，逐步减少信息化设计中的反馈修改工作量。

信息化施工方法的流程如图2-9所示。图中可以看出，设计工作是从工程地质与水文地质勘探和室内试验开始，然后根据勘探和试验资料采用理论或经验方法进行预设计。所谓经验设计就是根据围岩的稳定程度（按完整性和强度进行）的分级指标，参考同类工程经验以确定所设计结构的有关设计参数和施工方法，如结构厚度、配筋、开挖方式等。继之，即可根据预设计进行施工，并在施工中对所建结构进行监控量测，如量测其变形、应力等，并加以综合和处理，或进行必要的理论分析。然后根据规范中所规定的安全条件进行对比，以判断预设计的安全性，对预设计进行修改或改变施工方法。这种以施工监测、理论分析和经验判断相结合，调查、设计与施工相交叉的设计、施工流程是非常符合地下工程特点的。

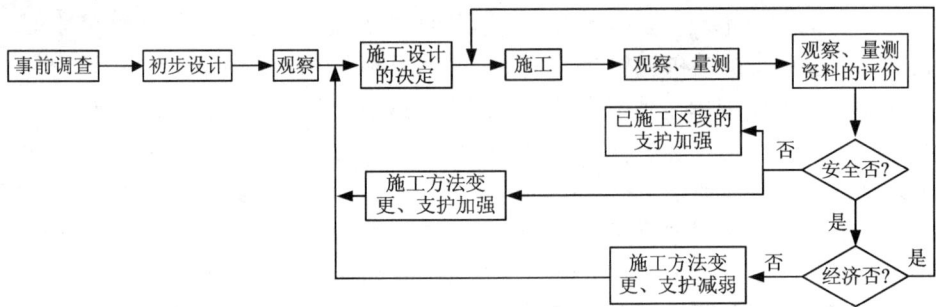

图2-9 信息化设计方法的流程图

3.地下结构计算的力学模型

鉴于以上的分析，地下工程从开挖、支护，直到形成稳定的地下结构体系所经历的力学过程中，岩体的地质因素、施工过程等因素对围岩结构体系终极状态的安全性影响极大。准确地将其反映到计算模型中，是十分困难的。

由此可见，地下结构的力学模型必须符合下述条件：

①与实际工作状态一致，能反映围岩的实际状态以及围岩与支护结构的接触状态。

②荷载假定应与在修建洞室过程（各作业阶段）中荷载发生的情况一致。

③计算出的应力状态要与经过一长时间使用的结构所发生的应力变化和破坏现象一致。

④材料性质和数学表达要等价。

只要符合上述条件，任何计算方法都会获得合理的结果。显然，洞室支护体系的力学模型是与所采用的支护结构的构造及其材料性质、岩体内发生的力学过程和现象，以及支护结构与岩体相互作用的规律等有关。

近年来，各国学者在发展地下结构计算理论的同时，还致力于研究设计地下结构的正确途径，着手建立适用于不同情况下进行地下结构设计的力学模型。

从各国的地下结构设计实践看，目前用于地下结构的计算模型有两类：一类是以支护结构作为承载主体，围岩作为荷载的来源，同时考虑其对支护结构的变形约束作用的模型，称为结构力学模型；另一类则相反，视围岩为承载主体，支护结构则约束围岩向隧道内变形的模型，称为岩体力学或连续介质力学模型。以下仅对结构力学模型加以介绍。

结构力学的计算模型

也称为荷载—结构模型。荷载—结构模型是我国目前广泛采用的一种主要的地下结构计算模型。其计算方法认为，地层对结构的作用只是产生作用在地下结构上的荷载（包括主动的地层压力和由于围岩约束结构变形而形成的弹性反力），以计算衬砌在荷载作用下产生的内力和变形的方法称为荷载—结构法。其设计原理是按围岩分级或由实用公式确定围岩压力，围岩对支护结构变形的约束作用是通过弹性支承来体现的，而围岩的承载能力则在确定围岩压力和弹性支承的约束能力时间接地考虑。围岩的承载能力越高，它给予支护结构的压力越小，弹性支承约束支护结构变形的弹性反力越大，相对来说，支护结构所起的作用就变小了。

荷载—结构模型虽然都是以承受岩体松动、崩塌而产生的竖向和侧向主动压力为主要特征，但在围岩与支护结构相互作用的处理上却有几种不同的做法：

1）主动荷载模型

它不考虑围岩与支护结构的相互作用，因此，支护结构在主动荷载作用下可以自由变形，和地面结构的作用没有什么不同。这种模型主要适用于围岩与支护结构的"刚度比"较小的情况下，或是软弱地层对结构变形的约束能力较差时（或衬砌与地层间的空隙回填，灌浆不密实时），围岩没有"能力"去约束刚性衬砌的变形[见图 2 - 10(a)]。

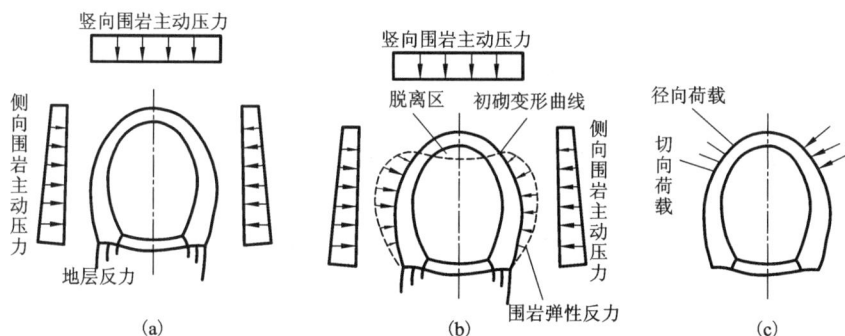

图 2 - 10　结构力学的计算模型
(a)主动荷载模型；(b)主动荷载加被动荷载模型；(c)实地量测荷载模型

2）主动荷载加围岩弹性约束的模型

它认为围岩不仅对支护结构施加主动荷载，而且由于围岩与支护结构的相互作用，还对支护结构施加被动的弹性反力。因为，在非均匀分布的主动荷载作用下，支护结构的一部分将发生向着围岩方向的变形，只要围岩具有一定的刚度，就必然会对支护结构产生反作用力来抵制它的变形，这种反作用力就称为弹性反力，属于被动性质。而支护结构的另一部分则背离围岩向着隧道内变形，当然，不会引起弹性反力，形成所谓"脱离区"。支护结构就是在主动荷载和围岩的被动弹性反力同时作用下进行工作的[见图 2 - 10(b)]。

3）实地量测荷载模式

这是当前正在发展的一种模式，它是主动荷载模型的亚型，以实地量测荷载代替主动荷载。实地量测的荷载值是围岩与支护结构相互作用的综合反映，它既包含围岩的主动压力，也含有弹性反力。在支护结构与围岩牢固接触时（如锚喷支护），不仅能量测到径向荷载，而且还能量测到切向荷载[见图2-10(c)]。切向荷载的存在可以减小荷载分布的不均匀程度，从而大大减小结构中的弯矩。结构与围岩松散接触时(如具有回填层的模筑混凝上衬砌)，就只有径向荷载。但应该指出，实地量测的荷载值除与围岩特性有关外，还取决于支护结构的刚度以及支护结构背后回填的质量。因此，某一种实地量测的荷载，只能适用于与量测条件相同的情况。

这一类计算模型主要适用于围岩因过分变形而发生松弛和崩塌，以及支护结构主动承担围岩"松动"压力的情况。由于此类模型概念清晰，计算简便，易于被工程师们所接受，故至今仍很通用，尤其是对模筑衬砌。

从上述可知，对于主动荷载模型，只要确定了作用在支护结构上的主动荷载，其余问题用结构力学的一般方法即可解决。常用的有弹性连续框架(含拱形)法，如力法、位移法等。对于主动荷载加被动荷载模型，除了上述的主动荷载外，尚需解决围岩的弹性反力问题。正如上面所述，所谓弹性反力就是指由于支护结构发生向围岩方向的变形而引起的反力。在围岩上引起的弹性反力的大小，可以用局部变形理论[见图2-10(a)]或共同变形理论[见图2-10(b)]计算。目前常用的是以温克尔假定为基础的局部变形理论来确定。它认为围岩的弹性反力是与围岩在该点的变形成正比的，用公式表示为：

$$\sigma_i = K\delta_i \qquad\qquad (2-3)$$

式中：$\delta_i$——围岩表面上任意一点 $f$ 的压缩变形；

$\sigma_i$——围岩在同一点所产生的弹性反力；

$K$——比例系数，称为围岩的弹性反力系数。

温氏假定相当于把围岩简化成一系列彼此独立的弹簧，某一弹簧受到压缩时所产生的反作用力只与该弹簧有关，而与其他弹簧不相干。这个假定虽然与实际情况不符，但简单明了，而且也满足了一般工程设计的需要精度，因此应用较多。

我国工程界对地下结构的设计较为注重理论计算，除了确有经验可供类比的一些工程外，在地下结构的设计过程中一般都要进行受力计算分析。各种设计模型或方法各有其适用的场合，也各有其自身的局限性。由于地下结构的设计受到各种复杂因素的影响，即使内力分析采用了比较严密的理论，其计算结果往往也需要用经验类比来加以判断和补充。以测试为主的实用设计方法为现场人员所欢迎，因为它能提供直观的材料，以便更确切地估计地层和地下结构的稳定性和安全程度。理论计算方法可用于进行无经验可循的新型工程设计，因而基于结构力学模型和连续介质力学模型的计算理论成为一种特定的计算手段愈益为人们所重视。当然，工程技术人员在设计地下结构时往往要同时进行多种设计方法的比较，以做出较为经济合理的设计。

## 2.4.5 地下结构设计的内容

修建地下建筑工程结构，必须遵循基本建设程序，进行勘测、设计与施工。设计分工艺设计、规划设计、建筑设计、防护设计、结构设计、设备设计和概预算等。每一个工程经过结构方案比较，选定了结构形式和结构平面布置后，再进行结构设计。和本课程相关的是结构形式的选择和结构计算。

由于地下结构的工作特征，在计算结构内力时，除了顾及结构本身是超静定以外，还应考虑到结构与围岩相互作用的非线性关系。这种关系常常使计算非常复杂，往往需要首先拟定截面尺寸才能进行结构计算。

1.设计流程

通常需要经过以下的过程：

(1)初步拟定截面尺寸

根据施工方法选定结构形式和布置及边墙厚度等主要尺寸。

(2)确定其上作用的荷载

要根据荷载作用组合的要求进行确定。根据荷载和使用要求估算结构跨度、高度、顶底板需要时要考虑工程的防护等级、"三防"要求与动载标准。

(3)结构的稳定性检算

地下结构埋深较浅又位于地下水位线以下时，要进行抗浮检算；对于敞开式结构(墙式支挡结构)要进行抗倾覆、抗滑动检算。

(4)结构内力计算

选择与工作条件相适宜的计算模式和计算方法，得出结构各控制截面的内力。

(5)内力组合

在各种荷载作用下分别计算结构内力的基础上，对最不利的可能情况进行内力组合，求出各控制截面的最大设计内力值，并进行截面强度检算。

(6)配筋设计

通过截面强度和裂缝宽度的核算得出受力钢筋，并确定必要的构造钢筋。

(7)安全性评价

若结构的稳定性或截面强度不符合安全度的要求时，需要重新拟定截面尺寸，并重复以上各个步骤，直至各截面均符合稳定性和强度要求为止。

(8)绘制施工设计图

当然，并不是所有的地下结构设计计算都包括上述的全部，要根据具体情况加以取舍。

2.衬砌截面尺寸的初步拟定

地下结构的衬砌截面必须根据工程的使用要求(埋置深度、横断面几何尺寸以及它的使用要求)、所选定的施工方法、隧道沿线的地质、水文情况确定断面形状和净空限界，据此进行隧道衬砌断面的初步拟定。

由于隧道衬砌是超静定结构，不能直接用力学方法计算出应有的截面尺寸，而必须先采用经验类比或是推论的方法，拟定衬砌结构尺寸。按照这个截面尺寸计算在荷载作用下的截面内力并检算其强度。如果截面强度不足，或是截面富裕太多，就得调整截面尺寸，重新计算，直至合适为止，初步拟定结构形状和尺寸需要考虑三个方面：

①衬砌的内轮廓必须符合前述的地下建筑使用要求和净空限界，同时要选择符合施工方法的结构断面形式。断面要平顺圆滑，最好设计成封闭式的，一般都应有仰拱。因为封闭式结构具有最佳的抵抗变形的能力，即使在厚度较小时，亦能提供较大的支护阻力。

②结构轴线应尽可能地重合在荷载作用下所决定的压力线上。若两线重合，结构的各个截面都只承受单纯的压力而无拉力，当然最为理想，但事实上很难做到。一般总是结构的轴线接近于压力线，使各个截面主要承受压力，而极少断面承受很小的拉力，从而充分地利用混凝土材料的性能。

③截面厚度是结构轴线确定以后的重点设计内容，要判断设计厚度的截面是否有足够的

强度。从施工的角度出发，截面的厚度要满足最小厚度要求，太薄将使施工操作困难和质量不易保证；由于地下结构的建设费用昂贵，如隧道衬砌的费用往往要占整个工程费用的40%～50%左右，故要求地下工程的衬砌结构必须根据安全可靠、经济合理的原则进行选择。已故的美国土力学教授太沙基曾经在一篇关于论述美国芝加哥地下铁道盾构施工的钢筋混凝土衬砌论文中谈到"浇注混凝土衬砌相当显著地加大了隧道的挠曲刚度，在一个完全柔性的隧道中，衬砌弯矩随着壳体厚度的增加而增加，因此，无论从结构或经济考虑，可以得出这样的规律，即壳体应根据施工的需要尽可能薄一些"。太沙基的这种观点在目前也仍有现实意义。

对于抗拉性能较差的混凝土支护结构，不应一味增加截面厚度来获得满意的安全系数，而应通过配筋或掺钢纤维等方式来解决。也可以在地层条件容许的情况下，在支护结构中设置铰接接头，增加支护结构的柔性，减小弯矩，但必须结合隧道的防水要求一并考虑。目前，支护结构中铰的防水问题仍是个难点。

3. 结构计算内容

(1) 横断面的设计

在地下结构物中，一般结构的纵向较长、横断面沿纵向通常都是相同的。沿纵向在一定区段上作用的荷载也可认为是均匀不变的。同时，相对于纵长的结构来说，结构的横向尺寸，即高度和宽度也不大，变形总是沿短方向传递。可

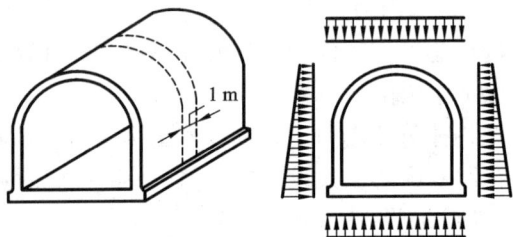

图2-11 结构横断面计算简化

认为荷载主要由横断面承受，即通常沿纵向截取1m的长度作为计算单元，如图2-11所示，将一个空间结构简化成单位延米长的平面结构按平面应变进行分析，并分别用$\frac{E}{1-\mu^2}$和$\frac{\mu}{1-\mu}$代替$E$和$\mu$。

(2) 隧道纵向的设计

横断面设计后，得到隧道横断面的尺寸或配筋，但是沿隧道纵向的构造如何，是否需配钢筋，沿纵向是否需要分段，每段长度多少等，特别是在软地基的情况下，如水下隧道，就需要进行纵向的结构计算，以检算结构的纵向内力和沉降，这就是纵向设计问题。

工程实践表明，由于隧道纵向很长，为避免由于温度变化、混凝土固结的不均匀收缩、地基的不均匀沉降等原因引起的隧道开裂，须设置伸缩缝或沉降缝，统称变形缝。变形缝间的隧道区段$l$，可视作长度为$l$、截面为横断面形状的弹性地基梁，按弹性地基梁的有关理论进行计算。从已发生的地下工程事故看，较多的是纵向设计考虑不周而产生裂缝，故应加强这方面的研究，并在设计和施工中予以重视。

(3) 出入口或交叉隧洞的设计

一般地下工程的出入口或隧道的交叉地段，结构规模虽小但较复杂，如出入口、竖井、斜井、楼梯、"三防"房间、防护门等与主隧道的连接部位，受力条件复杂，属于空间结构，若考虑不周，在使用时会出现各种裂缝，设计时要予以重视。

①边墙相交[见图2-12(a)]，是平面相交，受力简单，其平面相交投影为一直线，横洞衬砌仅承受横洞的围岩荷载，对于结构受力有利。

②拱顶相交[见图2-12(b)]，形成弧面相交，受力复杂，其平面相交投影为折线，折线

部分的结构既要承受来自横洞部分的围岩荷载,也要承受来自正洞部分的围岩荷载,对于结构受力很不利。

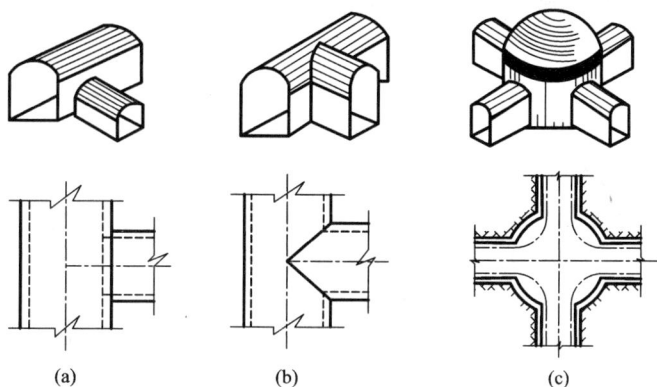

**图 2-12　洞室相交的方式**
(a)边墙相交;(b)拱顶相交;(c)隧道与穹顶洞室相交

③穹顶洞室与隧道相交[见图 2-12(c)],虽然相交投影为弧线,但因曲率较大,近似于平面相交,对结构受力有利。

所以交叉隧洞设计时平面图要尽量成90°相交,避免锐角;立面图尽量在平面上相交,避免弧面。而完全理想的连接是不太现实的,交叉隧洞连接设计时在不能满足上述两个条件时应注意以下几点:

①相交处的围岩应作加固处理,尤其是锐角状的围岩突出段。
②相交处的模筑混凝土衬砌应该采用钢筋混凝土衬砌。
③相交处的跨度部分应采用过梁跨越。

## 思　考　题

1.地下空间资源开发分析主要包含哪些方面?
2.地下建筑的规划重点要考虑哪些因素?
3.地下空间的生理和心理效应主要指哪些方面?
4.地下支护结构有哪几种基本类型?
5.简述地下结构设计的主要内容。

# 第3章 地下交通建筑

城市交通,通常指人流的活动和物质的运输,简称客运交通和货运交通,它是城市赖以生存和发展的基本功能之一,是城市基础设施的重要内容。

城市地下交通系统包括两大类:地下动态交通系统和地下静态交通系统。

地下动态交通系统包括地下铁道、地下公路(含车行立交)、地下人行通道等。

地下静态交通系统,一般指地下停车库,按其使用性质不同,可进一步划分为地下社会停车库和地下自备停车库。

## 3.1 地下铁道

### 3.1.1 地下铁道的基本功能及特点

地下铁道是指在大城市的地下修筑隧道、铺设轨道,以电动快速列车运送大量乘客的公共交通体系,简称地铁(metro subway)。在城市郊区,地铁线路常可延伸至地面或高架桥上。地铁运输几乎不占街道面积,不干扰地面交通,或称为"有轨公共交通线"(mass transit railway,简称轻轨)。它是解决城市交通拥挤问题,并能大量、快速、安全运送旅客的一种现代化交通工具。

随着国民经济的发展,城市人口大量增加,机动车和非机动车数量迅速增长,市区的客运交通流量猛增,尤其是在上、下班时和节假日时段,城市交通更显得拥挤混乱。目前很多城市道路交通的平均车速已下降至 10 km/h 以下,很多路口交通负荷度已经饱和。根据国内外的经验,建设大容量快速轨道交通包括地铁和轻轨运输是缓解交通紧张状况的有效途径。尤其是在市内,建设地下铁道,向地下发展是今后城市发展的一种趋势。

地下铁道在城市客运交通中的主要作用有以下几个方面:

①能满足大运量的需要。一条地下铁道单方向每小时的运送能力可达 4 万 ~6 万人次,为公共汽车的 6 ~8 倍,为轻轨交通的 2 倍多。完善的地下铁道系统会成为城市公共交通的骨干,可担负起城市客运量的一半左右。

②地铁列车以平均每小时 35 ~40 km 的速度运行,且一般不存在堵车问题,所以省时、快速、方便,减少了乘客出行时间和体力消耗。乘坐地铁通常要比利用地面交通工具节省 1/2 ~2/3 的时间。

③能缓和街道交通的拥挤和降低交通事故。地铁以车组方式运行,载客量大,正点率高,安全舒适。此外在多条地下铁道立体交叉情况下,通过在交叉点设立楼梯式电梯或垂直电梯,换乘极为方便,在城市中心区等热闹地带,可将地铁的出入口建在最繁华的街区,或建在大型百货商店以及其他公共场所的建筑物内,极大地方便了乘客,从而可将大量的客流引入地下,减少地面交通车辆,使私人小汽车或自行车出行者改为地铁乘客。

④能改善地面环境,降低噪声,减少了城市公共交通产生的废气污染,为把地面变成优

美的步行街区创造条件。

⑤地铁还可节省地面空间，保存城市中心"寸土寸金"的地皮。

⑥地铁有一定的抵抗战争和抵抗地震破坏的能力。

总之，一个现代化的大都市，如果没有良好的城市运输是不可想象的，地下铁道作为直达运输对运送旅客作用最大，已成为城市公共交通的首选方式。但地铁建设周期长，投资昂贵，每公里投资已超过 2 亿元人民币。因此，一个城市是否修建地铁，必须根据国民经济状况等综合因素，经可行性论证后才可确定。

我国于 1965 年在北京开始修建第一条地铁，截至 2010 年底，我国地铁已开通运营的城市有北京、天津、上海、广州、深圳、南京、中国香港和中国台北市等城市。目前绝大多数省会城市都正在或筹建修建地铁。

### 3.1.2　地下铁道路网规划

为了充分发挥地下铁道的作用，除了要有先进的技术外，首先要有合理的路网规划。否则，会因无计划盲目的修建地铁而造成各条线路客流不均匀，换乘不便，发挥效能差，并带来许多技术不合理等不良现象。如英国伦敦地铁最先是处于无规划的情况下发展的，线路重复段多，路网布局不合理，运营效益低。而莫斯科地铁重视按路网规划进行修建，结果伦敦地铁虽然以市区面积或人口计的路网密度都比莫斯科高，但线路客运负荷强度却比莫斯科低得多。这说明莫斯科地铁运营效益高，路网规划合理是主要原因之一。所以，一个城市的路网规划不是可有可无的。

地铁路网规划的内容包括：路网形式及路线走向的确定；地铁的类型；车站的位置、规模及出入口的布局；折返渡线与车辆的规划；线路的平、纵断面设计。这些工作牵涉到原有城市的状态及交通运输近期状况和远期发展方向、规模和城市的战备防护要求。由于地下铁道是地下工程，所以改建、扩建极为困难，因此，线路网规划是一个比较细致而复杂的工作。

路网规划参数的取得必须对所规划路网的城市做充分细致的调查，其中包括人口和人口密度调查(即居民分布情况，居民总数及增长趋势)，交通调查，客流调查及远期客流估计，各种交通工具分工情况，工业区、居民区分布情况，地面建筑及地下管道，地形、地质、水文地质等一系列调查。

1. 路网基本结构形式

路网中各条线路组成的几何图形一般称路网结构形式。主要归纳为以下几种形式(见图 3-1)：放射形(星形)、放射性网状、放射性环状、棋盘式(栅格网状)、棋盘加环线形式、棋盘环线加对角线形。

不同的路网结构形式，因其运输特性不同对城市人口分布的影响也不同，因此对城市结构的影响也不同。放射性结构可引导城市向单中心结构

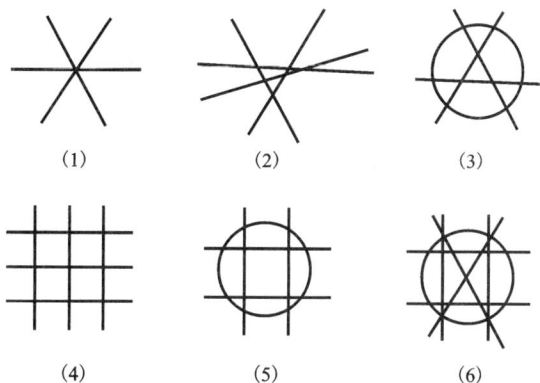

**图 3-1　地下铁道路网的基本形式**

发展；放射网状结构在市中心区引导城市呈高密度面状开发，从而促使城市形成手掌状向外

延伸的平面图；放射形环状结构也能引导城市如手掌状向外延伸；棋盘式结构引导城市较均匀地向外扩展，加上环绕市中心的环线，可以引导城市副中心的形成和发展。

此外，城市现有街道的基本形状及地理条件对地下铁道的路网形式有着重大影响，对浅埋地铁则尤为显著，几乎具有决定性的作用。图3-2为广州市地铁路网规划图。

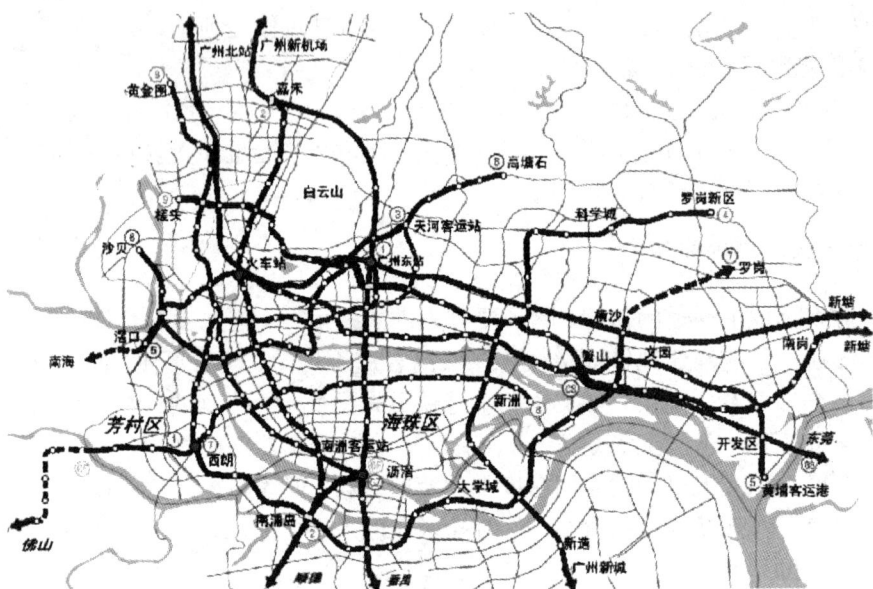

图3-2 广州市地铁路网规划图

**2.路网的组成**

地铁路网中的每一条线路必须按照运营要求布置各项组成部分，以发挥其运营功能。路网通常由区间隧道、车站、折返设备、车辆段(车库及修理厂)以及各种联络支线(渡线)所组成，如图3-3所示，其中一般人员接触较多的是区间隧道和车站。

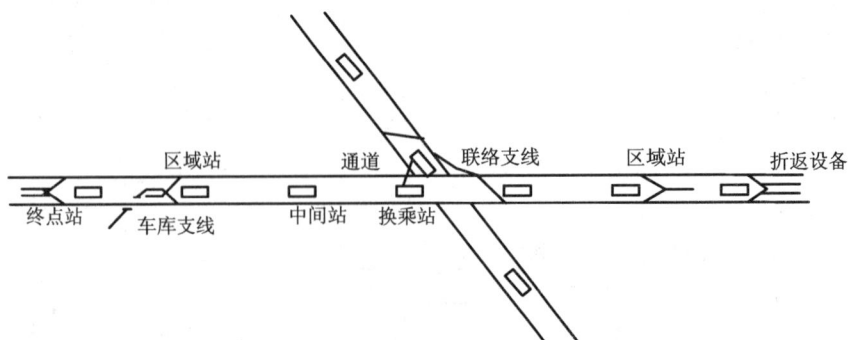

图3-3 地铁线路网组成示意图

(1)区间隧道

供列车通过，内铺轨道，并设有排水沟、安装牵引供电装置(接触轨——第三轨，或架空接触线）、各种管线及信集闭设备。

（2）车站

是旅客上、下车及换乘地点，也是列车始发和折返的场所。按运营功能分为：中间站、换乘站、区域站、终点站。

3. 地下铁道埋置深度

地下铁道线路走向确定后，埋设深度便是线路设计中首先要确定的问题。根据其到地表的距离，地下铁道可分为深埋与浅埋两种类型。一般认为埋深（通常指轨顶面到地面的距离）大于 20 m 时为深埋，埋深小于 20 m 为浅埋。

决定地铁埋置深度方案时，要考虑基建投资、地质条件、地下管线的埋深、防护要求等因素。浅埋（见图 3 - 4）常用明挖法，在特殊情况下，个别区段亦可采用暗挖法，深埋（见图 3 - 5所示）地铁一般采用暗挖法施工。

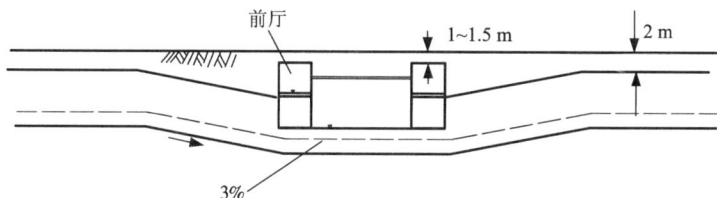

图 3 - 4　浅埋地下铁道纵断面图

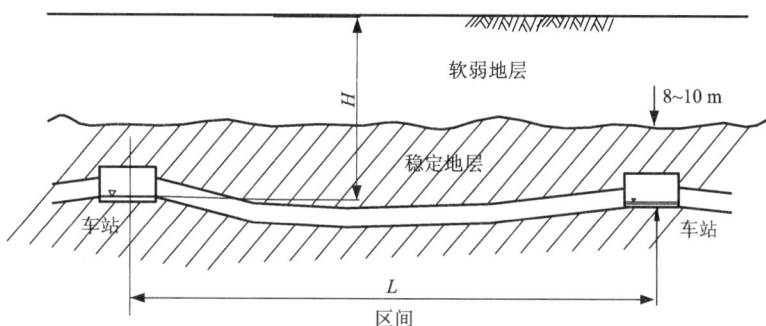

图 3 - 5　深埋地下铁道纵断面图

在具体规划设计时，埋深方案的选择受许多条件控制。一般在建筑稠密、交通繁忙的市中心采用深埋，在交通量小和街道宽敞的郊区采用浅埋。另外，在城市边缘地区，近郊区或特殊地形的地区采用高架线路或地面线路，在交叉路口采用立交，可大大降低工程造价、缩短工期。目前国内外地下铁道趋向于采用浅埋为主。

### 3.1.3　地下铁道区间隧道建筑

地铁区间隧道是连接车站的重要建筑物，它的结构长度是地铁线路上最长的，其设计得是否合理，对地下铁道的造价起着至关重要的影响。隧道结构内部有足够的空间，以便车辆通行及布置线路上部结构、通信信号设备和各种管线。从防灾和人防的角度考虑，在地铁区间隧道中还专门设置有区间设备段。

1. 地下铁道线路上部建筑

地下铁道线路上部建筑由道床、轨枕、钢轨、连接零件、防爬设备及道岔组成。地铁的特点是行车密度大，维修养护时间少，而且完全是客车性质，这就需要使用既能保证行车舒适度，又能尽量减少维修工作量的线路上部建筑。

2. 区间隧道衬砌结构

区间隧道衬砌断面根据施工方法的不同可分为：矩形、马蹄形和圆形三种形式。一般而言，在常规区间中多为两条平行的单线隧道。

(1)明挖法隧道衬砌结构

明挖法地铁区间隧道通常采用矩形钢筋混凝土框架结构。由于两座分开的单跨单线结构的工程量大于一座双线双跨结构，因此除非受既有条件限制，如存在大型地下管道，或特殊的地质条件等，一般都采用双线双跨隧道结构，如图3-6所示。

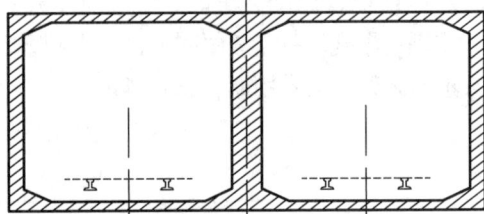

图3-6　双线矩形框架区间隧道结构图

(2)矿山法隧道衬砌结构

采用矿山法施工的区间隧道其断面形式为马蹄形(又称拱形)，一般采用复合式衬砌结构。衬砌分为内外两层，外层(与围岩接触)可以为锚喷支护，内层为整体式素混凝土或钢筋混凝土衬砌，两层之间加设防水层。复合式衬砌具有支护及时、能有效抑制围岩变形、充分发挥围岩自承能力、能适应隧道建成后衬砌受力状态变化等显著优点，如图3-7所示。

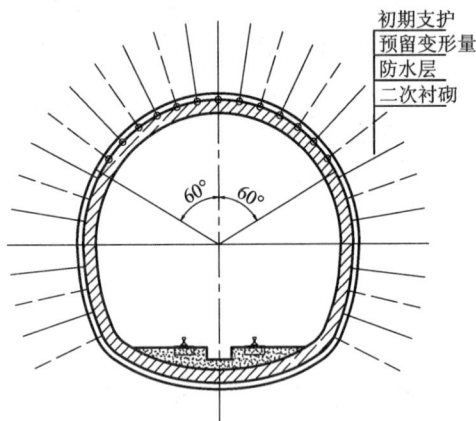

图3-7　复合式衬砌区间隧道结构图

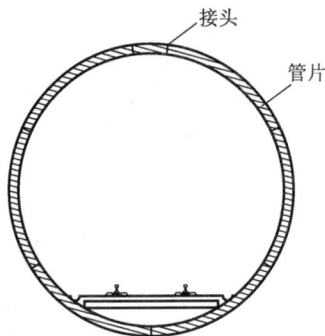

图3-8　装配式衬砌区间隧道结构图

(3)盾构法隧道衬砌结构

采用盾构法施工的地铁区间隧道中，由于圆形结构受力合理，推进阻力小，故被广为采用。采用的结构形式通常为装配式衬砌，这种衬砌结构是在专门的工厂预制成构件后，再运输至隧道内由机械拼装而成的衬砌结构(在地铁中这种预制构件通称管片，见图3-8)。装配式衬砌具有施作后能立即承载、施工易于机械化等特点，由于在工厂预制，能保证较高的质量要求。因此在我国当前的地铁区间隧道施工中被广泛应用。

### 3.1.4 地下铁道车站

车站是旅客上、下车的集散地点，也是列车始发和折返的场所，是地下铁道路网中的重要建筑物。从规划设计、设备配置、结构形式、施工方法等方面看都是最复杂的一种建筑物，因而在地铁基建投资中所占比重最大。在使用方面，车站供旅客乘降，是客流集中处所，故应保证使用方便、安全、迅速进出站。为此要求车站有良好的通风、照明、卫生设备，以提供旅客正常的、清洁的卫生环境。地下铁道车站又是一种宏伟的建筑物，它是城市建筑艺术整体的一个有机部分，一条线路中各站在结构或建筑艺术上都应有独自的特点。

1. 车站的规模与组成

决定车站规模有各种因素，而最重要的因素是客流量。各客流量一般是根据全线通车后10年或15年后，各车站全日乘降人数推算决定的。一般当地下铁道乘客的主要对象为上、下班，上学的人流时，车站在1 h内，集中了全日乘降人数的25%～30%，这一客流量是考虑车站设施的依据。车站的规模等级分类如表3－1所示。

进行车站规划时，从设计的效率、合理等观点出发，应进行标准化的设计，即所谓标准型的车站。在这些同一类型车站的内部统一规划，使用同一材料。在车站内部建筑装修色彩上可进行变化，以标志各不相同的车站。

表3－1　车站等级分类

| 规模等级 | 适 用 范 围 |
|---|---|
| 1 级站 | 适用于客流量大，地处市中心的大型商贸中心、大型交通枢纽中心、大型集会广场。大型工业区及位置重要的政治中心地区 |
| 2 级站 | 适用于客流量较大。地处较繁华的商业区、中型交通枢纽中心、大中型文体中心、大型公园及游乐场所、较大的居住区及工业区 |
| 3 级站 | 适用于客流量小，地处郊区各站 |

车站平面布置应力求紧凑、适用、合理、能设于地面部分的设备房间，尽量建于地面，而不设于地下，以降低地下铁道站造价。车站的平面位置、规模及结构形式必须充分考虑城市客流特点和经济合理，并考虑远期的发展。

地下铁道车站主要由地面站厅或出入口、中间站厅、站台、辅助用房四部分组成。

地面站厅或出入口：为地下铁道与地面的联络口，供旅客进入车站使用。

中间站厅：立面位于站台与地面之间，一般在中二层部分，供售票、候车、小卖等用。侧式站台埋深较浅时，无法设中间站厅，可设地面站厅（或出入口）代替中间站厅的作用。中间站厅地板下表面至站台面距离为2.85～2.90 m，高出车顶20 cm左右，净空在3 m左右。

站台：供乘客乘降，分散上下车人流。

辅助用房：保证地下铁道正常使用，除以上供旅客乘降用的站台以外，还应配有高压配电，低压配电，变压器室，牵引变电室，风机室，广播室，主副值班室，继电器室。信号工区及驻站通信室，仓库、厕所、污水泵房，服务人员休息等辅助用房。

2. 站台设计

（1）站台形式

岛式站台：站台设在上下行线路中间（图 3 - 9），此种站台供两条线路使用，站台两端设楼梯或自动扶梯与中间站厅连接，其宽度由客流量建筑要求而定，一般

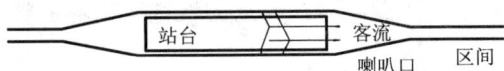

图 3 - 9　岛式站台示意图

采用 8 ~ 10 m。浅埋地下铁道线路由区间进入车站时，由于线间距改变，中间应设一过渡段——喇叭口。岛式站台适用于规模较大的车站，如始终站、换乘站，这种方式上下行线共用一个站台，可起到分配和调节客流的作用，对于乘客需要中途折返比较方便。我国现已修建的地下铁道车站中多采用岛式站台。

侧式站台：在上、下行线路各设一站台时，称为侧式站台（见图 3 - 10）。线路可以以最小线间距在两站台间通过，因而区间隧道与车站连接处不需修建喇叭口，侧式站台宽度一般为 4 ~ 6 m。因侧式站台端部宽度不够设置自动扶梯，所以一般均设楼梯。有时，也可在站台中部设出入口。侧式站台适用于规模较小的车站，如中间站，不同方向的两条正线，分别使用各自的站台，上、下行旅客可避免互相干扰。我国天津市、法国巴黎、英国伦敦等城市采用侧式站台。

混合式站台：在一个车站同时采用岛式、侧式站台时，为混合式（一岛一侧或一岛两侧）。岛式及侧式站台间以天桥或地道相联系（见图 3 - 11）。此种站台的主要目的是为了解决车辆中途折返，满足列车运营上的要求。另一方面也是为了避免站台产生超荷现象。但此种形式造价高，进站出站设备比较复杂，因而较少采用。

图 3 - 10　侧式站台示意图

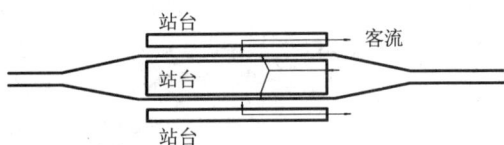

图 3 - 11　混合式站台示意图

（2）站台规模

1）站台长度

站台长度主要由所编列车的计算长度决定，列车的计算长度与车辆长度和编组车辆数目有关，一般可由下式计算：

$$站台长度(L) = 车辆长 \times 车辆数 + 预留距离$$

车辆长一般约为 20 m，车辆编组一般 6 辆，预留距离是指考虑到停车时位置的不准确和车站值班员及司机对确定信号的需要，一般预留 2 m。此外，还需考虑有辅助用房（广播室、信号室、运输值班室）时，还应适当增长站台。因此，站台的长度一般为 120 ~ 140 m。

2）站台宽度

站台的宽度，由站台形式、楼梯的位置、高峰时客运量、列车运行间隔等决定，其次是考虑站台边缘安全带的宽度、站台的坐椅、车站立柱的关系等。

站台最小宽度都不得小于表 3 - 2 所规定的站台最小宽度值。其中站台边缘到立柱边缘至少为 2 m，在站台两端偏僻地段应不小于 3 m。此外，在站台的两端部分宽度狭窄，因而站台两端边缘宽度 1.5 m 以内，禁止设置立柱、楼梯等设施，以确保列车在运行中人行的交错、

55

上车旅客的集合、下车旅客的流动有一定富裕宽度和列车监视上瞭望条件的宽度要求。

3）站台上部净空高度

站台上部净空高度，一般由建筑艺术及工程上的要求考虑来决定，增大高度较为美观，但结构边墙、立柱均增高，工程数量亦相应增大。最小站台上部净空高度，一般规定为 3 m。单拱车站站厅高度，通常需定得高些，使能符合建筑艺术的要求。根据经验站厅跨度与高度之比约等于 2。

表 3-2 站台最小宽度

| 站台形式 | 结 | 构 | 最小宽度(m) |
|---|---|---|---|
| 岛式站台 | | | 8.0 |
| 侧式站台 | 无 | 柱 | 3.5 |
| | 有柱 | 柱内 | 3.0 |
| | | 柱外 | 2.0 |
| 混合式站台 | 岛 | 式 | 8.0 |
| | 侧 | 式 | 3.5 |

3. 地下铁道车站结构

地铁车站的结构形式与区间隧道衬砌结构一样，也可基本上分为矩形框架结构（或称箱形框架结构）、拱形结构和圆形结构三种。在这三种中，我国使用最多的是箱形框架结构，其次是拱形结构，圆形结构主要用于国外地铁，我国目前工程实例不多。

（1）箱形框架结构车站

浅埋地铁车站采用框架结构便于施工，而且净空断面能充分利用，杆件刚性结合，断面最经济。

框架结构又可有单跨、双跨、三跨、四跨等类型。我国地铁车站结构中，三跨、双跨、四跨较多，单跨采用较少。其中三跨广泛采用于岛式站台中，双跨和四跨在侧式站台中被普遍采用，如图 3-12、图 3-13 和图 3-14 所示。

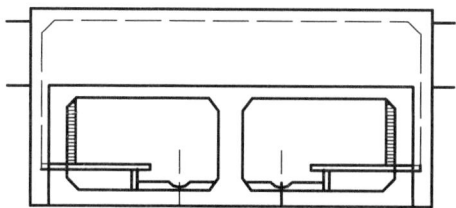

图 3-12 双跨车站图

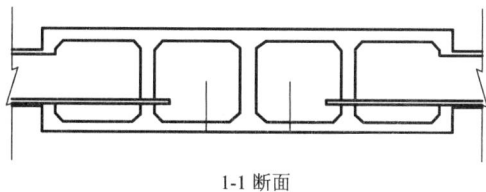

1-1 断面

图 3-13 四跨车站图

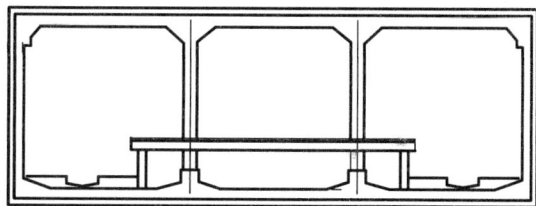

图 3-14 三跨车站断面图

在两跨及三跨车站结构方案中，底板也可有不同方案：一种是底板为较厚的钢筋混凝土板，在其上支承边墙和柱基。另一种底板为连续板，并与底部纵梁刚性连接，在此纵梁上支承车站立柱。

57

（2）拱式结构车站

当地铁车站位于深埋地段或即使位于浅埋地段，但为了不妨碍地面繁忙的交通，也需采用暗挖法施工时，车站结构通常可采用双拱和三拱结构。这两种结构形式在我国近期建成和正在建设的浅埋地铁车站中比较流行。图 3-15 为深圳地铁某浅埋双拱车站结构图；图 3-16 为北京地铁西单三拱车站断面图（浅埋）。

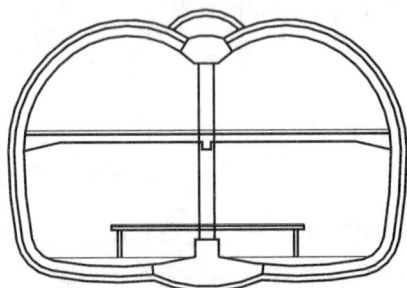

图 3-15　双拱车站断面图　　　　　　　　图 3-16　三拱车站断面图

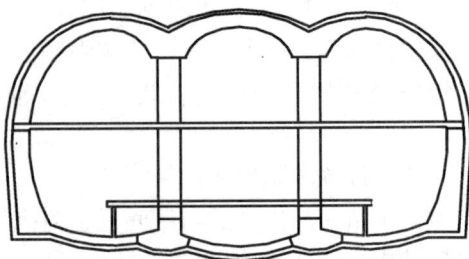

结构的构成与区间拱形结构一样，通常采用复合式结构。初期支护为格栅拱架加喷射混凝土，二次衬砌为模筑钢筋混凝土。顶部拱圈之间通过顶部纵梁联结，再将拱圈所承受的部分荷载和自重，通过中间立柱传递至底部纵梁。

浅埋暗挖时的岛式车站究竟是采用双拱还是三拱结构，需视车站的规模和位置而定。

4. 出入口建筑

（1）站厅布置

站厅是地铁车站用于售票、检票、布置部分设备房间的场所，站厅大多数设在地下一层。根据车站的类型和规模可分为以下三种类型：

①分离式站厅。站厅设在车站地下一层两端局部，中间不连通，采用人工售检票方式。

②贯通式站厅。站厅设在车站地下一层，采用自动售票和检票方式，进出站检票机一字形排列。

③分区式站厅。站厅设在车站地下一层，采用自动售票和检票方式，用检票机划分付费区和非付费区。

图 3-17 所示为贯通式站厅实例。

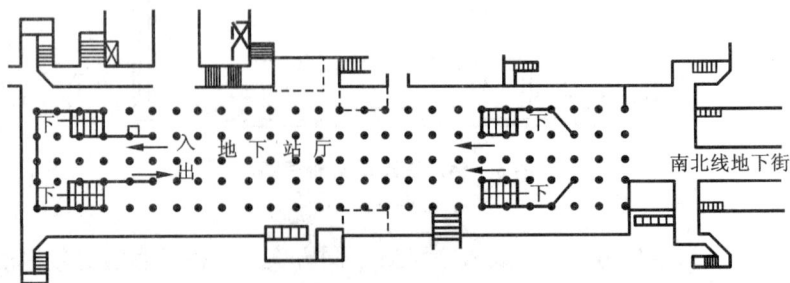

图 3-17　贯通式车站站厅示意图

（2）地面出入口及人行通道

不设地面站厅的车站，应根据所在位置、地面建筑与街道情况布置出入口，出入口一般都设有顶盖，它包括楼梯或有自动扶梯、地面或地下售票处、地下人行通道。它的平面组成简单，外形小，占地少，故可设在人行道边或拐角处，并尽可能靠近城市地面公交停靠站附近。又由于它构造简单，造价经济，所以在一个车站可设置多处，并可与人行横道连接成为城市交通的组成部分。

1）位置选择

出入口位置决定于车站的地势和所选地区的具体条件，并应满足城市规划及交通的要求，一般选择在人流集中的地方。如：设在沿街道人行道边和街道拐角处，设在街道中心广场或街心花园处、设在百货商店或办公室楼建筑物内的底层，设在车站广场及停车场上等。其实例如图 3-18 和图 3-19 所示。

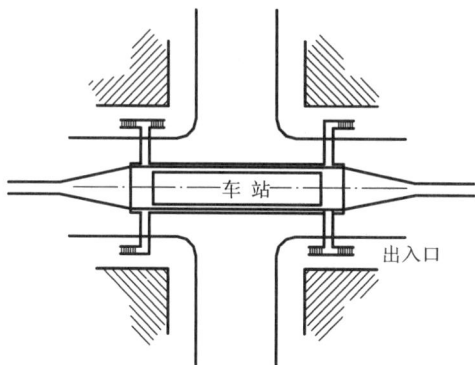

图 3-18 位置选择实例一

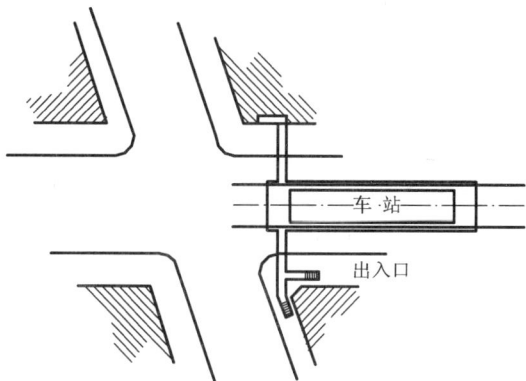

图 3-19 位置选择实例二

2）出入口及通道的数目和宽度

地铁车站出入口及通道的数目由客流量及所在地区的情况来决定，从站内发生灾害性事故后疏散旅客考虑，一个车站最少应有两个出入口通到站台的楼梯，岛式必须两个，侧式必须四个，即站台两端头必须要有通向地面的出入通道。

出入口及通道的宽度，一般是通过客流量的计算来决定。一个通道的最小宽度应在 1.5 m 以上。采用宽度一般不宜小于 2.0 m。通道内净高一般为 2.5 m 左右。

在确定通过能力时，还必须考虑到客流分布的不均匀性，如有两个地面站厅或出入口，对每个均应乘以不均匀系数 1.25。

每米宽的通道和走廊通过能力应满足：单向（一个方向）5000 人/h，双向（具有相反方向）4000 人/h。

每米宽的楼梯通过能力：单向行人（下楼时）4000 人/h，单向行人（上楼时）3750 人/h。

3）出入口的地面形式

出入口的地面形式与自然气候条件，城市规划要求，周围建筑物有关，一般可分为露天与带屋盖两类。我国一般采用带屋盖形式。

（3）升降设施

由于车站的乘降站台一般均处在地下一定的深度处，尤其是深埋车站时更深些，地下铁道车站必须具有一种能满足客流需要的竖直升降设施。升降设施一般采用阶梯和自动扶梯两种情况。当车站埋深较浅，且客流不大时，常用阶梯，对深埋地铁车站除设有步行阶梯外，一般还设有自动扶梯。

作为旅客服务的设施，地铁车站目前大多都趋向于考虑设置自动扶梯。自动扶梯能连续不断输送旅客，通过能力不受升降高度的影响。运送极为均匀，乘客在扶梯前无须等候，所以靠近扶梯处交通不致堵塞。尤其在遇电动装置停止运转时，可作为普通阶梯使用，不影响乘客乘降。唯一缺点是造价高。在浅埋地下铁道中为经济合理的目的，有时上升时采用自动扶梯，下降时采用阶梯的办法，来减少自动扶梯的设置数量。

自动扶梯的设置地点，从利用效率及管理上出发，设在检票口后方较好，但是街道内的其他城市设施的影响，也不得不在检票口以外的出入口部分设置自动扶梯。

(4)车站辅助用房

车站辅助房间大致可分为以下几类：

①运营管理用房：如行车值班室、站长室、工作人员办公室、会议室、广播室、售票室、问询室等房间。

②电力用房：如牵引降压变电室，照明配电房，通风机房，给排水房(泵房)，电池等室。

③技术用房：如继电器室，信号值班室，通信引入线室。

④生活服务用房：如休息室、厕所、盥洗室、茶炉房、仓库等。

## 3.2　城市地下公路

### 3.2.1　城市地下公路的建设意义与特点

1. 建设意义

城市地下公路是指城市交通道路在某区段采用地下隧道方式所建造的。

从18世纪修建地下铁道以来，地铁解决了大量人群的出行问题。但是，地铁存在的主要缺陷是：地铁路线由于专用，就很难遍布全市，就有由地面交通转地铁，地铁甲线转地铁乙线等换乘问题，每次换乘就有进站、出站和等车的问题，出行速度快不了；地铁的容量虽大，在高峰时期车厢内每平方米拥挤达9人，乘坐的质量不高；而在非高峰期，需按一定的间隔时间运行，乘客少收益少，运行成本又较高；地铁必须有专用的轨道线路、车站、车辆、车库、车辆检修站和运力供应站等；还要有动力系统、信号监控系统、照明系统、通风系统和进出车站的系统，因此地铁的建设费用高，运行成本也不低。世界各国之所以还优先开发，是把它作为公益事业来建设的，是从增进社会活力来创效益的。基本上不能收回投资，能够维持运营的收支平衡就不错了。

城市规模的不断开展和经济的快速增长，都对城市交通容量有不同程度的需求。但当地面空间拥挤难以发展新的动态交通用地时，当地面道路叉口太多影响交通通畅、快速时，当城市位于某些地形复杂区域(如山地城市)时，尤其当城市环境质量(空气有毒成分指标、噪音指标)要求已限制了发展地面、上部(高架)交通体系时，为了保证城市交通的正常和对城市发展的促进，就需考虑建造地下公路网。

在长远的未来，如果能把城市地面上的各种交通系统大部分转入地下，在地面上留出更多的空间供人们居住和休息，是符合开发城市地下空间的理想目标的。在现阶段，在城市的交通量较大的地段，建设适当规模的地下快速道路还是需要的，可比较有效地缓解交通矛盾。

国内外大量建成使用的海（江）底隧道经验表明，随着智能交通技术的应用，路径引导系统、道路和交通状况信息系统、危险警示系统；交通流诱导控制系统、养护系统、综合交通调度协调系统等综合智能交通系统的建立，将会使城市地下公路的发展迈向一个新的台阶。

2．城市地下公路的特点

（1）快速、便捷

地下公路和地面公路都是同一种道路，使用车主们自己的汽车，不需要专用车辆。因此地下公路是地面公路的延伸。又由于地下是一个空间，在需要交汇的地方可以很方便地形成立交，完全消除红绿灯的指挥。地下公路和地面建筑没有直接的联系，它可以根据线路的效益来布置出入口，或者转入到其他地下公路。这一系统的建立把地下公路和地面公路融为一体，相当于铁路上的快车和慢车，地下公路相当于快车系统，地面公路相当于慢车系统，车辆在地下以快速运行长距离的区间后又可以转入慢车系统，可以到每个小区、每栋建筑物门前停车，即不需要换乘，可以从始发点直达目的地，更用不着为进站、出站和等车花费时间，人们的出行速度可以提高到 60 km/h，同时也改善了尚未进入地下快速公路网的车辆运行状况。

（2）能有效缓解地面交通压力

地下公路可以选择量大面广的小车作为运行对象，相对可以用较小的地下空间断面来运行更多的车辆，有效地分流了地上车辆。像巴黎区域性快速地下公路网大约可分流地上20%的车辆。

（3）更有利于环境保护

目前许多大城市都已建造了许多高架路，但高架路存在着一些弊病，如震动、噪声、污染等。地下公路可让沿线居民免受高速行驶的车流产生的噪音和废气影响。同时，通过在隧道内设置的换气站，可将地下公路汽车尾气的颗粒物及其他有害物质进行过滤和分解，排出经过高科技处理、几乎无污染的气体。随着车辆清洁能源的使用，通风、除尘集中后处理更加有效和方便，城市环境更易于保持清洁。另外，地面上的高架路拆掉后可以做林荫大道，增加绿化面积，也保护了城市内的自然景观和人文景观。

（4）造价相对低

地下公路每公里的建设成本大体上为地铁系统的 1/2，尽管其运营期间需要有照明、通风和监控信号系统，但比地铁运行还需要行车组织系统、车库、检修场、车辆动力配电站等设施要简便得多，故其运营成本也要低得多。

### 3.2.2 国内外发展概况

1．国外发展概况

美国波士顿中央大道建成于 1959 年，为高架 6 车道，直接穿越城市中心区。21 世纪初，鉴于当时已成为美国最拥挤的城市交通线，每天交通拥堵时间超过 10 小时，交通事故发生率是其他城市的 4 倍。高架道路对周围地区的割裂，加之严重的交通堵塞和高发事故率，使一些商业机构搬迁出去，由此带来巨大利税损失。为此，展开了隧道改造工程建设。该工程是在现有的中央大道下面修建一条 8～10 车道的地下快速路，替代已有的 6 车道高架路，建成后，拆除地上拥挤的高架桥，代之以绿地和可适度开发的城市用地，并将拥堵的时间缩短到每天早晚高峰时间的 2～3 h，基本相当于其他城市的平均水平，并可以降低城市 12% 的一氧化碳排放量，空气质量得到改善。同时，可提供 150 英亩的城市可开发用地和 40 英亩的公园绿地。该地下公路工程于 2007 年年底竣工。

日本于 2007 年在东京都城铁环线"山手线"地下约 40 m 处，建成了一条双向 4 车道的高速路。这是日本首条地下高速路，它从东京的板桥区熊野町到目黑区青叶台，全长 11 km，经过池袋、新宿和涩谷三个重要商业中心。这段被称为东京"中央环状新宿线"的地下高速路投资总额达 1 万亿日元(约合 90 多亿美元)，中途设 6 个出入口。开通后，从池袋经新宿到涩谷所需的时间可从目前的 50 min 缩至 20 min，既可有效缓解市区的交通拥挤，也可减轻环境污染。

俄罗斯莫斯科市由于市内交通量增大，需要修建第三条环形路，这条路贯通的最大难题是如何通过风景优美且文物古迹众多的列福尔地区，又不破坏当地的人文景观。经过专家论证和征求市民意见后，政府决定修建一条长 3 km 的地下快速路，使三环路从 36 m 深的地下穿过该地区。

新加坡在 2007 年建成了东南亚最长的地下公路，这条由加冷到巴耶里的公路全长 12 km，有长达 9 km 的路段建在地面下，其中部分地下公路从一条河道下通过。

2. 国内发展概况

北京奥运中心地下环路长约 9.8 km 的地下环隧堪称亚洲最大规模的地下环路隧道。这条地下车行环路隧道位于国家体育场南路、湖景东路、科荟南路北侧及天辰西路的地下。横断面为 3 个单向车道，有 12 个入口和 13 个出口，并与市政道路相连通，其中包括与地面道路相连的 6 个入口和 7 个出口以及与大屯路隧道和成府路隧道相连的 6 个入口和 6 个出口。开通后，游人可开车抵达"鸟巢"、"水立方"等各个奥运场馆，同时还可以开车从多个入口进入中心区的地下车库。同时，该环隧还配备有专门的停车场，位于国家体育场东北面，共两层，总建筑面积 3.8 万 m²，有标准停车位 1015 个，是中心区唯一的公共车库，为中心区及周边商业服务。

北京早在 2004—2005 年，就为解决交通问题规划了"四纵两横"的地下道路网。这"四纵两横"是指在北京西侧建两条南北向的地下快速路，缓解西二环、西三环的交通压力，同时为金融街、中关村等提供长距离的通行干道。在东侧建设两条南北向的地下快速路，缓解东二环、东三环的交通压力。在长安街南北两侧各修建一条东西向的地下干道，缓解南北二环、三环和长安街的交通压力。此外，东城区作为北京老皇城的一部分，地面与地下文物都非常丰富。很多地方还保留着老北京的胡同、四合院风貌。但随着经济和道路交通的发展，行车难、停车难成了东城区的"心病"。根据 2010 年的《东城区地下空间开发利用研究报告》东城区将研究规划胡同下的地下停车场，连通雍和宫和东单的地下道路。

在南京，于 2008 年投入使用的快速内环的东线工程放弃了高架模式，采用全地下隧道设计。快速内环东线由穿越部分玄武湖湖底和九华山的九华山隧道(连接新庄立交并在玄武湖隧道设有地上互通，并先期建成通车)以及完全在龙蟠路地面下的西安门隧道、通济门隧道组成。九华山隧道、西安门隧道、通济门隧道同样采用了双向 6 车道设计，设计时速同玄武湖隧道也为 60 km/h。建成后城北火车站地区开车到城南以至江宁区将缩短至少 20 min 以上的时间。

上海的外滩道路也全部转为地下使用,地面上禁止通车。

杭州西湖湖滨地下路即西湖湖底隧道位于西湖东岸一公园到六公园处,全长 1265 m,其中 750 m 在西湖湖底。隧道主体采用双孔箱涵结构形式,总体形状为"Y"形,双向 4 车道,车辆从解放路入口驶入,北端驶出,直达环城西路;或从隧道北端进入,南山路出口驶出后,直接进入西湖大道。西湖湖滨地下路的建成,有效缓解湖滨路这条城市大动脉的交通拥挤状况。而且作为西湖景区游览的主要入口、传统商业服务街区和市区与西湖风景区的结合部,过去一直人车混行,人为隔断了市区与西湖风景区的自然延伸。西湖隧道建成后,地上交通全部引入地下,湖滨地区建成步行街,为市民和游客创造了一个更加优美和休闲的湖边景区。

长沙穿越烈士公园和湘江的营盘路隧道分别于 2008 年和 2011 年通车运营,其中营盘路湘江隧道是长沙市第一条穿越湘江的隧道(见图 3 - 20),位于橘子洲大桥和银盆岭大桥之间,主线为双向 4 车道,隧道东起营盘路,下穿湘江大道、橘子洲、傅家洲和潇湘大道,西接咸嘉湖路。隧道分南、北两线,南线长 2.7 km,北线长 3 km,采取江底分匝设计,在江底提前分流车辆,设计行车速度为

图 3 - 20　长沙湘江营盘路隧道平面位置图

50 km/h,设计通行能力为 6253 辆/h。隧道施工攻克了不少技术难题,8 次穿越湘江大堤,8 次穿越断层破碎带,除双向 4 车道的主线外,还在东西两岸各设了一进一出两条 2 车道匝道,用于车辆分流,在湘江底部形成地下隧道立体交通体系。

### 3.2.3　地下公路的主要形式

地下公路的发展,主要有如下几种形式:

1. 地下越江(海)公路

当城市中有较大的江、河贯穿时,越江隧道是城市地下交通体系的重要组成部分。越(江)海隧道在发达国家很普遍,如日本四岛已由地下隧道系统联成一体。我国第一条越江公路隧道于 20 世纪 70 年代建于上海黄浦江,至今上海已建了 4 条(黄浦江隧道、延安东路越江隧道、延安东路越江公路复线),其中 3 条用盾构法。第 4 条是外环线黄浦江越江隧道,用沉管法建造(属国内最大的沉管工程),江面宽 780 m 双向 8 车道、投资约 11 亿人民币。沉管每节段况 43 m,高 9 m,最长段 110 m,共计 7 节管段组成过江段,沉管最低位置深 30 m。广州的珠江、宁波的甬江也都建了越江隧道。2010 年建成武汉长江公路隧道为长江上的首座隧道,总长 3630 m,采用盾构法施工,双洞 4 车道。

地下越江(海)公路可采用盾构法或矿山法施工,采用盾构法施工时,隧道衬砌为拼装式的圆形结构(见图 3 - 21);采用矿山法施工时,隧道结构为拱形复合式衬砌(见图 3 - 22)。隧道断面的内部限界与净空通常按城市一级主干道的标准设计。

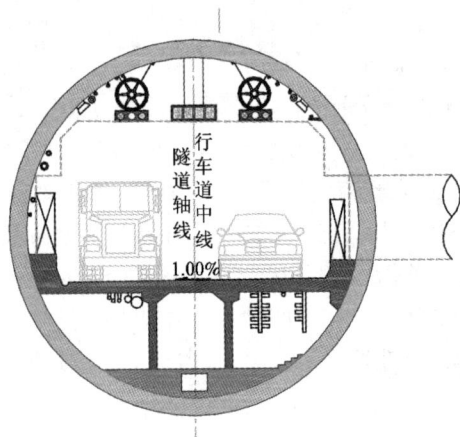

图 3-21　盾构法城市公路隧道构造图

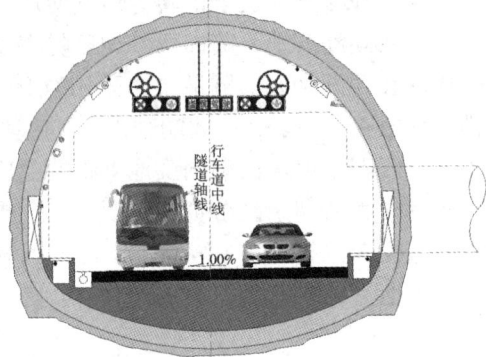

图 3-22　矿山法城市公路隧道构造图

**2. 地下立交公路**

当公路与铁路相交时，当两条公路交叉又都需具快速度、大容量交通特点时，都需要考虑地下立交公路来解决。地下立交公路一般距离短，在我国较为常见。

地下立交公路的采用施工方法有：明挖、顶推、暗挖等，但对既有道路易造成影响。

**3. 地下快速公路**

现代城市的发展，对快速交通容量有不同程度的需求，为了保证城市交通的正常运营，就需要建设地下快速公路，它具有如下优点：改善相邻环境，有利于公路景观的保护；利用街道与快速公路之间的地下空间，修建停车和其他公共设施，实现快速公路地下空间的多功能用途。

**4. 半地下公路**

该种公路有三种结构形式，即无上遮板挡墙结构、上设遮板挡墙结构和设中央隔墙结构（见图 3-23）。决定上方开口宽度的因素主要有：①噪音——开口小可减小噪音；②通风——应满足通风的需求。不开口则须全部机械通风，开口后可减少机械通风。

结构的基本尺寸：最小覆盖厚度 0.6 m；净宽＝路面宽度＋内装厚度＋检修道宽度＋余宽≈9.7 m，路面 2 m×3.75 m、内装 2 cm×10 cm、检修道 2 m×0.75 m、余宽 2 m×0.25 m（车冲到路缘时，防止对人的伤害，在路缘台阶上）、净高＝建筑限界高度 5 m＋路面厚度 20 cm。

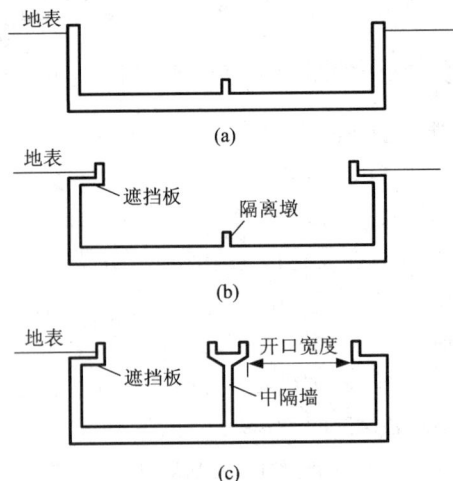

图 3-23　半地下公路的三种 U 形断面图
(a) 无上遮板挡墙结构；(b) 上设遮挡板；(c) 设中央隔墙

其主要特点是：有利于减少噪音和排放废气；能得到充足的日照和上部开敞的空间；在绿化带等自然气息较足的地区，能与周围环境较好地和谐共存；造价介于全地下公路与地面公路之间。缺点主要是不省地皮、排水要求高、除雪不易。

### 3.2.4　地下公路的建设条件与发展定位

1. 交通条件

当城市间的高速道路(urban express way)通过市中心区,在地面上与普通道路无法实现立交,也没有条件实行高架时,在地下通过才是比较合理的;但应尽可能缩短长度,减小埋深,以降低造价和缩短进、出车的坡道长度。例如,日本东京的高速道路 4 号线在东京站附近转入地下,与八重洲地下街统一规划建设,从地下街的二层通过,路面标高 - 8.7 m,两条双车线隧道,各宽 7.3 m(见图 3 - 24),使车站附近的地面交通和城市景观有了很大改善。法国巴黎有几条高速道路通过市中心,在列·阿莱地下综合体中设站,实行换乘。

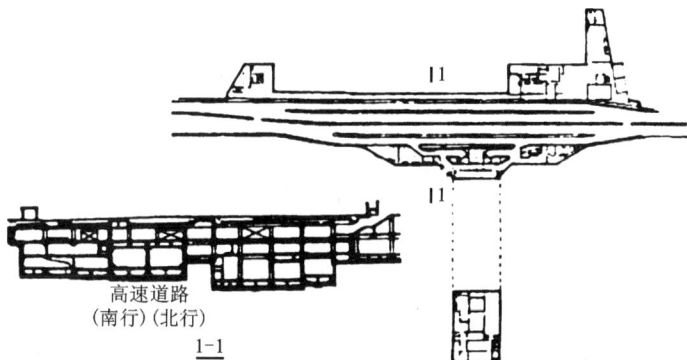

图 3 - 24　日本东京"八重洲"地下街道通过的高速道路地下段

2. 地形条件

城市的地形起伏较大,使地面上的一些道路受到山体阻隔而不得不绕行,从而增加了道路的长度,这时如果在山体中打通一条隧道,将道路缩短,从综合效益上看是合理的。我国的重庆、厦门、南京等城市,都有这种穿山的公路隧道,青岛也有类似的规划,对改善城市交通是有益的。当城市道路遇到河流阻隔时,按常规多架桥通过,但是在一定条件下,建造跨越江河的隧道可能比建桥更合理。香港与九龙之间的交通往来频繁,但过去由于海峡相隔,要轮渡才能通过,修建了海底隧道后,缩短了渡海时间,也比轮渡安全。我国上海市由于黄浦江的分隔,使浦东地区发展缓慢。在 20 世纪 70 年代修建了第一条越江隧道,当时从战备的角度考虑较多,实际上在平时使用中,对沟通浦江南北两侧的交通发挥了很大的作用。20世纪初 80 年代,又开始建设第二条越江隧道,以解决浦东区与市中心之间的客运交通问题,全长 2261 m,主要走公共汽车,通过能力为 5 万人次/h。近年,又修建了第三条越江隧道。当然,为了解决浦江两岸的交通联系问题,历来都有是建桥还是建隧道两种解决方案的争论。就工程本身而言,建桥可能在造价和工期方面占有优势,但为了使万吨以上船舶能在桥下通过,桥的高度要为之提高很多,使地面上的引桥加长,在密度过高的市中心区很难布置,拆迁量也很大。在这种情况下,建隧道可能是合理的。此外,还应考虑到隧道的运行费比桥要高的情况。

3. 地下交通系统需全面统筹规划

地下交通系统是地面空间开发利用规划的重要部分。地铁是大运量的交通系统,一般应优先考虑，但不能忽略对地下公路网的考虑。所以应将地铁系统和地下公路网这两种地下交通方式进行统一考虑，全面规划，根据它们的特点，结合地区相关方面的情况，合理地安排其实施及次序，以达到最优的社会经济效益。一般来讲，地下交通进行全面规划后，先建设轨道交通系统解决大量人群的交通问题，然后再开发地下快速公路网，解决汽车的出行速度问题。但是每个城市的条件千差万别，应根据各城市的规模、特点和经济能力，地形、地质条件，进行综合比较后确定其建设顺序。

## 3.3　地下停车场

### 3.3.1　概述

地下停车场(uderground parking)是指建筑在地下用来停放各种大小机动车辆的建筑物，也称地下(停)车库，在国外一般称为停车场(Parking)。有时地下停车场也提供低级保养和重点小修业务服务。

自第二次大战以后，特别是 20 世纪 50 年代，世界经济飞速发展，大量人口涌向城市。各类汽车尤其是小汽车数量的剧增，带来了城市停车难的问题，欧美国家的某些大城市开始出现地下停车场，至 20 世纪 80 年代，地下停车库不仅数量多，建筑普遍，而且其技术装备也更臻完善。

早期，欧美的几个大城市所建的都是些大型地下停车场，容量都在 100 辆左右，最大的为美国洛杉矶波星广场的地下停车场(容量为 2150 辆)和芝加哥格壮特公园的地下停车场(容量为 2359 辆)，这些大型车库多位于中心区的广场或公园地下，规模大，利用率高，服务设施比较齐全，对在保留中心开敞空间条件下解决停车问题起了积极作用。法国巴黎市 1954 年即着手研究建立城市深层地下交通网的问题。在这个综合规划中，包括建设 41 座地下公共停车库，总容量 5.4 万辆，图 3 - 25 就是其中的两个。图 3 - 25(a)为依瓦利德广场地下停车场，上下两层，总容量 720 台；图 3 - 25(b)为格奥尔基大街下的停车场，共 6 层容量 1200 辆。到 1985 年，已有 80 座地下公共停车场在巴黎市建成，至今仍在继续发展。

专用车库是车库所有者自己使用的停车库。在国外，大型的旅馆，百货商店、工商、企业和银行、办公楼等，多拥有专用车库，对于大型旅馆和某些文娱、体育设施，停车场已成为建筑功能的不可缺少的内容。而对于商店办公楼则属于一种服务和福利设施，只要具备条件，都应拥有自己的专用车库。

日本在 1979 年底，全国几个大城市共有公共停车场 214 座，总容量 44208 辆，其中 75 座为地下停车场，容量为 21281 辆，数量占 30%，容量占 48%。从 1979 年至 2000 年又陆续建了 150 多座。意大利不勒斯市计划到 2000 年建设能收容总量达 7.5 万辆汽车的地下停车场。中国香港与日本均十分重视高层建筑基础部分的利用。日本停车场规定，面积大于 3000 m$^2$ 的建筑，均有设置停车场的义务。香港的高层建筑下一般有 2 ~ 3 层地下室，其地下室空间大多作为地下停车场与地下商场。其地下停车场的容量一般在 100 辆以下。

我国 20 世纪 70 年代曾结合人防工程建设，修建了若干战时人防使用的专用地下车库，为了使这些地下停车库在平时能够使用，布置在与通勤(上下班)有关的企事业单位中，图 3 - 26 为湖北省人防工程之一——掘开式大车地下车库，可停放东风 EQ140 型 5 t 载重汽车 38

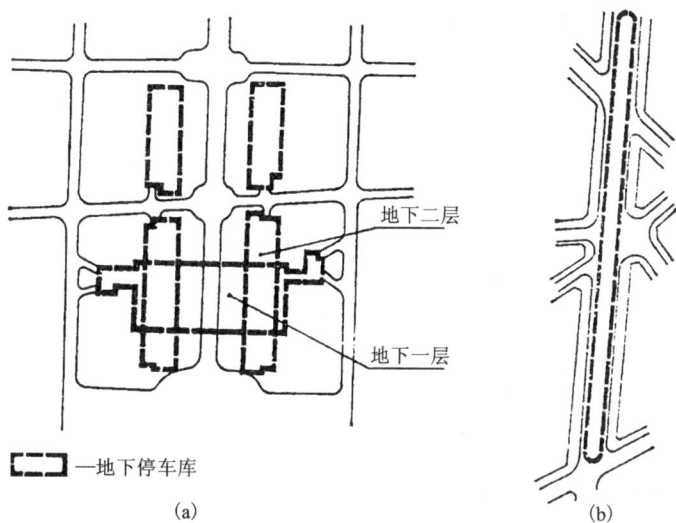

图 3-25　法国巴黎地下停车库

辆，总建筑面积为 3861.9 m²。

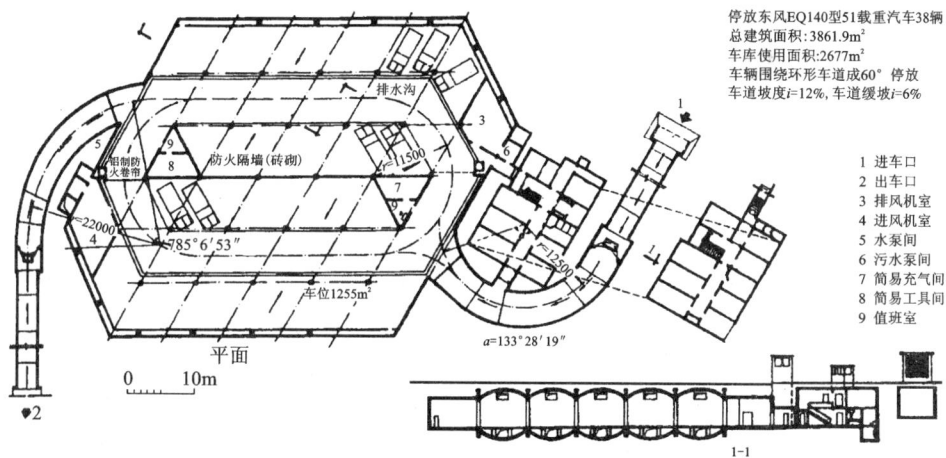

图 3-26　掘开式大车地下车库

　　近年来我国若干大城市的停车问题已日益尖锐，大量道路路面被用于停车，加重了动态交通的混乱，对有组织的公共停车的需求已十分迫切。因此，鉴于我国城市用地十分紧张的情况下，跃过在地面上大量建设多层停车场的发展阶段(国外在 20 世纪 60 年代曾经历过这一阶段)，结合城市再开发和地下空间综合利用的规划设计，直接进入以发展地下公共停车设施为主的阶段，是合理和可行的。

　　城市地下停车场宜布置在城市中心或其他交通繁忙和车辆集中的广场、街道下，使其对改善城市交通起积极作用。大小客车停车场一般宜采用单建式，战时也可作为人员掩蔽所，贮备车库或物资库。在有条件时，应与城市地面、地下交通和商业设施统一进行规划设计。

地下小客车停车场按其容量可分为五级：Ⅰ级，停放400辆以上；Ⅱ级，停放201~400辆；Ⅲ级停放101~200辆；Ⅳ级，停放26~100辆；Ⅴ级，停放25辆以下，公共车库如果是单建式，其出入口位置应在其服务对象附近大体不超过300 m的距离，并使出入口与道路直接相通，以保证车辆的出入方便。总之，停车场的布局和规模应符合城市规划中改善交通和加强绿化、美化的要求。

### 3.3.2  地下停车场的形式与规划

1.地下停车场的分类、形式及特点

（1）按建筑形式分：单建式和附建式地下停车库

单建式地下停车库一般建于城市广场、公园、道路、绿地或空地之下，主要特点是不论其规模大小，对地面上的城市空间和建筑物基本上没有影响，除少量入口和通风口外，顶部覆土后可以为城市保留开敞空间。而且，单建式地下停车库可以建造在城市中那些根本无条件可能布置地面多层停车库的地方，如广场、街道，或建筑物非常密集的地段，甚至可以利用一些沟坑、旧河道等对城市建设不易利用的地方，修建地下停车场后填平，为城市提供新的平坦用地，或提供新的绿地，美化城市。前面介绍的图3-25均为单建式地下停车场。单建式地下停车场的柱尺寸和外形轮廓不受地面上建筑物使用条件的限制，故在结构合理的前提下，可以完全按照车辆行驶和停放的技术要求确定，以提高停车库的面积利用率。由于场地限制，选择城市广场、公园或沟坑作为单建式地下停车库的场址是比较合适的。

附建式地下停车库是在一些大型公共建筑需要就近兴建专用停车场，而附近已没有足够的空地建设单建式车库时，利用地面高层建筑及其裙楼的地下室布置的地下专用停车场称为附建式停车库。这种类型的地下停车场，使用方便，节省用地，规模适中，但设计中最大的困难在于选择合适的柱网，同时满足地下停车和地面建筑使用功能的地下室中。利用大型公共建筑多采用组合的特点，将地下停车库布置在低层部分的地下室中，常常可以解决这个问题。

高层住宅楼一般都有地下室，但柱网和结构布置很不适合停车的需要。俄罗斯在高层住宅楼地下室采用把整体装配式蜂房状结构，作为建筑物的基础，中间一条纵向廊道，布置管道和电缆，两侧为两排横向圆洞，每洞可停放一辆汽车。在基础的两侧，搭上预制钢筋混凝土的拱片，形成两条单建式停车库，加上附建部分，成为一个单建与附建综合的地下停车场，如图3-27所示。这种结构布置方式较好地满足了地下停车场与地面建筑使用功能的要求。

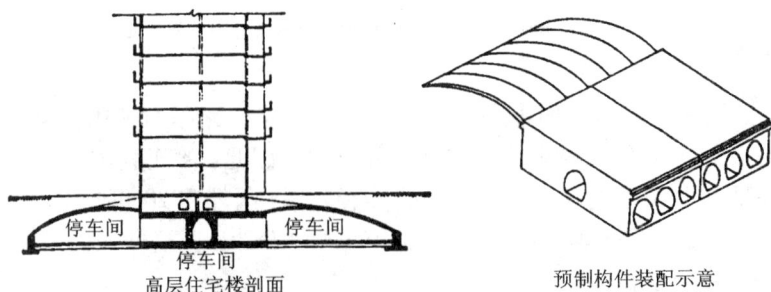

停车间
高层住宅楼剖面

预制构件装配示意

图3-27  附建在高层住宅楼的装配式地下停车库（前苏联）

（2）按使用性质分：公共停车场和专用停车场

建设停车场的主要目的是为了满足城市停车需要，克服路边违章停车等现象，改善城市静态交通环境。这类停车场是供车辆暂时停放的场所，具有公共使用性质，是一种市政服务设施，故称公共停车场。

公共停车场的需要量大，分布面广，一般以放大小客车为主，是城市停车设施的主体。城市建设规划考虑地下停车场设置时，应根据实际需要和可能，使公共停车场具有一定的容量，又能保证公共停车场发挥较高的社会和经济效益。

专用停车库以停放载重车为主，还包括其他特殊用途的车辆，如消防车、救护车等。

（3）按运输方式分：坡道式停车场和机械式停车场

坡道式停车场（又称自走式）和机械式停车场是按车辆在车场内的运输方式分的，大致与地面停车场分类标准一样。

①坡道形式地下停车场。坡道形式有直线和曲线两种。具体如图 3－28 所示。对于各种坡道形式的特点及适用情况如表 3－3 所示。

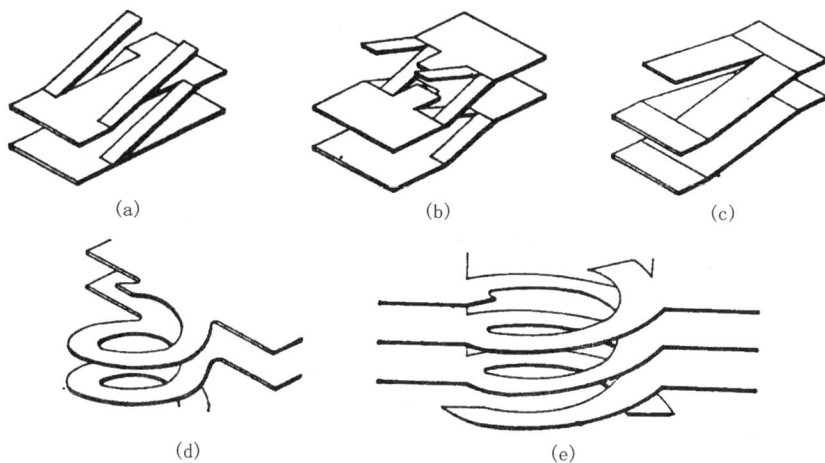

**图 3－28　停车库坡道类型**

（a）直线长坡道；（b）直线短坡道（错道）；（c）倾斜楼板；

（d）曲线整圆坡道（螺旋形）；（e）曲线半圆坡道

**表 3－3　坡道式停车场特点运用**

| 类 型 | 形　　式 | 特　　点 | 运用情况 |
|---|---|---|---|
| 直线式 | 直线长坡道 | 进出车方便，结构简单 | 很常用 |
| | 直线短坡道 | 对于单层或二、三层地下停车库，不能充分发挥这种坡道的优点，反而使结构复杂化 | 层数较多的倾斜楼板错层式停车间布置 |
| | 倾斜楼板 | 可以代替坡道线，缩短坡道的长度 | 一般不适用于地下停车场，但在地形倾斜或因场地狭窄时，可以考虑 |
| 曲线式 | 曲线整圆坡道（螺旋形）曲线半圆坡道 | 比较节省面积 | 多层地下停车场中常用，但对于停放载重等大型车辆不适用 |

②机械式地下停车场。20 世纪 70 年代，机械式地下停车场已成为一种全机械化、自动化的供停放车辆的容器。每辆车所需要的面积和空间被压缩到了最小，人员不进入停车间，基本上不需要通风，减少了许多安全问题。据日本资料显示，若坡道式停车场各项指标计为 100，机械式停车库的占地面积则为 27 $m^3$，每辆车平均需要面积为 50 ~ 70 $m^2$，建筑体积为 42 $m^3$，通风量和照明用电量为 17，图 3 – 29 为瑞士发明的全机械式停车库运行示意图。

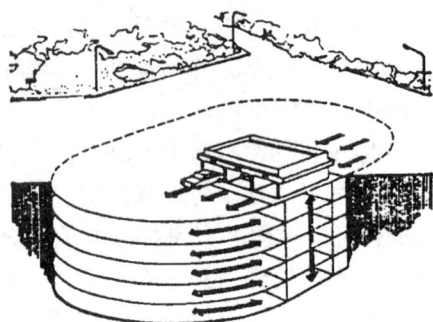

图 3 – 29　全机械式停车库运行示意图（瑞士）

（4）按地质条件分：建在土层和岩层中的地下停车场

以上介绍的各类车场实例均属于在土层中的浅埋工程，平原地区的城市中适宜建造这类地下停车场。我国青岛、大连、厦门、重庆等依山而筑的城市，土层很薄，地下不深处即为基岩，这时可考虑在岩层中建造地下停车场。北欧一些国家在岩层中建设地下停车场就比较常见。在岩层中与土层中建地下停车场有很大不同，主要特点是前者布置比较灵活，一般不需要垂直运输，地形、地质条件有利时，规模几乎不受限制，对地面及地下其他工程几乎没有影响，节省用地效果明显。若地质条件允许，停车间洞室跨度可以加大，因没有柱网对行车的阻挡，面积利用率比土中浅埋的停车场要高。但岩石洞室作为停车间多是单跨，若车场规模较大，由多个单独停车间组成的工程平面狭长，车辆在场内水平行驶的距离较长，行车正道面积所占比重较高。图 3 – 30 为我国一座建在岩层中的地下停车场，有两个大洞室作为停车间，跨度分别为 18 m 和 13 m。可停放公共汽车 30 辆和载重汽车 70 辆，附设管理间和各种战时防护设施，两个主要出入口之间相距约 400 m。

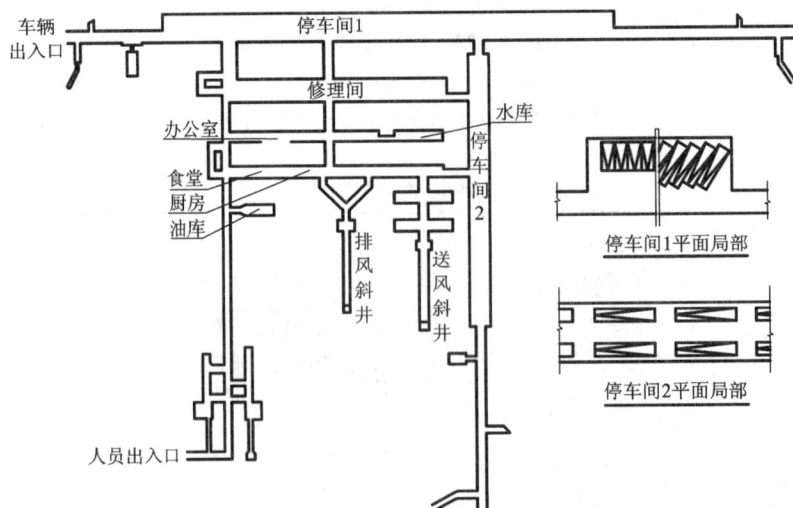

图 3 – 30　岩层中的地下停车库

2. 地下停车场规划原则

（1）选点要求

①地下停车场的规划设计应在城市建设和人防工程总体规划的指导下进行，宜选在水文、工程地质条件较好、道路畅通的位置。

②多层停车场出车辆频繁，是消防重点部门之一，具有一定噪音，须按现行防火规范与其周围建筑保持一定的消防距离和卫生间距，尤其不宜靠近医院、学校、住宅建筑，表 3-4、表 3-5 所示为汽车停车场的防火间距和卫生间距。

③寒冷地区停车库门应避免朝北或正对冬季主导风向；并且门口应有足够的露天场地作为停车、调车、洗车等用。

④地下停车库一般应做到平时和战时均能使用，地下车库选点应与人防工程结合，在设计上应考虑两个出入口。但存放量少于 25 辆的停车库可设一个出入口。

**表 3-4 汽车停车场的防火间距**

| 防火间距(m)<br>汽车库名称和耐火等级 | 建筑物名称和耐火等级 | 停车库、修车库、厂房、库房、民用建筑 | | |
|---|---|---|---|---|
| | | 一、二级 | 三级 | 四 |
| 停车库 | 一、二级 | 10 | 12 | 14 |
| 修车库 | 三级 | 12 | 14 | 16 |
| 停车场 | | 6 | 8 | 10 |

注：停车库与其他建筑的防火间距见《高层民用建筑设计防火规范》、《汽车库设计防火规范》、《城市煤气设计规范》及《建筑设计防火规范》。

**表 3-5 停车场与其他建筑物的卫生间距**

| 间距(m)<br>名称 | 车库类别 | Ⅰ～Ⅱ | Ⅲ | Ⅳ |
|---|---|---|---|---|
| 医疗机构 | | 250 | 50～100 | 25 |
| 学校、幼托 | | 100 | 50 | 25 |
| 住　宅 | | 50 | 25 | 15 |
| 其他民用建筑 | | 20 | 15～20 | 10～15 |

注：附建式车库及设在单位大院内的汽车库除外。

⑤停车库的占地面积、人车疏散出入口的数量和位置，为车库服务的其他用房及设施的位置和消防给水等的确定应符合《汽车库设计防火规范》。

（2）建筑技术要求

①使用要求，一般设计停放小客车的地下车库，平均每辆车需面积 20～24 m²，停放载重车平均每辆车需面积 40～70 m²。

②停车库楼板面层要具有耐磨、耐火、耐油和防滑性能。通常有以下几种：水泥砂浆面层，水刷石面层，混凝土面层，地砖面层和沥清面层。

③地下车库不考虑采暖，必须考虑采暖的停车库应尽量采用集中采暖或火墙，但其炉

门、节风门、除灰门严禁设在停车库内。

④车库换气量以一氧化碳量作为计算依据，通风系统应独立设置，风管应采用非燃性材料做成。

⑤除一般照明外，还应设事故照明和疏散标志。坡道出入口及库内通道地面最低照度为10 lx。

### 3.3.3 地下停车场的设计

**1.地下停车库组成**

地下停车库大体由下列建筑物组成：停车间、通道、坡道或机械提升间、调车场地、洗车设备等(见图 3 - 31)。每种设施的数目要因地制宜，辅助设施与停车间要分开安排，尽量少影响停车场作业。

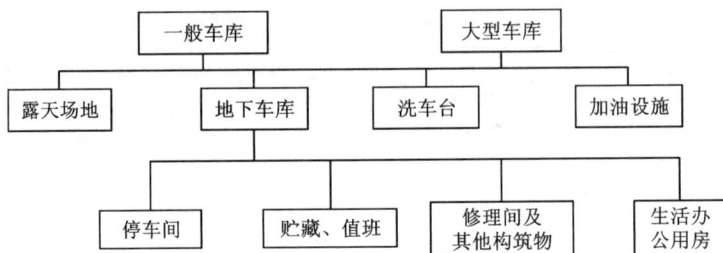

图 3 - 31　停车库组成

**2.地下停车场平面布置**

(1)地下停车场平面布置考虑原则

地下公共车库的使用面积按每辆车平均 20 ~ 40 m² 估算，辅助设备面积可按停车间的10% ~ 25%估算，坡道面积在总建筑面积中的比例，视车库容量而定，如表 3 - 6 所示，停车间在总建筑面积中所占比例，应达到一定值，对于专用车库占 65% ~ 75% 比例合适，对公共库占 75% ~ 85% 为宜。

表 3 - 6　地下停车场每辆所需占地尺寸表

| 车型 | 标准车型尺寸(m) | | | 停放方式 | 车位尺寸(m) | | | 安全距离(m) | | | | |
|---|---|---|---|---|---|---|---|---|---|---|---|---|
| | $a$ | $b$ | $h$ | | $A$ | $B$ | $H$ | $C$ | $D$ | $E$ | $F$ | $G$ |
| 小客车 | 4.90 | 1.80 | 1.60 | 单间停放 | 6.10 | 2.80 | 3.00 | 0.70 | 0.50 | 0.60 | 0.40 | |
| | | | | 开敞停放 | 5.30 | 2.30 | 2.00 | 0 | 0.50 | 0.50 | 0 | 0.30 |

注：表中 $a$, $b$, $h$, $A$, $B$, $H$, $C$, $D$, $E$, $F$, $G$ 的意义见图 3 - 32。

(2)车型

在停车场类型确定后，停车间设计及后面的通道坡道设计的最主要依据就是选定基本车型。一座停车库，不可能服务车型太多。因为各类车的尺寸差别，会影响车库建筑面积和空间的利用率，运行也不易管理。因此，设计时，一般要选定一辆用于本车库的标准服务车型。

当然该型号车在尺寸和性能上应具有一定的代表性。

同时,我国城市的停车需求,除小汽车外,还有相当数量的旅行车、工具车和载重车,所以,宜将标准车型分为小汽车和载重车两大类。在小汽车的标准车型中,以确定大型和中型车为主,因为大型车的尺寸适应相当一部分旅行车和工具车的需要。对于载重车,则以2~5 t载重量的车型为主。至于大型客车(如公共汽车)和载重量超过5 t的载重车,则不宜停放在地下停车库和地面多层车库中。表3-7为国内停车库标准型参考尺寸。

表 3-7 国内停车库标准车型参考尺寸

| 车 型 | | 全长(m) | 全宽(m) | 全高(m) |
|---|---|---|---|---|
| 小汽车 | 大 型 | 6.0 | 2.0 | 2.0 |
| | 中 型 | 4.9 | 1.8 | 1.8 |
| 载重车 | 5 t | 7.0 | 2.5 | 2.5 |
| | 2 t | 4.9 | 2.0 | 2.2 |

(3)车位尺寸

图3-32为每辆车所需占用的空间和平面尺寸。其中尺寸包括车型尺寸和有关安全距离(见表3-8)。

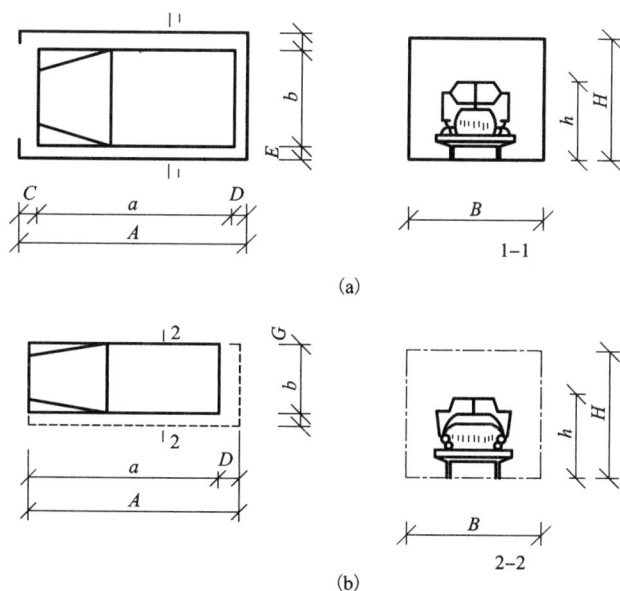

图 3-32 每辆车所需占用的空间和平面尺寸
(a)单间停放 1;(b)开敞停放 2

表 3 – 8　不同车型停放安全距离( m )

| 车型 | 停放条件 | 车头距前墙（或门） | 车尾距后墙 | 车身(有司机一侧)距侧墙或邻车 | 车身(无司机一侧)距侧墙或邻车 | 车射距柱边 |
|---|---|---|---|---|---|---|
| 小汽车 | 单间停放 开敞停放 | 0.7 | 0.5 0.5 | 0.6 0.5 | 0.4 0.3 | 0.3 |
| 载重车 | 单间停放 开敞停放 | 0.7 | 0.5 0.5 | 0.8 0.7 | 0.4 0.3 | 0.3 |

（4）车辆存放方式和停驶方式

车辆停驶方式主要指车辆进出车位的方式如图 3 – 33( a )所示。车辆在停车间内的存放方式，对于停车的方便程度和每辆车所占用的停车间面积多少，都有一定的影响。车辆的存放方式主要指车辆停放后，车的纵轴线与建筑轴线所成的角度，图 3 – 33 列举了几种常用的存放方式。存放角度大小与单车停车占用面积呈反变关系，但与车辆进出方便程度呈正变关系。表 3 – 9 是根据我国情况计算出的不同停车角度所需停车面积。目前，国内外停车库较普遍地采用倒进顺出的 90°直角停车方式。

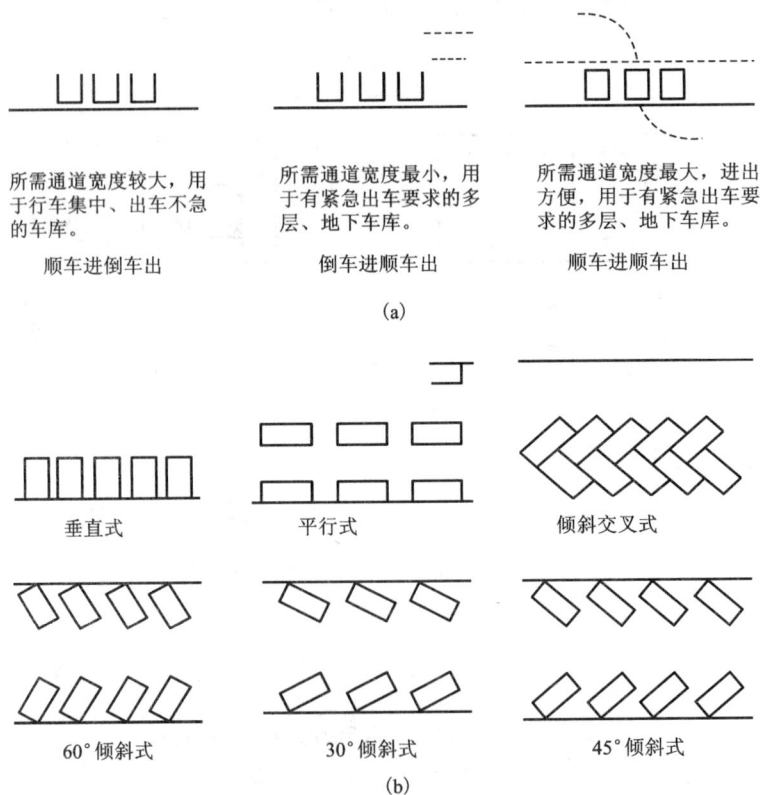

所需通道宽度较大，用于行车集中、出车不急的车库。

顺车进倒车出

所需通道宽度最小，用于有紧急出车要求的多层、地下车库。

倒车进顺车出

所需通道宽度最大，进出方便，用于有紧急出车要求的多层、地下车库。

顺车进顺车出

(a)

垂直式　　平行式　　倾斜交叉式

60°倾斜式　　30°倾斜式　　45°倾斜式

(b)

图 3 – 33　车辆停驶方式和存放方式

（a）车辆停驶方式；（b）车辆存放方式

表 3-9　停放方式比较

| 存车角度 | 停驶方式 | 优　点 | 缺　点 |
|---|---|---|---|
| 0° | 倒进顺出 | 所需停车带窄，在设置适当的通行带后，车辆出入方便 | 每车位停车面积大 |
| 45° | 倒进顺出 | 对场地的形状适应性强，出入方便 | 每车位占地面积较大 |
| 90° | 倒进顺出 | 停车紧凑，出入方便 | 所需停车带宽度大，出入所需通道宽度也大 |

**3. 出入口布置与要求**

出入口的数量和位置应满足"人民防空工程设计规范"和"汽车库建筑设计防火规范"、"城市建设规程"等的有关要求。

地下停车库车辆出入口的数量和位置，一般与通向地面的坡道是一致的。从地面上的情况看，出入口可以布置于地表空地、广场式街道上，也可以放在某些公共建筑的底层，但后者至少应有一个出入口直接通向室外空地，以防建筑物倒塌时被堵塞。出入口位置要明显，进出车方便，安全，不应设在宽度小于 6 m 或坡度大于 10% 的道路上。通常出入口不宜设在交通量很大的公路旁，口外应设有明显的标志牌。

除小型地下停车库( <25 辆)外，其他地下停车库出入口应将进口与出口分开设置，这样可避免出现车辆交叉行驶，造成进出口的瓶颈现象，出入口位置应与地面车辆行驶方向一致。例如，使进口朝向道路的来车方向(左侧)，出口朝向道路上车辆远离方向(右侧)。

车辆出入口不宜设在消防栓街道安全岛附近，以及其他禁止停车地段和地势低洼地段，出入口也不宜朝向道路交叉点上。小型的地下停车库可以不另设人员出入口。但不论车库大小，至少应有一个在紧急情况下供人员使用的安全出口。对于消防车专用地下车库应设人员紧急入口，可采用滑梯、滑杆等形式。

**4. 地下车库的结构形式**

地下车库随其所处地质条件不同，形式也各异。对土中浅埋车库一般都采用矩形框架，对其框架层高度，除考虑车辆本身的高度和必要的安全距离(0.2 m)外，还应考虑安装各种管道所需的高度。标准中型车停车间净高应不小于 2.4 m，矩形框架的层数，一般认为以二三层为宜。因为单层和多层各有优缺点，在占地面积、建筑面积利用等方面，多层车库占优势。据统计，若单层车库的有效面积为 100 m²，则三层即为 108 m²，但多层车库受工程地质、水文地质条件及施工技术条件的限制较多，当地下水位较高或工程地质较复杂时，层数越多，埋深则越大，用于建筑物的防水、结构处理及控制地表土位移的代价越高，施工也越多，埋深则越大，用于建筑物的防水、结构处理及控制地表土位移的代价越高，施工也越困难，从现代的发展趋势来看，地下停车场的矩形框架层数也以二层或三层居多。

岩层中建设的地下停车场或采用暗挖法施工的土中深埋车库，由于受力条件要求，其结构形式以单跨拱形为主，洞室之间的距离较长，停车间洞室的布置可能比较分散。

**5. 停车间的柱网选择**

柱网尺寸受两方面影响：一是停车技术要求，二是结构设计要求。综合分析柱网尺寸的影响因素确定一个最经济合理的方案，是地下停车库工程设计的主要内容之一。一般以停放一辆车平均需要的建筑面积作为衡量柱网是否合理的综合指标，并同时满足以下几点基本要求：

①适应一定车型的存放方式、停驶方式和行车通道布置的各种技术要求，并保留一定的灵活性。

②保证足够的安全距离，使车辆行驶通畅，避免碰撞和遮挡。

③尽可能缩小停车位所需面积以外的不能充分利用的面积。

④结构合理，经济、施工简便。

⑤尽可能减少柱网种类，统一柱网尺寸，并应保持与其他部分柱网的协调一致。

柱网是由跨度和柱距两个方向上的尺寸所组成，在多跨结构中，几个跨度相加后和柱距形成一个柱网单元。对于停车间来说，柱距尺寸主要取决于两柱之间所停放的车型尺寸和车辆数量，以及必要的安全距离，两柱间可停 1~3 辆车。跨度指车位所在跨度（简称车位跨）和行车通道所在跨度（简称通道跨），这两个跨度的尺寸不易统一。

在选择停车间柱网时，除满足停车技术要求和使用面积达到最优外，还应考虑结构上是否经济合理，包括结构跨度尺寸不应过大，材料消耗量要小，结构构件尺寸合理，在平面和高度上不过多占用室内空间，跨度与柱距的比例适当，并与一定的结构形式相适应等几方面，柱网单元种类不宜过多。如表 3-10 所示。

表 3-10　停放方式比较

| 停车类型 | 小轿车 | | | 载重车、中型客车 | | |
|---|---|---|---|---|---|---|
| 两柱间停车数（车） | 1 | 2 | 3 | 1 | 2 | 3 |
| 最小柱距（m） | 3.0 | 5.4 | 7.8 | 3.9 | 7.2 | 9.9 |
| 车库类别 | 多层车库和地下车库 | | | 地下车库 | | |

注：①一般采用柱网尺寸为 5.4 m~7.8 m，超过 8 m 的柱网不够经济；

②内尺寸系指一般常用车型，特殊车型可适当增大。

目前，国内外停车库较普通地采用倒进顺出的 90°直角停车方式。不同停车角度，所需停车面积也有区别，如表 3-11 所示。

表 3-11　不同停车角度所需停车间面积（m²）

| 停车角度 车型 | 0° | 30° | 30°（双排） | 45° | 45°（交叉排列） | 60° | 90° |
|---|---|---|---|---|---|---|---|
| 小汽车 | 41.4 | 34.5 | 32.2 | 27.6 | 26.0 | 24.6 | 23.5 |
| 载重车 | 77.7 | 62.6 | 58.2 | 49.6 | 47.1 | 45.3 | 44.9 |

*小汽车车型尺寸按长×宽=4.9×1.8 m²，载重车按 6.8×2.5 m²，在无柱条件下计算的，仅用于相对比较。

# 3.4　地下步行通道

## 3.4.1　地下通道的主要作用

地下步行通道是指位于地面以下,独立或与建筑物及其他城市设施相结合的,以人的步行活动为主要内容,为优先满足步行行为需要而设立的各种城市构筑物及其附属空间,通常可简称地下通道(见图3-34)。

我国城市化进程的快速发展,大量的外来人口向城市涌入造成城市交通的巨大压力。截至2011年6月,全国机动车保有量

图3-34　常见的地下人行通道

已达到2.17亿辆,而步行仍是居民出行的主要方式之一,全国人均日出行2.5次,由于行人造成的责任事故在交通事故总量中占了很大比重。这些事故大都发生在大城市快速路或主干道上。地下通道的出现缓解了这一问题,它是城市行人安全过街的主要方式。一般认为当道路上步行人数超过2万人次/h时,就需要设置地下人行通道。

地下通道的主要作用体现在以下几方面:

①缓解地面人流通行压力:将一部分人流吸引到地下去。因一般埋置较浅,上下时不如天桥费力,且不受气候影响,也不影响城市景观,所以效果较好。如北京天安门广场的地下过街横道长80 m、宽12 m,还设有为残疾人使用的坡道。

②保证行人安全,车流畅通:车在地上跑,人在地下走。虽然对步行者来说,出入地下步行道要升、降一定的高度,但可以增加安全感,节省出行时间,也减少恶劣气候对步行的干扰。

③便于地下交通工具的换乘:汽车换地铁、地铁换地铁。

④减少不利地形条件的影响:如重庆、青岛。

⑤在各大建筑物之间建立地下通道:方便出行。

⑥地下通道在战时还可供人员疏散、遮避。

## 3.4.2　组成与基本类型

地下通道主要设立在交通路口和车站附近,也有设在风景区附近的,如汽车站、火车站及交叉路口、风景区和大路的进出口等。它由简易的小站台、带扶手楼梯出入口(埋深较深时还有自动扶梯)、有照明灯步行通道、排气口、下水道和很长或短一些的水泥及马赛克路面组成。

地下通道的主体部分多为钢筋混凝土结构,以确保顶面的承受力。地下道一般分为浅埋和深埋两种。前者一般将区间隧道埋设在街道之下,线路一般沿街而行,较长,通常采用明挖法施工;后者隧道较深一些,不受地面建筑物的影响而在其底下穿过,线路较短,需用盾构法或矿山法施工。

地下步行交通建筑主要有以下三种类型。

### 1. 地下人行通道

这类地下通道是专供行人穿越马路或街道的地下横道，是为缓解地面车辆交通与人行横穿马路（或街道）的交通压力而建造，它的功能单一，长度较小。

通道的高度一般为 3 m；通向地面的台阶有效宽度应不小于 1.5 m；宽度则应根据预测客流量来确定。我国标准《GB50220—95 规范》中规定，宽 0.90 m 的地道最大通行能力为 1400 人/h，相当于宽 1 m 的地道最大通行能力为 1555 人/h。因此，通道的宽度可按下式计算：

$$W = P/1555 + F \qquad (3-1)$$

式中：$P$——预测 20 年后每小时的最大步行者人数（人数/h）；

$F$——富余宽度，最小值取 1 m。

在我国的某些城市规划中，一般规定地下通道宽度不小于 4 m，日本最小值为 6 m。

### 2. 地下商业通道

这类地下通道多建于商业街区，为周围的商业店铺分担了部分购物的人流，以缓解由于商店拥挤带来的交通不顺畅（见第 4 章）。

### 3. 地下人行路网

是连接到地下空间中各种设施的步行通道，例如地铁车站之间，大型公共建筑地下室之间的连接通道。规模较大时，可以在城市一定范围内（多在市面中心区）形成一个完整的地下步行通道系统。这种地下步行系统，有利于激发城市区域活力和增强城市的内聚力，使其成为地下空间的重要组成部分，成为体现人文关怀、改善城市环境的重要标志。

除以上 3 种外，还有一种属于文物保护性地下行人通道，其目的是保护具有历史价值的地面建筑。例如，巴黎的卢浮宫原有道路不堪负荷，破坏严重，专门设计了地下步行系统，游客通过地下空间进出卢浮宫。贝聿铭设计的三角形玻璃体入口成为新的城市景观。

## 3.4.3　地下通道规划设计要点

### 1. 合理的选址

地下人行通道的建设必须考虑周边的人流、交通流、商业设施、道路密度等因素，只有规划周全才能最大限度地发挥功能。特别是地下过街道一旦建成，很难改建或拆除，因此最好与街道的改建同时进行，成为永久性的交通设施。

### 2. 清晰的内部流线组织

由于地下通道与外界环境缺乏有机联系，易造成人们与外部空间意向脱离，使人们难于对地下通道的规模、形状、走向以及和邻近建筑之间的关系等形成全面清晰的印象，因此地下步行通道的人流组织应解决由于多功能复合化而出现的多股流线，多向进出口，内外交通连接等问题，以增强空间的有序性、导向性与可识别性。应使人流顺畅地通过和能迅速、安全地疏散。

对于地下步行路网系统类型而言，其中内部流线组织分为水平交通组织和竖向交通组织。水平交通组织的作用是引导人流，通过街道空间的缩放、与出入口的对位关系、地面材质的变化，使人能容易判断出自己所处的位置与出入口的空间关系。同时，所有水平流线必须和各层的竖向流线联系便利而且明确。竖向交通组织的目的是安全、快速地运送和疏散乘客。竖向交通的处理必须考虑顾客流线，注意入口与垂直交通的联系。一般情况下，将主要垂直交通设在平面的几何中心，且应靠近主要入口。

### 3. 强化入口形象

地下通道形体的大部分或完全位于地下，在很多情况下，入口是它唯一的可见要素。因此它不仅在可见的过渡方面，而且在建筑物的外观形象方面都起着别的要素无法替代的作用。

不同用途的入口布置应有区别，地下街入口有的供行人和顾客使用，有的供工作人员使用，有的供进出货物使用。对这些入口应进行区别布置和处理，增加方向诱导能力。在这方面处理较成功的有北京西单地下商场改造工程，它将地下空间的人流入口考虑安排在南北主轴的两端，北端利用高架平台下的空间安排入口大堂，使人流通过扶梯、电梯进入地下商业空间；在轴线的南端设计了一个通透的玻璃造型，使之可以解决长安街人流的集散，同时不影响视觉景观。在东侧平台之下，则为货物供应单独设置了出入口。在地下空间的西南、东南方向分别设有通道与地铁车站连通，西北侧地下一层有通道连接两侧地下商业街。在商城之下，还为两条地铁干线预留了连接通道。这些口部处理和立体化的分流设施，极大地缓解了人车混杂的状况，避免了办公人流、货物流线对购物人流的干扰。

### 4. 统一的标识系统

地下通道没有远近距离的和高层建筑等参考目标，设置统一的指示标识是非常必要的(见图 3-35)。

### 5. 美化的视觉环境

地下步行空间的建设和综合性开发，既不是将不同使用功能进行简单而孤立的叠加，也不是仅仅从内部造型的角度进行规划设计，而是必须根据实际情况合理地组织地下步行系统内部空间。可以充分利用高差组织、

图 3-35 人行地下通道标志

水平引导、节点放大、空间序列等技巧进行空间安排，从视觉上减少单调、压抑的感觉，有节奏地进行色彩效果空间环境的规划设计。如壁面装饰、容易见到的路标、绘画的展示、马赛克地面能够使人心胸开阔，产生快感并能找到正确的方位。

### 6. 创建地下步行系统的立体化

随着城市空间综合开发利用的进程，与城市建筑、机动交通、空间开发相交织，城市中以人行步道为主干的公共空间系统势必走向立体化发展的道路。地铁站建设拉动地下空间综合开发，在地下形成步行商业街，并与周边地段内主要地下空间、地下停车场串联起来；另外，建筑物内的电梯、自动扶梯等设施，可以连接地下交通设施(如地铁)以及地上的商场、办公楼等地点，地上、地面、地下三个层次通过各种垂直交通设施相互配合，彼此补充，构成了一个地下交通中心向四面八方延伸的形态，并形成了立体化的城市步行空间体系，使城市空间产生更大的聚集效益，同时也提高了整个地区的防灾抗灾能力，扩大了城市容量。

## 3.4.4 国内主要工程实例

武汉市于 2010 年在二环线东湖宾馆—中北路延长线段在黄鹂路下穿车行通道及蔡家嘴、省考试院、省博物馆、楚天传媒、翠柳街、知音传媒等 6 处建成地下人行通道，平均 300 m，就有一座人行地下通道。这是武汉市有史以来最密集的地下通道地段，该路段人行过街通道之所以全部处理成地下通道，主要是因为该路段在东湖畔，架设天桥会影响东湖景观。

近年在我国东北吉林市和长春市以及哈尔滨等城市，在市中心广场或干道交叉口处结合

城市改建而建设的几处地下商业街，都同时具有交通和商业双重功能，是值得提倡的。图3-36是吉林和长春的过街道与地下商业街结合的示意图。

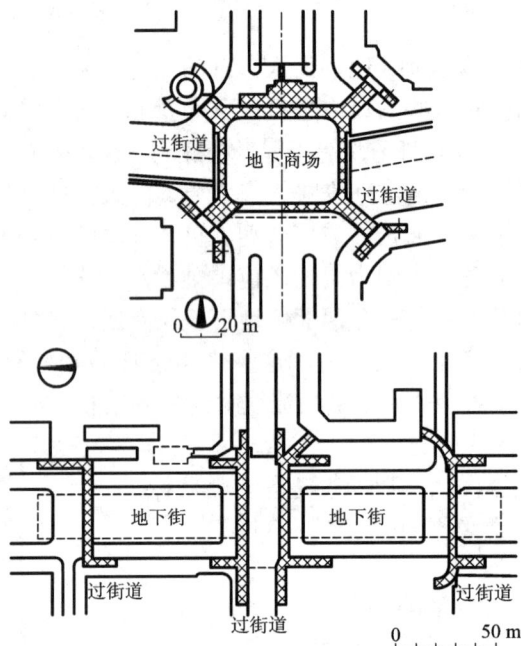

图3-36 地下过街通道与地下商业街结合举例

# 思 考 题

1. 地下铁道的路网由哪几部分组成？
2. 地下公路主要有哪几种形式？
3. 地下停车场有哪些类型？
4. 地下步行通道主要作用有哪些？

# 第4章  地下商业街

地下商业街是建设在城市地表以下，能为人们提供商业活动、公共活动和工作的场所，并具备相应综合配套设施的地下空间建筑(以下有时简称地下街)。

地下商业街的出现是因为与地面商业街相似而得名。它是由最初的地下室改为地下商店或由某种原因单独建造地下商店而发展起来的。

城市地下商业街是在城市发展过程中产生的一系列固有矛盾状况下使城市可持续发展的一条有效途径。同时，地下街也承担了城市所赋予的多种功能，是城市的重要组成部分。伴随着地下街建设规模的不断扩大，将地下街同各种地下设施综合考虑，如将地铁、市政管线廊道、高速路、停车场、娱乐及休闲广场等与地下街相结合，形成具有城市功能的地下大型综合体，是地下城的雏形。

## 4.1  地下商业街的类型与功能

### 4.1.1  地下商业街的类型

#### 1. 按规模分类

按照建筑面积的大小和其中商店数量的多少，可以分为：

①小型：面积在 3000 m² 以下，商店少于 50 个。这种地下街多为车站地下层或大型商业建筑的地下室，由地下通道互相连通而形成。

②中型：面积 3000 ~ 10000 m²。商店 30 ~ 100 个，多为上一类小型地下街的扩大，从地下室向外延伸，与更多的地下室相连通。

③大型：面积大于 10000 m²，商店数在 100 个以上。这种类型的大致又有三种情况：第一种是百万人以上大城市的广场或街道下面的地下街；第二种是以车站建筑的地下层为主的地下街，加上与之相连通的地下室；第三种情况是上面两种情况复合而成的规模非常大的地下街。

#### 2. 按形态分类

按照地下街所在位置和平面形状，可以分为：

①街道型：多处在城市中心区较宽阔的主干道下，为狭长形。这类地下街兼做地下步行通道的较多，也有的与过街横道结合，一般都有地铁线路通过，停车的需要也较大。

②广场型：一般位于车站前的广场下，与车站或在地下连通，或出站后再进入地下街。广场型地下街平面接近矩形，特点是客流量大，停车需要量大，地下街主要起将地面上人与车分流的作用。

③复合型：即街道型与广场型的复合，兼有两类的特点，规模庞大，内部布置较复杂。

### 4.1.2  地下商业街的功能

地下街的城市功能主要表现以下四个方面：

1. 城市交通功能

从地下街的基本类型和形态，可以明显看出其在城市交通中的作用。地下街所在的广场主要在车站前或附近，街道则多在城市中心区较宽阔的主干道。这些位置都是地面交通量大、停车需要量多、行人与车辆最容易混杂的地方，也常常是地上交通与地下交通网的转换枢纽。因此在这些地方建设地下街，改善交通就成为最主要的目的。

城市中的交通矛盾尽管表现为各种现象，但核心问题是车速下降和阻滞时长。因此，除了修建一定数量的高架高速公路外，发展地下铁道，兴建与地下街结合的地下步行道和地下停车场，就可以在少增扩城市道路的条件下使地面交通得到改善。由于在地下换乘，在地下购物，在地下通行，在地下停车，就自然吸引大量人流到地下空间中活动，地面上的人车混杂问题和提高车速问题就有可能得到解决。

2. 对城市商业的补充作用

商业在地下街中一般占1/4左右，面积相对并不很多，但却是地下街中经济效益最高的部分，社会效益也很显著，因而在地下街中是不可缺少的。从总体上看，地下街中的商业在整个城市商业中所占比重是很小的，因为相对于整个城市，地下街的数量和规模毕竟是有限的。但地下街对于广大消费者具有很强的吸引力，因为那里方便、舒适，特别是不受气候条件对购物的影响，雨天或雪天顾客就更多。

3. 在改善城市环境上的作用

城市是一个大环境，空气、阳光、绿地、水面、气候、空间、交通状况、人口密度、建筑密度等，都对城市环境质量的高低发生影响。地下街的建设虽然并不涉及以上所有因素，但是由于城市再开发和地下街的建设，使城市面貌有很大的改观；地面上的人、车分流，路边停车的减少，开敞空间的扩大，绿地的增加，小气候的改善等，对改善城市环境的综合影响是相当明显的。

4. 防灾功能

与地面空间相比，地下空间具有对多种城市灾害的防护能力强的优势；在相连通的地下空间，机动性较强，有利于长时间的抗灾救灾。地下空间在城市防灾中主要作用是抗御在地面上难以防护的灾害，例如核武器的袭击，和在地面上受到严重破坏后保存部分城市功能和灾后恢复能力，同时与地面上的防灾空间（例如广场、空地等）相配合，为居民提供安全的避难场所。

### 4.1.3 地下商业街的发展

1. 发展现状

地下街最先起步于日本，而其真正成熟阶段在20世纪50年代前后。1952年，日本东京中心银座地区建设了三原桥地下街；1955年，建成浅草地下街；以后的几十年中，日本地下街数量逐年上升（见图4-1），仅东京就有19处，总面积达283000 $m^2$。名古屋有20余处，总面积达169000 $m^2$，日本各地大于10000 $m^2$的地下街总计26处。

我国地下街近年也有较大的发展，目前全国大中城市大多开发了商业性质的地下街，并兼做地下街。哈尔滨秋林地下街现已开发90000 $m^2$，在重庆面积不足2 $km^2$的解放碑地区，2003年以来先后建设了6个地下商业开发项目，商铺总面积达到66000 $m^2$；上海市人民广场地下街有30000 $m^2$，与地铁相连，已形成一个非常繁华的地下商业设施；无锡规划的人民路地下街空间开发面积 50000 m²；太湖广场地下街空间开发面积 288000 m²，地下商铺规划面积达到 140000 m²。哈尔滨、沈阳、郑州、石家庄、西安、广州等地都建有相当规模的地下街。

可以预计，随着城市规模的扩大，地下商业街将成为城市可持续发展的一种重要模式。今后地下街的类型或功能还会增加，由"街"相连而成的"城"也会在不久的将来出现。

**2. 发展模式**

我国目前地下商业街的开发模式比较单一，主要以单纯的商业开发模式为主。但是地下空间的利用不仅仅是局限于当前的地下通道、地下商场、地下停车场简单的地下商业街形式，地下空间的打造也应像地上空间的打造一样，要多样化、互动化。

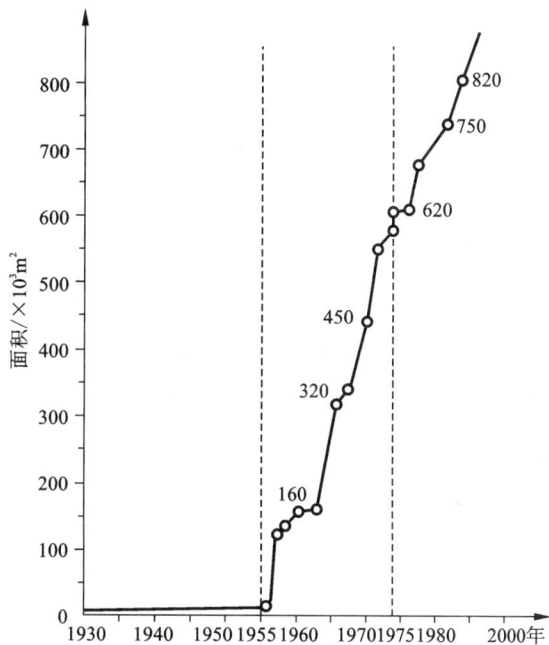

图 4-1　日本地下街建设发展趋势

（1）公园型

我国各个城市中都有很多的公园，公园良好的生态环境和大批的人流为地下商业街的打造提供了良好的条件。可以选择在公园的一侧建地下街，或者选择在公园内建地下商业街，也可以再造空中花园，打造地下多层商业街。多层地下商业街可以将地下商场、地下停车场分别停靠在不同的层面上，增强层次间的流通性。

（2）广场型

广场型的概念与公园型的相似，这种形式在我国很多大中城市都已经大量出现，但是对于此种模式的实施也是比较的单一，没有突破以往地下商业街的限制。而在公园型打造的过程中，多层打造可以再次借鉴使用，使广场式商业街朝着地下多层级打造的目标发展和突破。

（3）生活综合型

地下城市建设在世界各地已经有很成功的典型案例。地下空间具有冬暖夏凉的优势，将地下打造成为一个与地面相同的，能够满足多项衣食住行等方面的综合性的地下城市型商业街。我国北方较为寒冷的城市已经将商业、娱乐项目、酒店等引入地下，打破季节带来的寒冷感，使消费群体能够长时间地呆在地下满足更多需要。

任何客流人流集聚的地方都具有开发地下商业街的潜力，而随着城市的发展，地下商业街也将以更加综合多样的形式出现。

## 4.1.4　国内地下商业街实例简介

1. 上海人民广场地下商业街

亦称为上海地下商场，位于上海市人民广场的中心部分，人民大道的南侧，东接人民广场地铁车站，西连人民广场大型地下停车场，南临新建成的上海市博物馆；为特大型二层结构,上层为商城及娱乐总汇,下层为可容纳600辆小车的大型地下停车场。地下商业街部分,全长276 m,宽36 m,总建筑面积近10000 m²;工程埋深7.6 m,顶板以上覆土2.0 m,用于地面绿化,其地面目前已是一个花园式的广场,上海市民及游客已在此络绎不绝地游玩、观光(见图4-2与图4-3所示)。

图4-2  上海人民广场地下商业街地面鸟瞰图

图4-3  上海人民广场地下商业街内景

2.成都地一大道地下商业街

成都地一大道地下商业街位于成都市中心,无缝对接地铁1、2号线中转站,毗邻3号线。主题街区通道宽2 m、高2.5 m,春熙路、盐市口,骡马市和太升路这些商品集散地,随着地一大道的开业诞生了一个建筑面积达到100000 m²,集购物、餐饮、休闲、文化、娱乐、养生保健、旅游以及公共服务功能于一身的地下商业王国(见图4-4与图4-5)。

图4-4  成都地一大道地下商业街剖面图

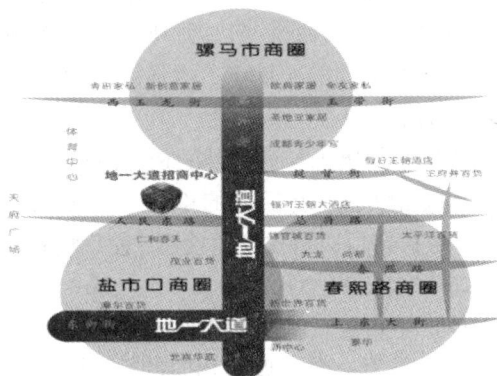

图4-5  地一大道位置图

3.西宁大十字地下商业街

西宁大十字地下商业街位于西宁市的交通中心和商业集中区,东起凯达广场、西至互助巷;南至西宁书城、北至文化街(省国税局)。位于车行道路下,地下一层,呈十字形布置,东西长745 m,南北长245 m,工程主体东西大街宽度18 m,南北大街宽度22 m,主体净高4.2 m,埋深约7.35 m。建筑面积22000 m²,用地面积30000 m²。图4-6为其入口效果图。

该工程为平战结合人防工程,战时防护功能为战备物资库,平时作为城市过街通道兼作地下商业街。作为城市过街通道。该项目建成后,既能较好地解决该区域市民过街和人车分流的问题，为市民提供便利安全的交通环境，又加强了城市的战时综合防护能力。

**4. 石家庄新胜利大街地下商业街**

石家庄新胜利大街地下商业街全长 1.28 km，宽 90 m，主体高度 4.9 m，建筑面积 10400 m$^2$，分为东、中、西三幅，其中商业面积主要在中幅段，建筑面积 46000 m$^2$，东幅和西幅主要为停车场。为了方便行人休闲、购物，新胜利大街地上部分还将建有 140 m 宽的中央大道，其中中间 70 m 宽的部分将建成有假山、小品等丰富多彩的带状绿化带公园，市民在购物之余还可坐电梯到公园休憩游玩。图 4-7 为该地下商业街的鸟瞰剖视效果图。

图 4-6　西宁大十字地下商业街入口效果图

图 4-7　石家庄新胜利大街地下商业街鸟瞰效果图

**5. 南京湖南路地下商业街**

南京湖南路地下商业街位于南京最繁华的商圈，贯穿湖南路全程。由全球著名日本日建设计公司精心设计，以打造地上与地下协调发展、人与环境的亲和、时尚与生活的协调的地下商业街为理念，与周边建筑交流融通，形成网络化、立体化中国地下商业街开发运营典范。项目全长 1030 m，东端衔接地铁 1 号线，西端衔接地铁 5 号线，周围环绕 24 条公交线路，是湖南路商圈的黄金通道，是城市品质提升、城市功能完善，集购物、餐饮、娱乐、市政交通、观光于一体的综合性商业街。其位置与效果如图 4-8 与图 4-9 所示。

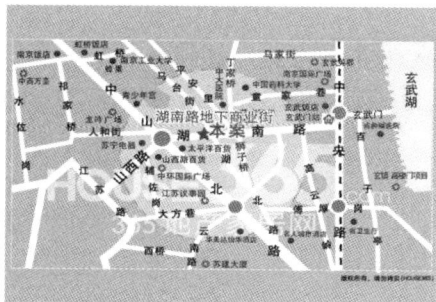

图 4-8　南京湖南路地下商业街位置图

图 4-9　南京湖南路地下商业街效果图

## 4.2 地下商业街的规划

### 4.2.1 规划原则

地下街具有购物、文化娱乐、人流集散、交通等功能,所以它必须设在人流量大、交通拥挤,也就是所谓繁华地带的地下,这样才可以起到使人流进入地下,改善地面交通拥挤的局面,同时又能满足人们购物或文化娱乐的要求。地下街的防护功能一般是必须考虑的,我国的地下街设计一般都有一定的抗力要求。

1.应按国家和地方有关城建法规及城市总体规划进行

国家和地方政府颁布的有关法规是建筑工程规划的指导文件,考虑了近、中、远期国家地方、部门发展趋势及利益,规划时必须依照执行。城市总体规划是根据社会对城市的需求、要求而设计的城市发展规划,考虑了城市系统间的相互协调关系等多方面因素。地下街规划应是城市规划的补充,应与城市总体规划相结合。

2.应考虑人、车流量和交通道路状况

目前的地下街大多是在旧城区改造或在原有地下人防工程的基础上建设的,是由于地面拥挤而开发建设的,因此,地下街建设要研究地面建筑物性质、规模、用途,以及是否有拆除、扩建或新建的可能,同时也要考虑道路及市政设施的中远期规划状况。地下街建设应结合地面建筑的改造、地下市政设施及立交或交叉路的道路交通及人、车流量等因素进行。

3.应考虑保护其范围内的古物与历史遗迹

古建筑或古物、古树等是历史遗留下来的宝贵财富,应按国家或当地文物保护部门的规定执行。有价值的街道不能用明开挖法建造地下街。

4.要考虑发展成地下综合体的可能性

由地下街建设的经验可知,地下街的扩建是必然的,如果规划不合理会使地下街变得十分不规整,内部通道系统布置也非常复杂,容易造成灾害隐患,给地下设施管理造成混乱。

### 4.2.2 规划设计

我国开发地下街从规划开始大多就选择在繁华商业中心或车站广场等地,如上海地下街设在人民广场,哈尔滨地下街设在站前广场和秋林商业中心等,因此要合理解决人、车流划分和车辆存放问题。

1.地下商业街规划的主要影响因素

地下商业街需按街道走向,每隔一定距离设置出入口,在交叉口附近也要设置出入口,规划受地面、地下、环境、道路的多种影响。主要有:

①考虑地面建筑、绿化及交通等设施的布置。

②考虑地面建筑的使用性质、地下管线设施、地面建筑基础类型及地下室的建筑结构因素。

③考虑地面街道的交通流量、公共交通线路、站台设置、主要公共建筑的人流走向、交叉口的人流分布与地下街交通人流的流向设计。

④考虑该地段的防护等级、防灾等级、战略地位,以便规划防灾防护等级。

⑤考虑地下街的多种使用功能(如是否有停车场)与地面建筑使用功能间的关系。

⑥考虑地下街的竖向设计、层数、深度及扩建方向(水平方向的延长,垂直方向的增层)。

⑦考虑与附近公共建筑地下部分及首层的联系,与地铁或其他设施的联系,与地面车站及交叉口之间的联系。

⑧考虑设备之间的布置,水、电、风和各种管线的布置及走向,与地面联系的进排风口形式等。

2. 地下商业街的规划设计

地下商业街规划平面类型按地面街道形式分有"道路交叉口型"、"中心广场型"、"复合型"三种。

(1)"道路交叉口型"地下街

"道路交叉口型"地下街多数处在城市中心区较宽阔的主干道下,平面大多为"一"字形或"十"字形。其特点是地面交叉口处的地下空间也相应设交叉口,并沿街道走向布置,同地面有关建筑设施相连,出入口的设置应与地面主要建筑及交叉口街道相结合,以保证人流的上下。

图4-10所示为重庆市"道路交叉口型"地下街,全长723 m,总建筑面积4.8万 m²,位于市中心区解放碑闹市区,它由地下商业街、地铁、地下食品街、地下娱乐街、地下旅店街组成。

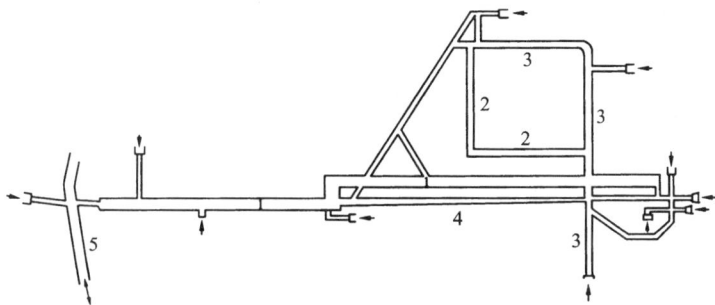

**图4-10 重庆市某地下街**
1—地下商业街;2—地下娱乐街;3—地下食品街;4—地下旅店街;5—地铁

(2)"中心广场型"地下街

此种类型地下街通常是城市交通枢纽,如火车站及中心广场地下,若为广场,除与各道路出口相连之外,还可以设下沉式露天广场,供人们休息。此种地下街的地面较开阔,常形成大空间,既便于交通,又能购物和娱乐,同时还有休息空间。

广场型地下街平面规划类型常为矩形,地面客流量大、停车量大,这种地下街常起分流作用,也常同地下车库相连接。如我国上海人民广场地下街就有1万 m²的地下商业街和4万 m²的地下停车场,并同地铁相通。石家庄火车站广场结合旧城改造建成了5.5万 m²地下商业街。该地下街有三个功能:一是缓解站前交通问题,二是解决存车难的问题,三是设置配套商业服务、完善服务设施。

在铁路、码头、客运站等交通流量较大的广场，地下街常具备多种功能，可规划为停车、住宿、步行道、餐厅、商场等。

某些地下街带有娱乐、休息功能。在城市中心广场内设下沉式广场，广场内可用于休息、分配人流等功能，从造型上丰富城市广场的空间层次。所谓下沉式广场即在地下设施交汇处设一个公共广场空间，此广场空间为下沉开敞式，阳光可进入广场内，通过室外楼梯与地面相连接。图 4-11 为我国兰州市中心广场的下沉式广场与地下街的规划。

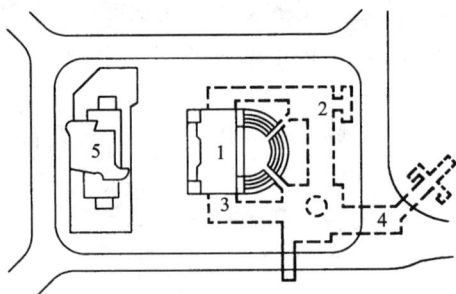

**图4-11 兰州市中心广场地下街**
1—下沉式广场；2—地下娱乐场；3—茶室；
4—商场；5—地下车站

日本东京都川崎市川崎站阿捷利亚地下街，总建筑面积 56916 m²。它把车站地下、道路、广场、交通、娱乐、购物全部综合在一起，形成大型地下街。

（3）"复合型"地下街

"复合型"地下街是指"中心广场型"与"道路交叉口型"地下街的复合。这种地下街常常是分期建造，工程规模较大，需要很长时间才能完成。几个地下街连接成一体的复合型地下街带有"地下城"意义，这样的地下街能在交通上划分人流、车流，同地面建筑相连，与"中心广场（含车站广场）"相统一，与地面车站、地下铁路车站、高架桥立体交叉口相通。在使用功能上又有商业、文化娱乐、体育健身、宾馆等多种功能。

"复合型"地下街基本上以广场为中心，沿道路向外延伸，通过地下通道与地下室相连，因而形成整体地下街。

例如：日本的横滨站地下街，有东口和西口两个地下街。东口、西口两个地下街规划在车站东西两侧，它把立交、铁路出站口、停车场有机联系在一起。名古屋地区的9处地下街、17个大型建筑的地下室和3个车站的地下室相连的格局，从1957年建造开始，一直到1976年才形成，尽管不规整、曲折，但这种地下街属于"复合型"。

## 4.3 地下商业街的建筑设计

### 4.3.1 地下商业街的构成系统

地下商业街的主要功能和作用是缓解由城市繁华地带所带来的土地资源紧缺、交通拥挤、服务设施缺乏的矛盾。广义来讲，它包括的内容较多，有许多不同领域、不同功能的地下空间建筑组合在一起，但就目前实践的状况看，地下街主要由以下几个系统组成：

①地下步行道系统，包括出入口、连接通道（地下室、地铁车站）、广场、步行通道、垂直交通设施、步行过街等。

②地下营业系统，如商业步行街、文化娱乐步行街、食品店步行街等，可按其使用功能性质进行设计。

③地下机动车运行及存放系统，地下街常配置地下停车场及地下快速路，使地面车辆由通道转快速路后可通过，也可停放在车库内。快速路和步行道不宜设在同一层。

④地下街的内部设备系统，包括通风、空调、变配电、供水、排水等设备用房和中共防灾控制室、备用水源、电源用房。

⑤辅助用房，包括管理、办公、仓库、卫生间、休息、接待等房间。

### 4.3.2 地下商业街功能分析及组成

1. 地下商业街功能分析

从规模上划分地下街的功能组成有很大差别，小型地下街功能较单一，仅有步行道和商场及辅助管理用房，而大型地下街则包含公路及停车设施、相应防灾及附属用房。小型、中型及大型地下街的功能分析图，如图4-12所示。

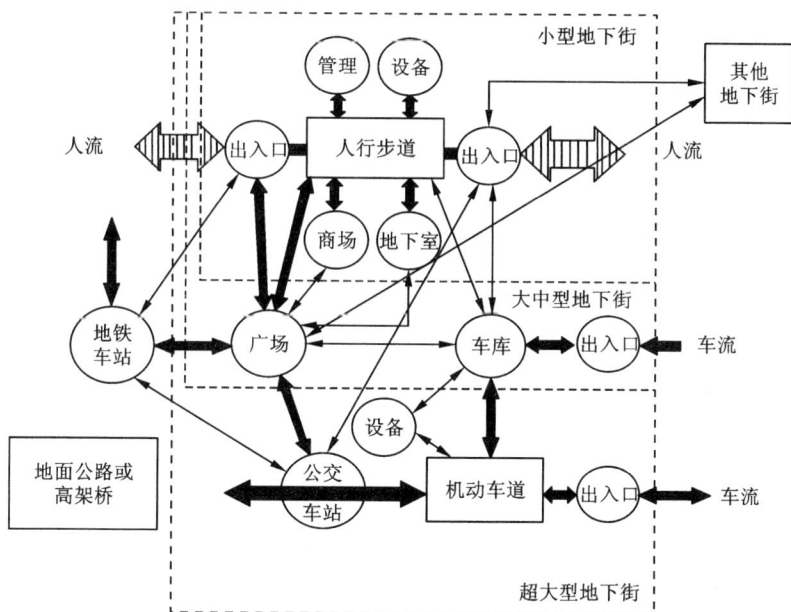

图4-12 地下街功能分析图

由功能分析图可以看出，超大型地下街是一个人流、车流、购物、存车的综合系统，这种地下街就是目前所称的地下综合体。

2. 地下商业街的组成

地下街规划研究涉及的专业面很广，如道路交通、城市规划、建筑设备、防灾防护等，而地下街某一组成部分情况也有差异，一般中小型地下商业街主要由步行道、出入口、商场及附属设施组成，可为以下几个主要部分：

①交通面积：交通面积在步行式商店中比较清楚，为了分析方便，厅式商店中两柜台间距扣减1.2 m为交通面积。这里主要指步行街式商店的交通面积。

②营业用房面积：步行街式商店营业部分为一个个店铺与街连通。此面积主要指营业用房内面积。

③辅助用房面积：辅助用房主要有仓库、机房、行政管理用房、防灾控制中心用房、卫生间等，此处主要指这些辅助用房的占用面积。

④停车场面积：见地下车库设计。

地下商业街内的营业面积与经济效益有关，在通常情况下，营业面积越大，经济效益就越高，反之则低。

地下街中商业各组成部分的面积所占比例，如表4-1所示。

表4-1 地下街中商业各组成部分的面积比例

| 地下街名称 | | 总建筑面积 | 营业面积 | | 交通面积 | | 辅助面积 |
|---|---|---|---|---|---|---|---|
| | | | 商店 | 休息厅 | 水平 | 垂直 | |
| 东京八重洲地下街 | 面积($m^2$) | 35584 | 18352 | 1145 | 11029 | 1732 | 3326 |
| | 比例(%) | 100 | 51.6 | 3.2 | 31.0 | 4.9 | 9.3 |
| 大阪虹之町地下街 | 面积($m^2$) | 29480 | 14160 | 1368 | 8840 | 1008 | 4104 |
| | 比例(%) | 100 | 48.0 | 4.6 | 30.0 | 3.4 | 14.0 |
| 名古屋中央公园地下街 | 面积($m^2$) | 20376 | 9308 | 256 | 8272 | 1260 | 1280 |
| | 比例(%) | 100 | 45.7 | 1.3 | 40.6 | 6.1 | 6.3 |
| 东京歌舞伎町地下街 | 面积($m^2$) | 15637 | 6884 | — | 4114 | 504 | 4235 |
| | 比例(%) | 100 | 44.4 | — | 25.7 | 3.2 | 27.1 |
| 横滨波塔地下街 | 面积($m^2$) | 19215 | 10303 | 140 | 6485 | 480 | 1087 |
| | 比例(%) | 100 | 53.6 | 0.8 | 33.7 | 2.5 | 9.4 |

由表4-1看出，地下街中营业面积平均占总建筑面积36.2%，辅助面积占总建筑面积13.2%，它们之间的比值约为15:11:4或简比4:3:1。

### 4.3.3 地下商业街的建筑空间组合

1. 组合原则

(1)建筑功能紧凑、分区明确

在进行空间组合时，要根据建筑性质、使用功能、规模、环境等不同特点、不同要求进行分析，使其满足功能合理的要求，此时可借助功能关系图进行设计(见图4-13)。

功能关系图中主要考虑人员流线的关系，通常有"十"字形地下步行过街及普通非交叉口过街。地下街很重要的是人流通行，所以人流通行是地下街主要的功能。在步行街两侧可设置店铺等营业性用房。在靠近过街附近设水、电、管理用房，库房和风井则可根据需要按距离设置。

(2)结构经济合理

地下街结构方案同地面建筑有差别，常做成现浇顶板、墙体、柱承重，没有外观，只有室内效果。

地下街结构主要有矩形框架、直墙拱顶和拱平顶结合三种形式，如图4-14所示。

①直墙拱顶结构，即墙体为砖或块石砌筑，拱顶为钢筋混凝土。拱形有半圆形、圆弧形、抛物线形多种形式。此种形式适合单层地下街。

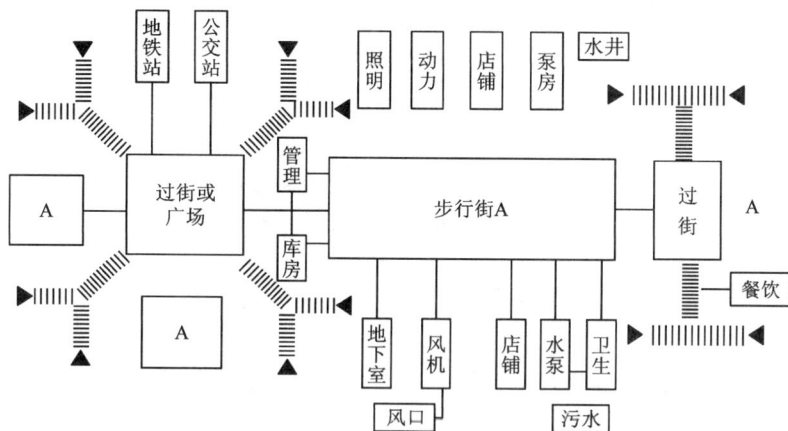

**图 4 – 13   地下商业街功能关系图**

②矩形框架结构，此种方式采用较多。由于弯矩大，一般采用钢筋混凝土结构，其特点是跨度大，可做成多跨多层形式，中间可用梁柱代替，方便使用，节约材料。

③拱平顶结合结构，此种结构顶、底板为现浇钢筋混凝土结构，围护墙为钢筋混凝土或砖石砌筑。

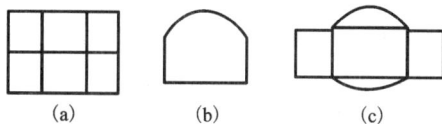

**图 4 – 14   结构形式**
(a)矩形框架；(b)直墙拱顶；(c)拱平顶结合

具体采用何种结构类型应根据土质及地下水位状况、建筑功能、层数、埋深、施工方案来确定。

（3）管线及层数空间组合

要考虑管线的布置及占用空间的位置，确定建筑竖向是否多层，如有地下公路等也会受到影响。

2. 平面组合方式

地下商业街平面组合方式有如下几种。

（1）步道式组合

步道式组合即通过步行道并在其两侧组织房间，常采用三连跨式，中间跨为步行道，两边跨为组合房间。此种组合特点有以下几方面：

①保证步行人流畅通，且与其他人流交叉少，方便使用。

②方向单一，不易迷路。

③购物集中，不干扰通行人流。

此种组合方式适合设在不太宽的街道下面。图 4 – 15 为步道式组合的几种类型。

（2）厅式组合

厅式组合没有特别明确的步行道，其特点是组合灵活，可以在内部划分出人流空间，注意的是人流交通组织，避免交叉干扰，在应急状态下做到安全疏散。

厅式组合单元常通过出入口及过街划分，如超过防火区间则以防火区间划分单元，如图

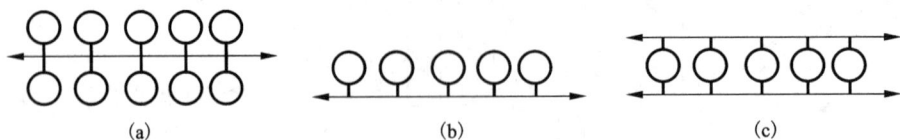

**图 4 - 15　步道式组合的几种形式**

(a)中间步道；(b)单侧步道；(c)双侧步道

4 - 16 所示。我国石家庄站前广场地下街也为厅式组合。

（3）混合式组合

混合式组合即把厅式与步道式组合为一体。混合式组合是地下街组合的普遍方式。其主要特点是：

①可以结合地面街道与广场布置。

②规模大，能有效解决繁华地段的人、车流拥挤问题，地下空间利用充分。

③彻底解决人、车流立交问题。

④功能多且复杂，大多同地铁站、地下停车设施相联系，竖向设计可考虑不同功能。

图 4 - 17 为混合式组合示意图。图 4 - 18 为日本东京八重洲地下街，采用混合式组合方式，建造于 20 世纪 60 年代，有市政水、电廊道，并在地下二层设有市区高速公路，而且车辆能直接停在车库。长 400 m，宽 80 m，建筑面积 69200 m²，共三层，顶层为商场，中层为车库及地铁，底层为机房，管、线也都设有单独的廊道。

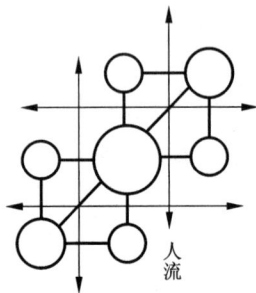

**图 4 - 16　厅式组合示意图**

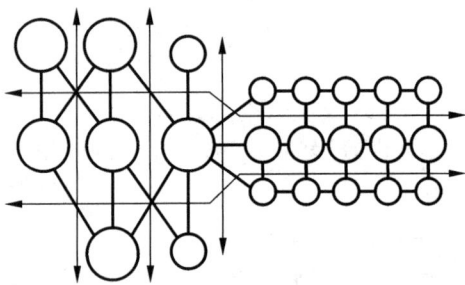

**图 4 - 17　混合式组合示意图**

3. 竖向组合设计

地下街的竖向组合比平面组合功能复杂，这是由于地下街为解决人流、车流混杂，市政设施缺乏的矛盾而出现的。地下街竖向组合主要包括：分流及营业功能(或其他经营)；出入口及过街立交；地下交通设施，如高速路或立交公路、铁路、停车场、地铁车站等；市政管线，如上下水、风井、电缆沟等；出入口楼梯、电梯、坡道、廊道等。

随着城市的发展，要考虑地下街扩建的可能性，必要时应作预留(如共同沟等)。对于不同规模的地下街，其组合内容也有差别，其内容如下：

（1）单一功能的竖向组合

单一功能指地下街无论几层均为同一功能，例如，上、下两层均可为地下商业街[哈尔滨

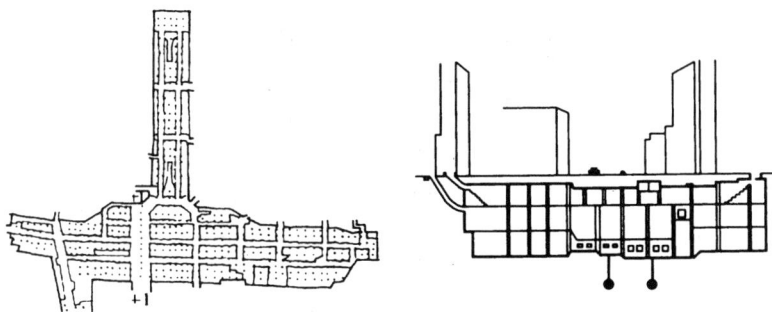

**图 4－18　日本八重洲地下街混合式组合示意图**

秋林地下街上下两层均为同一功能商业街，见图 4－19(a)]。

（2）两种功能的竖向组合

两种功能主要为步行商业街同车库的组合或步行商业街同其他性质功能(如地铁站)的组合[见图 4－19(b)]。

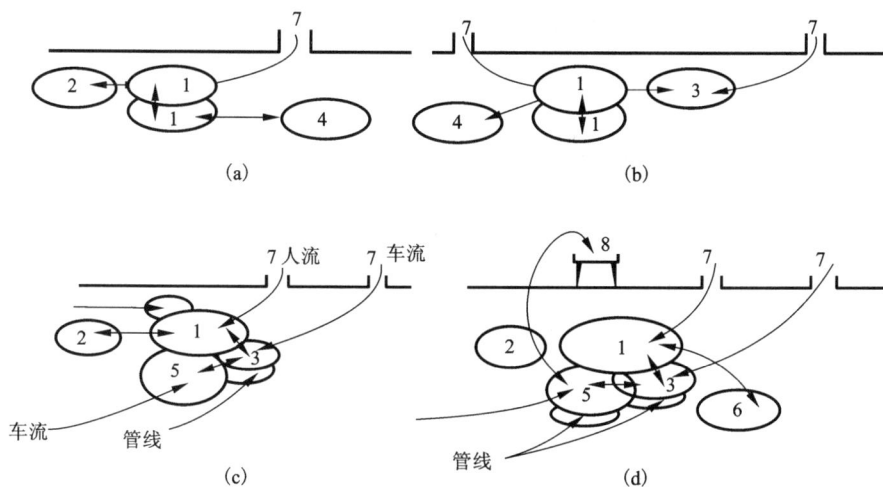

**图 4－19　地下街多种功能竖向组合示意图**

1—商业街及步行道；2—附近地下街；3—停车库；4—地铁站；
5—高速公路；6—地铁线路(深埋)；7—出入口；8—高架公路
(a)同一功能竖向组合；(b)两种功能竖向组合；(c)三种功能竖向组合；(d)多于三种功能竖向组合

（3）多种功能的竖向组合

图 4－20(a)为日本东京歌舞伎町地下街，由顶层步行道、商场及中层车库、底层地铁车站三种功能组合在一起。图 4－20(b)为单一功能组合的日本横滨戴蒙德地下街，两层均为商场及步行道。图 4－20(c)为三层三种功能组合的日本大阪虹之町地下街，顶层为步行道、商场，中层为地铁中间站台，底层为地铁车站。图 4－20(d)为两种功能组合的日本新泻罗莎地下街。顶层为步行道、商场，底层为地铁车站。

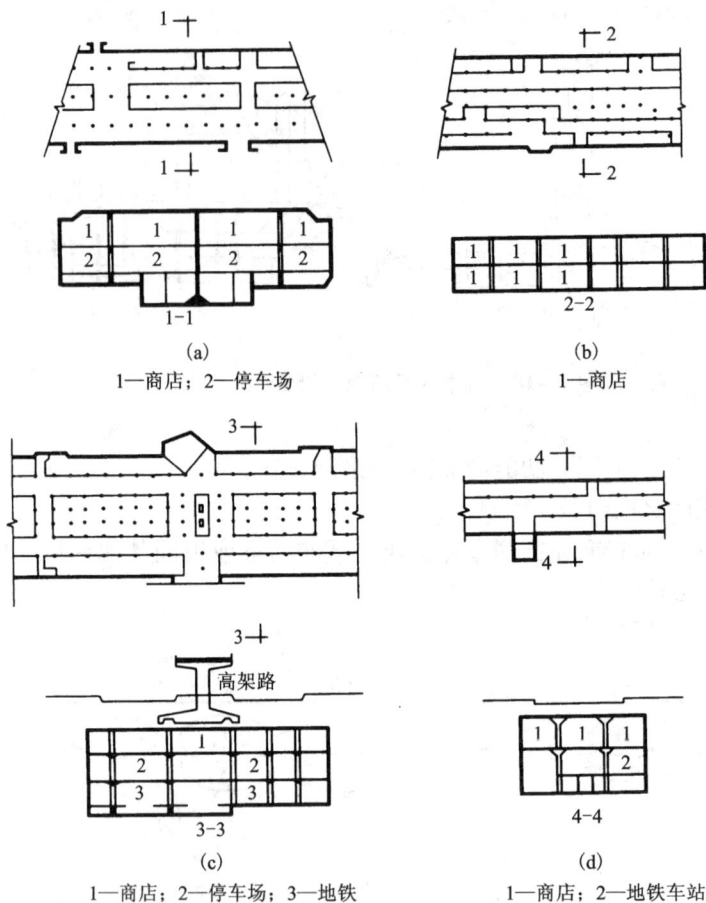

**图4-20 日本部分地下街竖向组合实例**
(a)三种功能组合地下街(日本东京歌舞伎町);(b)单一功能地下街(日本滨戴蒙德);
(c)三层三种功能组合(日本大阪虹之町);(d)两种功能组合(日本新泻罗莎)

### 4.3.4 地下街的平面柱网及剖面

地下街平面柱网主要由使用功能确定。如仅为商业功能,柱网选择自由度较大;如同一建筑内上下层布置不同使用功能,则柱网布置灵活性等,要满足对柱网要求高的使用条件。

日本在设计地下街时,通常考虑停车柱网,因为90°停车时最小柱距5.3 m,可停2台,7.6 m可停3台。日本地下街柱网实际大多设计为(6+7+6)m×6 m(停2台)和(6+7+6)m×8 m(停3台),这两种柱网不但满足了停车要求,对步行道及商店也是合适的。在设计没有停车场的地下街时通常采用7 m×7 m的方形柱网。

哈尔滨秋林地下街(见图4-21)采用的跨度是$B_1×B_2×B_1=5.0$ m×5.5 m×5.0 m,距柱$A=6.0$ m,属于双层三跨式地下商业街。

地下街剖面设计层数不多,大多为2层,极少数为3层。层数越多,各层高度越大,则造价越高。因为层数及层高影响埋深,埋深大,则施工开挖土方量大,结构工程量和造价也相应增加。

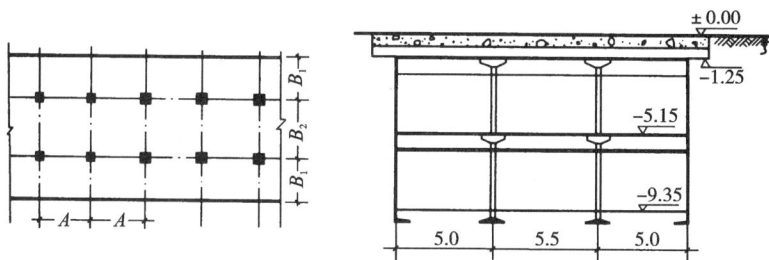

**图 4 - 21 哈尔滨秋林地下商业街柱网尺寸及剖面图**

一般为了降低造价，通常条件允许建成浅埋式结构，减少覆土层厚度及整个地下街的埋置深度。日本地下商业街净高一般为 4 ~ 6 m，通道和商店净高有所差别，目的是为了保证有一个良好的购物环境。图 4 - 21 中，哈尔滨秋林地下商业街顶层层高为 3.9 m，净高为 3.0 m，底层层高为 4.2 m，净高为 3.3 m。地下街吊顶上部常用于铺设管线，以便检修。

## 4.4　地下商业街空间艺术

### 4.4.1　基本要求

地下建筑的艺术主要指建筑的空间艺术。地下建筑与地面建筑不同之处是地下建筑没有外部造型，因而其空间组合艺术尤为重要。随着时代的发展和进步，在人们的生理需求、心理需求得到满足之后，还有对空间的艺术气息、人文气息等更高层次的需求。这种需求，表现在对地下商业街道色彩与光影、动态与活力、标志与细部等的追求和塑造，以及对城市文脉和地域特征的传承和体现。此外，生态、自然、艺术空间的营造也是人们精神需求的一种突出表现，人类与自然共生，热爱自然、依附于自然乃人类的本性。因此，现代化、艺术化、商品化的地下商业建筑应具备以下几个因素。

1. 功能综合化

按照现代社会消费需求、生活方式的特点，融购物、餐饮、娱乐、文化、健身、休息等多种功能为一体，并合理配置。

2. 环境景观化

在保证使用功能的同时，组织环境景观，提供公众交往空间——中庭、环廊、休息座椅及绿化、水景等。

3. 场所人性化

以顾客为核心，满足消费者的多种要求。使消费者在购物为主的活动中得到身心多方面的满足。其中包括：优雅的环境、良好的空间布局、优质的服务、满意的商品等。创造新颖、有特色的商品陈列环境，突出商品特色，既吸引消费者，同时美化购物环境。

4. 购物环境文化性

把商业购物环境作为整个社会文化的一项设施，使其能够潜移默化地影响人们的精神世界。购物环境在人与人的交往过程中，会产生一种特殊的商品文化。一些文化性的活动及设施的融入，也会赋予购物环境文化性。注重购物环境文化性的创造与表达，使其在自身的文化条件下与经济发展同时演化发展。

### 4.4.2　出入口的处理

地下街出入口是由地面进入地下的必经之路，主要作用是交通、防火疏散，它是地面景观的一部分，同时也会影响到地下的效果。

地下商业街的出入口设计，最主要是要解决两方面的问题：第一，在形式上，创造显著的建筑形象与清晰的入口形式。由于地下街形体大部分或完全位于地下，出入口实际上是地下建筑中唯一的可见要素，建筑物的外观形象方面起着别的要素所无法替代的作用，人们可以借助清晰的建筑边界与暴露的建筑要素来对建筑的功能、范围有一个大概了解，并找到进入的出入口。第二，解决人的心理过渡问题，即尽量消除人们在进入地下商业街的过程中产生的心理问题。地下商业街的入口在空间过渡上，它通过从上到下，从亮度到暗处，从开放到封闭的转换，使人从地表的具有熟悉的模式和景象的环境到达一个未知的环境，因此相应的出入口空间形式要多样化，过渡舒适，并且又能为人提供明确的向导。

1. 处理方式

地下街出入口处理方式有棚架式、平卧开敞式、附建式等。各种出入口设置应根据出入口的位置并结合地段条件考虑。

（1）平卧开敞式

由于地段狭窄，出入口不宜过大设置时，通常是简单地直接经由露天开敞楼梯或自动扶梯进入地下商业街中，这种形式的出入口称为平卧式出入口（见图4-22）。

（2）棚架式

在平卧式露天的垂直入口之上覆以柱子、空间网架及篷帐式结构支撑的屋顶等结构，可使地下商业空间的出入口形象更加明确，并形成一种过渡空间，强化从地上的外部空间到地下的内部空间过渡的感受。这种形式的出入口称为棚架式出入口。如图4-23将出入口设计成拱形玻璃网罩，上有金属骨膜，表面为彩色图案，很容易同"虹"联系起来，能取得一定的艺术效果。

图4-22　平卧式出入口

图4-23　棚架式出入口

（3）附建式

当地下商业街与地铁车站、商场等建筑相毗邻，或其本身具有地上部分时，就可以通过相邻建筑或同一幢建筑的地面部分设置出入口，这种形式的出入口称为附建式出入口。其优点在于它总有一个可见的建筑体量，所以在远处也很容易识别。

2. 出入口造型及设计的基本规律

①在交通道路旁宜设开敞式或棚架式出入口。

②在广场等宽阔地区宜设下沉广场出入口，同时应结合地面广场的环境改造。

③在大型的交通枢纽及大量人员出入的公共建筑中且用地紧张地段，宜设附属建筑出入口。

④在考虑特殊用途中，如防护、通信、维修、疏散等，可采用垂直式、天井式及与其他地下空间设施相连接的出入口。

### 4.4.3 下沉式广场

下沉式广场是地下街常用的手法，出入口可直接在广场内解决。它可以打破地下空间的封闭感，把地下、地面空间及出入口巧妙地联系在一起。

1. 下沉式广场的功能及作用

下沉式广场的功能主要是为人们提供一个相对封闭的休息、娱乐的公共场所，担负地下空间建筑的出入口，避免了地下空间建筑出入口的狭小感觉，给人带来较宽敞的入口门面，类似地面建筑的入口形式。下沉式广场的基本作用为空间过渡，地下空间建筑的人流集散、休闲娱乐与观赏。

2. 下沉广场的类型

下沉式广场可根据地段条件有多种类型，主要有圆形、矩形、不规则形三种，空间过渡可采用楼梯、自动扶梯、台阶、坡道等措施，剖面高度在 5 m 左右，一般不伸至地下三层。

3. 下沉式广场设计的特点

①下沉式广场宜布置在城市中心广场、公园等人流集中的地带，通常不与地面交通相交叉。大型的下沉式广场常结合城市广场的地面规划进行，具有较强的环境艺术性。

②下沉式广场的首要功能是地面与地下空间过渡，伴随时间的推移，它的另一功能——休闲娱乐也是十分重要的。

③下沉式广场的建设应相同自然、文化艺术、人的心理与审美、城市人员应急转移相结合。

下沉式广场可设置流水、绿化、水池、喷泉等。一般由室外楼梯或电梯进入，由下沉式广场可进入地下街的出入口。图 4-24 为我国西安钟鼓楼地下街下沉广场出入口。图 4-25 为西宁市大十字地下街下沉广场效果图。

图 4 - 24　西安钟鼓楼地下街下沉广场

图 4 - 25　西宁市大十字地下街下沉广场

# 思 考 题

1. 简述地下商业街的主要功能。
2. 地下商业街规划的平面类型有哪几种?
3. 地下商业街由哪些系统构成?
4. 地下商业街建筑空间艺术的基本要求是什么?

# 第 5 章　地下贮库建筑

　　贮库是用来短期或长期贮存生产生活资料的。贮库用地是城市用地的重要组成部分。在地面上露天或在室内贮存物资，虽然储存比较方便，但是要占用大面积的土地和空间，有的为了满足贮存所需的条件，要付出较高的代价，使贮存的成本增加；也有一些物资在地面上贮存有一定的危险性或对环境不利。由于地下空间具有良好的防护性能和热稳定性、密闭性等特点，故地下空间的环境对于多种物资的贮存都有很大的优势。近年来随着世界各国的人口增长，土地资源的相对减少，生态环境、能源等问题的日益突出，地下贮库由于其特有的经济性、安全性等发展很快，其数量在地下空间利用量中的所占比重越来越高。我国是一个多山的国家，许多城市地处山区、丘陵或半丘陵地区，有的则处在丘陵和平原的交界处，还有的完全处于平原地区，因此，合理规划与设计、因地制宜地利用当地的地下空间资源开发地下贮库，将具有深远的意义。

## 5.1　地下贮库的分类

　　地下贮库是迄今为止在地下空间的利用中，开发规模最大，分布范围最广，使用效益最高的一种地下建筑，据不完全统计，在地下空间已开发的范围中，贮库建筑要占到 40%。地下贮库按其藏品的不同有很多种类。概括起来，地下贮库有 5 大类型，如图 5 - 1 所示。

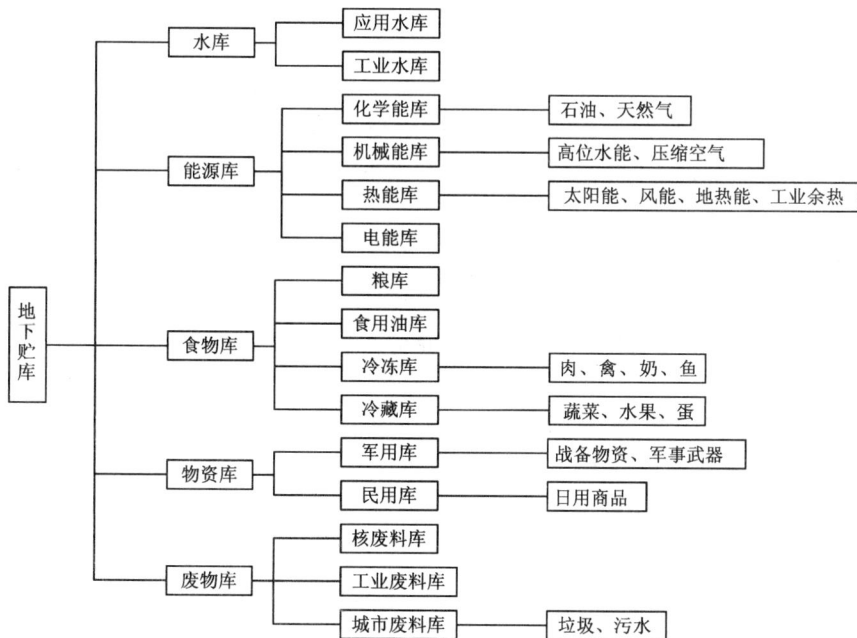

**图 5 - 1　地下贮库的类型**

图 5-1 中的一部分类型，如水库、食物库、石油库、物资库等，按照传统的方法，都可以建在地面上，但如果有条件建在地下，能够表现出多方面的优越性，则地下库会受到广泛的重视，有的甚至基本上取代了地面库。另一部分类型，由于使用功能的特殊要求，建在地面上有很大的困难，甚至根本无法实现，如热能、电能、核废料、危险化学品等，在地下建造成为唯一可行的途径，这些类型地下贮库具有更大的发展潜力。此外，有一些地下贮库的新类型，已经突破了传统的贮存和周转的功能，像工业余热的回收，太阳能的夜间和冬季的贮存，城市污水循环使用等，这些功能的实现都依赖于地下贮库的建立，因此地下贮库将是城市不可缺少的组成部分。

## 5.2 地下贮库的规划布局

地下贮库的规划布局，应根据其用途、城市的规模和性质以及工业区的布置，与交通运输系统密切结合，以接近货运多、供应量大的地区为原则，合理组织货区，提高车辆的利用率，减少车辆的驾驶里程，方便地为生产、生活服务。

大、中城市贮库区的布置，应采用集中与分散，地上与地下相结合的方式。

### 5.2.1 贮库布置与交通的关系

贮库的布置应妥善处理好与交通的关系，这样有助于减少运输的费用，其布置原则如下：

①贮库最好布置在居住用地之外，离车站不远，以便把铁路支线引至贮库所在地。

②对于小城市贮库的布置，起决定作用的是对外运输设备(如车站、码头)的位置。

③大城市除了要考虑对外交通外，还要考虑市内供应线的长短问题。供应城市居民日用品的大型贮库应该均匀分布，一般在百万以上的人口特大城市中，无论地上或大型地下贮库，至少应有两处以上的贮库区用地，否则就会发生使用上的不便，并增加运输费用。

④大库区以及批发和燃料总库，必须要考虑铁路运输。

⑤贮库不应直接沿铁路干线两侧布置，尤其是地下部分，最好布置在生活居住区的边缘地带，同铁路干线有一定的距离。

### 5.2.2 各类贮库的分布与居住区、工业区的关系

各类贮库由于所储存的物资不同，其位置及分布应根据其储存物资的特点满足以下基本要求：

(1)危险品贮库应布置在离城 10 km 以外的地上或地下

(2)一般贮库布置在城市外围

(3)一般食品库布置的要求

①应布置在城市交通干道上，不要在居住区内设置；

②地下贮库洞口(或出入口)的周围，不能设置对环境有污染的各种贮库；

③性质类似的食品贮库，尽量集中布置在一起；

④冷库的设备多，容积大，需要铁路运输，一般多设于郊区或码头附近。

### 5.2.3　地下贮库的技术要求

在设计地下贮库时，应满足如下技术要求：

①近市中心的一般性地下贮库，出入口的设置，除满足货物的进出方便外，在建筑形式上也应与周围环境相协调；

②地下贮库应设置在地质条件较好的地区；

③置在郊区的大型贮能库，军事用地下贮库等，应注意洞口的隐蔽性，多布置些绿化用地；

④与城市无多大关系的转运贮库，应布置在城市的下游，以免干扰城市居民的生活；

⑤由于水运是一种最经济的运输方式，因此有条件的城市，应沿河多布置一些贮库，但是应保证堤岸的工程稳定性。

近年来一些新类型、新用途的地下贮库不断出现，本章以下部分就主要具有代表性的几种地下贮库类型进行简单的介绍，并对地下贮库效益和在建造地下贮库的过程中出现的一些问题进行简单分析。

## 5.3　地下能源库

将能源贮存于地下，除了节省地皮外，最大的优点就是安全。瑞典、挪威、芬兰等北欧国家是世界上最先发展地下贮能库的国家。最早是瑞典，在第二次大战时开始修建，用于贮藏石油，到 20 世纪 60 年代，更以每年 150 万～200 万 $m^3$ 的速度开发地下油、气库，已经完成了 3 个月能源战略储备的任务。现在瑞典全国的物资储存有 80% 是采用地下贮库方式。此外，美、英、法、日等国这方面的成效也很显著。日本东京有一座筒状地下贮气库，直径 64 m，高 40.5 m，存放的天然气可供东京这座全球人口最多的城市使用半月之久。地下能源库的发展趋势是库容往大的方向发展，不少单库容量都已超过 100 万 $m^3$。尤其是近些年来，国际石油价格不断走高，能源趋于紧张，世界各国都实施了能源储备方案，要求本国能源的储备能供应 3 个月之需，这个容量是十分巨大的，而且基本上都是以地下贮存的方式进行。可见，地下贮能库在发达国家经济建设中的作用是何等重大。我国地下贮能库的工程技术也是走在前列的，早在 1977 年，就建成了第一座岩洞水封油库，是当时世界上少数几个能建这种地下库的国家之一。

地下能源库按能源的类型主要分为地下化学能贮库、地下机械能贮库、地下热能贮库及地下电能贮库。

### 5.3.1　地下化学能贮库

地下化学能贮库主要贮存的品种是石油及石油制品、天然气这些常规能源，也是重要的战略物资，故地下化学能贮库的类型主要是地下贮油库和地下贮气库。

*1.地下贮油库*

主要用于贮存石油及石油制品，在设计时必须考虑油品的物理特性，如密度、黏度、温度、压力、可燃性和挥发性等。各种石油制品的密度均不相同，密度较小的，如煤油、汽油、柴油等，称为轻油，多为燃料油；密度较大的，如原油、低标号柴油、润滑油等，称为重油。

从全球石油开发量和消费量的发展前景来看，现在各类油库的总量远远不能满足需求。由于地下贮油库的造价和贮存费要比地面便宜得多，并且安全、可靠，因而一直发展很快。目前地下贮油库主要有以下几种：

（1）无衬砌地下水封油库

不论是轻油还是重油，它们的密度都小于 $1.0~\text{g/cm}^3$，这就使得它们在与水相遇时会浮在水的上面。正是利用了这一特点，人们开发了地下水封油库。油库洞室建在地下水位以下一定深度处，以使洞室周围的地下水压力大于油压，从而阻止油从洞室向四周岩层泄漏。渗入洞室的地下水会积聚在洞室底部，油就会自然漂浮在水的上部，而不会由底部渗漏。

按照水封贮油的原理，无衬砌地下水封油库必须具备两个基本条件：第一，由于地下水必须渗入洞室与油密切接触来封存油料，所以贮库洞室不能衬砌，这就要求库址选在整体性好的坚硬岩层中，依靠围岩自身的稳定性来保证洞室的安全；第二，地下水位必须稳定，以保证适当的水压，形成对油体的封闭。否则一旦水位低于安全水位，就会造成油体的泄漏。

地下水封油库有两种类型，即变动水位式与固定水位式。

1）变动水位式

这种贮库主要用于存放汽油等高挥发性的油体。对于高挥发性油体，必须避免它的挥发，因油体挥发就造成了损耗，而且挥发性油气体还具有极强的易爆性。因此，在这类洞室中是不留空间的。为了做到这一点，采用的方式是变动水垫层的厚度[见图5-2(a)]。

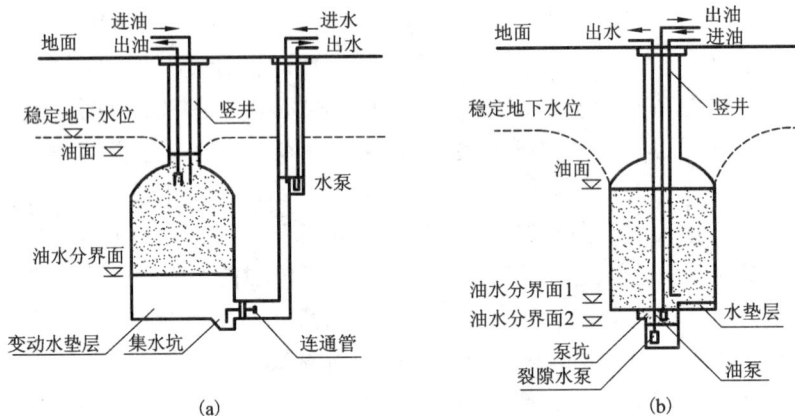

图5-2 地下水封油库示意图
(a)变动水位式；(b)固定水位式

工作原理：当洞室贮满油时，变动水垫层的厚度最小，为 $0.3\sim0.5~\text{m}$。当需要出油时，通过进出水装置中的水泵来调节洞室底部的油水分界面，即一边抽油、一边进水，变动水垫层厚度逐渐增加，使洞室上部的油位不变，从而保证油面与洞室拱顶之间始终不留空隙，避免了油的挥发；当需要进油时，一边进油、一边抽水，变动水垫层厚度逐渐减小。如果油完全抽完，则洞室内充满了水。可见，变动水垫层是这种类型贮油库的重要特点。

2）固定水位式

这种贮库主要用于贮存没有什么挥发性的油体，如柴油和原油等。这类油体不必担心挥发，所以在洞室中可以有空间，水垫层只要维持不变就可以了[见图5-2(b)]。

工作原理：在洞室底部始终保持 0.3~0.5 m 厚度的水垫层，油水分界面不因贮油量的多少而变化，故称之为固定水位式。当出油时，随着油面的下降，上部空间逐渐变大，地下水随之渗入此空间，并由洞室壁面流入油体之下，汇集于水垫层中。地下水位线也随着油面的变化而呈曲线变化，但最高水头始终不变。水垫层的厚度由泵坑周围的挡水墙高度控制，当水量增加时，就会溢过挡水墙流入泵坑，坑内水面升高到一定位置时，水泵就会自动开启抽水，从而始终保证水垫层厚度不变。反之，进油时油面上涨，随着上部空间的减小，渗漏水也会相应减少。

固定水位式不需大量注水和排水，节省了运行费用；同时除了设置一台抽水泵外，还省去了专门的大型进出水装置，因此比变动水位式要经济。但洞室上部可能形成较大的空间，一旦充满爆炸性气体是很危险的，这就限制了它只能用于挥发性很小的油品。

（2）地下衬砌油库

在地质条件较差的地区，或者在地下水位很低的地区，都不适合地下水封油库，而只能修建地下衬砌油库。如图 5-3 所示。

贮库洞室一般为筒状体，采用喷锚支护，为了防止渗漏油，在衬砌内表面再黏附上防渗钢板，考虑到钢板与围岩密贴，容易锈蚀，也可采用离壁式贮库，即钢板与衬砌之间留有约 0.8 m 的空隙，顶部留有不小于 1.0 m 的空隙，以便维修施工，就相当于在地下洞室中放置一个大的贮油钢罐。为尽量利用地下洞室的空间，钢罐与洞室之间仅留下便于维修的空隙。钢罐可以立放，也可卧放，依洞室的情况而定。

衬砌式贮油库要耗费大量钢材，造价很高，但与地面油罐相比，对于油的存放质量以及安全性，都更胜一筹。

（3）岩盐洞室油库

如图 5-4 所示。利用盐溶于水的性质，采用钻孔水溶法在岩盐层中形成大型洞室。基本步骤为：由地面往岩盐层内钻孔，可深达几百米，在孔内插入双管，往一根管内注水，溶解岩盐，通过另一根管将盐水抽到地表，最后在岩盐层中形成空洞，容积大者可达百万立方米以上，直接将油存放其中。因油不溶于岩盐，所以不会流失。

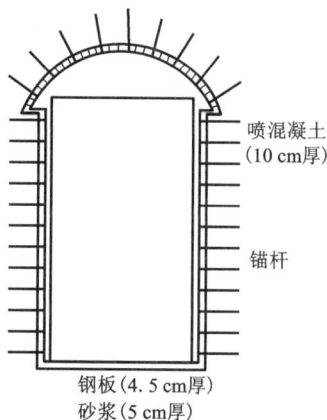

图 5-3　地下衬砌油库示意图

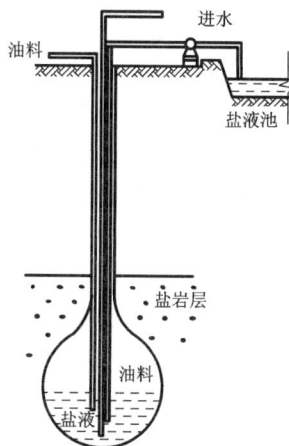

图 5-4　岩盐洞室油库示意图

岩盐层洞室开挖费用低，运行成本也便宜，许多国家都有这类贮库。

(4)矿山废旧井巷贮藏

在已经没有开采价值的矿山中，留有许多废弃井巷，如能用来贮油，则可节省大量的地下洞室开挖费用。但不是所有的井巷都有贮油价值，应结合油料的物理与化学特点，进行多方面的调查。

首先应考虑矿井的种类，如煤矿、铁矿、铜矿等，分析它们对贮存物资有何影响；其次要调查矿穴的空间环境，如温度、湿度、气流、有害气体的含量、菌类数等；还要调查矿井的工程地质和水文地质条件，以及埋深与支护状况。只有当这些条件都满足要求时，才能用于贮存油体。

更为重要的是，应针对油品的性质，运用切实可行的防油渗漏技术。比如，对有条件的井巷采用上述水封技术等。

这种类型的贮油库在法国、美国等发达国家都在使用。

2.地下贮气库

地下贮气库主要贮存天然气。20世纪燃气工业的一项主要技术成就是利用开采后的枯竭油气田、地下含水层、含盐岩层或废弃矿井来建造天然气地下贮气库，最大限度地满足城市用气，保证供气稳定可靠，在长的时间区间内削峰填谷，平抑供气峰值波动，优化供气系统。目前地下贮气是对城市用天然气进行季节性调峰的最合理、有效的方式之一。

地下贮存天然气贮气容量大、不受气候影响、维护管理简便、安全可靠、不影响城镇地面规划、不污染环境、投资省、见效快，具有其他贮气设施无法比拟的优势。以下介绍几种地下贮气库。

(1)枯竭气藏型

利用已开采枯竭废弃的气藏或开采到一定程度的退役气藏，停止采气转为夏注冬采的地下贮气库，这是在各种地下岩层类型中建造地下贮气库的最好选择，其主要优点有：

①有盖层、底层。无水驱或弱水驱，具备良好的封闭条件，密闭性好，储气不易散溢漏失，安全可靠性大。

②有很大的天然气储气容积空间，有效库容可大于调峰气量的1.2倍，且不需或仅需少量的垫底气，注入气利用率高。

③注气库承压能力高，储气量大，一般注气井停止注气，压力最高上限可达原始关井压力的90%～95%，而且调峰有效工作气量大，一般调峰工作气量为注气量的70%～90%。

④有较多现成采气井可供选择利用，作为注采气井，有完整配套的天然气地面集输、水、电、矿建等系统工程设施可供选择，建库周期短，试注、试采运行把握性大，工程风险小，有完整成套的成熟采气工艺技术。

(2)枯竭油藏型

利用采油已采出程度很高的枯竭油藏或油藏气顶作地下贮气库，虽具备了枯竭气藏型的部分优点，包括了解完整的油藏构造(断层、岩性尖灭、油水关系等)和油层岩性(砂岩或石灰岩、多孔隙介质、油层厚度、孔隙度、渗透率、油水饱和度)等情况，但缺点也较为突出，首先需把部分油井改造为天然气注采井，原油集输系统也需改为气体集输系统；其次随同采气必会携带出部分轻质油，需配套新建轻质油脱出及回收系统，而且建造周期长，需试注、试采运行，检验、考核费用较大。

尽管存在上述缺点，在无枯竭气田的条件下，枯竭油藏仍不失为建造地下贮气库的良好选择。

（3）地下含水层型

含水层型地下储气库是人为地将天然气注入到地下合适的含水层中而形成的人工气藏，如图5-5所示。建库的方法是：将含水岩层孔隙中的水排走，并在非渗透性的含水层盖层下直接形成储气场所。适合做储气库的地下含水层应具备如下条件：

①有完整封闭的地下含水层构造，无断层。含水岩层有一定孔隙度、渗透率，可作为储气的容积空间，越大越好。

②含水岩层上、下有良好的盖层及底层，密封性好，注气后不会发生漏失、散溢。

③含水岩层埋藏有一定深度，能承受一定的注气压力，与城市生活用水等水源不相互连通。

含水层储气库存在的缺点是：勘察、研究选库工作难度大，工作量大，时间长，需钻一定数量的注采井、观察井；需建设完整的配套工程，投资运行费用高；气库需一定的垫层气，一般是气库储气量的30%~70%；储气量、调峰能力较枯竭油气藏小。

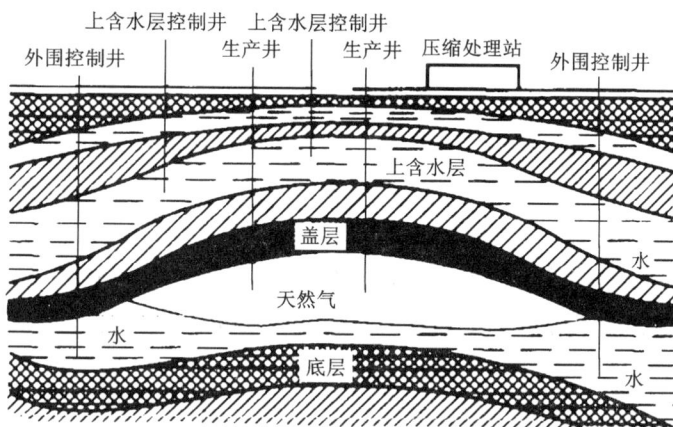

图5-5　含水层地下贮库形成示意图

（4）盐穴型

对于周围缺乏多孔结构地下构造层的城市，特别是在具有巨大的岩盐矿床地质构造的地区，将天然气储存在地下含盐岩层内，实现在短期内提供高容量的储备，也是目前各国普遍采用的方法。

盐穴天然气储气库的建造分两种：一种是利用废弃的采盐盐穴，为采盐在地面打井，钻开岩层，下套管固井，再下水管，从环型空间注入淡水，以水溶解岩盐，待水中含盐饱和后，用泵从水管采出盐水制盐，再注入淡水，采盐，经若干次循环，地下盐体被溶蚀成大洞穴，当停止采盐，盐穴被废弃后，改建为天然气地下储气库；另一种是新建盐穴储库，这种盐穴是按调峰气量要求，选定气库井位、井数、层位、地层岩盐厚度及盐穴几何形状、容积大小，进行有计划的淋洗造穴（见图5-6）。

盐穴储库的特点为：单个岩盐空间容积大，最大可达$500 \times 10^4 m^3$以上，储气量可达1亿

m³，开井采气量大，调速快，调峰能力强，储气无泄漏。

盐穴地下贮气库建库条件如下：

①盐穴应建在盐层厚、圈闭整装、无断层、闭合幅度大的沉积构造上。围岩及盐层分布稳定，有良好的储盖组合。盖层要有一定厚度，美国要求盐穴有一个最小盐顶厚度，一般为 91.4 ~ 152.4 m。在这个层段上，要求盐有很好的胶结性，且对上部盐有较好的支撑作用。盐的纯度大于 90%。

②有充足的水源。通常用地下水、湖水、河水、渠水等水源中的新鲜水或微咸水来淋洗盐穴。所需要的水量一般为盐穴体积的 7 ~ 10 倍。

③有处理盐卤的方法和途径。一般情况下，处理盐卤的工作是通过对新鲜水以下的盐水层完井的方式来完成，处理区必须与新鲜水区隔绝。对盐层构造来讲，处理水区可在沉积层之上，也可以在沉积层之下。对盐丘构造来讲，处理水区一般在盐丘的侧面。

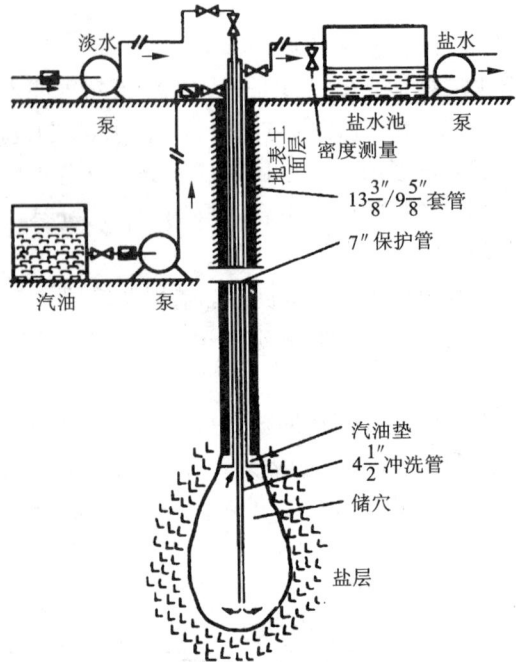

图 5 - 6　地层盐岩中淋洗造穴

④贮气库库址与天然气管道的距离合适。盐穴贮气库一般的几何尺度为深度 1000 m，穴高 $H = 100 ~ 150$ m，直径 $D = 50 ~ 80$ m，$H/D = 2 ~ 3$，库容积 150000 ~ 600000 m³。盐穴贮气库的几何尺度严格地依赖于盐岩层的条件，与盐岩的强度、盐分的结合状态等有关。盐穴现有贮气库的储存压力很多样，有 0.8 ~ 2.7 MPa、0.75 ~ 2.0 MPa、0.6 ~ 1.8 MPa 以及 0.1 ~ 1.0 MPa 等。盐穴贮气库的建造采用淋洗法，包括溶液采矿法，成库时盐穴中充满覆盖油的盐水；或天然气覆盖溶液采矿法，成库时压入气体使采矿过程进入深层区域，需要时可抽出气体提升气—水界面。

（5）废弃煤矿井型

利用采过煤的废弃地下矿井及巷道容积，经过改造修复后做地下贮气库。优点是废物利用，建库费用小。缺点是通常矿井裂缝发育，密封性差，高压注入天然气易漏失，导致灾害发生，危及安全。因此需做较长时间的试注、观察、监测，建库周期长，经营运行成本高。如图 5 - 7 所示，洞穴是矿工用标准地下采矿技术修建的，通过竖井或斜井可达到洞穴。

（6）地下岩洞贮气库

是在稳定地下水位以下很深的岩体中开挖岩洞贮气，并要求周围各处水压均大于洞内气压。这样内部气体就被地下岩体封存在一个密闭的压力场中，在水压作用下，岩石裂隙中的地下水不断地流入罐内而气体不能渗出。渗入罐内裂隙水用水泵排出。

地下岩洞贮气库按贮藏方式分为高压气库和低温液态气库。

1）高压气库

高压液化气库应具备两个条件：第一是洞室不衬砌，因此库址应选在地质条件好的围岩之中；第二是地下水位必须稳定，以保证能形成对液化气的封存压力。

在常温下采用高压方法将气体压缩成液态，根据某种液化气的物理特点，在稳定的地下水位以下一定深度的地层中开挖贮库洞室，将液化气注入洞室中存放。在地下水的压力作用下，液化气就被封存在一个密闭的压力场之中。在水压作用下，岩石裂隙中的地下水会不断地流入洞室内而气体不能渗出。渗入洞室内的多余裂隙水用泵排出。

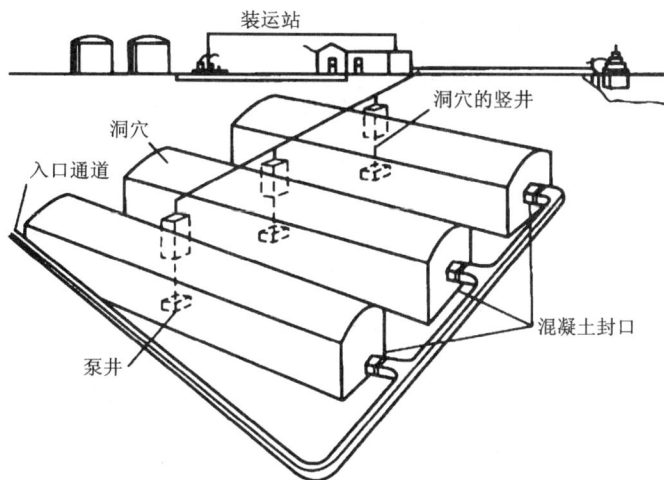

**图 5 - 7　废弃煤矿井贮气库示意图**

液化气逃逸的原因是当地下水位下降时，封存压力也就会下降，液化气随之气化，气体从洞室周边围岩裂隙中渗漏掉。因此，维持地下水的压力大于洞内液化气压力至关重要。地下水压力与洞室埋深有关，洞室埋得越深，地下水位就越高，压力也越大，但并不是说压力越大越好，因为将洞室建得很深是要付出高昂代价的。洞室的埋深只要能保证地下水位的高度能满足气体的液化临界压力要求就足够了。不同的气体具有不同的液化临界压力值，因而需要不同的贮库埋深。

高压气库有恒压气库和变压气库两种类型。

①恒压气库。工作原理见图 5 - 8。设置有进排水系统，通过进排水来调节水垫层的厚度。当向贮库内注入液化气时减小水垫层厚度；当向外抽取液化气时则增加水垫层厚度。即通过变动底部水垫层的厚度来保证液化气始终充满贮库，不产生多余空间，气体压力恒定，保证了液化气不会气化。

为了保证稳定的地下水位，往往还设置专门的注水隧道，当地下水位下降时，则通过这种隧道往地层中注水。

②变压气库。变压气库按照最大气容量概念来设计贮库洞室的埋置深度。贮气罐里面充满了液化气，当抽取液化气时，随着液面的下

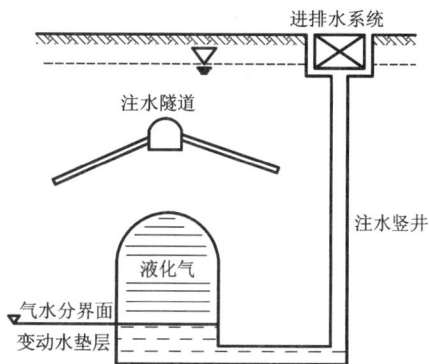

**图 5 - 8　恒压气库示意图**

降,罐内的压力也随之减小,一旦液化气压力小于临界压力,就会出现气化。但若直到罐内的液化气完全抽尽,仍然保持罐内的压力不小于临界压力,则气化现象就不会出现。

根据这一思路,将贮库洞室埋置在一定的深度,在这一深度中,地下水位对洞室的压力称为最大气容量压力,此时的贮存容量就是最大气容量。换言之,在最大气容量压力与液化临界压力之间存在着一个压差,就利用这个压差来提取液化气。当然,由于液体的可压缩性不大,这个压差值有限,故当取气到一定程度时,仍有可能出现气化,但因地下水位很高,足以保证气体被封存在水压场中而不会逃逸。

变压气库洞室底部有水垫层,其厚度始终不变,当往外抽取液化气时,液面下降,贮库内液化气压力减小,不维持恒定压力,但因埋深保证了足够的地下水压力,使得压力值始终大于气体液化临界压力,因此液化气不会气化逃逸(见图5-9)。

这种气库操作运行方便,国外许多高压气库均采用,但埋深可能很大。

2)低温液化气库

在常压下将气体温度降至临界温度以下使其冷却成液化气,不同气体的液化临界温度是不同的,然后贮存于洞室之中,这就是低温液化气库(见图5-10)。

这种气库不需要高压,故对贮库洞室的埋深没有要求,这就解决了上述高压气库埋深过大的缺点,尤其是那些需很高压力才能液化的气体。由于是低温库,故维持低温是必要手段,需要制冷系统,地下库比地面库在恒温这一点上有很大的优势。由于是低温,如果衬砌,则衬砌被冻坏失效的概率是很高的,故只有不衬砌,这就需要库址的地质条件好,围岩坚硬、完整性好。

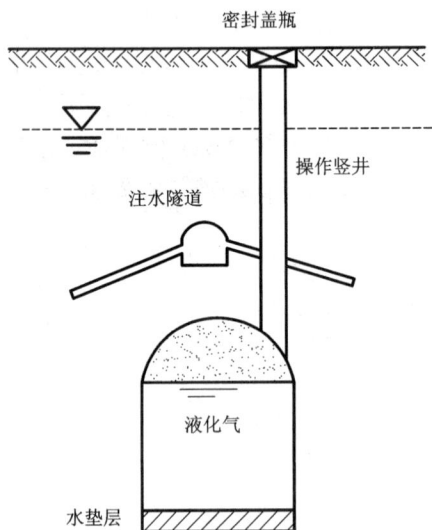

图5-9 变压气库示意图

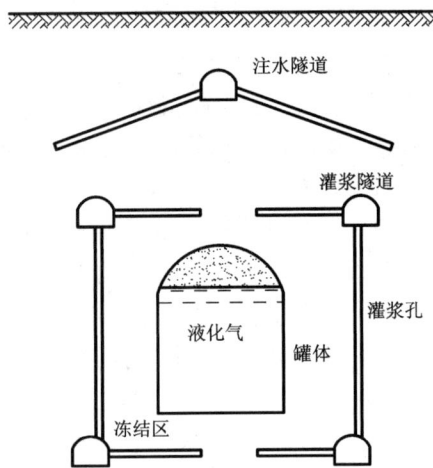

图5-10 低温液化气库示意图

因为库温低,所以库体周围的围岩会产生温度裂缝,严重时会导致液化气渗漏。解决方法是:在罐体周围挖四条平行于库体长轴的灌浆隧道,设置灌浆钻孔。在库内降温之前,在灌浆隧道内充入一种胶泥浆液,在灌浆压力作用下,具有细腻颗粒的胶泥浆液通过钻孔不断地渗入到库壁岩体裂隙中去,堵塞孔隙,初步形成密闭圈。但由于罐内降温,围岩还会产生新的温度裂缝,有些已被胶泥浆液填充的裂缝可能重新开裂,胶泥浆液(冰点很低)会不断地渗入到新的裂缝中去,直至充满全部裂缝为止,从而在库体周围形成可靠的密封圈,保证了安全贮存液化气。

上述高压气库和低温气库,对工程地质及水文地质的条件要求都很高,这不仅关系到能否安全贮气,而且还关系到造价等重大问题。这类气库一定要选在岩性均一,整体性好,岩体力学性能好的岩体之中。由于气库的种类不同,因而对工程地质条件又有特殊要求。比如高压气库,因其埋深大,就更应注意地应力问题。关于水文地质条件,当气库需要建在稳定地下水位以下时,一定要符合其要求,但水量也不宜过大,否则将给洞室的施工与气库的使用带来麻烦。

(7)低温液化气冻土库

如图 5-11 所示,与前面几种修建于岩体之中的贮库类型不同,这种冻土库是建于软土之中的。其基本施作步骤是:首先采用冻结法挖掘出冻土库坑,然后施作隔绝层,形成密闭的库壁,并保持隔绝层以外有一定厚度的冻土层,以形成一个冻结外壳,于是库体建成。将液化气贮存入库内,最后覆盖钢顶盖。

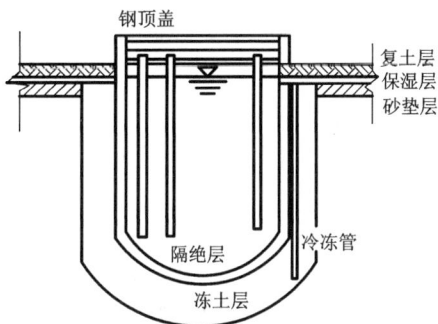

图 5-11　低温液化气冻土库示意图

这种库体关键要解决堵漏的问题。如前所述,在冻结法制冷过程中,在冻结外壳上会出现裂缝,必须予以处理,以避免液化气的泄漏。由于库体建于软土之中,因而具有自动封堵渗漏的功能。当冻土层出现裂缝时,携带细小泥土颗粒的地下水就会流入缝隙之中,并迅速冻结,自动封闭缝隙,出于这样的功能需要,要求地下水位距地表浅,且稳定。

这类气库在美国、俄罗斯、法国、德国等应用较多。它的主要特点是埋深浅,贮库的施工很方便。不足之处是需要制冷系统,常年维持低温,且因距地面很近,比之全部埋入地下的库体,运营费用要高。

3.地下贮能库的规划与设计

地下化学能贮库的类型有多种,现仅以地下水封油库为例,对地下化学能贮库的规划与设计进行介绍。

(1)地下水封油库的总体布置

1)库址要求

合理选择库址是地下水封油库建设成功的基本前提。库址的选择应符合三个基本条件:第一个条件是必须存在稳定的地下水位,为了做到这一点,如果根据地质勘测资料仍不能准确判断地下水位的稳定状态时,常以候选库址附近的海平面(退潮后的海水位),江、河、湖泊的最低水位,或大型水库的库容最低水位作为地下水位的参照,因为它们是地下水位稳定的保障,岩层中的地下水位至少不会低于这些控制水位。所以,水封油库的库址选在江、河、湖、海港口附近山体中的比较多。第二个条件是岩层性状要好,要求岩体强度高、完整性好,地质构造简单、节理不发育,而这是完全可以通过地质勘察工作确定下来的。第三是还要具备方便的交通运输条件。

2）库区的组成与布置

水封油库的库区一般由地面上的作业区、行政管理区和地下贮存区三部分组成。作业区多设在码头或铁路车站；贮存区根据地形和地质条件布置在距作业区尽可能近的山体中；有一些辅助设施，如锅炉房、变电站、污水处理装置等，宜布置在贮存区操作通道口外不太远处；行政管理区则可视具体情况灵活布置。

图 5 - 12 是一座中型岩洞水封油库，贮量不超过 10 万 t，建于临海山体中，以水路运输为主。作业区与码头建在一起，距操作通道洞口约 800 m；贮存区有 3 处水封油库洞室，还有操作通道；行政管理区建在山脚下，位于作业和贮存区之间。

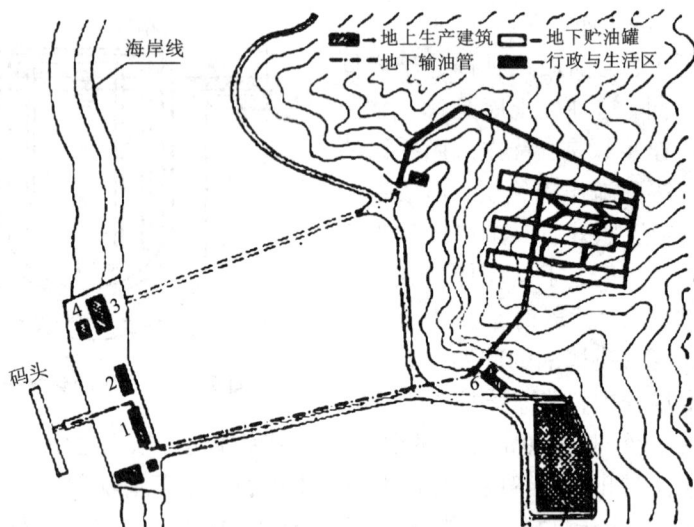

**图 5 - 12   地下水封油库库区的总体布置示例**
1—中心控制室；2—化验室；3—修配车间；4—器材库；5—变配电站；6—锅炉房

3）地下贮油区的布置

水封油库的地下贮油区由在岩层中开挖出的洞室、操作通道、操作间、竖井、泵坑以及施工通道等组成，必要时还有人工注水隧道。各部分的名称、位置和相互关系示意见图 5 - 13。进油时，油经输送管道从操作通道洞口进入，沿通道经操作间，通过竖井注入贮油洞室；出油时则反方向进行。贮油洞室需埋置在稳定地下水位以下至少 5 m，由竖井上下联系。施工通道是开挖期间的进出通道，根据贮油洞室的开挖方案布置，大型洞室一般采取分层开挖方法，施工通道相应也分层设置。洞室建成后，高程较低的施工通道亦可用作贮油空间，而高于洞室顶部的施工通道可用于一般物资的贮存，以充分利用已经形成的地下空间。

从岩洞水封油库的特点出发，地下贮油区的布置要综合解决贮油洞室的数量、位置、埋深、洞轴线方向、洞口位置和操作通道、竖井、施工通道、注水隧道等的布置，以及发展与扩建等问题，其中比较关键的，即影响造价较大的，是贮油洞室的数量和埋深问题。

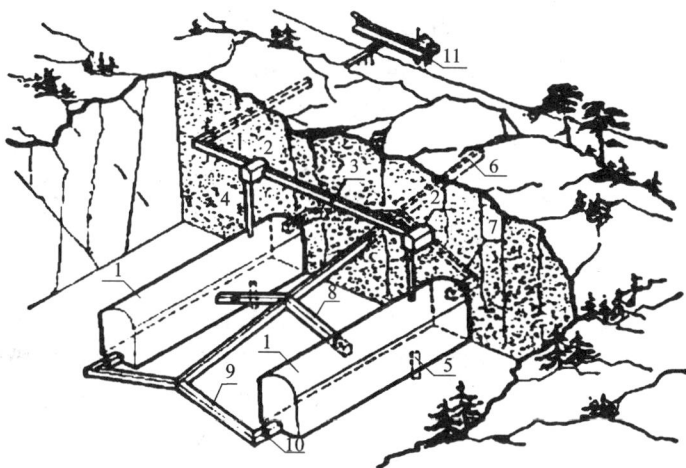

**图 5－13 地下贮油区布置透视图**

1—贮油洞室；2—操作间；3—操作通道；4—竖井；5—泵坑；6—施工通道；
7—第一施工通道；8—第二施工通道；9—第三施工通道；10—水封挡墙；11—码头

图 5－14 是水封油库地下区的几种布置方案。图中，（a）为双洞方案；（b）为四洞方案；
（c）为九洞方案；（d）为双环形洞方案。前三种方案都是采用平行的长形洞库，而最后一种方
案采用的是环形洞库，这种库形布置紧凑，容易适应地质条件，虽只有两个洞室，但容量很
大，而竖井和通道则相对较少，且两个竖井直通地面，操作间放在地上，又省去了操作通道，
在相同容量时，比之平行洞库方案要经济得多。

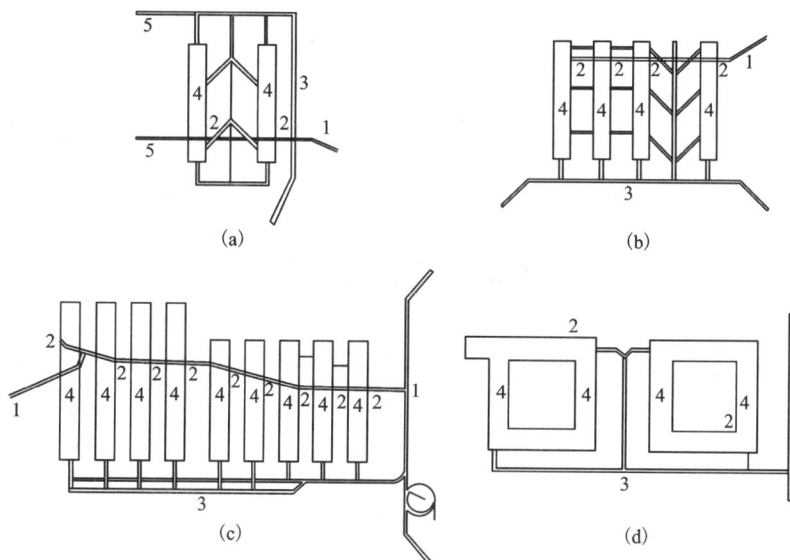

(a)

(b)

(c)

(d)

**图 5－14 贮油洞室布置方案示意图**

1—操作通道；2—操作间；3—施工通道；4—贮油洞室；5—扩建

地下油库的建设往往是分期进行的,因此在建筑布置中应考虑到扩建的可能性,使后建工程施工时不但不影响前期工程的使用,还能利用前期工程已有的通道。以图 5-13(a)为例,只要将一期工程的操作通道向前延长即可为二期使用(见图中虚线所示)。施工通道也可以利用一期工程通道的相当长一段,因而比较经济。

4)贮油洞室库形及基本参数

卧式洞库指其长度大于高度,呈水平方向延伸的长条形隧道。其跨度一般在 12~20 m,高 18~30 m。因这类洞室都置于强度高、整体性好的围岩中,故都为直墙拱顶结构,参考高跨比为 1.5∶1。

长期以来,一般都是采用卧式洞库,但是这种方式在贮油工艺上存在两个缺陷:一是洞库底面积大,油品经过长期贮存后会有杂质沉淀,积存在洞底,影响水垫层的厚度,当油渣沉积总量超过洞库容量的10%以后,对洞库贮量将产生明显影响,且按这样的布置方式,油渣无法清除;二是在水垫层以上油水接触面相当大,虽然油水不相混合,但水中的某些化学成分和细菌,可能对交界面上的油品产生不利的作用,例如细菌的侵蚀可能导致油品失去润滑性等。因此,出现了立式洞库。

如图 5-15 所示,立式洞库围绕中间的竖井形成一个洞库群,每个洞库的底部均呈漏斗状,用一条排渣通道串联起来,定时对油渣加以搅拌后抽出,然后靠重力自流排走,这样就可解决库底油渣的清除问题。同时,立式布置使得油水交界面大为减小,有利于保证油品的质量。单个洞库参考尺寸:直径 30 m,高度 90 m,容积 5 万 m³。这样大型的立式洞库群,不能使用常规的水平洞库隧道的施工方法,在开挖洞库之前,先要围绕洞库群的周围施作一条螺旋形自上而下的施工通道,到达适当高程后再挖水平施工通道通向洞库进行开挖,还可以利用库底排油渣用的通道实现洞库开挖的自流排渣。

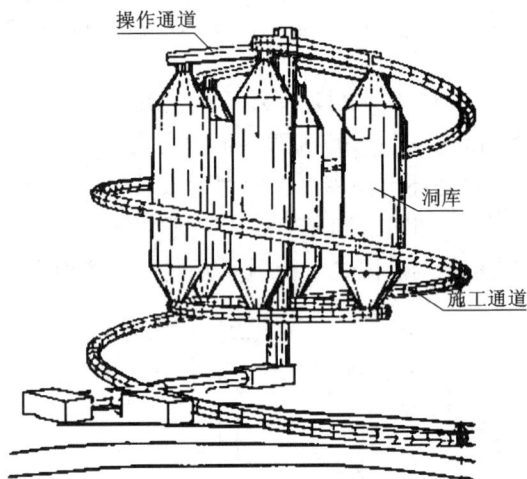

图 5-15 立式洞库示意图

5)单洞库容量对工程造价的影响

为说明库容对造价的影响,以 A,B 两座地下水封油库为例,洞库隧道的横截面面积相同,均为 400 m²,A 库两条洞库隧道各长 50 m,总库容为 2 万 m³;B 库也是两条洞库隧道,但各长 250 m,总库容为 20 万 m³,A 库的施工通道石方量占工程总石方量的 30%,但 B 库只占 6%。显然,单洞库容量越大,相配套的施工通道等辅助工程在总工程中所占的比例就越小,因而单位工程造价也就越低。所以,在条件具备的前提下,应该将单库容量规划得尽量大。

### 5.3.2 地下机械能贮库

地下机械能贮库主要类型有高位水能库和压缩空气库。

1. 高位水能库

用抽水蓄能电站调节电力系统的负荷，已不是新技术，但是在电站下游建一座与上游水库容量成比例的调节水库，淹没损失太大，故发展受到限制。瑞典在 20 世纪 60 年代提出了在地下建造大容量水库已实现高位水头抽水蓄能的设想，近年来美国、荷兰、加拿大等国也都在进行研究和实验。

地下环境的有利条件，使人为地加大水电站水头成为可能，水头越大，所需的水库容积就越小。例如，一座发电能力为 300 万 kW 的地下抽水蓄能电站，当水头为 400 m 时，需要地下水库容积为 3200 万 m³；如果水头加高到 945 m，则库容只需 1270 万 m³。图 5-16 是瑞典一座发电能力为 100 万 kW，水头为 500 m 的地下抽水蓄能电站布置示意图。

2. 地下贮存压缩空气库

压缩空气是一种机械能，在耐压的容器中较容易贮存。利用电网低峰负荷时多余的电力，或利用各种新能源转化的电力，生产压缩空气（一般为 5000 ~ 10000 kPa 的压力），贮存于地下，需要时抽出，经

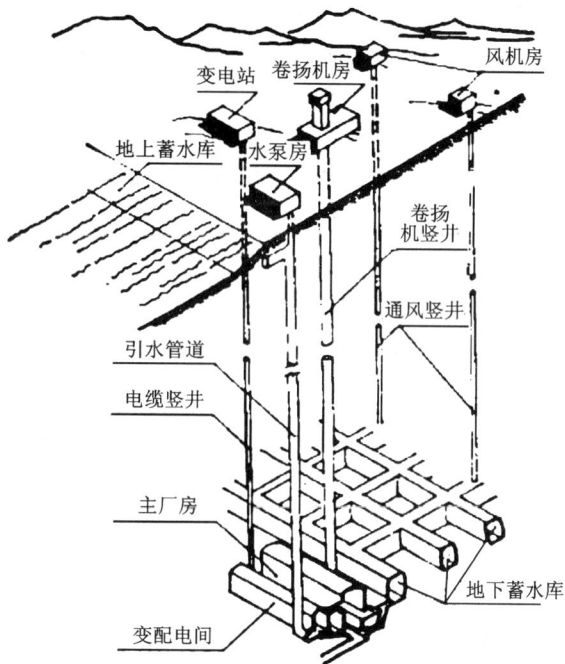

**图 5-16 地下储水蓄能电站及地下调节水库布置示意图**

加热后膨胀，释放出机械能，再用于发电。图 5-17 表明了地下贮存压缩空气的工作原理。由于压缩空气是高密度能量，故比由电能转化为热水（低密度）贮存的效率高，所需要的地下空间要小得多，因而更为经济。

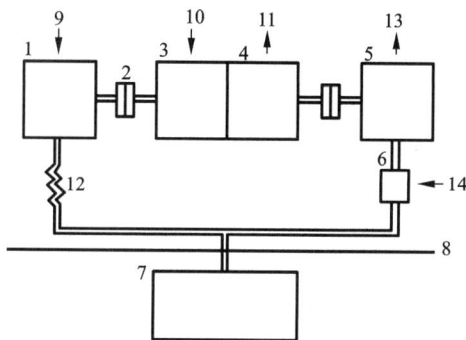

**图 5-17 地下贮存压缩空气原理**

1—压缩机；2—离合器；3—电动机；4—发电机；5—涡轮机；6—燃烧室；7—地下压缩空气库；
8—地面；9—进气；10—低峰供电压气；11—高峰时燃气发电；12—冷却管；13—排气；14—燃料

根据不同的地质条件，在以下三种情况下均可在地下贮存压缩空气：一是坚硬岩石地层，用常规开挖方法在优质岩层中建岩洞贮气，岩石透水性应小于 10 ~ 6 cm/s；二是岩盐，用水溶法在厚层岩盐中形成一定容积的洞室，用以贮存压缩空气，深度 800 ~ 1200 m，贮气温度不超过 100℃；三是多孔岩石地层，在孔隙率大于 10% 的岩石中，利用孔隙和空洞贮气，把含水层中的水压出后贮气，温度不高于 200℃，深度 200 ~ 1500 m，贮气压力为 1800 ~ 15000 kPa。

德国于 1979 年在岩盐中建成一座埋深 650 m 的地下压缩空气库（见图 5 - 18），功率为 29 万 kW，贮气压力约为 8000 kPa，共有两个岩盐气库，每个最大直径 60 m，高 150 m，容积 15 万 m³，两洞共贮气 30 万 m³。从这个气库运行的情况来看，岩盐洞体稳定，无蠕变变形，贮气中的含盐量小于 1/106，可忽略不计。同时节能效果明显，使电网高峰负荷时的油耗降低了 60%。

据美国资料，如果用地下贮存的压缩空气发电，代替常规的燃油电站满足高峰供电需要，美国全年可节省石油 1 亿桶。

已有的研究结果和试验情况表明，在地下贮存压缩空气使用方便，布置上受地质条件限制较小，易于建在负荷中心，在技术上、经济上都是可行与合理的。如能在贮存工艺上再有所改进，并对岩洞的稳定问题等做进一步的研究，会有很好的发展前景。

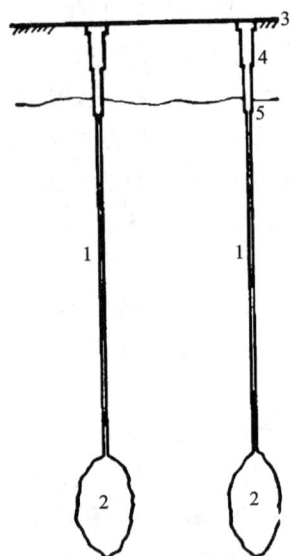

图 5 - 18　盐岩层中的压缩空气贮库
1—管道竖井；2—贮气洞罐；3—地面；
4—覆盖层；5—盐岩层

### 5.3.3　地下热能贮库

热能的来源和存在的形式比较多，贮存问题相对比较简单，较之机械能和电能的地下贮存受到更多的重视，发展也比较快。

在地下贮存热能的主要目的和作用是：减少国家对进口能源的依赖程度，减轻经济负担；充分利用供电和供热系统在低峰负荷时的剩余能源，贮存起来以弥补高峰时的不足，节约能源；充分利用原来被浪费掉的工业生产过程中的余热，提高能源的利用效率；克服一些新能源（如太阳能、风能）的间歇性缺点，更有效地加以收集和利用；以比较小的代价满足城市大面积中供热和供冷的需要。

#### 1.地下贮热的原理

地下贮热就是把用各种方法生产或收集的热能，通过一定的介质（如水、空气、岩石等）进行热交换后贮存在地下空间中，在需要时再经管道系统输送到用户直接使用，或再转化为其他能源。使用后的热能温度降低，经循环系统再加热后重新注入地下库贮存。由于不同温度介质的密度不同，故高温和低温介质可以分上下层贮存在同一地下库中，循环使用，形成一个完整的供热贮热系统。图 5 - 19 是以水为介质的地下贮热系统，图 5 - 19(a) 为当热能生产正在进行时，直接向用户供热，同时将多余的热能转化为热水，贮存在地下库中；图5－19(b)是当热源中断后，从地下热水库向用户供热。

按照地下贮热库的工作原理，有直接贮热和间接贮热两种方式：直接贮热，是将热水直接贮存在地下库中，利用地下环境的热稳定性保持水的原有温度，尽可能减少热损失；间接贮热，是让热水在地下库中的盘管内循环，将热能传导给接触到的石块，利用岩石良好的蓄热性能将热能贮于其中，需要时再用水进行热交换后使用。

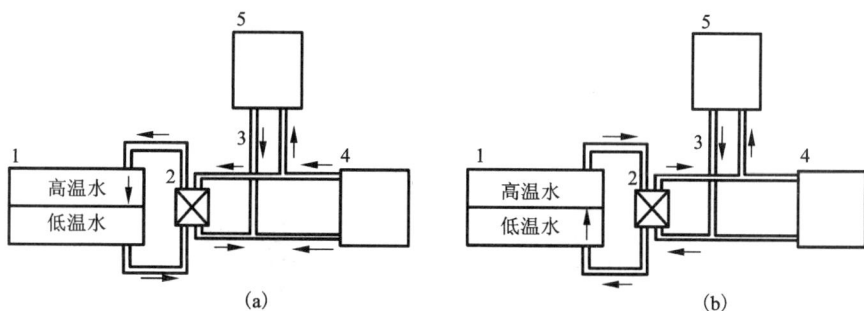

**图5－19　地下贮热系统原理示意图**
1—地下贮热库；2—热交换器；3—供热管网；4—热源；5—用户

**2.地下贮热系统的分类**

从热能的来源看，地下贮热可分为主动和被动两种系统。主动系统是指通过人的努力，将用各种装置产生的热能贮存于地下，例如太阳能集热器生产的热水，利用多余电力、热力，或燃烧城市废物所生产的热力等；被动系统是指把天然温度的热源收集起来贮存于地下，例如地热水，受太阳辐射而温度升高的水，夏季的雨水，温度较高的地表水等。

从热能贮存时间和运转周期看，地下贮热系统可以分为两类：长期(或称季节性)贮存系统，指夏季贮热供冬季使用的系统，适用于热源较稳定、规模较大的供热系统；短期贮存系统，包括日循环(即昼夜循环)、周末日循环(两昼夜)及周循环三种情况，适用于间歇性热源和规模较小的供热系统。

**3.地下贮热库的类型**

根据不同的地质条件和贮热方式，地下贮热库有不同的类型，介绍如下几种：

(1)岩洞充水贮热库

在地质条件有利的地区开挖大型岩洞，不衬砌直接将热水注入贮存。在岩洞的上半部分贮存80～110℃的热水，下半部分贮存使用后温度较低的回水，供再加热后循环使用。这种系统比较简单，造价低，建造技术较成熟。图5－20中的地下贮热库，热源来自一座燃烧城市垃圾的工厂，比较稳定，除冬季向居住区供热外，夏季负荷小时还可供周末热源中断时短期使用。在岩洞中直接充

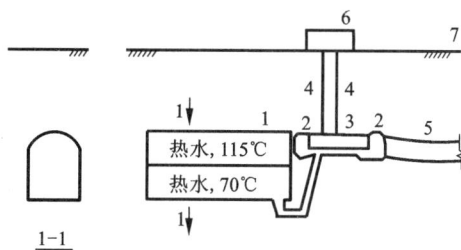

**图5－20　岩洞充水贮热库**
1—地下贮热库；2—密封墙；3—机房；4—竖井；
5—运输通道；6—地面出入口；7—地面

水，运行温度为 70~115℃，容积为 1.5 万 $m^3$。

（2）岩洞充石贮热库

在立式岩洞中，将 2/3 左右的洞室空间填充岩石，然后注入热水，热能既贮存在石块中，也贮存在石块间隙的水中。这种方案的主要优点是挖出的大量石碴不需外运，回填后还能对洞室围岩起到一定的支撑作用，使洞室高度可达到 80~100 m。如图 5-21 所示。据计算，一座容积为 300 万 $m^3$ 的岩洞充石贮热库，可向 2 万户居民的住宅区供热。此外，还有一种方案是在岩洞内不注水而是充满石碴，在石碴中埋以盘管，向管内注入热水或热空气，将热能贮存在石块及其间隙的空气中。

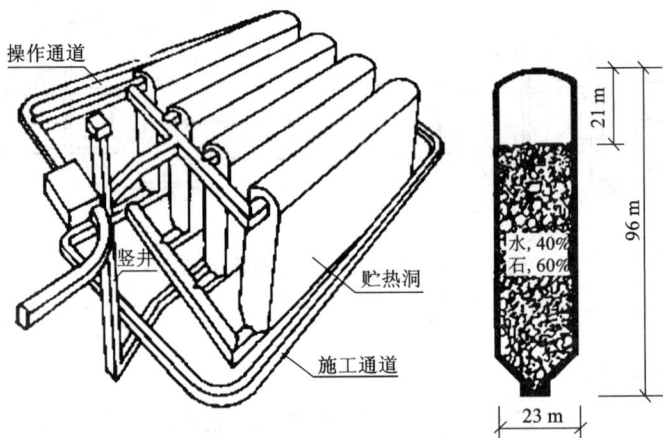

**图 5-21 岩洞充石贮热库**
(a)贮热库布置透视；(b)充石贮热洞剖面

（3）钻孔贮热库

在岩石或黏土中用钻机钻若干个孔，孔径 100~165 mm，孔深 100~150 m，孔距 4 m。向钻孔中注入热水，将热能贮存于孔壁周围的岩石或黏土中间接贮存，使用时经交换后抽出。这种方案简单，造价低，位置比较灵活，甚至可以直接布置在用户的建筑物地下；缺点是容量有限，故仅适用于小型的热能贮存。

（4）含水层贮热库

在土层中的上、下两处不透水层之间充满地下水，称为含水层；在某些多孔的沉积岩层中也形成含水层，地下水则存在于岩石的裂隙中。这两种情况都可用来贮存热能，且不需大规模的工程建设，只要将热水注入地下含水层，将原有的水排出，保持二者压力的平衡，即形成一个不规则形的地下贮热库(见图 5-22)。瑞典、美国、法国都已建成含水层贮热试验库，最大的库容量为 5.5 万 $m^3$。

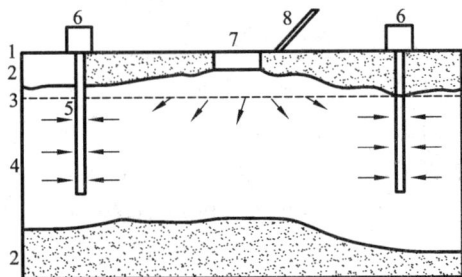

**图 5-22 含水层贮热库**
1—地面；2—不透水层；3—地下水位；4—含水层；
5—抽水井；6—泵房；7—渗水池；8—太阳能集热器

**4. 地下贮热库的规划设计问题**

地下贮热库是近十几年发展起来的地下贮库新类型，虽然在规划设计的许多方面与一般地下工程都有共同之处，但仍有不少问题值得探讨和有待进一步的试验与研究。

(1)选型问题

选型问题包括选择贮热库的适当类型、确定库容、埋深和布置方式等几个方面。选择地下贮热库的类型，要视贮热的主要目的和当地的气候条件及地质特点而定。如果贮热是为了组成区域性大规模供热系统，宜建造大型季节性地下贮热库；当贮热库主要是为调节能源生产的高、低峰负荷，或只为某个建筑物服务时，则应选择短期库。在常年气温较低，冬季严寒的地区，宜建大型地下贮热库，提高热源温度；而在炎热地区，则应发展季节性地下贮冷库，利用低峰负荷时的多余电力生产冷能贮存，或在地下贮存冬季的天然冷能，从原理上来说，这与贮热方式是相似的。对于冬季严寒，夏季又很热的大陆性气候地区，夏季贮热供冬季使用，冬季贮冷为夏季使用，春秋季则进行库内的温度调整，可取得理想的综合效益。在地质条件方面，除一般的工程地质要求外，还应考虑岩石或土的导热性能，如果导热性好，宜采用间接贮热法，可缩短热交换所需时间；若导热性能低，则直接贮热较适当，因为库内热损失较小，易于保持水温的稳定。

如果在岩洞中直接贮热，则洞室顶部应在稳定的地下水位以下，利用洞室内外水压力差将热水封住，这与岩洞水封油库的原理相似。对于间接贮热库，埋深也不宜过小，以免上部地温波动时加大库内的热损失。

在容量固定的情况下，单个贮热洞室的高跨比越大，高温水与低温水的交界面面积就越小，冷热水的混合层所占比重就小，这对减少热损失是有利的。从这个意义上看，立式洞室要优于卧式洞室，有经验表明，当立式洞室高度在 100 m 左右时，对直接贮存热水最为有利。

(2)热损失问题

在地面上贮存热能由于热损失过大而不现实。在地下贮热库中，虽然热能的保存远优于地面，但仍存在热损失问题，直接影响到贮热的效率和整个供热系统的经济效益。

地下贮热库的热损失一般是由两个因素引起：一是通过贮热空间的内表面，将部分热量传导给周围的岩石或土体；另一个是通过岩层的裂隙或土体的孔隙，形成贮存水与地下水沿内表面对流，发生热交换，严重时可能使贮存热水的温度降低 10~15℃。因此，应采取相应措施，把热损失降到最小。例如，选择导热性和透水性都较差的岩石或土壤，扩大库容，加大埋深，必要时使用压力注浆堵塞裂隙等。

在地下库使用初期，由于库内外温差较大，由传导作用造成的热损失是不可避免的，只有当库周围一定范围内形成了比较稳定的温度场后，热损失才会逐渐减小。因此，有一种看法认为，地下贮热库的经济效益应从其热损失基本稳定后算起，在这以前的热损失，则应计入建设投资。据估计，这一损失约为总造价的7%。

(3)库体稳定问题

地下贮热库内表面的岩石或土壤，在高温和低温的交替作用下，可能产生一定的温度应力，这一应力的大小是否影响到洞室的稳定，是一个值得注意的问题。据岩洞贮油的经验，在低于100℃的情况下，温度应力不至于影响岩洞的稳定；但库内温度长期性的节奏性变化，是否会引起岩石的疲劳和破碎，还需要进一步研究。从稳定性的角度看，岩洞充石方案具有明显的优点；在土中，则应避免库内温度高于100℃，或低于0℃，以免破坏土壤的结构。

(4)环境和生态问题

较大规模贮热库的建设是否有可能在一定范围内造成环境污染或破坏原有的生态平衡，是应当认真进行研究的问题。据分析，可能有以下几方面的影响：

①气候：由于长期的热传导作用，在地下贮热库周围相当大的范围内，地温会比原来逐渐升高，库体距地表越近，影响范围越大。地温和地下水温度的变化，有可能在一定程度上改变当地的温度、湿度、降水和冰冻。

②生物：空气和土壤温、湿度的变化直接影响植物的生长，影响种子的质量，使生长期提前或推迟。土壤的组织对于分解有机物成为植物的养分起着决定性作用，如果在温度作用下受到破坏，将影响植物的养分供应。同时，地温的变化可能危及蚯蚓等昆虫的生存，使土壤的透气性和透水性变坏，也不利于植物的生长。

③水质：由于水化学作用和贮存水与地下水的对流，有可能在一定程度上改变地下水的水质。

### 5.3.4 地下贮电能库

迄今为止，为了达到贮存电能的目的，除用蓄电池少量贮存外，只能先将电能转化为热能或机械能，贮存在地下空间中，需要时再还原成电能使用。近年发展起来的使用铜镍合金材料实行超导磁贮电技术(Superconductive Magnetism Energy Storage，缩写为 SMES)，使实现大容量和高密度的直接贮存电能成为可能，贮能效率高达90%以上。

实现超导磁贮电，需要一个坚固的密封容器，因为作用在容器上的径向荷载很大。如果在地面上采用这项技术贮存电能，以贮存1000万度的电能为例，据估计，需要用77万t的钢材来建造容器，如此高的代价使得在地面上贮存电能几乎不可能。但利用地下空间的密闭性和岩体的承载能力，则完全可能将超导磁直接贮电变为现实。只要具备良好的地质条件，在不衬砌的岩洞中即可直接贮电，基本上不用钢材。

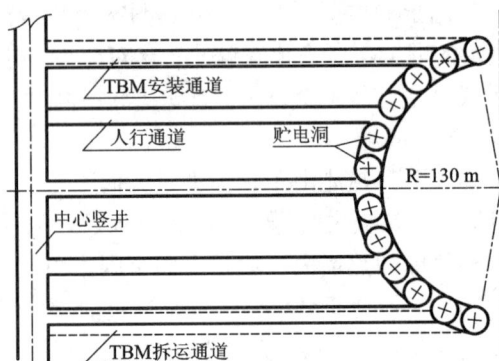

图5-23 地下超导磁贮电库施作示意图

图5-23是美国提出的一种地下超导磁贮电库布置方案。因为承受径向荷载最为有利的形状是圆形，所以贮电洞隧道采用圆形断面，此外，圆形断面还适合采用岩石掘进机(TBM)施工。在300 m深的地下，贮电洞按一定间距，上下重叠排列，每个贮电洞隧道的横截面为直径4~6 m的圆形，它们的圆心位于一条半径为130 m的半圆形环线上。

## 5.4 地下食物库

### 5.4.1 地下粮库

粮食贮存的基本要求，就是要使粮食保持一定的新鲜程度，同时能防止霉烂变质，发芽，虫害和鼠害等的发生，把库存损失降低到最低限度。地下粮库在满足这些贮存要求方面，比地面粮库具有很多的有利条件。

地下粮库有大型的战略贮备库，除更新外一般不周转，多建于山区岩层中，贮量较大；也有建在城市地下空间中的中、小型周转库，根据平时使用和战时贮粮要求进行布局。此外，根据粮库的规模和经营性质，可安排必要的粮食加工业务，布置在地下粮库的地面库区内。

1. 地下粮库的特点

地下贮库具有恒温恒湿的特点：浅埋时温度在 20℃ 左右，深埋时在 10℃ 左右；相对湿度为 30% ~ 70% 。而粮食贮存的最合适条件是温度为 15℃ 左右，相对湿度在 50% ~ 60% ，因此地下贮库的条件对于储藏粮食是十分有利的，它能有效地防止粮食的霉烂变质、发芽，而由于地下隔绝的条件，还有利于防治虫害和鼠害。

我国有些城市或位于山区、或郊区有山，在山体中建造了不少地下粮库，容量 0.5 ~ 1.5 万 t 不等，如果需要，单库容量还可以扩大；在黄土高原地区建造的土圆仓粮库，容量更大，总库容在 5 万 t 以上的已较普遍。我国南方一座大城市建了一座贮量为 1.5 万 t 的岩洞粮库，可供全市人口食用一个月。如果要在市内建同样规模的地面粮库，则需占城市用地 35 亩，其节约用地的效益可见一斑。从造价上来看，我国已建的土体地下粮库，其建筑成本仅为地面粮库的 50% ~ 70% ，这个费用是指从洞室挖掘到衬砌、防潮直至可用为止。

2. 地下粮库的规划与设计

在地下粮库的规划与设计中要考虑到如下因素：

（1）粮库建筑的布置

地下粮库的建筑布置，在地质、结构、施工等方面的考虑，一般与地下建筑没有很大的差别，但是为了降低地下粮库的造价和贮粮成本，提高粮食的贮存质量，以及使用和管理的方便，在建筑布置中应注意解决好提高粮库使用的效率，保证适宜的贮粮环境，组织库内外的交通运输等问题。地下粮库可以浅埋在土层中，以中、小型周转库为主，兼作为战备粮库。库体多为明挖浅埋，布置举例如图 5 - 24 所示。

大型地下粮库建在山体岩层中，库体为暗挖洞室。根据当地具体条件，还可以进行粮食加工，图 5 - 25 中的粮库设计，利用附近水库和发电站条件设置了碾米和磨面等工房，这可以使粮库获得更大的经济效益。

（2）粮食的储存方式

有袋装贮存和散装贮存两种方式：在图 5 - 26 中，（a）是我国黄土地区地下马蹄形仓（又称土圆仓、喇叭仓）散装粮库示意图；（b）是地下球形钢筋混凝土散装粮库图。

散装仓的贮存效率最高，但仓壁要承受较大的粮食荷载，这对于地面库来说，将会导致结构造价的增加，但对于地下库，因为库体外围介质是岩土，完全可以承受散装粮食形成的内压，事实上，装满粮食后，反而还减轻了库体结构承受的围岩压力。

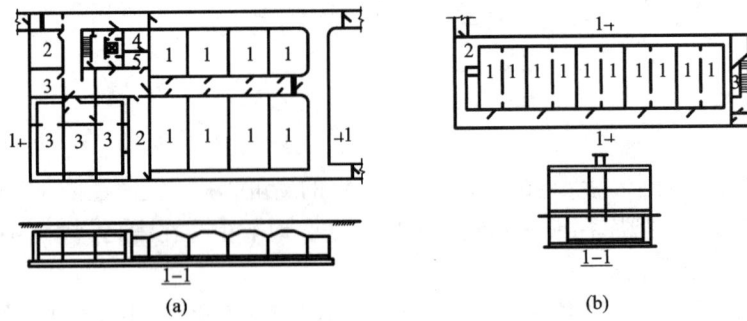

图 5－24　土层浅埋粮库布置方式示例

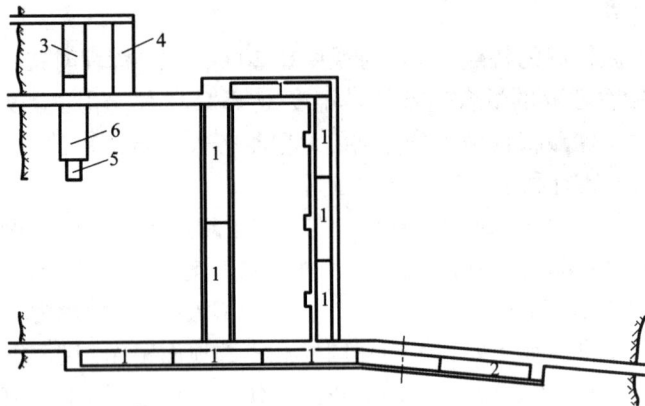

图 5－25　岩石中大型地下粮库示意图

1—粮仓；2—食油库；3—电站；4—碾米间；5—磨面间；6—水库

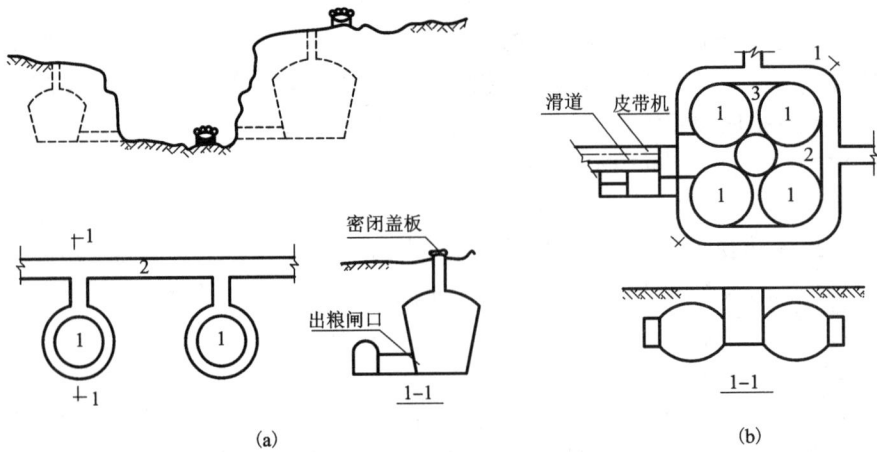

图 5－26　地下散装粮库示例图

（a）黄土地区地下土圆仓散装粮库；（b）地下球形散装粮库

1—粮仓；2—通道

在袋装贮存的情况下，地下粮库由于不需倒垛，故可采取高、大、宽的码垛方法，贮粮效率比地面库高。

（3）提高粮仓建筑利用系数

运粮通道是必须的，但合理的规划能最大限度地减少通道占用面积，提高粮仓的建筑利用系数。换言之，加大单位长度通道所服务的粮仓面积，就可提高建筑的利用系数。一种方法是，结合运输方式和运输工具的改进，尽可能缩小运粮通道的宽度，在每个仓门前设一个避车处，在适当位置设回车通道，使在通道中改双车通行为单车通行；另一种方法是，最大限度地共用通道，如图 5-25 中左侧前后衔接的两个仓，它们与通道是互相垂直的，在邻近通道处开门，就共用了通道，而不必为这两个粮仓再另设通道

（4）粮库湿度与通风

地下粮库能保障比较适宜的温度，因此只要调节好湿度，就可以获得所需的贮粮环境。粮仓应尽可能密闭，在通道中则加强通风，就有可能使仓内相对湿度保持在合理范围内。为了节约运行费用，在建筑布置上可尽量为自然通风创造条件，如图 5-27 的布置方式就对自然通风有利，它可以通过左右两个库门洞口，形成自然风的对流。当然，对于短期周转的地下粮库，因库门和仓门开启频繁，不易保持稳定的湿度，故适当使用机械通风和机械降湿还是必要的。

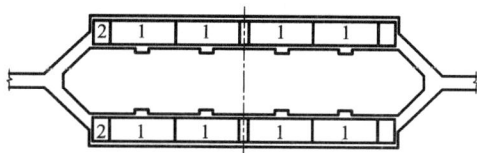

**图 5-27  岩土中大型地下粮库**

1—粮仓；2—风机房

（5）粮食的运输方式

大量粮食贮存在地下，入库、出库和库内运输都比较繁重。山体岩层中的地下粮库一般能做到库内外水平出入，土中浅埋粮库则比地面库增加了一次垂直运输。因此，在规划时，应当考虑如何从建筑布置上为库内外的交通运输提供方便。为了解决垂直运输问题，设货运电梯当然比较方便，但投资和运营费用都较高，还需要稳定的电源。对于土中浅埋粮库可以采用的方法有：设置地面进粮口滑道，利用重力入库；出粮时，则采用皮带运输机。

由于库内运输通道不能很宽，故水平运输的速度受到限制，如果发生需要大量和快速进出粮食的情况，就难于满足要求。因此，在库外应有足够大的停车场、回车场和装卸站台，在口部以内应有适当的短时堆放场地。

## 5.4.2  地下冷库

地下冷库是一种低温贮藏食用物质的地下建筑物。冷库分为冷藏库和冷冻库两种，依食物的保存需要而定。冷藏库，又称高温冷库，温度在 0℃ 左右，用于存放水果、蔬菜等；冷冻库，又称低温冷库，温度在 -30℃ ~ -2℃，用于存放易腐食品，如肉类、禽类、水产品等。冷库的规模可以分为四种：贮量 500 t 以下的为小型库；贮量大于 500 t，小于 3000 t 的为中型库；贮量大于 3000 t，小于 10000 t 的为大型库；贮量大于 10000 t 的为特大型库。

冷库大多建于岩石地层中，从小型到特大型的都有。土质地层中一般只建小型库，因在土层中建大型库，技术难度大，投资高。但如果在地面多层冷库附近建地下室，在地下室部分布置温度最低的库房，是比较有利的。

## 1. 地下冷库的基本原理

贮库洞室开挖出来后设置冷却装置,冷却洞内的空气,在冷却的过程中,洞室围岩中的热量会传递给冷却了的空气,而岩壁会逐渐冷却下来。紧靠洞室的岩石首先被冷却,以后逐渐深入扩展到岩石内部。围岩与冷空气的热交换随着岩体冷冻区的扩展,逐渐地减小,经过一定时间后,在洞室周围岩体中,就形成了一定范围的低温区,积聚了巨大的冷量,加之岩土固有的热绝缘特性,且避免了日光的直接照射,因而使维持低温具有十分有利的条件。

## 2. 影响地下冷库选址的因素

地下冷库的选址非常重要,否则将出现能量(电能)损耗过大和影响正常的使用,其影响因素如下。

### (1) 工程地质条件

地下冷库埋置于地下一定深度处,它既以岩土为库结构,又以岩土为保温介质,与工程地质有着密切的关系。

从有利于冷库运营的角度考虑,希望岩层的地质构造变动小、节理裂隙不发育、整体性好,但岩石强度不宜太高。

### (2)水文条件

地下水对地下冷库的危害性极大,其危害作用体现在以下几方面:

#### 1)降低冷库围岩的稳定性

地下水存在于岩体空隙、节理中,并在其中运动,软化岩石,侵蚀结构面,另外,动静水压力还会促使岩体变形失稳,在施工中加大了危险性。

#### 2)冻胀作用

地下冷库围岩中,冻结层范围内的水温从40℃降至0℃时冻结,其体积增加9%~11%,同时产生极大的冻胀力,可达$6×10^5$kPa,因而会扩大或产生新的岩石裂隙,导致冷气泄漏。如果冷库内温度波动大,还会产生冻融循环,破坏围岩,这对于洞室自身的稳定是很不利的。

#### 3)增加运行费用,影响使用效果

地下水热容量大,温度比冷库库温高得多,两者温差常在30℃以上,在冷库降温及运行过程中,不论地下水在冻结层范围内冻结,还是有围岩进入库内结冰或者从库内排出,水都要吸收大量的冷量,在冻结层外围,未冻结的水多处于循环交替的运动状态中,而冷库又总是要保持一定低温条件下运营。在低温度场所能波及的范围内,地下水都会直接或间接地由于水和岩石的热传导而吸收冷量,并伴随水的流动而把冷量带走,或者传递给流经途中的岩石,发生热的对流和交换,不断地消耗冷量;同时,水又将从外部带来热量传入围岩冻结层,从而增加冷库的制冷量。

另外,岩石的含水量对其热工性能影响很大,含水量高,导热系数就大(湿岩石的导热系数比干岩石要大7~10倍),降低了围岩的保温能力。又由于地下水分布不均和动态变化,加剧了库温波动,因此有的冷库需要功率相当大的动力设备才能使库温达到设计要求,有的停止制冷后温升很快,这都与地下水有着密切的关系。

## 3. 地下冷库的规划与设计

地下冷库的选址常受到地理和地形条件的限制。冷库的周转性强,与长期贮存的大型粮

库不同，如果城市郊区无山区，或有山但离城市远，则运输不方便，或者与货源有很远的距离，使运输量增加，对造价和运行费都可能有不利的影响。同时工程地质条件对其也有重要的影响。因此，要合理的对地下冷库进行规划和设计。

（1）地下冷库和地面冷库的比较

当对地下、地面冷库比较时，从下面几个方面考虑。

1）贮藏体积

一般来说地下冷库的体积较大，在库容为 10000～50000 $m^3$ 时，造价不会超过地面库，体积增大时，单位体积的造价会降低。

2）贮藏质量

地下冷库一般投产两年后，周围冻区厚度可扩展到 10～15 m，形成了一个大范围的低温区，使其容易保持库内温度均匀，造就有利于贮物的低温环境。而地面库受外界气温变化的干扰大，库温不够稳定，贮存的物品是否已达到应有的低温标准，较难测定，所以会影响贮存物品的质量。另外，在出现停机事故后，地下冷库温升慢，不会造成地面库那样的严重后果。

3）一次投资及运行费用

在不同的地方，建设同类型同规模的冷库，其投资也不会相同，但地下冷库的一次投资都小于同规模的地面冷库，故而地下冷库在节省投资方面具有优越性。

在规划建设冷库时综合比较上述因素，建设大型的地下冷库比地面冷库更具有优势。

（2）地下冷库设计基本原理

地下冷库最关键的问题是要能保持冷量，而冷量是从冷库表面积上通过与围岩的热交换散失掉的。因此，如何以最小的表面积获得最大的库容积就是冷库规划时首先要解决的问题。由几何学常识可知，不同形状的同体积物体，其外表面面积不一样，球形体最小，正方体次之，长方体则最大，且长宽比越大，表面积也越大。从这个意义上来讲，按单个长洞分散布置的方式在散冷面积上是最不利的，而球形体冷库则是最有利的。虽然球形体冷库的冷量损失最小，但这种形状对于货物的存放及运作并不方便。更为可行的方式是：首先，在地质条件允许的前提下，尽量减小隧道的长跨比，即加大洞室跨度，减小其长度，或者说，改长隧道为接近正方体的洞室（但顶部仍应为拱形）；第二是将多个在平面上分散布置的库房集中起来，以及变单层库房为多层库房，这可以有效地减小冷库与围岩的接触面积。

（3）地下冷库布置方式

由于受岩层成洞条件的限制，岩洞冷库不可能集中为一个大面积洞室或多跨连续的洞室，洞与洞之间必须保持一定厚度的岩石间壁，因此只能在布置方式上尽可能集中和缩小洞间的距离。例如，以往我国的地下冷库常采用半个"非"字形的布置，结果是造成冷量流失较大，甚至超过了地面冷库。而采取"口"、"日"、"目"、"田"等字形的布置，就可以使冷库分散面积减小，从而减小冷库总的表面积。如图 5-28 所示中，（a）为半"非"字形布置；（b）为"口"字形布置；（c）为"日"字形布置。

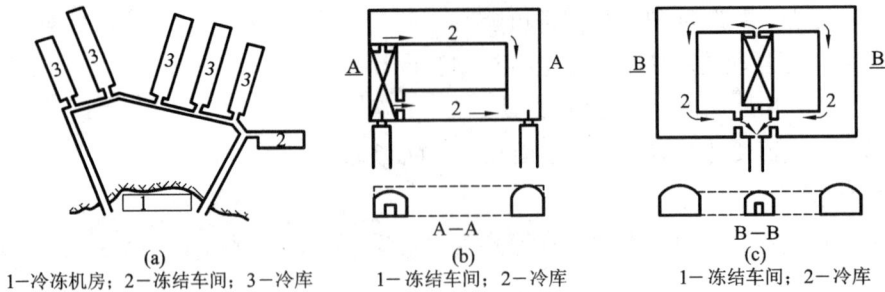

1—冷冻机房；2—冻结车间；3—冷库　　1—冻结车间；2—冷库　　1—冻结车间；2—冷库

**图5-28　冷库布置方式示意图**

# 5.5　其他用途的地下贮库

除以上介绍的一些地下贮库外，还有一些贮库也比较适合放在地下，如地下水库、地下贮存核废料库等。

## 5.5.1　地下水库

地下水库指将水蓄积于地下，主要方式是把水蓄在土壤或岩层的孔隙或溶洞中，需要用水时，再将水顺利地引出来。

可供人类直接使用的淡水资源，仅占地球总水量的3‰，随着人口的增多和工业耗水的大量增长，淡水资源已处于十分紧张的状态。由于雨水的季节性，降雨是很不均匀的，雨季时充沛的雨水大量流失，无雨季节又造成严重的干旱，因此，人们修建了很多的水库，用以人为地调节水资源。与地面水库相比，地下水库除了可大量减少占用土地和避免居民的迁移外，其蒸发损失很小，也是很重要的特点；地下水库工程简单，其投资远比地面水库要小得多，关键是工程地质与水文地质应符合要求。日本宫古岛的皆福地下水库，其地下坝深17 m，长500 m，总贮水量达70万 m³。

地下贮水的主要方式是蓄水于天然岩层中，这需要有三个条件：第一，地层中存在着蓄水层，如溶蚀性高的石灰岩或砂岩透水层等，且基岩具有作为贮槽的适宜形态，这样地下水才有可能被积蓄起来；第二，在蓄水层的下部应为不透水岩层，以保证地下水不会渗漏掉；第三，从降雨和地表水可获得充足的地下水量，能保证地下水库的水源补给。

当在透水岩层的下盘有不透水基岩时，可在适当地形处做一地下坝阻水，将水积蓄于盆地之中，形成地下水库。这种地下水库适用于降雨量较多、季节变动显著、地质渗透性大的地区，我国的南方许多地区都可以采用。我国是一个缺水的大国，有水时闹洪灾，无水时闹旱灾，所谓"春涝夏旱"，如能充分利用这一方式，对于解决水资源问题应该是很有帮助的。

## 5.5.1　地下贮存核废料库

核能的和平利用虽已有多年的历史，然而核反应堆排出的核废料及其他带有放射性的核废物的安全处理问题始终没有得到妥善的解决。核废料有高放废物和中低放废物之分，危害最大的是高放废物，它含有几乎全部裂变产物和大量长半衰期的超铀元素。

美国到 20 世纪 80 年代初，40 年间已积累了放射性核废料 9000 多吨，仍存放在反应堆附近大的大钢罐内，还要经常用水加以冷却，其他核电较多的国家也有类似情况。这个问题对环境和生态构成了严重的威胁。许多发达国家都在寻求解决这一问题的途径，经过多种方案的研究比较，意见逐渐趋向一致，即地层隔绝法(geologic isolation)是唯一安全有效的途径。

核反应堆中的核燃料，每年有 1/4～1/3 需要替换，排出的核废料中还有少量能量，已没有利用价值，但其放射性剂量却很高，而且衰变期很长，有的长达数千年。这些核废料经过处理，可回收一部分有用物资，但最终的废弃物仍有很强的放射性，因此必须将其多层密封在金属器中，然后把这种容器放入深度在 500～1000 m 的地下岩层中实行长期封存。这就是地层隔绝法。

瑞典从 1977 年开始研究地下核废料库，为在 30 年内处理 13 座反应堆的核废料约 9000 t 选择可行的方案。库区占地约 1 km²，岩洞埋深 500 m，从洞室内的基底面往下钻孔，孔深 9 m，每个孔中放置一个密闭容器，共 7000 个，每个重 20 t，容器周围用膨润土塞实，然后整个岩洞用砂和膨润土的混合料回填，把核废料永久封存在深部地层中(见图 5-29)。

加拿大、美国等国也都在研究和试建核废料库。加拿大修建一座埋深 1000 m 的核废料库，可封存 2015 年以前全国所有重水反应堆产生的高放核废料；美国修建一座大型核废料库，埋置于 1000 m 以下的玄武岩中，可封存 2010 年以前全部商业性核废料。

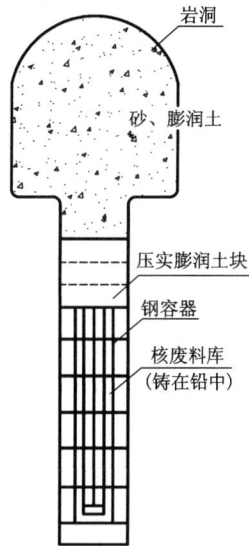

图 5-29 核废料的地下封存

## 5.6 地下贮库的效益分析及应注意的一些问题

地下贮库之所以得到迅速而广泛的发展，除了一些社会与经济因素，如军备竞赛、能源危机、环境污染、粮食短缺、水源不足、城市现代化等的刺激作用外，地下环境比较容易满足所贮物品所需的各种特殊条件是一个重要原因，如恒温、恒湿、耐高温、耐高压、防火、防爆、防泄漏等。与在地面上建造同类贮库相比，只要具备一定的条件，地下贮库往往表现出较高的综合效益。

### 5.6.1 地下贮库效益分析

1. 经济效益

在一般情况下，地下工程造价在某种程度上高于同类型、同规模的地面工程，在运行费用的某些项目上，如通风和照明，也比在地面上高，这种状况到目前还没有明显的改变。但是唯独在地下贮库领域中，建设投资有可能低于地面工程，运行费用的节省则更为显著。对地下贮库经济效益的评价，大体上就可从以下两个方面进行。

第一种情况是建设投资低于地面上同类型贮库。例如，据瑞典经验，在岩洞或岩盐洞中贮存石油和石油制品，当库容量超过 5 万 m³ 后，造价就开始低于常规的地面油库；在高压条件下贮存液化天然气或石油气，贮量在 1 万 m³ 以上时，地下贮库的造价就开始低于地面贮气库。又如，据挪威经验，在岩洞中贮存饮用水，如果贮量超过 0.8 万 m³，一次性投资就低于在地面上建的钢筋混凝土水罐。此外在岩洞中建造大容量冷库，造价也比地面库低，因为地面冷库用于围护结构隔热的费用很高。

另一种情况是地下贮库造价高于地面库。这时，仅以一次性投资的多少来衡量经济效益的高低是不全面的，因为按照全使用期造价的概念，应当把在整个使用期，例如 30 年或 50 年内，在运行、管理等方面所节省的费用综合起来考虑，才可能对经济效益作出合理的评价。例如，大部分石油制品要求在 50~70℃ 条件下贮存以保持其流动性，需要一定的加热措施，仅这一项加热费，地下油库就比地面上的钢罐油库节省费用 60%~80%；此外，由于地下环境安全，保险费仅为地面上的 40%~50%；工程维护费也省，一般仅为地面建筑的 1/3。

2. 节能效益

岩石和土壤都具有良好的蓄热性能，又有在大范围内整体连续的特点，因此地下贮库在节能方面的效益相当明显。瑞典对两座面积各为 1500 m²，容积为 8000 m³ 的冷藏库和冷冻库的地上与地下两种方案的制冷能耗进行了比较，在经过一定时间的预冷期（3 年左右）后，地下冷藏库的能耗比地上方案减少 82%，冷冻库减少 25%，可以看出地下方案的节能潜力是很大的。

研究结果表明，把生产的或多余的热（或冷）能贮存在地下环境中，供需要的季节使用，可取得良好的节能效果，特别是关于在地下季节性交替贮存热能和冷能的设想是一个具有很大节能潜力的发展方向。美国提出的使地下建筑的供热供冷不再依靠常规能源的所谓能源独立目标，就建立在利用地下环境贮存热能和冷能的基础上。

在地下贮存电能、机械能的主要目的，是调节发电和供电系统中供需的昼夜性或季节性不平衡，实质上是为了提高能源的利用效率。从这个意义上看，其结果也是发挥了地下贮库的节能效益。例如，如果用地下抽水蓄能电站担负供电系统的高峰负荷，其发电成本仅为煤力火电站的 1/2~1/3，每千瓦容量的投资也比火电站低。

地下贮库的节能效益已经超出了节省运行费用的狭义概念，而是在更广泛的意义上起到节约能源的作用。

3. 节地效益

在人口日益增多而人均土地逐渐减少的情况下，把宝贵的可耕地用于建造仓库是很不合适的，特别是在城市中，土地价值和价格都很高，更应节约使用。在地面上建造常规粮库，每 1000 t 贮量需占地 7 亩左右，每 1000 m³ 贮量的地面油品库，要占用 2 亩的土地。这些贮库如果改为建在地下，留在地面上的设施会很少，大量土地可以恢复耕种、绿化，或做其他用途。例如我国一座容量为 7.5 万 m³ 的地下油库，地面设施用地不到 1 亩，而一座同规模的地面油库，至少需占用土地 150 亩。还有一些地下贮库，把在施工过程中挖出的石碴或土用于造地，以补偿建设所占用的部分土地。我国一座大型地下油库，利用排出的石碴造地 30 亩，另一个中型岩洞冷库利用弃碴垫平了 15 亩的场地，在上面建起几座与冷库相配套的食品加工厂，生产和运输都很方便。

有一些能源的贮存，由于占用土地过多，在地面上建库已很不现实。例如，建设一座发电能力为 50 万 kW 的水电站，需要修建容积为 40 亿 m³ 的水库，如建在地面上，将淹没大量可耕土地，而改为建造地下抽水蓄能电站，虽造价较高，但基本上不占用土地。又如，当以水为介质贮存 600 亿度的热能时，水库的容积相应为 10 亿 m³，只有地下空间才有可能提供如此巨大的容积而不需占用大量的土地。

#### 4.减小库存损失

贮存在地面上各种贮库中的物品，出于种种原因，在贮存过程中总会有不同程度的消耗和损失，如粮食的霉变，油品的挥发等。由于这类损失在地面库中难以避免，也就被公认为合理损耗。据联合国经社理事会的一份报告估计，在许多发展中国家，由于贮存设施不足或贮存方法不当，在需要贮存的粮食中，每年平均损失 15% ~ 20%，如能大量推广地下粮库，贮存损失就会减少很多，甚至完全避免。据我国经验，地面粮库的合理损耗为 3‰，地下库只有 0.3‰，相差 10 倍；在地下油库中，油品因温度变化引起的小呼吸现象消失，因此挥发损失仅为地面钢罐油库的 5%。

以水为介质贮存热能，温度一般在 100℃ 以下，能量密度较低，因此应尽可能减少贮存过程中的热损失以提高贮热效率。如果将一座容积为 5 万 $m^3$ 的地下热水库与地面上有隔热层的钢罐热水库相比较，地上罐的热损失为 140 kW，地下库在使用的前两年中热损失为 300 ~ 400 kW，以后就常年稳定在 90 kW，比地面罐减少 35% 的热损失。由此可见，地下贮库由于热稳定性和密闭性较好，在减少库存损失方面的作用是很明显的。

#### 5.满足物资贮存的特殊要求

有一些物资的贮存，容器需要承受很大的压力，同时还应能承受相当低或相当高的温度。从图 5 - 30 中可以看出，天然气在气体状态下贮存，容器须能承受 10000 ~ 40000 kPa 的压力，液化后压力减小到 1000 kPa，但要求 -120℃ 的低温条件；如果只能在常压下贮存，则温度必须低到 -165℃。从图中还可以看到，在常温下贮存压缩空气，容器要承受的压力为 5000 ~ 10000 kPa，而在常压下贮存原油或重油，则不同油品分别需要 30 ~ 70℃ 的温度条件。这样一些技术要求，如在地面上实现，需要付出很高的代价；然而在不同深度的岩层中，只要存在完整的岩体和稳定的地下水位，又具备开挖深层地下空间的技术能力，就可较容易地满足这些要求。从图中所示的不同贮存条件所要求的埋置深度来看，在地下水位以下 70 ~ 90 m，就比较容易保持 -165℃ 的低温，在 -400 ~ -500 m 深处，就可建造起水头为 450 m 的抽水蓄能电站所需的地下水库；在地下 500 m 处，可提供承受 10000 kPa 压力的条件，到 1000 m 时，则可承受 25000 ~ 40000 kPa 的压力。这些都说明岩层中的地下空间在提供特殊贮存条件方面的巨大潜力，也是这些贮库适于建在地下的主要原因。

#### 6.环境和社会效益

为了贮存有可能对环境造成污染的物品，地下贮库比在地面上贮存有许多有利条件，例如核废料、化工废料、城市污水、垃圾等，如果在地面库中贮存或露天存放，不但占用大量土地，还会对环境造成二次污染；将这些废料、废物贮存在适当深度的地下空间中，可以较好地解决这个问题。从更积极的意义上来说，大量兴建地下贮库可以为城市留出更多的土地和空间进行绿化和美化，也是一种较高的环境效益。

有一些物品在贮存过程中存在一些不安全因素，如核废料的放射性，油品和高压气体发生爆炸和火灾的可能性，有毒化学品泄漏的可能性等，这些因素在遇到自然灾害或人为灾害时，将对城市安全构成很大威胁。地下贮库不论在防止外部因素的破坏，还是防止贮存物品对外界造成危害等方面，都远优于地面库，这是一种重要的社会效益，同时也是间接的经济效益。

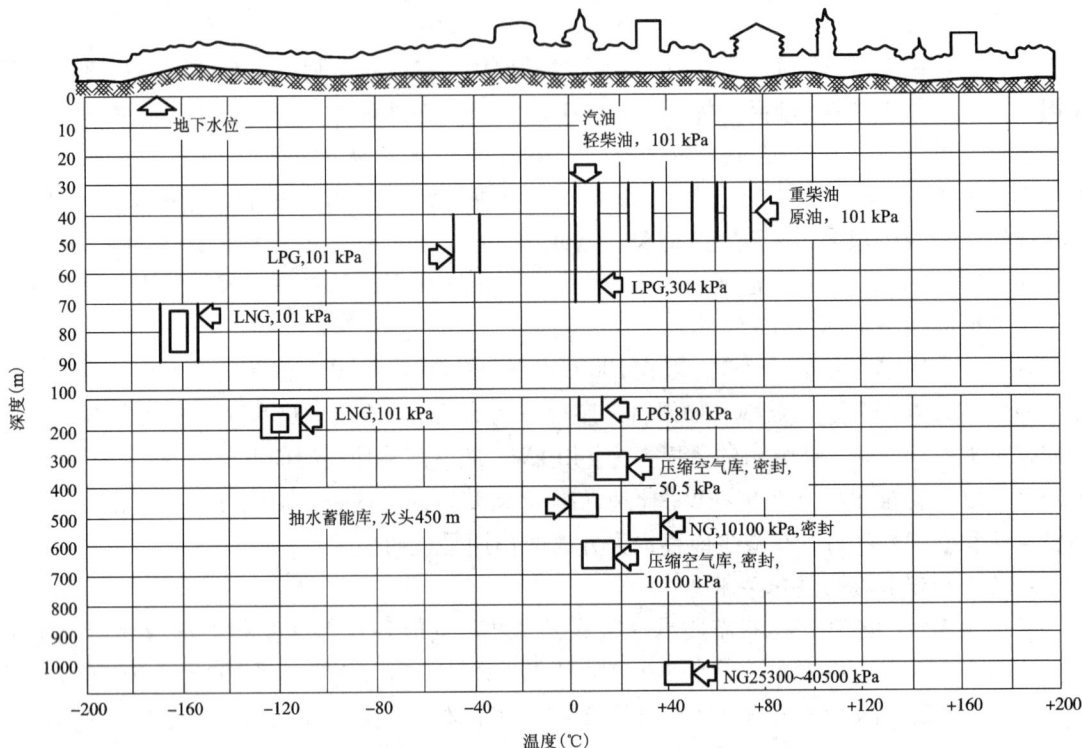

**图 5-30 贮库埋深与物资贮存所需温度、压力要求的关系**

### 5.6.2 地下贮库应注意的问题

地下贮库有着广泛的用途，而且在一些领域中还具有地面贮库所无法替代的作用。经济发展和科学进步，对地下贮库不断提出新的需求，而原有地下贮库类型的改进和新类型的开发，又要求解决一系列新的技术与经济问题，有不少问题正在研究、试验和探索之中，大体上有以下几个方面。

1.地质稳定和结构稳定问题

不论地下贮库位于哪一种地质介质之中，保证介质与库体结构的长期稳定是实现安全贮存的前提。多数贮库类型是建在岩层中（包括岩盐层），故洞室围岩稳定和区域性基岩稳定问题应引起足够的重视。

造成不稳定的原因除自然因素，如地质构造运动、地震等外，主要与所贮存物资的特性及对介质的作用有关。以核废料库为例，高放核废料初期贮存温度达 500℃，许多种类岩石都将无法承受而熔化，即使能耐此高温，稳定性也受到很大削弱。所能采取的一种措施是，在贮存前先对核废料冷却降温，使其贮存温度低于 100℃，如保持在 75℃，则库体围岩的热荷载为 $14.2\ W/m^2$；因此，热荷载成为安全贮存的指标之一。瑞典的一个方案是先将装有高放核废料的容器放在水池中冷却 40 年，称为中间性存放，温度可降至 100℃ 以下，然后再永久贮存在岩洞中，则热荷载仅为 $5.25\ W/m^2$。热荷载越小，基岩受扰动的范围也就越小，对区域性地质稳定当然有利。

## 2. 安全问题

地下贮库在防火、防爆等方面的安全程度，比地面上高得多，而且埋深越大越安全。但是，安全问题还有另一个方面，即某些类型地下贮库可能对大气层和地下水造成污染，如油库、核废料库等，其污染性质和范围都还不十分清楚。以核废料地下封存为例，500～1000 m厚的未经扰动的基岩，对核废料的放射性已构成一道天然的安全屏障，但对岩洞周围的地下水则可能造成放射性污染，因此在贮存过程中，许多密封和屏蔽措施都是为了防止污染地下水，但至今仍无足够的把握，故以减小库区占地面积指标作为衡量影响范围的大小，即通过改进洞室和通道的位置，把地下贮库的面积与全库占地面积之比值尽可能提高，以缩小库区的影响范围。在现有的一些布置方案中，比值较高的为25%，低的仅有12%，可见在建筑布置上还有改进的潜力。此外，由于核废料中放射性元素的衰变期长达数千年，在封存期间有可能发生自然条件的变化和地质构造运动，这就需要在地质勘测和库址选择时作出长期的预测和评价。

## 3. 经济问题

地下贮库与同类型、同规模的地面库进行经济比较，往往占有一定的优势，但是对于地下贮库本身的经济性，例如布置方式、贮量大小、贮存方式、运输方式、施工方法、库存损失等，仍应进行多方面的分析，使方案达到综合最优。例如，地下贮热的方案已比较多，但在不同介质中的贮热效率并不相同，岩石为每立方米40～50 kW·h，土体含水层为8～12 kW·h，多孔土或多孔岩石为13～29 kW·h，因此在研究经济问题时就不能仅仅考虑建设投资的高低；如果地下水量较大，采取压力注浆堵水会使造价增加，但却可以长期减少库存热损失，可能更为有利。

## 4. 施工技术问题

地下贮库的新类型，都各有其特殊的布置方式和不同的埋深要求。与常规的岩洞开挖技术相比，贮库岩洞洞室具有大而深的特点。在地表以下1000 m深度开挖数十万到数百万立方米容积的大型洞室，在掘进、出碴、弃碴、通风、排水、运输等许多问题上，都要比常规的隧道工程复杂和困难。据有关资料，地层每加深1000 m，温度升高15～30℃，且深部地层中的构造应力要比浅层大得多，一旦开挖成空间，应力的释放可能会造成岩爆现象，这类问题都有待于在实践中研究解决。此外，在深部地层开挖螺旋形长通道，对施工机械和测量技术都有很高的要求。

# 思 考 题

1. 简述建设地下贮存库的意义及规划布局过程中要考虑的因素。

2. 影响地下冷库建设的因素有哪些？

3. 根据我国能源发展现状，谈谈地下能源库建设的必要性及发展趋势。

4. 结合自己所学相关专业知识，简述建设地下贮存核废料库要考虑的问题。

# 第6章　地下工业建筑

在地下空间中组织工业生产，一般比在地面上困难和复杂，要付出相当高的代价。从20世纪初开始，地下建筑开始用于工业生产，而且日益受到重视，主要有三个原因：一是经过战争、大量核试验及地震等灾害，证明了地下建筑具有良好的防护能力，许多国家于是把军事工业和在战争中必须保存下来的工业转入地下；二是地下空间提供的特殊生产环境，为某些类型的生产提供了良好的条件，比在地面上进行更为有利；三是由于场地、地理以及地质等条件限制，不得不修建于地下的工业建筑。

由于工业生产要求的空间大、造价高等特点，除少量的轻工业和仪表工业等布置于城市地下土层中外，大部分大型地下工业建筑都在岩层中建设。我国从20世纪60年代中期开始，耗费巨资在西南和西北地区的崇山峻岭中开发了大量地下空间，兴建了许多大型地下工业建筑，随着国际形势的变化及国内政策的调整，此类建筑已基本停止。但经过十几年的实践，取得了在岩层中大规模开发地下空间的经验，对于开发利用我国丰富的岩层地下空间资源，进一步科学地发展地下工业建筑，是十分有益的。

## 6.1　地下工业建筑的类型及特点

### 6.1.1　地下工业建筑的特点

工业建筑之所以建于地下，主要是根据工业生产的要求，能充分利用地下空间的特点，使生产比之地面更占优势，这些特点是：

（1）恒温、恒湿。这是由地下建筑周围土层的特点决定的。

（2）防尘、防毒。因地下空间无大气层的空气污染，地面的灰尘、有害气体等难以进入。

（3）密闭隔绝。地下空间的这一特性有利于防止工厂产生的辐射、防止有害物质外泄。

**表6-1　地震大小对位移的影响**

| 振动周期（s） | 地下建筑位移（m） | 地面建筑位移（cm） |
|---|---|---|
| 0.35 | 1 | 4 |
| 15 | 1 | 2 |
| 55 | 1 | 1.2 |

（4）隔音防噪。将生产发出的噪音有效地予以屏蔽，有利于保证生产区周围安静的环境。

（5）抗震防灾。由于地下建筑周围受地层约束，所以振动幅度要比地面建筑物小得多，日本曾在地震区的地面和地下160 m深处，进行了多次测定对比，结果示如表6-1，可知地下建筑的抗震性能是较为优越的。

（6）环保。工业污染是城市环境恶化的主要原因，将工业设施建于地下，有利于由专门的管道集中收集生产过程中形成的废水、废渣、废气，对于地面环境的保护有益。

### 6.1.2　地下工业建筑的类型

并不是所有的工业设施都适于地下的,地下工业建筑主要适应于两类工业:一类是可以充分利用地下空间特点的工业建筑,称为生产工厂;另一类是由于本身的功能特点,必须建造于地下的工业建筑,主要是电力工业,如水力发电站的地下厂房、引水隧道、尾水隧道,地下抽水蓄能发电站,核电站的核反应堆等。当然还有贮库工业,已由专章讲述,本章不再述及。

由于地下的特殊条件,建造地下厂房要花费比地面建筑多几倍的资金,建设时间也长得多,因此应当尽可能利用岩石的各种自然条件和特性,使付出的高昂代价能产生最大的效益。

1. 生产工厂

根据上述地下工业建筑的特点,可以将有关工厂类型列举如下。

(1)利用恒温、恒湿、防尘特点类

如果埋深大于 3~5 m,地中的温度一年间几乎不会变化,而且湿度也几乎恒定;因为隔热性能好,贮藏在内部的热量不易逸散。除前述的地下贮库外,还有葡萄酒酿造工厂、药品制造工厂、精密仪表工厂等,都可以考虑在地下发展生产。例如,重庆钟表工业公司自 1967 年就开始向地下发展,先后修建了约 9000 m² 的地下建筑,包括地下车间、仓库等,形成了较为完整的地下生产系统。

由于地下不受外界气候条件变化的影响,对于冬季需要长期供热或夏季需要降温的地区来说,地下厂房可以节省运行费用。有些地处寒冷地区的国家,大量建造地下厂房的一个重要目的就是节省供热费用。

(2)利用隔音防噪特点类

一直以来,接近住宅地区的生产设施,噪音是一个很大的问题,把一些噪音大的设施移到地下,可较好地解决这一问题。如带有空压机的维修车间、锻造车间等。

(3)利用防灾特点类

利用地下空间战时防轰炸、平时防地震的良好防护性能,将国防工厂的重要生产设施等转入地下。除了防止厂房受到外界因素破坏外,对于具有一定危险性的生产,例如弹药和油料的贮存、核反应堆的屏蔽等,利用岩石的防护能力还能对可能发生的危险起到一定的限制作用。

2. 发电站

(1)地下水力发电站

1)地下水力发电站的基本构造

水力发电站沿江、河、水库而设,其站位的选址必须既考虑充分利用水力资源,又有利于建坝,要求基岩坚硬、完整。

发电站厂房有多种类型,按结构形式的不同,可分为地面式厂房、地下式厂房、坝内式厂房、溢流式厂房、露天式或半露天式厂房等。本节要介绍的是地下式厂房。

地下式厂房建在地下山岩中,与引水隧道相连,引水隧道将水引入以冲击发电机组发电,因隧道中充满了水,故又称为压力隧道。为最大限度地利用断面过水面积,一般都采用圆形断面,而且圆形断面也有利于承受压力。厂房下游有尾水隧道,即排水隧道,其内压力一般小于引水隧道，如尾水隧洞较长，则要设尾水调压室；同样，如厂房上游引水隧道较长，也要设调压室。变压站最好也设在地下，以便靠近厂房。地下式厂房适用于狭窄河谷，还可利用引水隧道与尾水隧道之间的高差以获取水头。地下式厂房施工与大坝施工互不干扰。其不足之处是地下开挖工程量较大，施工技术较复杂；另外，还需要较长的交通隧道，通风与照明的要求也较高。但由于地下工程科学技术的进步，为地下式厂房的建设创造了条件，故地下式厂房的应用日益增多。图6-1是装机容量为330万kW的二滩水电站地下式厂房。

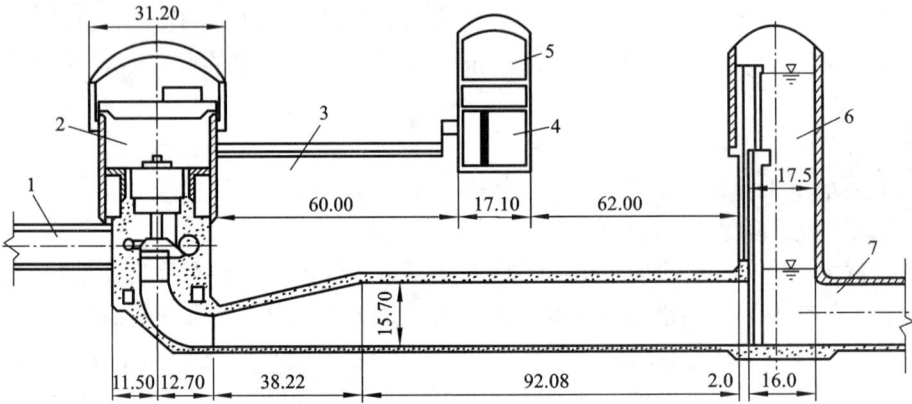

**图6-1　二滩水电站地下式厂房(单位:m)**
1—引水隧道；2—主厂房；3—母线洞；4—主变室；5—开关室；6—尾水调压室；7—尾水隧道

2) 地下发电厂房的规划

地下厂房按其与引水隧道的相对位置不同可分为三种布置方式：首部式、中部式和尾部式。

当发电水头需由大坝抬高水位取得，地下厂房在河床高程以下埋置不太深，施工出碴和电力高压出线无很大困难，且在引水隧道首部的工程地质条件较好时，应采用首部式地下厂房。这种布置方式的地下厂房可缩短引水隧道的长度，但要加长尾水隧道，要设尾水调压井。一般引水隧道每延米的造价要高于尾水隧道，所以在其他条件适宜时，应尽量考虑采用首部式布置。我国的二滩、龙滩、拉西瓦等水电站地下厂房都采用这种布置方式。

当发电水头主要靠长引水隧道取得，如仍采用首部式地下厂房，会导致埋置较深，使得施工出碴和高压出线都有困难，此时，如果引水隧道沿线和尾部的工程地质条件都较好，利于布置较长的压力隧道，则可采用尾部式地下厂房。尾部式地下厂房一般有较长的压力隧道，要设上游调压井，渔子溪水电站地下厂房就是采用这种方式。

当引水隧道的首、尾部地质条件都较差，而中部地质条件较好，且地下厂房埋藏又不很深时，可采用中部式地下厂房，中部式地下厂房一般在厂房的上、下游都设置调压井，乌江上的洪家渡水电站地下厂房就采用这种方式。

由于在地下修建大洞室发电厂房，地质条件对建设费用影响很大，所以厂房的选址十分关键。地下厂房要求布置在坚硬完整、地下渗水少的岩石地层中，无断层或软弱夹层通过，厂房洞室的顶部和四周都应有足够的围岩厚度，一般要求围岩厚度为洞室开挖跨度的2倍以上。但实际上岩体内总会有节理、裂隙和小断层，洞室纵轴方向宜与节理、裂隙等走向呈不小于45°的交角,最好是正交。如地下厂房埋藏较深,在坚硬岩体中的地应力往往较高,易产生岩爆,对厂房的修建不利,应予以重视。但实践表明,当地应力在40~50 MPa以下时,采取适当的工程措施,还是可以防止岩爆的。厂房纵轴方向宜与地应力最大主应力方向近乎平行或呈15°~30°的角度。

地下厂房的跨度和高度一般都较大,通常跨度约20~30 m,高度可达50~60 m。在厂房下游如有尾水调压井,其开挖宽度虽小于厂房洞室,但也有10~15 m宽,高度与主厂房相近。还有主变压器洞室,也需布置在靠近主厂房的地下,以缩短低压母线长度,通常布置在主厂房的下游侧。以二滩水电站为例,有三个大的地下洞室,即主厂房(约28 m宽、55 m高)、尾水调压井(约22 m宽、60 m高)和主变压器洞室(约16 m宽、36 m高)。

(2)抽水蓄能发电站

1)抽水蓄能发电站工作原理

电力系统的用电户,包括工业、农业、市政公用事业、照明、交通及其他众多类型,由于各自工作性质的不同,用电情况也不相同,致使电力系统的负荷很不均衡。电力系统日负荷图在每日上、下午各有一个高峰,午夜则有一个低谷。为了在低谷负荷时维持常规发电站(主要是火电站)的出力稳定,使之在最高热效率情况下工作以节省煤耗,抽水蓄能电站可利用夜间低谷负荷时火电站提供的剩余电能,从高程低的下水库抽水到高程高的上水库中,通过水体这一能量载体将电能转换为水的位能。在日间出现高峰负荷时,再从上水库放水发电,担任负荷图中的峰荷部分,这就既保证了低谷时火力发电站的高效率使用,又保证了高峰时的供电,充分发挥了其调节不均衡发电的作用,而且能显著降低煤耗。这就是抽水蓄能电站的主要功用和基本原理。

2)地下式抽水蓄能发电站

一般而言,抽水蓄能电站的主要组成建筑物从上游开始依次是:上水库、进(出)水口、引水道和调压室、压力隧道、厂房、尾水隧道和调压室、出(进)水口、下水库。其重要特征是有上、下两个水库(见图6-2)。按水工建筑物与地面所处的相对位置又可分为:

①部分地下式。上、下水库均设在地面上,而整个输水系统及厂房均布置在地下,如图6-2所示,这是近些年来采用最多的一种形式。

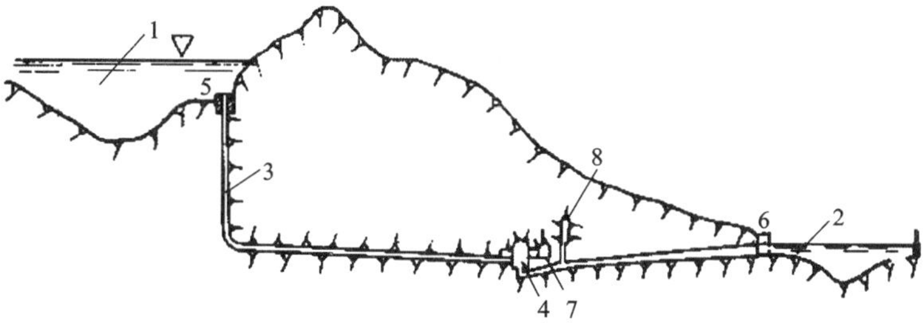

图6-2 抽水蓄能电站的基本组成

1—上水库;2—下水库;3—输水系统;4—发电厂房;
5—进(出)水口;6—出(进)水口;7—主变电室

②全部地下式。如图6-3所示,整个电站,包括上、下水库、输水系统和厂房均布置在地下。地下水库由隧洞群组成。电站的输水、出线和对外交通都采用竖井。它适用于当地需

要建造抽水蓄能电站而无合适的地形，环境保护要求又比较高的情况，如在城郊的平原地区；也适应于水资源匮乏地区。

地下式抽水蓄能电站的最大特点是由于两个水库都位于地下，因而水的蒸发量很小；且由于是地下库，库容量不可能做得很大，故要求水头很高，以获得发电的势能，因此两库的垂直距离往往达到上千米，只需要少量的水就能发电。

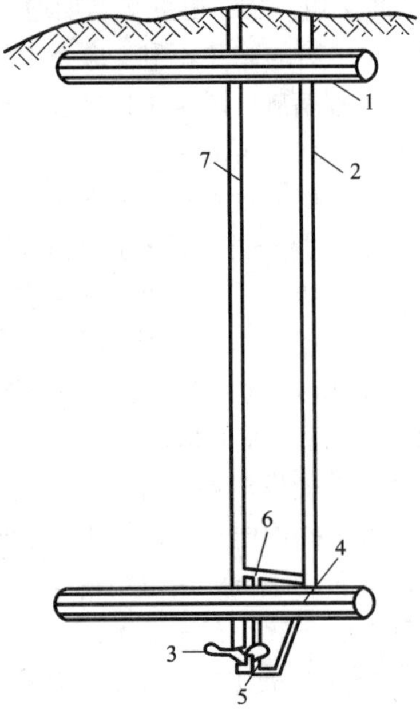

（3）地下核电站

核电站是利用原子核裂变反应过程中释放的核能来发电的。核能发电包括由核能转换为热能，热能转换为机械能，机械能转换为电能的全过程。

核电站有地面式和地下式两种方式，本章仅涉及地下式。地下式依反应堆的设置方式分为半地下式和全地下式两种类型（见图6-4）。半地下式的发电机房位于地面，而反应堆半置于地下。全地下式又分为深层设置式和山腹设置式两种，当为平坦地形时，采用深层设置式，将反应堆深埋于地下，发电机房可位于地面，也可浅埋于地下；当为山地时，采用山腹设置式，可将发电机房和反应堆都置于山体之中，也可仅将反应堆置于山体之中，而将发电机房置于山体外的平地上。

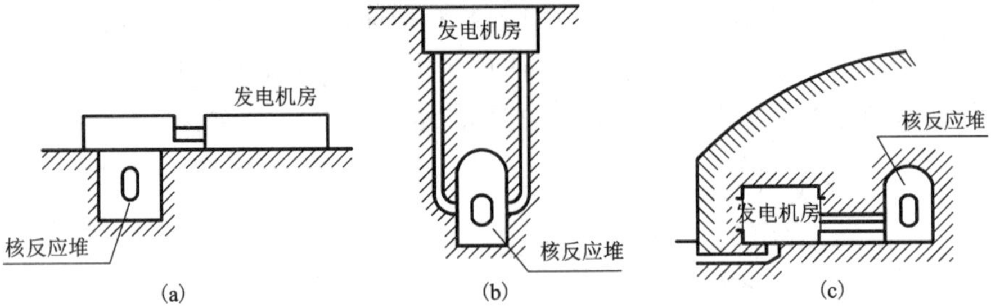

**图6-3 地下式抽水蓄能发电站**
1—上水库；2—竖井式输水管；3—变压器室；
4—下水库；5—发电机房；6—调压井；
7—提升井、电缆及通气井

**图6-4 地下式核电站示意图**
(a)半地下式；(b)深层设置式；(c)山腹设置式

地下式核电站的优点是：选址的范围大，不需要宽阔的平坦地，海岸或山区均可修建；地下洞室周围岩体对放射性有良好的屏蔽效果，并可容纳放射性物质；抗震性能好。缺点是：对地质条件要求高，必须是坚硬完整的岩层；扩建与改建困难。

一般来说，地下核电站除了核反应堆洞室外，还需开挖一系列的服务坑道。例如联络坑道、作业坑道、供人员出入及物资搬运的通道等，图6-5为某核电站的断面布置图。

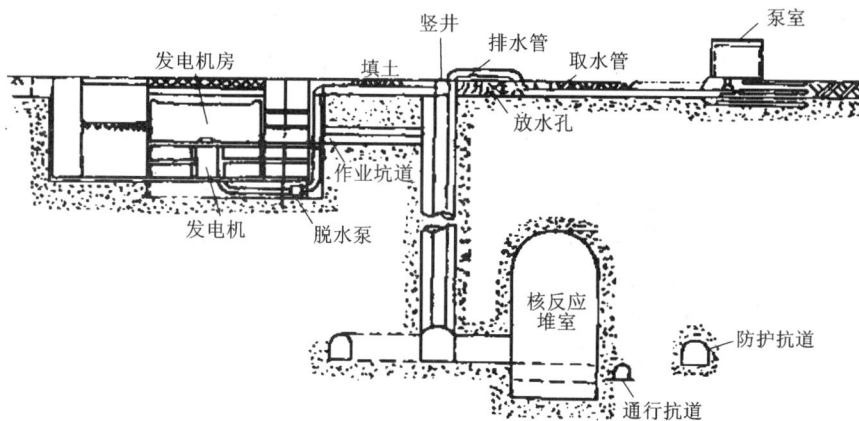

图 6-5  核电站布置示意图

## 6.2  工程地质和工程结构对地下厂房总体布置的影响

### 6.2.1  岩石中厂房布置的特点

1.地质条件在厂房布置中的重要性

地下厂房的总体布置,从工程地质和水文地质条件(以下统称地质条件)来看,要比在地面上建造厂房复杂和困难得多。地质条件对于地下厂房的空间大小、结构形式、施工方法、施工进度与安全、工程造价等有着很大的影响,常常成为地下工程建设的一个重要的先决条件,也是进行厂房总体布置考虑的主要因素之一。

例如,某地下工程的厂址选在岩浆岩地区,围岩级别为Ⅰ级,仅有少量裂隙水。由于地质条件好,开挖过程始终十分安全。整个工程的开挖石方量达 16 万 m³。绝大部分洞室,包括跨度近 20 m,高度近 30 m 的主体洞室,都只采用喷射混凝土衬砌就可以了。

另一个工程,所在地区岩石破碎,裂隙发育,地下水多,地质条件差,虽然洞室跨度不大,只有 7.5 m,但在施工过程中,几个洞室都发生了塌方,施工进度受到很大的影响。

由此可见,在进行地下厂房总体布置时,尽量选择有利的地质条件,避开不利因素,把整个工程设计建立在可靠的基础之上。

2.岩石中厂房布置的局限性和灵活性

在岩石中修建厂房,在很大程度上受地形、地质等条件的影响,厂房空间的周围都是岩石,与地面上设计厂房会有很大的差别。

在地面上建造厂房,为了使工艺流程紧凑,交通运输方便和缩短管线,往往尽可能使厂房能形成一个比较大的空间;但是这样的布置对于地下厂房来说是难以做到的,因为尽管衬砌结构可以设计成多跨并列,但对于岩石来说,仍然是一个跨度,因而就要受到岩石所能形成的最大跨度的限制。因此,在地下厂房设计中,厂房空间一般是由单个的洞室所组成,当两个洞室需要并列布置在一起时,就必须在洞室之间保留必要厚度的岩石以承受围岩的荷载。

既然地下厂房不易组成大面积的空间,所以就需要把各个单独的洞室互相连接起来以便利生产上的联系。洞室的连接与地面上厂房两跨连接在一起也不同，因为除了考虑连接部分结构上的安全外，还必须考虑连接处岩石的稳定。当不同跨度或高度的洞室垂直或成一定角度相交时，顶部岩石可能形成复杂的几何形状，成为洞室结构上的薄弱部分，不但稳定性差，且在施工中也比较复杂。因此，在进行厂房总体布置时，妥善处理洞室的连接对于结构的安全和施工的方便都是十分重要的。

同时，只要地质条件允许，岩石成洞还是具有一定灵活性的。例如，洞室跨度和高度上的变化可以比较灵活，在平面轮廓上可以根据需要做成矩形或圆形，洞轮廓可以是直线、折线，甚至曲线；在连接方式上，不但可以在水平面上互相连接，还可以在不同高程上相交或互相穿插。这些灵活性如能充分加以利用，可以使厂房布置更紧凑，生产更方便，施工更迅速。

### 6.2.2 洞口的数量、位置和高程

洞口是地下厂房与地面上联系的唯一通道，其数量、位置和高程主要由生产工艺和交通运输的要求所决定，但在很大程度上受到地质条件和相应的工程结构措施的影响。同时，把厂房建在地下，常常是为了利用岩石良好的防护能力，而洞口正是防护上的最薄弱部位，因此在数量和位置上还应考虑防护和隐蔽的要求。

1.洞口的防护与隐蔽

洞口的数量和位置，对于不同的防护标准，考虑的问题不完全一样。但是从安全和备用的角度考虑，洞口不应少于两个，同时应尽可能利用地形条件使洞口不朝同一方向，以减少同时被破坏的可能性；当几个洞口由于条件限制只能在同一方向时，应使两洞口之间保持尽可能大的距离，并尽量利用地形使两洞口之间有一些遮挡。此外，当洞口数量少，且基本在同一方向时，应考虑在相反方向设置一处安全出入口；在条件比较困难时，安全通道可以有一定的坡度，甚至可利用通风斜井或竖井。

如果只考虑防常规武器，那么洞口的数量一般可不受防护要求的限制，因为常规武器只能使洞口局部破坏，对洞内的生产和设备威胁不大，但可能造成洞口的堵塞，因此洞口适当多一些，可以起后备作用。多个洞口应取不同方向，同时要注意相邻两洞口的距离不要太近，应保持在最大炸弹的破坏直径以外，以免一颗炸弹同时破坏两个洞口。

洞口的位置和数量还应能防止气体毒剂和放射性尘埃通过洞口进入地下厂房。除在口部布置必要的防毒设施外，洞口位置应选在有利的地形和风向，使毒气不易聚集。一般的气体毒剂，需要有一定的浓度，才能借助于空气的流动通过被破坏了的洞口进入地下厂房，因此洞口如果少一些，可以减少毒剂进入的渠道；同时洞口应避开毒气容易聚集的地方，例如四面环山的山谷、低洼窄小的山沟等。

2.洞口位置的地质与水文条件

从地形上看，选择洞口位置要考虑山体的坡度。一般来说，山坡陡说明岩石抗风化能力强，或受气候影响较小，例如北坡往往比南坡陡一些，且坡面覆盖的土层较薄，这样对于洞口的施工有利，刷坡面小，减少了土石方工程量。但洞口处的山坡也不宜太陡，因为陡峭的山坡会使冲击波的反射压力增加，洞口上部岩石如果受到外力作用而塌落时，容易堵塞洞口，施工也不安全。

在洞口位置的工程地质条件中，最重要的就是边坡的稳定性。在边坡稳定性较差的山坡上布置洞口，很可能是在开始掘进时就难以成洞，随挖随塌，使洞外的土石方工程量大大增

加，也不利于隐蔽。如果在特殊情况下洞口只能放在不稳定的边坡上时，应当采取必要的加固和保护措施，如设置挡墙、地表锚喷加固，地层注浆等。

与洞口位置有关的水文条件主要是指地表水的最高水位与洞口高程的关系。设计最高水位的选取与工程的防洪标准有关，一般工程可考虑按 25～50 年一遇洪水的标准设计，重要工程可以按 50～100 年一遇作为防洪标准。地下厂房的洞口，一般应设在百年一遇洪水水位以上 0.5～1.0 m。

### 6.2.3 洞室的位置与洞轴线方向

洞室的位置，其垂直方向主要取决于洞顶最小覆盖层的厚度，从水平方向看，则受到一系列工程地质和水文地质条件的影响。

1. 洞顶的最小覆盖层厚度

暗挖时，保证洞顶上方围岩能够自稳是很重要的，要做到这一点，就必须使其有足够的厚度，即洞室埋深应有一定的深度。在正常的岩层条件下，覆盖层的厚度以大于洞室跨度的两倍为宜。在主体洞室的覆盖层厚度满足要求后，还应根据地形情况，估计出在安全范围内是否有足够面积容纳地下厂房的所有洞室，并满足所有的洞室和通道顶部都有足够厚度的覆盖层。

一般来说，洞口段的覆盖层是最薄的，为了施工能安全进洞，需要采取一定的工程措施，这方面的知识可参阅相关隧道工程书籍。

2. 地质条件对洞室位置和轴线方向的影响

影响洞室位置和洞轴线方向的地质条件主要有围岩的性质、强度和完整程度，产状要素和成层条件，地质构造情况和地面水、地下水状况等几个方面。

洞室位置最好选在岩性均一，整体性好，风化程度低，强度比较高的岩层内。在岩性不均一的地带建造洞室，例如在不同岩类混杂互层地带，特别是在夹有薄层页岩或其他含泥质的岩层中，容易出现比较复杂的不利地质现象，如塌方、掉块等；因此应尽力避开这种地带，或者使洞轴线穿过其中相对比较厚的单一岩层，至少应把洞室的拱圈部分置于比较坚硬的均质岩层中。

例如，某工程由于选址不慎，正处于岩浆岩与变质岩的交界地带，岩性为片麻岩与花岗岩穿插成层，主要洞室处于片麻岩中，岩石破碎，多次发生塌方，以致无法使用；后经认真的地质勘测，将洞室向东移 40 m，使洞室基本上处于一层 4～12 m 厚的花岗岩层中，虽然新洞的跨度和高度都比旧洞大，但在施工中没有发生不良地质现象，保证了安全，如图 6-6 所示。

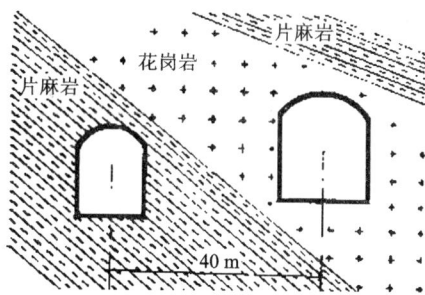

图 6-6 改址于良好岩层中举例

从地质构造的情况看，影响地下厂房总体布置的因素主要是断层的类型、走向，断层的倾角和断距，以及褶皱的向斜、背斜等。

区域性的大断裂带，是在选择厂址时就应避开的，但是在工程实践中，洞室遇到一些小型的，或在地质勘测中不易发现的断层是难以避免的，因此必须正确处理洞室与断层的关系。

在断层带内，岩石破碎，地下水容易聚集，洞轴线无论是平行还是垂直穿过断层都是不利的,尤其是平行穿过,或是同时穿过几条互相切割的断层,更为不利。在不可避免的情况下,应力争使洞轴线与断层走向垂直,这样可尽量减小断层对洞室的影响宽度,也便于从结构上采取加固措施。

在洞室所在位置存在断层,特别是在施工过程中遇到没有预料到的断层,常常是引起塌方、掉块等事故的主要原因,所以在勘测和设计时应特别注意。某工程的一个洞室处在变质岩中,洞轴线正好与左下方的一条宽约 1 m 的断裂破碎带平行,由于岩石为黑云母片麻岩,又有地下水渗流,所以黑云母遇水膨胀,强度降低产生滑动,从而使得拱圈顺层一侧的压力增加,使得洞底部处于薄弱地带,以致在半个拱的范围内多次发生塌方,严重影响了安全和使用,如图6-7所示。另一个工程,其主体洞室的跨度与高度都在20 m 以上,地质条件比较好,决定在整个洞室采用喷锚结构衬砌。但是毛洞开挖后,在洞室的一端发现一条斜穿的宽约 3 m 的断层,结果只得在这一端做了一条宽 12 m(约占全洞长的 1/5)的现浇钢筋混泥土拱,以策安全,如图6-8所示,导致了工程费用的增加。如果在地质勘测时就能发现这条断层,就完全有可能使这个洞室位置和轴线避开断层。

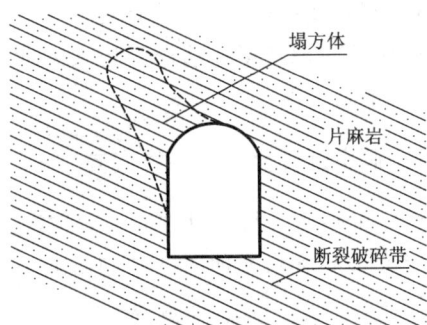

图6-7　洞轴线与断层走向的关系举例

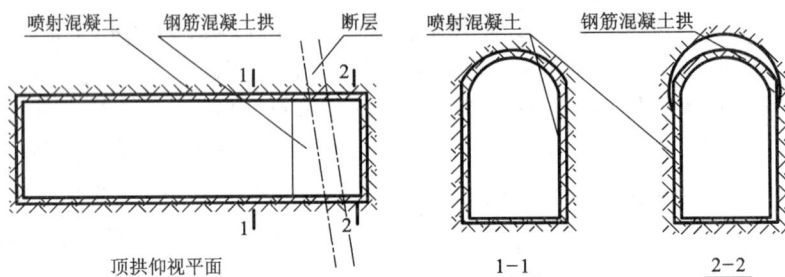

图6-8　洞室位置与断层的关系举例

关于褶皱地层,无论是向斜或背斜地段,对于洞室都是不利的,因为岩层褶皱往往是多次地质构造运动的结果,在这样的岩层中布置洞室,容易遇到比较复杂的地质现象,因此应尽力避开,特别是避开向斜的轴部;如果由于其他条件必须在褶皱地层中,则置于向斜或背斜的两翼比较好(见图6-9)。

从水文地质条件看,洞室位置应考虑地下水的类型、水位和水量,使洞室底面位于地下水位以上,在石灰岩地区要注意避开岩溶地段,特别要避开暗河;同时应注意洞室上部的山体表面不要有局部的低洼,否则地表水的积聚将成为地下水的补给来源。

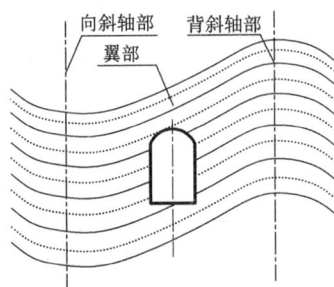

图6-9　在褶皱带中洞室的合理位

3. 对于不利地质条件的正确处理

在地下厂房总体布置中对待地质条件的原则是：尽可能选择有利条件，尽量避免不利因素。但是，要想找到完全理想的地质条件是不可能的，在有利条件中往往包含着不利因素，在不利因素中又往往存在着转变为有利条件的可能性。例如，地下水对于地下厂房从许多方面看是不利因素，但是较大水量的地下水如果妥善加以引导和贮存，即可成为可靠的水源。有一个地下厂房中发现水量每小时 300 t 的地下水，作为水源得到了很好的利用。因此，对待地质条件的正确态度应当是：在充分利用有利的地质条件，避开不利因素的前提下，采取必要的措施，限制不利因素的消极影响，同时在可能条件下，力争变不利因素为有利因素。

下面分 3 种情况介绍处理不利地质条件的方法。

(1) 由于生产工艺等要求，使洞室处于不利的地质条件之中

这种情况在厂房规模较大，生产工艺比较复杂时是很可能出现的。以洞轴线应与岩层走向垂直这一要求为例，就不是任何情况下都能做到的，除非将所有洞室和通道都平行布置，但这样做往往难于满足工艺要求。因此应当结合生产工艺等要求和具体的地质条件，对地质不好的地段采取必要的加固措施。

某地下水利工程，出于工艺等各方面的条件，使引水隧道与调压井相交处正好遇到两组相切割的断层（见图 6 - 10）；由于两洞的高差较大，在连接处的结构处理比较困难，但是经过对断层进行分析后，认为这两组断层的互相切割，使两洞相交处比较薄弱，但两组断层的倾角不同，正好把两断层之间的岩石切成上大下小的楔形体，没有特殊的外力作用是不会坠落的。基于这样的判断，估算了楔形岩石的重量，打了一定数量的锚杆将其固定在稳定的岩层上，实践证明这一处理措施是正确的。

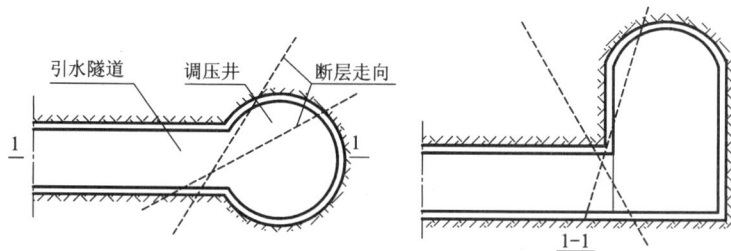

**图 6 - 10　正确处理地质不良现象例一**

(2) 为了保证主体洞室处于较好的地质条件中，使次要洞室处于地质条件不好的地段

这种情况在主体厂房比较集中和高大时是可能发生的。保证主体洞室优先处于较好地质条件的做法是必要的，只要对其他洞室或通道也给予充分的重视，采取必要的措施，仍然可以保证工程的质量和安全。

在某项工程设计中，为了使主体洞室轴线基本上与岩层走向垂直，导致与该主洞垂直的一个洞室的轴线与岩层走向平行，而且岩层倾角较大（84 ~ 85°）。这种情况显然对于拱顶围岩的稳定性是不利的，但对于侧壁而言，水平锚杆能起到很好的作用。最终采取侧壁打锚杆和喷射混凝土，拱圈不打锚杆，而是采用钢筋网和喷射混凝土，安全地完成了施工，如图 6 - 11 所示。

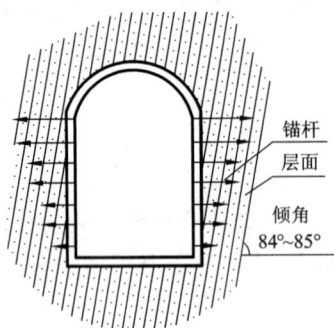

图 6 – 11　正确处理不良地质现象例二

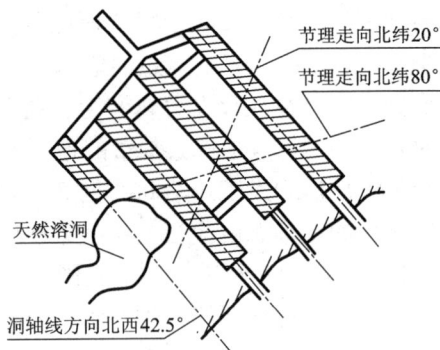

图 6 – 12　正确处理不良地质现象例三

（3）对施工中遇到的不良地质现象的处理

一般来说，经过周密的地质勘测后，不良地质大多能被发现，但以目前的勘测技术还不能绝对保证都能发现。在施工过程中遇到不良地质的情况时有发生，一旦发生，就应及时予以正确处理。

某工程在设计时考虑了两组主要节理的方向，一组为北 80°东，另一组为北 20°东，所以将洞轴线方向定为北 42.5°西，使之与主要节理走向斜交，这当然是正确的，但是 4 号洞原设计长度为 120m，在掘进后 40m 处遇到一个地质勘测时没有发现的天然溶洞，要处理这个溶洞需要大量的人力物力，结果决定调整设计，将该洞缩短为 40m，把其他几个洞室适当加长，在满足生产工艺要求的前提下，避免了对溶洞的处理，如图 6 – 12 所示。

# 6.3　地下厂房布置问题

## 6.3.1　地下厂房的内容与规模

对于工厂而言，并不要求把整个工厂都放到地下。如果把全部生产过程和工厂的各组成部分都放到地下，就需要开挖大量石方，例如国外有的地下厂房的面积大到十几万平方米，在我国，也有石方量超过 100 万 $m^3$ 的大型地下厂房。对于一般工厂而言，地下厂房的土建投资大大高于同样的地上厂房，有时高达 3 ~ 4 倍，施工期限也长得多，因此结合我国具体情况，主要应根据防护要求、生产特点和现场条件等因素具体分析，确定一个地下部分的合理比例（通常称为"进洞比例"）。

有三种不同的防护要求。第一种要求战时能坚持生产（指直接受到袭击时）；第二种要求地上部分被破坏后，地下部分仍能照常生产；第三种要求地上部分被破坏后，地下部分暂停生产。

第一种要求的进洞比例最高，甚至全部生产过程都要放在地下；第二种要求只需要把生产的核心部分或主要的生产过程放在地下，并在地下储备一定数量的原材料和半成品，进洞比例可以适当缩小；第三种要求指受到袭击时能保护好关键性设备或贵重精密设备（置于地下），主要的生产过程仍在地上，这样的地下部分比例更小。

生产特点是指适宜于放在地下的程度，例如，要求恒温、恒湿的精密生产，如精密仪表、计量室等，放在地下环境中比较有利；而易燃、易爆、产生大量烟、尘、热或其他有害物质的生产，除特殊情况外都不宜放在地下。

现场条件是指所选厂址的隐蔽程度和易受袭击的程度，山体中能否容纳足够大面积的地下厂房，地质条件是否适合于地下厂房所需要的跨度、高度等。现场条件中还应当包括气候条件，例如在纬度比较高，冬季供热时间比较长的地区，把厂房放在地下可以节约室内供热费用等。

对于防护要求特别高的工厂，首先要保证地下部分及时建成投产，但是在一定条件下，由于地下厂房建设时间比较长，为了尽早投入生产，也可以考虑先建设地上部分，然后再分期建设地下厂房，甚至可以先在地上建设起完整的生产体系，同时预先规划好修建地下厂房的位置，作为二期建设的任务。

关于工厂各组成部分的进洞比例，应当按照主要生产、动力、辅助生产、仓库等不同的重要程度来确定，而行政管理和生活服务建筑除必要者外，应尽可能放在地上。但应注意的是，当只有主要生产过程进洞时，要有适当比例的辅助生产随之进洞，如变电所、通风机房、小型仓库等，以保持地下部分生产的相对独立性。这样不但在防护上是有利的，而且避免了地上与地下之间的频繁往返运输，从生产上看是合理的。

根据我国的经验，目前一般认为，尖端工业的关键车间、精密加工或装配车间、有贵重设备的实验空、战略储备仓库和战备需要的电站等，进洞比例应当比较人，甚至全部进洞；而一般性的机械加工车间、热加工车间和民用工业等，进洞比例应尽可能缩小，或只修建少量洞室，平时不用，战时作为员工和重要设备的掩蔽所。

确定地下厂房的规模，是一个全局性的工作，一般是在设计任务书中规定进洞比例和项目。作为地下工厂厂区规划的一个前提，土建设计人员有必要了解确定进洞比例的依据，并根据现场情况和土建方面的要求加以适当调整，提出合理的进洞比例建议。

## 6.3.2 工艺、运输、生产特点与布置的关系

### 1. 工艺流程与厂房布置

合理的工艺流程要求做到短、顺，不交叉，不逆行。因此，从保证生产的合理性和提高生产效率出发，要求安排好各主体厂房以及各主要通道在相互位置和高程上的关系，使这一关系适应工艺流程的要求，并经过洞口，把地下部分的生产与地面上联系起来。这样，不同的生产工艺要求就大致形成与之相适应的厂房布置方式，这种布置方式再与现场的地形、地质等具体条件结合起来，就基本上确定了地下厂房的总体布置方案。从我国的建设实践中，可以看出工艺流程与厂房布置的关系大致有以下 3 种情况。

(1)工艺流程较简单，厂房布置无严格要求

这种情况往往是指没有固定产品的生产、为科研服务的生产或新产品试制等，一般没有固定的工艺流程，可以更多地从地质、结构、施工等方面考虑厂房的合理布置。如果工艺流程比较灵活，经常有变更的可能性时，厂房的布置不要过窄过挤，在可能的条件下使厂房跨度大一些，为工艺流程或设备布置的改变留有适当的余地。

(2)工艺流程严格，但厂房布置的灵活性仍比较大

工艺呈流水线布置，但该流水线的方向并不需要固定，为了适应地质条件而改变流水线

的方向是完全可以的。这种情况在机械制造类生产中比较明显。从原材料运入，到机械加工和装配，由各种运输方式互相连接，形成一条比较严格的生产流水线，但是这种生产流水线在多种布置方式的厂房中都可以得到实现。

(3)工艺流程固定，厂房布置无灵活性

工艺流程不仅是顺序固定，而且必须依照选定的地质条件来安排生产线，其厂房布置无灵活性，如发电、核能利用、贮油和某些化工生产就属于这种情况。大型主厂房洞室之间的关系必须首先满足工艺流程短而顺的要求，所以必然形成以主厂房洞室为中心，或尽量靠近的集中布置方式，以减少地下管道中的能量损失。这个要求与从地质、结构和施工等角度出发，希望大型洞室不要过于集中显然有较大的矛盾，特别是大型洞室直接相交，对岩石稳定和结构处理等都有影响，必须根据具体条件把这两方面统一起来。

由此可见，一方面工艺流程对厂房总体布置有较大的影响，有时甚至是决定性的影响；但另一方面，必须充分考虑工程地质、结构设计和施工等因素；此外，虽然同一种生产类型的厂房布置方式有其共同点，但又不能规定成固定的模式简单地套用。这些就是处理工艺流程和厂房布置关系的基本原则。

2. 交通运输与厂房布置

在运输工具确定后，可根据运输量和装货后的车辆宽度确定运输通道的宽度。通道应根据需要区分为主要的和次要的，单行的和双行的；主通道一般多布置在车间中部，也可以根据工艺流程布置在车间的一侧或两侧；主通道与次要通道要互相连接，以形成一个道路网，并在相交处保证必要的转弯半径。应当注意的是，通道所占面积与车间总建筑面积应保持适当的比例，比例过高是不经济的。

当两条或几条通道相交在一起时，由于在相交处要保持一定的转弯半径，转角处的围岩需适当扩挖，这会使通道顶部岩石的稳定性受到影响，衬砌也会比较复杂。

车间之间的转运对厂房布置常提出一些要求，洞室之间的连接方式很可能影响到转运是否方便。如果两洞室在同一高程上，由横通道水平连接，这两洞室车间的互相转运就比较简单。如果一洞室在另一洞室之上，转运就比较麻烦。以图6-13为例，重型部件A要从2号洞经1号通道去3号洞，首先要由2号洞中的桥式吊车将A吊至通道口，放到平板车上，然后将车推至3号洞，再用3号洞中的桥式吊车将A从车上吊离，并运至需要地点。

在进行地下厂房总体布置时，可能由于其他条件的限制，使两个洞室与通道不在同一高程上，这样就使二者之间的运输比较困难；如图6-14所示，某大型厂房与主要通道之间有10 m左右的高差，产品必须由桥式吊车运至竖井口，下放到停放在井口下的平板车上，再运出洞外。由此可见，在考虑洞室之间的关系时，应充分考虑到运输因素。

人流的组织主要根据上下班时人员的流动量和集中度来考虑。当人员数量与车间面积相比不太大或洞口比较多时，一般不需要安排固定的人行路线或专用的人行道，但是应结合生活区的位置确定主要人流进出的洞口，尽量减少人流与工艺流程和主要运输路线的交叉。

当人员较多，通行时间集中，或者货运量较大，车辆行驶频繁时，可以考虑设置单独的人行通道或与货运通道平行的人行道。在有的工程设计中，把人行通道与进风通道结合在一起，也是一种解决方法，但如果进入空气的温度过低或风速过大时，做人行通道是不合适的。此外，如果人行路线需要跨越大型设备或管道，应当设置带栏杆的铁梯和平台。如果生产的某些部分对人员有危险时，应避免人流在其中通过；必须通过时，应有必要的保护措施。

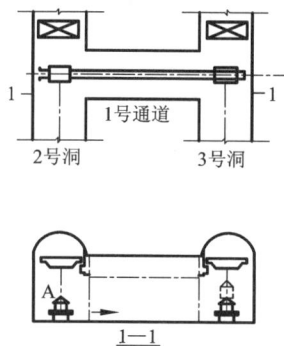

图6-13 同高程洞室之间的产品转运

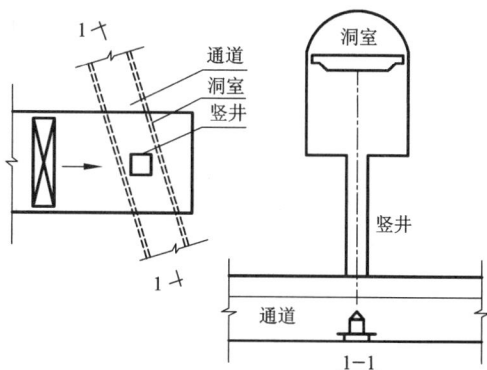

图6-14 不同高程洞室之间的产品转运

在厂房的总体布置中,组织人流路线时必须着重考虑安全疏散问题。在洞口较少时要设置专用的安全通道,位置不应过于偏僻,通行要方便;同时车间内的通道也不应过窄,以便发生事故时人员能够迅速而有秩序地撤出或疏散。

3.按生产特点的分区布置

在某些生产过程中,有的会产生有害物质,例如热加工车间的烟尘、余热、余湿,化工生产或电镀车间的有毒或腐蚀性气体,研磨车间的金属粉尘,核能生产中的射线辐射和放射性污染等;还有一些生产过程,会产生噪声或较强的振动,对周围的生产造成干扰,例如空气压缩机的噪声、锻压或冲压车间的振动等;而另外一些生产过程,又可能要求清洁、安静的环境,例如精密仪表、电子产品生产等。这些生产上的特殊问题和要求,都应在总体布置中进行统筹考虑,严格按照生产要求分区布置,即用建筑设计中常用的功能分区方法加以解决,否则就会导致混乱和互相干扰,还可能会危及到生产人员的安全。

对于余热、余湿、烟、尘和有害气体,基本上可用同一方法处理,即加强通风将其及时排走(有害气体要用专门的管道直接排出地面),并补充以新鲜空气,因此把这些车间布置在总排风通道或竖井附近是比较有利的,但是要注意把这些部分与其他车间密闭隔离,在所有与其他车间连通的部位,如门、孔洞等,都要有密封装置,以防有害物质逸出;对于发散有害气体的设备,可以设置密封罩并通过密封管道排走。

图6-15为某地下厂房中的电镀车间布置简图,设计时为了排除有害气体,将车间布置在总排风道附近,在一些设备上还做了专门的排气罩,建成投产后总的效果比较好;但由于设计时只是考虑了室内在生产时保持负压,并未与相邻车间彻底隔开,投产后该车间仅两班生产,在不生产时风机停止排风,这时室内残留的有害气体向四处逸散,使邻近的机械加工车间中的零件和设备受到腐蚀,严重时使零件报废。

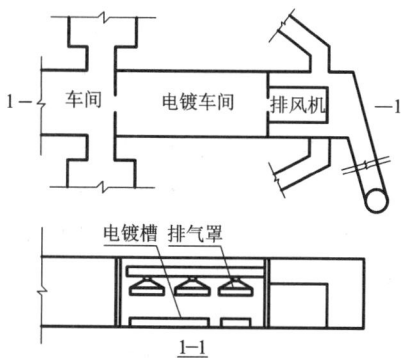

图6-15 某地下厂房中电镀车间的布置

又如,有些精密的生产,要求恒温、恒湿、防尘、防震、防磁、安静等环境。这时可将精密生产区尽可能单独布置,远离有害的或有干扰的生产区,充分利用岩石的特点,采取一些技术措施就可以比较容易地满足要求。为了使精密生产部分与其他部分联系方便，可以在两者之间布置通道或辅助性生产区作为缓冲或过渡，如图6-16所示。

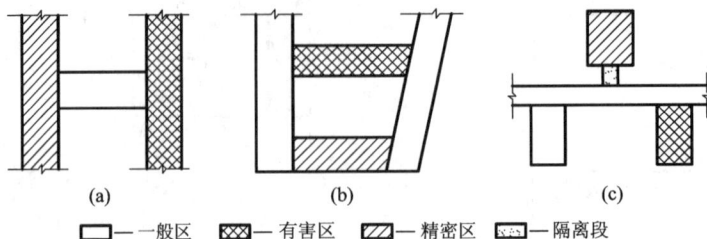

□—一般区　▨—有害区　▧—精密区　▦—隔离段

**图6-16　不同生产区的布置方式**

### 6.3.3　地下厂房的通风

1.地下厂房的通风方式与特点

地下厂房所需的空气都要从地上经洞口引入，同时由于岩石的温度比较稳定，单位时间的传热量小以及裂隙水的存在等因素，使厂房中的余热、余湿难于自然散发，也需要依靠通风才能及时排走，所以通风量一般都比较大。如果厂房内有要求恒温恒湿的精密生产，则还需要布置空调系统；如果工厂有较高的防护要求，在进、排风系统上还要布置消波、滤毒等设施。因此，地下厂房的通风，应该在管道、进排风口和机房布置等方面进行全盘的考虑，必须切实保证气流组织能有效地满足通风的需求。

根据生产性质、人员数量和所在地区的气候、地形等特点，地下厂房可以采用自然通风、机械通风，或部分自然通风加部分机械通风等方式。自然通风最经济，但要求厂房布置完全符合自然通风的要求，例如规模较小、气流顺、进排风口之间有一定高差等，这对一些比较复杂的生产，是难于完全做到的；全部机械通风对一些生产和防护条件都要求较高的厂房是必要的，但建设和运行费用都比较高，厂房规模较大时，管道布置也相当复杂；因此比较常用的是把两者结合起来，根据具体条件，采取自然进风和机械排风，或机械进风自然排风，或一部分厂房自然通风，另一部分厂房机械通风等灵活的方式。

某地下厂房设计中，先是考虑全部采用机械通风，需要大小风机37台，管道直径最大达1.2 m，后来通过调整厂房的布置，使之有利于组织自然通风，结果风机减少到21台，风机房面积从占厂房面积的20%降到3.5%，管道也大为简化。

也有些项目对地下厂房通风的规律认识不足，缺乏经验，以致投产后通风不良，影响生产和工人健康。例如，有的地下厂房由于雨季通风没有考虑除湿，洞室中凝水现象严重，使设备和产品生锈；有的地下电站个别部位温度高达40～50℃，以致工人中暑晕倒。总之，在进行厂房布置时，应当充分了解地下厂房通风的特点，既不留通风死角，也不浪费风力，从而组织起有效而经济的通风网络。

2.厂房布置与气流组织的关系

气流组织在通风设计中是很重要的问题。气流组织如果符合空气流动的规律，通风效果就好，否则就差，甚至起不到通风的作用。从厂房布置的角度来看，对自然通风而言，影响空气流动的主要因素首先是进、排风口的形式、位置与高程所形成的压力差；其次是洞室断面形状、洞群布置方式、内部设备等对空气流动造成的阻力。对于机械通风，这两个因素的影响要小一些。

关于进、排风口的布置，如果完全采用自然通风，进、排风口之间的高差越大，自然形成的压力差也就越大。当以洞口作为进风口时，则排风道可以尽量利用排烟或其他用途的竖井、斜井，或较高位置的施工导洞，以增加高差，必要时可设置专用的通风竖井或斜井。在这种情况下，应注意避免使进、排风口在同一方向，尤其是距离不应过近，因为这样气流在洞室中必然要转弯，在某些部位形成涡流而无法排走，同时在进、排风口外容易形成短路，不能保证新鲜空气流经全洞。

以两个发电能力相近的地下火电站为例，图6-17(a)的进、排风口都在同一方向，而且高差较小(约10 m)，结果在主厂房内形成短路，使厂房上部形成涡流(图中阴影部分)，导致部分区域通风不良，机组旁温度高达40℃；图6-17(b)的布置就比较符合气流的规律，一方面利用运输通道加大了进风量，另外又在主厂房顶部余热最集中的位置打了一个60 m高的竖井，作为排烟与排风之用，使进、排风口之间的压力差增大，厂房内气流通畅，甚至冬季还需要控制竖井排风口的面积以免室内过冷。当然，像图6-11(b)这样在厂房顶上做竖井的方法，会使衬砌结构和施工都较复杂，因此只要能增加高差减少阻力，竖井并不一定布置在热源的正上方。

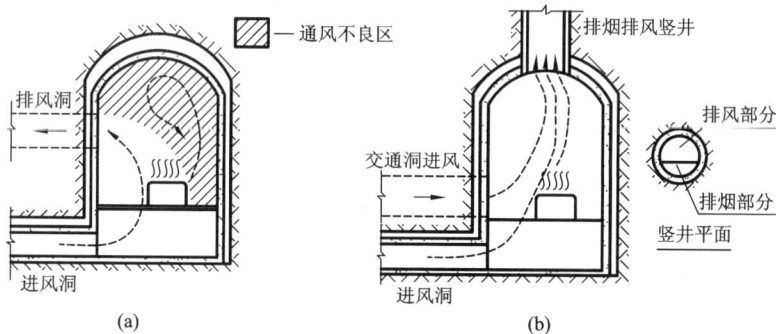

图6-17 两座地下火电站厂房自然通风方式的比较
(a)进、排风口在同一方向；(b)在厂房顶部做竖井通风

关于洞室对气流的阻力，在采用自然通风的情况下，洞室或通道就相当于风道，所以洞室的截面形状，面积，洞室长度，布置方式，装修情况，内部设备的布置，隔墙的布置等等，都是增加空气流动阻力的因素。形状简短的，特别是与气流方向一致的直线形洞室，进、排风口又分别在两端时，对气流的阻力最小。

图6-18是某地下厂房的一组洞室，从厂房布置上已经考虑了适应自然进风、机械排风的要求，4个洞室都与进、排风方向一致，而且有集中的排风竖井，看上去气流组织应当比较通畅；但投产后通风达不到设计风量，风速也小，使人感到气闷；同时由于洞室长，不能及时排除余热，所以洞室中温度梯度状态明显，即温度从洞口至洞里呈梯度升高。在洞口部分，冬季洞外零下20℃左右，很冷，风很大；越往洞里温度越高，到最里边达到30℃。从布置上看，3号洞因进、排风在一直线上，效果较好，2号和4号就较差，1号洞因转弯多，离总排风道又较远，效果最差。此外，在两条横向通道中和几个盲洞中布置了一些辅助工作部位，设计时认为两边主洞室的空气流动会将横洞和盲洞中的污浊空气带出，但实际上并不如此，而是空气几乎停滞不动，温度很高(见图中阴影部分)。这一实例说明，距离较长的自然进风会

使隧道式厂房中形成温度梯度,而且洞室过长时不易保证最里边空气的清洁度,此外在转折部位都可能成为通风的盲区。

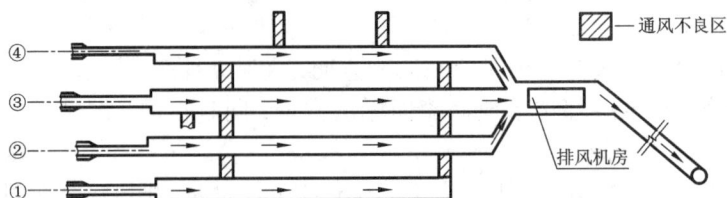

图6-18 地下厂房布置与气流组织的关系

在规模较大,布置比较复杂的地下厂房中,为了合理地组织气流,常常根据生产工艺的特点和厂房布置情况,将通风划分成若干个区域,每个区域单独进行送、排风的气流组织,这样就可以避免气流阻力过大,并消灭通风盲区,也有助于按不同要求采取不同的通风方式;所以,在按生产特点进行厂房的分区布置时、应当考虑与通风系统相配合。

### 6.3.4 施工要求与厂房的扩建

1. 施工条件对地下厂房总体布置的要求

地面上的工业厂房,其施工对于厂房的布置没有特殊要求,只要地基承载力足够,怎么施工与布置都行。而地下厂房则要通过岩石的开挖和一系列的结构处理才能形成,因此施工与布置之间有着重要的关系。当前岩石工程的掘进技术,主要是采用钻爆法,而地下厂房的布置,对于以钻爆法为主的施工,速度和安全等方面都有较大影响。因此,在进行厂房总体布置时,应使之能与一定的施工技术和施工方法相适应,为加快施工进度和保障施工安全创造良好条件。

首先,应从地质条件上使洞室处于坚硬完整的岩层中,如果岩石条件比较好,就有可能采用全断面掘进,否则就必须采用分部开挖法,进度当然比全断面掘进慢得多。同时,合理布置洞室,减少大跨洞室的平交,对于施工安全是很重要的。

其次,通道要有足够的数量、宽度和适当的坡度。洞内的大量石碴只能经过通道和洞口运出,所以通道的布置对于快速出碴,以及在掘进的同时进行其他项目的平行作业等都有较大影响。通道和洞口的数量应当与洞内总的出碴量相适应,而且在石方量比较集中的部分,通道更应有足够的数量。

有时候可以用增加通道宽度的方法来达到同样目的。例如另一地下油库工程,开始仅布置一条宽2.5 m的通道,不能满足施工要求。为加快进度,考虑增加一条平行通道,但通道本身的工程量将增加一倍,后决定将原通道加宽到3.5 m,布置为双线出碴,达到了同样的进度效果,但工程量只增加约40%。此外,通道的坡度应尽量设计成重车下坡,轻车上坡,而通道的两侧应修排水沟,以排除地下水和施工用水,沟底坡度应能满足排水的最小坡度要求。

地下施工,由于施工场地狭小,不安全因素比在地面上多,除了在施工组织上采取安全措施外,从厂房布置的角度应尽量减少不安全的因素。洞室或通道在空间上互相穿插重叠时,应使相交位置的岩石有足够的厚度,除设计需要的厚度外,还应考虑爆破作业可能造成的对围岩扰动的范围。

因此可以看出,地下建筑在设计时就必须考虑到施工的因素,它的设计是离不开施工的,这也是地下工程区别于地面工程的一个很重要的特点。

2.地下厂房的扩建

在设计阶段就应该明确工厂分期建设的要求或预计到发展的方向,以便留有余地,使改建或扩建成为可能,否则在地下要进行扩建,难度是相当大的。

地面厂房扩建比较容易做到,只要在准备扩建的厂房附近留有足够的空地就可进行,在扩建施工过程中,一般可以不影响已建厂房的生产。但是在地下厂房内,由于地下洞室在衬砌后几乎不可能再加宽和加高,加长也很困难,而开挖新的洞室或通道又难免不影响原有厂房的生产,如果处理不当,甚至会影响原有厂房的结构安全。因此,在进行地下厂房总体布置时,应根据不同情况,适当考虑厂房的发展扩建问题,特别是对于科研和试制性生产的厂房,更应着重考虑,因为科研与试制都具有未知度较大的特点,以免建成后被动,影响生产的发展。下面介绍两种不同情况下的扩建方法。

(1)在设计阶段已经明确了发展要求

这时可以有两种解决方法:一种是在满足第一期生产要求的前提下预留出若干洞室,一次施工完毕(至少应完成掘进和衬砌),如图6-19(a)所示;另一种是在选择地形和研究地质条件时,准备出扩建洞室和施工用通道的位置,暂不施工,如图6-19(b)所示。

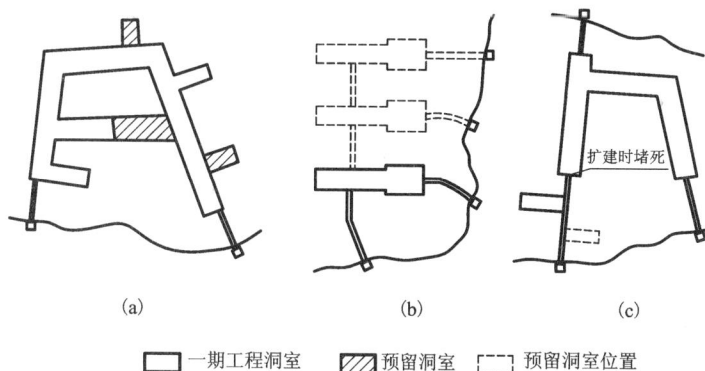

图6-19 地下厂房的扩建方式举例
(a)预留洞室,一次施工;(b)预留扩建位置;(c)保留扩建可能性

为了使扩建时的爆破不影响已有洞室中的生产,新旧洞之间应有30~50 m的距离。如果生产上要求扩建部分与原厂房必须靠近,可以把一期工程布置在主通道的一端,扩建部分在另一端,在施作第一期工程时,将扩建部分的洞室也掘进至适当深度,并注意应将停止处的开挖面用喷射混凝土封闭,以减少风化,然后将靠近已建厂房的一端暂时用墙堵死,这样在将来扩建爆破时,因开挖面距已建厂房洞室已有一定的距离,就不会影响到已建厂房。

(2)在设计阶段提不出准确的发展要求

在这种情况下,如果盲目预留一些洞室,将来不一定适用,就会造成浪费,但若完全不考虑扩建,又可能造成将来的被动。因此,往往采用预留施工通道的方法,即先修建比较长的通道,在超出一期工程后的通道两侧暂不布置洞室,一旦需要扩建,就可暂时把通道靠近一期工程的这一端堵死,利用原来修建的较长通道进行扩建施工,如图6-19(c)所示,当然封死了一端，就必须有新的出口，这在规划初期就应该是设想到了的。这种处理方法，既能在需要扩建时提供施工条件，又能将万一不扩建而造成的损失降到最低。

### 6.3.5 地下空间的充分利用

在满足防护、生产、使用等基本要求的前提下，应尽可能充分地利用地下厂房的洞室空间，因为每增加 $1\ m^3$ 空间，就需要开挖比 $1\ m^3$ 还多一些的岩石（因包括超挖在内）。以某工程为例，开挖石方的费用占地下厂房土建总造价的 68%，土建投资又占工程总投资的 43%，大大高于一般地面上建厂的投资比例，由此可看出减小洞室体积的重要性。

在确定洞室轮廓形状时，应结合生产的特点，利用岩石成洞的各种可能形状，使之与使用要求相适应。

例如地下油库，如果把立式金属油罐排列在普通的长条洞室中，必然使罐与罐之间的不少空间不能充分利用，所以采用与金属罐相适应的单个圆形洞室，就可以节省空间。又如地下飞机库的设计，就应注意洞室的跨度大而相对高度小的特点，即矢跨比小，因此可以充分利用拱部空间而减小边墙的高度，如图 6 - 20

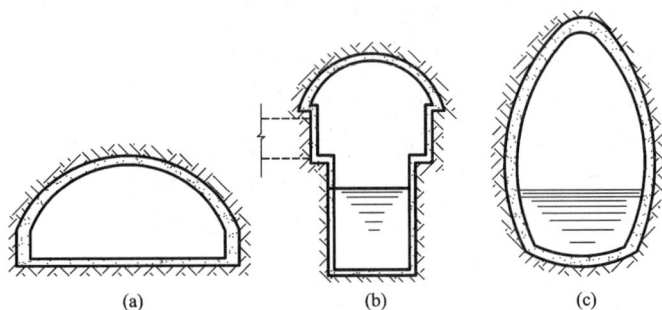

**图 6 - 20　洞室轮廓适应生产特点举例**
(a)飞机库；(b)船舶修理厂；(c)舰艇停放库

(a)所示；而图 6 - 20(b)是一个地下船舶修理厂的横断面，通过缩小下半部的跨度，既能在两侧形成供上下船之用的平台，又减少了开挖断面积；图 6 - 20(c)是一个地下舰艇停放库，毛洞和衬砌都做成马蹄形，能最大限度地符合舰艇外形的特点，充分地利用了断面积，同时结构受力也比较好。

高水头水力发电站采用地下厂房的布置方式较多，主厂房的跨度和其岩石开挖量占整个工程量的很大比重，因此尽可能缩小厂房尺寸，对于降低工程造价和加快施工进度都有很大意义。

国内外早期的水电站地下厂房，多采用整体式混凝土衬砌，顶部在很厚的拱形衬砌之内，再另做平面的或拱形的吊顶，这样就加大了开挖高度。同时，在厂房两侧，从吊车柱外缘起，柱宽度加上衬砌厚度再加上允许的超挖宽度，至少要占用 $3 \sim 4\ m$ 的有效空间；当采用喷锚技术后，侧墙衬砌被喷锚支护所代替，但仍保留拱部模筑混凝土衬砌，称为"半衬砌"，后又进一步用喷锚支护代替了了拱部衬砌；仅此一项就可使拱部开挖跨度减小 $3 \sim 4\ m$。

能否充分利用洞室空间，生产工艺的优化和生产设备的合理布置是关键因素，因为大小不同的设备、走向不同的管线常常造成一些很难利用的空间。

当厂房内设备比较多，大小又不同时，应尽可能将同类型的设备集中在一起，这与工艺设计常常是一致的，如果两组设备所需的空间大小相差悬殊，可以适当地分段改变洞室的跨度或高度。

### 6.3.6 地下厂房典型布置方案

由于生产工艺要求的不同及现场各种条件的差异，地下厂房的布置方式很多，不可能规定出统一的模式，但是为了与地面上的工业厂房进行比较，可以从国内外地下厂房的建设实践中，归纳出以下四种基本类型。

1. 厂房洞室与主通道结合

当生产比较简单，工艺流程大体上沿直线或折线进行时，常将生产部分与人行和运输通道布置在同一洞室中，形成贯通的洞室。这样布置的优点是平面上和空间上都比较简单，交叉口少，断面尺寸统一，有利于组织施工和通风；但是在使用上，由于不同的工序在同一空间内，在运输、噪声等方面可能出现互相干扰，因此必要时可在洞室生产部分的一侧再分隔成若干房间。

图 6-21 为一地下精密机加工工厂的平面布置图，主要厂房位于地下，一般辅助用房在地上。地下厂房局部分为两层：第一层为一般精密机加工、热处理、表面处理；第二层为高精度精密机加工及测试和计量室，室内温度要求分别为 $20\pm1℃$ 和 $22\pm0.5℃$，全部采用空气调节。第二层入口处设有专用卫生间。

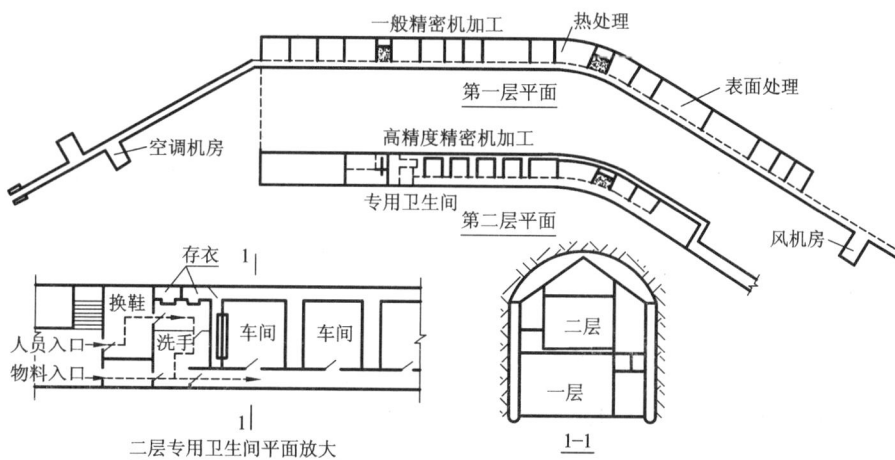

**图 6-21　地下精密机加工厂平面布置**

图 6-22 是一个生产特殊材料的地下厂房，大部分通道与厂房洞室相结合。1 号洞室由于生产要求分隔成若干小房间，见小剖面图 2-2，将洞室一边隔出走道，另一边为房间，走道上面的空间用作通风道。2 号洞为通风道兼安全出口，3 号洞为通风机房。

2. 厂房洞室与通道互为独立

当生产规模较大，有多种工序或由不同的工艺流程所组成，往往将每个工序或流程布置在单独的洞室，经过横向的通道进行必要的联系。

图 6-23 是某机械制造厂的地下生产区

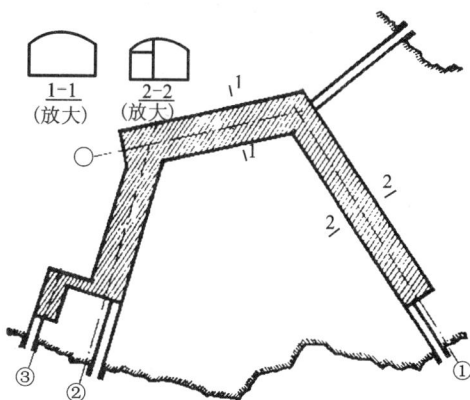

**图 6-22　某地下厂房总体布置方案**

总体布置图,几条主车间洞室大致平行(图中带阴影的洞室),顺山脊与等高线垂直布置,每个洞室都有洞口与地面直接联系,洞室之间以横通道进行联系(图中不带阴影的为通道)。规模较大的机械加工车间和产生余热较多的动力中心站都有排风通道通向竖井;电镀车间在生产中排出有腐蚀性的气体,所以单独布置在机械加工与装配车间之间的横通道上,有单独的竖井排风,以避免干扰其他厂房。

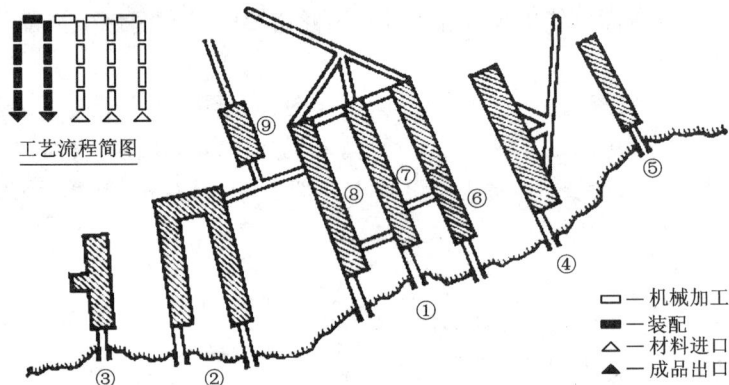

**图6-23 地下机械制造厂平面布置图**

1—机械加工车间;2—装配车间;3—成品库;4—动力中心站;5—工具车间;
6—热处理车间;7—中小件加工车间;8—大件加工车间;9—电镀车间

3. 大规模的洞室群与通道纵横相交布置

一系列横向平行的洞室和通道,与多条纵向的洞室或通道垂直(或近乎垂直)布置,生产车间与人行和运输通道基本分开,适于大规模的制造类生产。优点是面积紧凑,有利于缩短工艺流程和工艺管线;平面布置比较规则,便于今后进行适当的工艺调整;既节省面积,方便使用,又比较安全。但是,这种布置方式只有在围岩条件特别好时才能实现,否则因交叉点过多,不易保证安全。

图6-24为某机械制造厂的地下机械加工和装配车间,包括大、中件机加工、装配、精密机加工、机修、热处理、电镀等车间,以及电站、空调机房、冷冻机房等一系列生产、生活用房,平面为棋盘格式布置。大件机加工和中、小件机加工车间分别垂直于装配车间,便于生产联系,也符合装配工艺流程。其他车间和生产用房按靠近所服务的工段布置,需要空气调节及良好机械通风的部分集中于一侧,靠近冷冻机房及排风口。车间洞室之间以横通道相连。

4. 大型洞室厂房集中,通道灵活布置

有一些生产,如电力类,多装有大型设备又要求严格按工艺流程进行布置,地下厂房的跨度和高度都较大,因此常常将主要设备集中沿洞室纵轴线放在大型地下厂房中,集中布置在山体的腹部,这样就使交通运输通道和管线廊道都比较长。在这种情况下,这些通道多利用地下空间的特点,围绕主厂房灵活布置,形成上下左右互相穿插的空间关系。

图6-25是一座地下火力发电站,两套大型机组分别布置在平行的两个大型主厂房洞室中,最大跨度20 m,最高37 m;设有50 t吊车、控制室及变配电间;出线井和烟囱则布置在两个主厂房洞室之间。

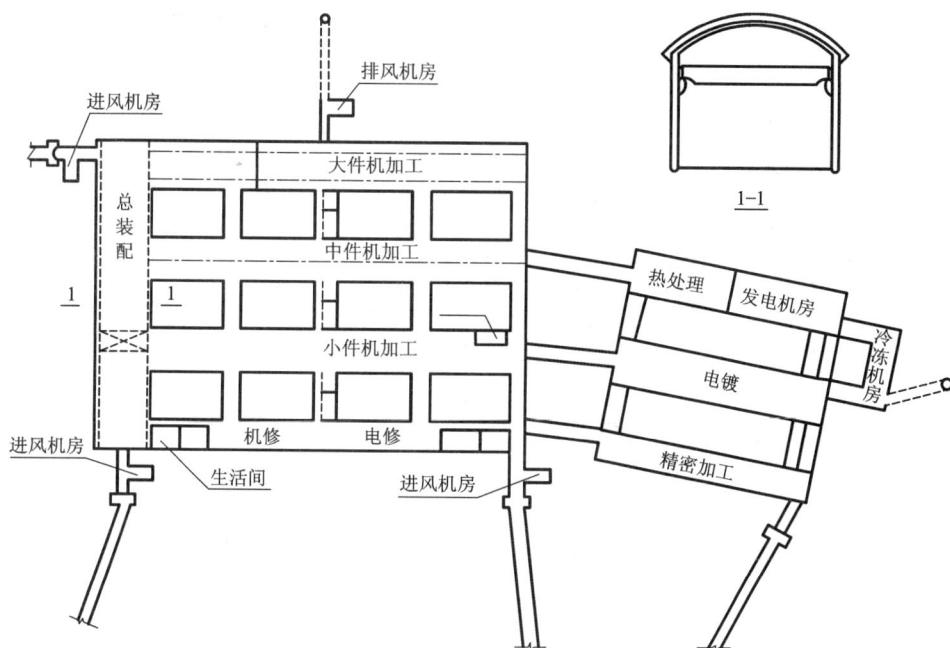

**图 6 – 24　地下机械加工与装配车间平面布置图**

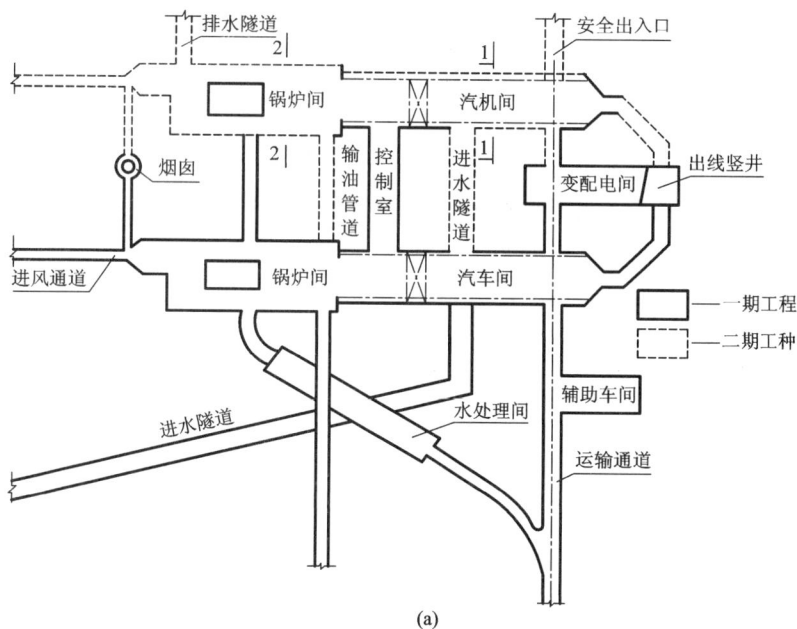

(a)

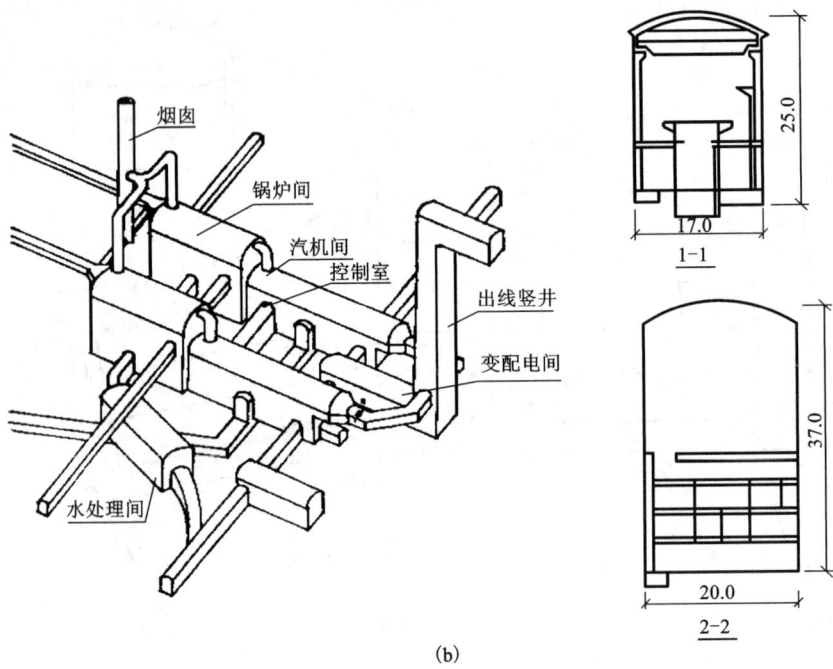

1-1

2-2

(b)

**图 6－25　某地下燃油火力发电站总体布置(单位: m)**

(a)地下主厂房平面布置；(b)主厂房透视图

# 思 考 题

1. 简述地下工业建筑的类型与特点。
2. 工程地质对地下厂房布置有哪些影响？
3. 结合具体工程分析如何充分利用地下空间。

# 第7章 地下居住建筑

居住是人类生活的基本需求之一，居住条件和居住环境反映了不同时代，不同地区的社会、经济的发展水平。人类从穴居野外到在地面上营造房屋居住，是生产力提高和社会进步的结果。虽然现在世界上仍然有一部分人口居住在地下环境中，但往往被看作是一种贫穷落后的现象。地下居住建筑并没有完全消失，在某些地区，在一定条件下，仍然有数百万万计的人口居住在传统的或现代的地下居住建筑中。20世纪70年代以来在美国迅速发展起来的以节能为主要目的的半地下覆土建筑，属于现代的地下居住建筑，在美国曾发展到相当的规模，虽尚未普及，但已引起了人们的广泛关注，一些国家开始结合本国情况研究在现代条件下，人在地下环境中居住的可能性和可行性。地下居住这种古老的人类生活、生存方式也开始焕发出新的活力。

## 7.1 地下居住建筑物的沿革

### 7.1.1 人类地下居住的历史与现状

在距今约3万年前的旧石器时代晚期，气候变冷，地球进入了冰河期。人类为了御寒，利用天然洞穴的优点，开始了穴居生活。经过长期的穴居后，随着劳动工具的进步，到距今7000—8000年前的新石器时代早期，开始了人工挖掘洞穴居住的历史。至今为止，人类居住于地下的历史就从未间断过，我国西北黄土高坡的老百姓世世代代就是穴居于窑洞之中。

但客观地说来，在所有地下建筑物之中，难度最大的仍然是地下居住建筑，这是由于地下空间的固有特点，使得人们居住在地下建筑物中生活会遇到一些与地面环境不同的状况，与生活习惯不符，这是人们排斥地下居住的主要原因。而要使地下居住空间达到类似于地面居住空间的环境，需要经过相当大的努力。

20世纪以来，随着世界人口增长速度的加快，人们开始重新评价在地下环境中居住的意义与效果。从节省土地，节约能源，和开拓新的生活空间的角度看，发展地下居住建筑是很有必要的，但就目前来看，大规模的开发现代化的地下居住空间还不现实，还有许多技术问题需要研究和解决，只有当地下住宅达到了与地面住宅相差无几的水平，人们才会乐于接受。

客观地说，现在的地下居住建筑主要的代表仍然是窑洞，此外还有为数不多的覆土建筑。本章将着重就这两类地下居住建筑予以介绍。应该做的是，由这些既有的地下居住建筑出发，认真研究它们的产生背景、存在条件、现存问题和发展方向，为解决人类面临的住房问题探索新的途径。

1. 世界上地下居住建筑分布概况

虽然，世界上大部分人口都居住在各种类型的地面建筑物之中。但是，地下居住建筑并没有消失，在某些地区，在一定条件下，仍然有大量人口居住在传统的地下建筑物中；而且已有一定数量的人口住进了以覆土建筑物为代表的现代地下住宅中。

传统地下居住建筑规模最大，分布最广的地区是中国西北部的黄土高原。除中国外，北非、西亚和中东地区，在历史上和现在，也都有地下居住建筑的存在，但目前仍在地下居住的人数要比中国少得多。此外，在一些发达国家，如法国、意大利、澳大利亚、美国等，都发现过地下居住建筑的遗迹。

20世纪70年代以来，在能源危机背景下，在美国迅速发展起来的半地下覆土住宅，是一种具有现代意义的地下居住建筑，在美国曾发展到相当的规模，虽尚未普及到其他国家，但已引起各国的广泛注意，一些国家开始结合本国情况研究在现代条件下，人在地下环境中居住的可能性。例如在瑞典，已经建造了试验性的覆土住宅；在日本，正在提倡在私人住宅建地下室，作为在家中工作、活动、贮藏及在发生灾害时的避难之所。

### 2. 我国地下居住建筑的历史

据史籍记载和各方面的考证材料，人工居住洞穴最早始于旧石器时代晚期至新石器时代早期，距今7000—8000年。当时的洞穴形式为从地面往下挖成的一个上小下大的坑，称为竖穴。在西安半坡村发掘出的仰韶文化(距今3000—6000年)遗址中，有从竖穴发展而成的袋形穴，圆的袋形穴直径5 m左右，方形的面积约20 m²，穴中间都有支撑穴顶的木柱。在河南省的仰韶遗址发现的袋形穴，口小底大的趋势更为明显，一般上口直径为1.4～2.0 m，底径2.4～2.8 m，有的达4 m。在距今3000—4000年的龙山文化时期，母系氏族社会逐渐转化为父系氏族社会，引起了穴居形式和结构的一些变化，一方面开始出现横穴，例如河北磁县的商代早期遗址中就发现了迄今最早的横穴，在山西夏县的龙山文化遗址中也有十多处横穴，是流传至今的横向窑洞的雏形，与此同时，竖穴则由于本身的缺陷而逐渐被淘汰；另一方面，龙山文化遗址的洞穴形式更为多样，单穴面积缩小，穴坑变浅，坑口墙加高，穴内空间加大，显示出向地面建筑过渡的趋势。到龙山文化后期，地面建筑渐多，洞穴转而做贮藏之用。在龙山文化的第五期地层中，仅发现有贮物的穴窖，其他多为房基。

地面住房的大量出现是在战国后的铁器时代，当时中国已进入奴隶社会，贫富差别逐渐明显，统治阶级开始在地面上营造宫室，奴隶和平民则仍多穴居，因此秦汉以后的史籍中，关于穴居的记载渐趋绝迹，仅偶有因避战乱而"穿崖为室"，"凿岸为穴而居之"的说法，因为进入阶级社会以后，史籍已不再反映被统治阶级的生活。

黄土窑洞是我国地下居住建筑的典型代表。现在发现的窑洞，最早的是元代和明代所建，明末清初以后保留至今的窑洞被发现的相当多，这个现象说明自秦汉以来，黄土高原上平民百姓的穴居历史从未中断，而是一直延续下来；同时也说明黄土窑洞的耐久性比砖石结构的地下建筑(如汉墓等)要差得多。

迄今为止发现的最古老黄土窑洞遗址是陕西宝鸡的金台观，是一座道教寺庙，由三丰洞、药王洞、姜源洞等9个窑洞组成。现在保留的遗址为明嘉靖年重修。据考证，三丰洞宽2.8 m，高2.9 m，已有七百余年历史；药王洞，宽3.5 m、高3.3 m，进深5 m，也有450年的历史。

### 3. 国外地下居住建筑的历史

突尼斯位于非洲大陆东北角，是由高地和谷地组成的一片山区，海拔约500 m，气候干旱少雨，最高气温40℃，年平均降水量仅100 mm，蒸发量大于降水量。该地区靠近撒哈拉大沙漠。地下为软硬相间的石灰岩层，层厚2～3 m，表层为干砂土。软层岩石较适于用简单工具人工开挖。地下水位很低，约在 70 m 以下。

在撒哈拉沙漠边缘上，分布着 20 多个地下聚居点，其中最大的是马特马达，至今仍有 5000～6000 人居住，其他还有泰秦尼、高尔米萨、都来特等，居民分别有 1700、700 和 500 人。这些聚居点从 7 世纪开始形成，当时阿拉伯人侵入突尼斯，当地居民在高坡上挖洞掩蔽，起到一定的防御作用。经过长时期后，当地的北非柏柏尔人已和阿拉伯族同化，完全接受了阿拉伯文化和语言，并逐渐到地势较平坦的低地上营建地下住房，穴居已不再有防护功能，而是为了适应当地恶劣的自然条件和贫困的经济状况。

图 7-1 是一个柏柏尔人典型的地下住宅，有四个居室，两个粮仓，室内地面略低于院子地面，在进院坡道的入口处有集水井，坡道两边有饲养牲畜的侧洞，厨房在院中的一角，在院中还留有继续挖洞的余地。在一些地势较高，院子较深的住宅，有上下两层洞室，人住在下层，温度比上层更低些，上层则作为谷仓。一般的洞室宽 3～4 m，进深 4～6 m，在较软的石灰岩层中挖成，以上面的硬质岩层为顶，比较坚固。

除中部高原外，在突尼斯北部的布·拉来基亚城附近，也发现有地下居住建筑的遗迹。此处无软石灰岩，故多在山坡上凿岩成洞居住，质量较高，据考证为公元 2 世纪时罗马帝国入侵后，统治者们为避酷暑而修建的。

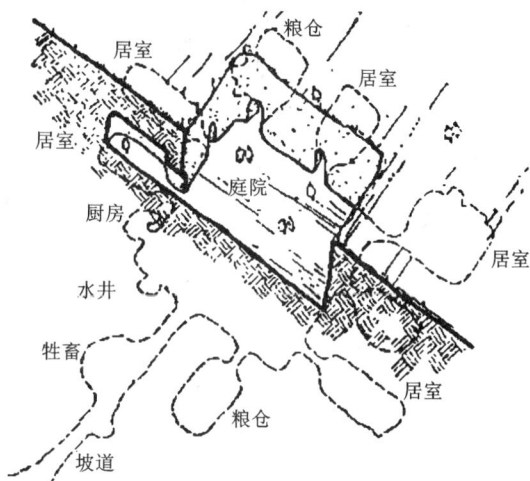

**图 7-1　突尼斯柏柏尔人的地下住房示意图**

在意大利南部的阿波利亚省，有不少由岩溶作用形成的天然洞，再往南则为火山凝灰岩所覆盖。这一地带气候严酷，经济比较落后，发现有公元前 1500 年拜占庭人的地下聚居点，在海拔 400～700 m 的山上有人工凿成的洞穴。在这个省的马提拉附近，还有一些地下居室，至今仍有人住。

波兰的克拉科附近为岩盐矿区，自 9 世纪以来就有地下聚居点，绵延长达 120 km，埋深 200 多米。地下空间有 7 层，其中有剧场、教堂和舞厅。在二次大战期间，这里曾有人居住掩蔽。

在美国的科罗拉多州西南部和其他一些印第安人聚居区，都有一些在山崖上凿成的洞和在地面挖成的坑，周围以土坯筑墙，上盖弯顶的半地下居室，类似中国古代的"竖穴"，在其中住人和进行宗教活动。

在北极圈内居住的爱斯基摩人，冬季也有的住在地下，居室前有较长的通道为了避风，通过口则用雪墙遮挡。

此外，在非洲的埃及、加纳都发现少量地下居住建筑，加纳北部的萨尔利普村，现在约有 400 人居住在 5 个地下居住单元中，每个单元住 15～50 户。

### 7.1.2　地下居住建筑的存在条件

从历史和现状看，地下居住的产生和发展，与一定的自然条件和社会背景有关，大体上有以下几个方面。

1. 气候条件

人类要想使用简单的石器挖掘洞穴，就必然要寻找一种天然的材料，既能用石器进行挖掘，又能有足够的强度形成一种结构，黄土就是当时能找到的理想材料。但黄土最忌讳的就是水，遇水则软，因此少水是一个重要的条件。

黄土高原地区干旱少雨，年平均降水量在 250～500 mm。在常年的多数时间内，黄土的天然含湿量仅为 10%～20%，平均 16%，抗压强度平均为 0.1 MPa，很适于用简单的工具挖掘。当挖掘成形后，经过一段时间的干燥，洞穴周围土体的含湿量降低，当降到 5% 以下时，土体强度随之增加，抗压强度可能提高到 0.2～0.3 MPa，足以保证窑洞结构的强度与稳定。

北非、西亚和中东地区，与中国西北地区相似，均为干热性气候，因此同样存在着穴居的传统和习惯。这些地区虽然冬季并不寒冷，但夏季炎热，而且昼夜温差很大，如叙利亚的内陆地区，昼夜温差达 23℃。以我国河南荥阳地区为例，夏季昼夜温差为 10℃ 左右，当室外气温达到 34℃ 时，地面上平房室内温度为 32℃，夜间室外降至 24℃，室内仍在 30℃ 左右。但是在通风良好的窑洞中，室内气温最高为 27℃，最低 23℃。这说明，当地面建筑仅靠自然温度调节很难保持室内正常温度时，利用地下环境的热稳定性，可使室温维持在理想的正常温度。可见，良好的恒温特点成为干旱炎热地区人们选择窑洞居住一个重要原因。

2. 资源条件

人类最早建造房屋所使用的材料是土、石、竹材和木材。这几种材料在近代钢筋混凝土没有发明之前一直使用了几千年。各地区所拥有的建筑材料的品种和储量，对于当地的建筑形式和结构有很大影响。

中国的黄土高原和北非、西亚、中东等地，由于气候干旱和盲目砍伐，森林资源很少，木材奇缺，同时由于土层很厚，开采石料也很困难。因此，土就成为这些地区唯一的建筑材料，在土层中挖掘的洞穴和用生土砌筑的房屋成为居住建筑的主要形式。中国黄土高原本来具备一定的森林生长条件，但是经过长时期的采伐和连年战争的破坏，到了明朝中期(14—15 世纪)，已丧失殆尽，结果水土大量流失，生态环境进一步恶化，除了黄土之外几乎一无所有，这也是自明清以来窑洞继续发展，一直沿用至今的主要原因之一。

除材料资源外，能源的短缺也是上述地区窑洞民居长期存在的重要原因。因为土的资源虽然很多，但缺少燃料将土烧制成砖瓦，只有少数比较富裕的人才有可能在地面上建砖瓦房居住。

世界上传统的能源(煤、石油、天然气等)储量日益减少，而能源的消费不断增长，为了维持正常的室内环境而消耗在居住建筑供热和供冷上的能源有增无减；迫使一些能源少而能耗高的经济发达国家采取多种措施降低居住建筑的能耗，利用地下环境的热稳定性以降低能耗就是一个重要的途径。这也是在一些地方(如美国)，人们开始在现代物质条件下回到地下去居住的一个动机。

3. 技术与经济条件

现代的建筑技术包括土方工程、地基与基础工程、结构工程、装修工程等诸多方面，即使是地面上最简单的建筑物，也需要由工人和技术人员完成这些基本的工程才能建成使用。但是，窑洞建筑所需要的技术基本上只有土方工程一项，用最简单的工具即可挖掘，用肩挑人抬即可出土，不需要专业人员，仅凭传统的经验，任何一个农户都有条件自己建造。由于节省材料技术简单，窑洞的造价比地面住房低得多。据河南省情况，即使是砖砌窑脸的窑洞造价，也不到地面上砖木结构住房造价的 1/3，如全部采用砖衬砌，也只相当于后者的一半。这就为既缺乏材料又缺少技术的贫困地区，提供了一种简而易行的开拓居住空间的有效途径。

4. 社会背景

我国黄河流域的黄土高原，西南亚两河流域的美索不达米亚地区，以及埃及的尼罗河流域，都曾是古代人类文明的发源地。但是由于后来自然环境的变迁和社会的动乱，这些地区的经济没有得到应有的发展，沦为贫穷落后的地区，至今这种状况并没有根本改变。以我国黄土高原为例，该地区的农民收入比江浙地区少得多，这也是导致他们为什么住在窑洞中的重要原因。今后，当这些贫困地区逐步发达起来，大量人口的居住问题，必然朝两个方向解决，一个是废弃窑洞，在地面上建造现代住宅；另一个就是在确有保留条件和保留价值的地区，将传统的窑洞加以彻底改造，发扬地下环境的优点，用现代技术克服传统窑洞的不足，使地下居住建筑在特定条件下得到进一步的发展。

# 7.2 窑洞居住建筑

## 7.2.1 我国窑洞居住建筑的现状

1. 黄土高原概况

中国黄土地区分布在西起昆仑山，东至东北和内蒙古地区，南以秦岭、伏牛山连线为界的广大地区，总面积约 63 万 $km^2$，占全国总面积的 7%。其中土层最厚的地区在太行山以西至乌鞘岭，秦岭以北到古长城一带，面积约 38 万 $km^2$，称为黄土高原，分布如图7-2所示。

黄土一般是指原生黄土，是在地质年代的第四纪间（距今约 200 万年），靠风力由西北向东南搬运的黄色粉砂沉积而成，呈厚层连续分布，柱状节理发育，容易形成陡崖。次生黄土是指黄土地层受到风力以外的外力（如水冲）搬运，冲积、洪积、坡积而成，常呈带状、片状，或呈散状不连续分布。上述 38 万 $km^2$ 的黄土高原，就是原生黄土的主要分布地区。

黄土高原上的几个主要省份如甘肃、陕西、河南和山西，海拔在 1520 ~ 1570 m，从西北向东南倾斜。这些省的年平均气温为 9.3 ~ 14.7℃，绝对最高气温 40.8℃（西安），最低 -27.5℃（太原）；年平均降水量 324（兰州）~604（洛阳）mm，雨量多集中在 7、8、9 三个月。年平均相对湿度为 58% ~ 72%，兰州的年平均蒸发量为 1468 mm，太原为 1840 mm，均大大超过年降水量，只有洛阳的年蒸发量（190 mm）小于年降水量，因此黄土高原从总体上看属于干旱或半干旱的大陆性气候。

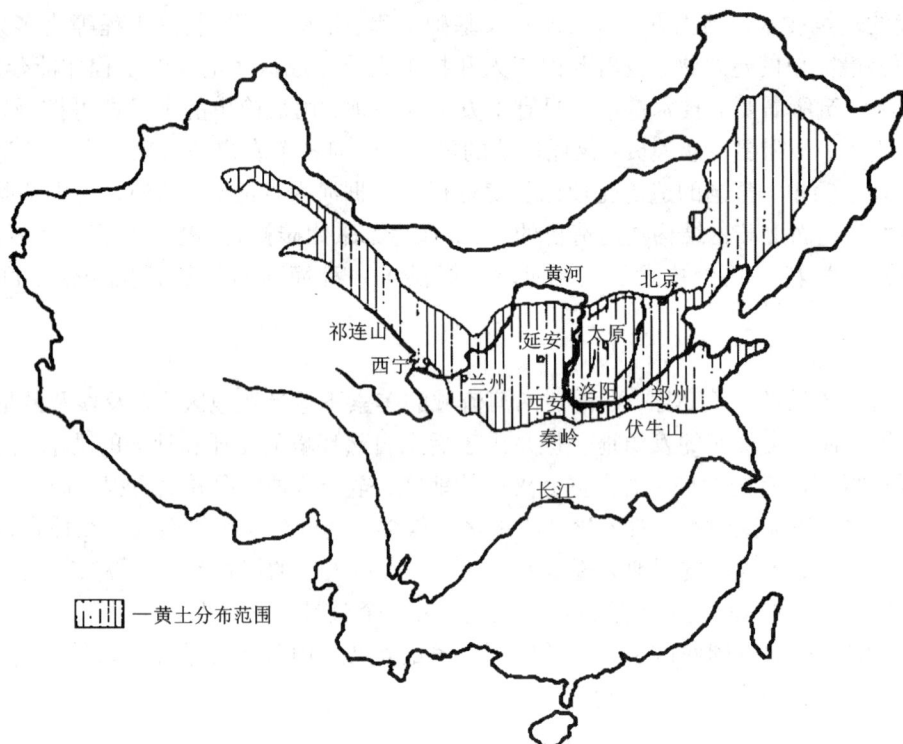

图 7-2　我国黄土地区的分布状况

**2. 窑洞民居现状**

当前，我国黄土高原的窑洞民居主要集中在陇东、陕北、豫西、晋中南、冀北和内蒙中部等6个地区，宁夏和青海的部分地区也有，与陇东窑洞近似。这些地区约有200个县。根据各地的自然和社会条件，窑洞居住人口占总人口的比例有多有少，大体上是越往西北，比例越高，向东南则渐少，这与黄土高原的土层厚度和气候的变化趋势是一致的。陇东地区的庆阳、平凉、天水、定西四县，窑居户数占总农户数的93%，陕西米脂县为80%～90%，晋中南的平陆、曲阳县为70%～80%。河南的窑洞民居从西向东逐渐减少，到中部的巩县，窑居户数约为50%。

虽然从全国范围来看，窑洞居民在总人口数中不到5%，但其绝对数字却相当大，大约有(3500～4000)万人。如果窑洞住户都要搬到地面上来住，那将是难以解决的，首先是建房地皮就不可能满足，然后建材也是个大问题。因此，认真研究和引导，使传统的窑洞民居沿着正确的方向发展，逐步适应现代化生活，是我国住房问题中一个十分重要的方面。

### 7.2.2　窑洞民居的类型与布局

**1. 靠山式窑洞**

在黄土台地的陡崖上或冲沟两侧的土壁上挖掘出来的窑洞一般称为靠山式窑洞，也有的称为崖窑或冲沟窑。图7-3为靠山式窑洞概貌。

依据各地地形的变化和自然条件的不同，靠山式窑洞在单孔形状、尺寸，多孔组合方式，院落布置等方面，都各有特点。

**图 7 - 3　靠山式窑洞概貌**

陇东靠山窑，单孔平面多呈外宽内窄的梯形（3.4～2.7 m），进深5～9 m，最深的达27 m。陕北和晋中南窑洞单孔平面多为等宽（2.4 m，3.3 m，3.6 m，3.8 m），进深7～8 m；而豫西窑洞的单孔平面则多呈外小内大的倒梯形，宽2.8～3.5 m，进深4～8 m，巩县地区进深为6～12 m。这几种单孔窑洞的平面形状和相应的立面、剖面形式如图7-4所示。

陇东和陕北窑洞的平面组合比较简单，一般为单孔并列，或互成一定角度，最多在孔窑内横向挖一个岔洞（俗称"拐窑"），加图7-5(a)、(b)所示。山西和豫西的窑洞组合比较复杂多样，既有单孔并列，也有双孔并联，三孔并联的更为多见，如图7-5(c)、(d)所示。

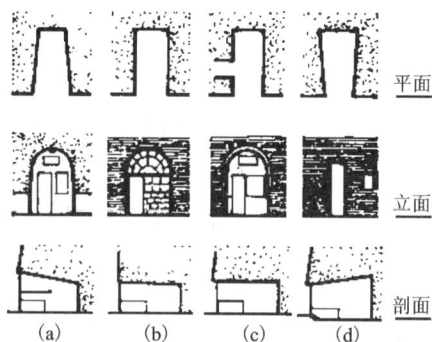

**图 7 - 4　单孔靠山窑洞的平、立、剖面图**
(a)陇东；(b)陕北；(c)山西；(d)豫西

**图 7 - 5　多孔靠山窑洞的平面形式**
(a)陇东；(b)陕北；(c)山西；(d)豫西

### 2.下沉式窑洞

在黄土高原的地势平坦地区，没有可利用的自然地形挖窑洞，采取的方法是先从地面挖一个大坑，形成一个下沉的院落，坑的四壁是挖掘而成的黄土陡壁，再由坑内横向挖窑洞，最终形成一种由低于自然地面的院落和院内窑洞组成的建筑，故称为下沉式窑洞，俗称天井窑院。在陇东、陕西的关中、晋南、豫西等地都有大量这样的窑洞，有的整个村庄几乎全由这类窑洞组成，尤以豫西地区最多。图7-6是下沉式窑洞概况。

图7-6　下沉式窑洞村落概况

下沉式窑洞的单孔形状和尺寸与当地的靠山式窑洞大同小异。这类窑洞的特点主要在于下沉院落与院内窑洞的组合方式多种多样，随地形和住户的需要而变化，由平面上来看，大体上可归纳为三种情况：第一种是简单的方形窑院，每个方向有二或三孔窑洞，在南侧设坡道通向地面，如图7-7(a)、(b)所示，这种布置在几个主要窑洞集中地区都是常见的；第二

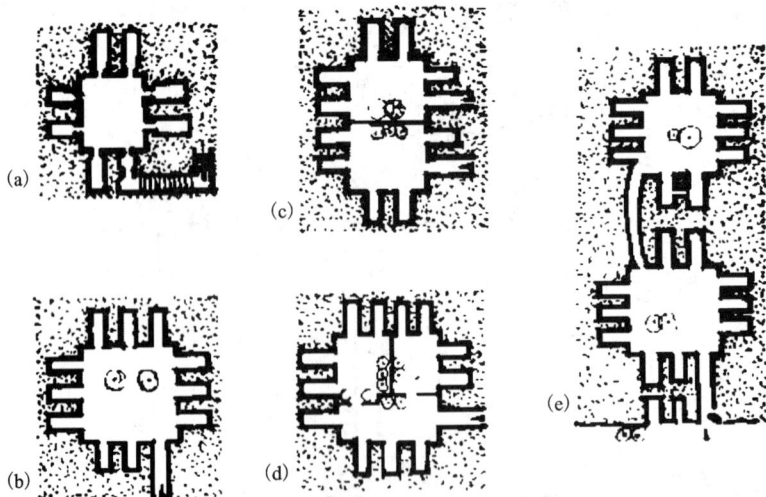

图7-7　下沉式窑洞的平面布置形式

种情况是将一个大的下沉式院落用墙分隔成两个或三个院落，或将两个院落连通，供几家人居住，较适合于大家庭分居后使用，如图7-7(c)、(d)、(e)所示；第三种是比较复杂的组合方式，因地制宜，灵活布置，如图7-8所示，由一大一小互相连通的两个院落组成，窑洞根据需要可开挖多处，院落和窑洞方向也不太规则，依需要而定，在有的窑洞内还挖了拐洞。

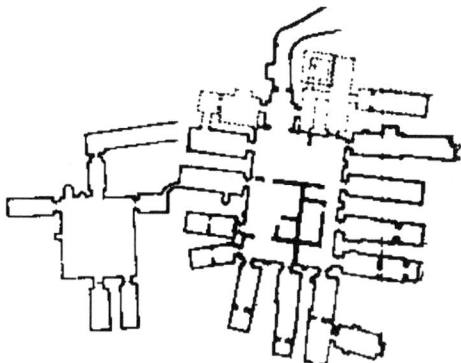

**图7-8 较为复杂的下沉式窑洞平面布置**

**3.混合式窑洞**

在一些地形条件比较有利的地区，有些人口多，或经济上比较富裕的家庭，常常将靠山窑、下沉窑和地面房屋三者混合在一起灵活布置，有的高低错落，地上地下呼应，形成了一种空间组合丰富的混合式窑洞群落。

**4.窑村布局**

传统窑洞地区的村庄，一般都是由小到大，自然形成的，并没有事先制订的规划，因此从现代城市规划的角度看，固然有其不合理或不科学之处，但是人类适应自然的能力和千百年的实践经验，使遍布在广大地区的窑村，基本上能够适应当地的经济发展水平和生活习惯，形成众多的具有黄土高原特色的村落，在建筑艺术上有相当高的成就，成为我国建筑遗产中的一个亮点。

靠山窑为主的地区，窑村多呈带状布局，例如陇东庆阳地区西峰镇附近有长达1.3 km的靠山窑村落。更多的村落是窑洞与地面房屋混杂在一起，靠山为窑，平地为房。例如山西娄烦县河家庄村，一面临河，一面靠山，滩地上建房，崖坡上挖洞，上下几层，很有气势。

以下沉式窑洞为主的窑村布局，也很有特色，进入村庄不见房屋，十分清静，只有临近窑院，才能看到居民。整个自然环境比一般农村好得多，因为绿化比较充分。在地势较平坦的地带，窑院多规则布置，比较密集。

用现代城市规划的标准衡量，多数窑村还处于比较落后的状态，主要表现为基础设施的落后，例如靠山窑村交通不便，上下只能步行，运输靠畜力，取水要到山下，走很远的路。下沉式窑村的交通问题则比较容易解决，但其供水和排水也是个难题。现在多数居民要通过窑院坡道到地面上去取水。在窑院中，一般都挖一个集水井，积存夏季的一些雨水，供非饮用水使用。此外，排水的现代化也存在一定困难。这些问题在现代科学技术条件下都是不难解决的，但要待当地的经济得到发展后，才有可能实现现代化的技术改造。近年来，国内外不少专家、学者提出了一些新式窑村的规划设想，目前实现起来还有一定的困难。

## 7.2.3 窑洞的安全问题

窑洞是在黄土地层中挖掘出来的居住空间，窑洞周围的土体就是这个建筑空间的结构，因而土体的稳定性就成为影响窑洞安全的最主要因素。土体的稳定取决于两方面因素，首先是在正常情况下窑洞的结构形式和尺寸是否合理，周围土体是否足以承受各种荷载；其次是在自然或人为灾害发生时，是否有足够的抗御能力。

按照传统的技术和经验修建的黄土窑洞，在正常情况下较少出现安全问题，有的经过几代人居住仍然完好，但仍有必要将完全建立在经验基础上的结构尺寸和做法加以科学的总结，使之更趋于合理、经济与安全。对于严重的自然灾害，特别是突发性的地震和水灾，窑洞的抗御能力相当薄弱，由为黄土与坚硬的岩石不同，在震动和水的作用下，其强度迅速降低，从而导致窑洞的破损、坍塌，造成伤亡事故。因此，在窑洞的现代化过程中，应着重研究解决对震害和水害的防治问题，以确保窑洞的安全。此外，鼠害和植物根茎的蔓延也是一种经常性的破坏因素，也应当采取必要的防范措施。

**1. 窑洞结构的合理尺寸**

到目前为止，传统的窑洞结构尺寸主要凭经验确定，例如民间的口诀"窑宽一丈"，"窑高丈一"等，不会盲目地加大洞跨和洞高。由黄土质地均一，裂隙和杂质少，使力学分析的边界条件比较简单，可使用多种现代的数学、力学方法进行分析计算，不存在特殊困难。这里仅介绍国内外总结出的一些推荐尺寸供参考。影响窑洞结构安全的主要尺寸是窑洞的跨度、高度、土体间壁（俗称"窑腿"）的厚度和拱顶以上的自然土层厚度。这些尺寸随各地区黄土的物理、力学性质的差异而有所不同。

**2. 窑洞的水害及其防治**

虽然黄土地区降水量少，土壤含水量少，地下水位很低，但雨量却比较集中，在局部出现大雨或暴雨时，对窑洞将构成较大的威胁。由于黄土颗粒间弱结合水膜的楔入效应，降低了颗粒间的固化内聚力，破坏了颗粒间的联结，出现崩解，使黄土的力学强度大大降低，导致窑洞结构的破坏。因此除地震外，水害对窑洞的安全也应高度重视。

水对窑洞的破坏有两种情况，一为经常性作用，即通过地表积水或土中植物根部集水，较长时间的渗透，使土体的含水量增加，强度降低；另一种情况是突发性作用，如暴雨、山洪等的直接淹没或冲刷。经常性作用是一个积累过程，其破坏性往往通过后一种作用引发出来。

首先，在窑村规划和窑洞的总体布置上应选择土质致密，整体性好的土层，避开垂直节理裂隙较多，有可能发生滑坡的地段，因为滑坡的发生，除地震因素外，主要是水的作用。位于冲沟两侧的窑洞，洞底标高必须高出当地 50 年或 100 年一遇的洪水位，以避免淹没和洪水对窑洞下部土体的冲刷。其次，在窑洞的上方，应当建立一个完善的排水系统，在窑洞顶部范围以外挖掘截水沟和排水沟，以防止地面径流在顶部形成积水而向下渗透。然后，再在窑洞顶部以上设人工防水层。

由于黄土不能起到阻水的作用，因此，在窑洞顶部应设置有效的防水层，特别是下沉式窑洞，顶部地表比较平坦，容易积水，更应设置。图 7-9 中列出了几种简易可行的洞顶防水层设置方法，图 7-9(a) 是在下沉式窑洞的上方地面，用挖出的黄土垫成一个土台，夯实后使土的干容重超过 1600 kg/m³，高出地面 30~50 cm，其范围略大于窑洞平面范围 1~2 m，土台顶部做成不小于 1% 的排水坡度；图 7-9(b) 是在洞顶做一密实混凝土隔水层，依靠混凝土较高的抗渗性能，将水隔住后排向四周，如果洞顶部需要种植，可将隔水层降低，上面覆土，厚度根据种植的需要；图 7-9(c) 是一种复合式的做法，先在洞顶铺设一层塑料薄膜或其他柔性防水材料，一直铺到周围的排水盲沟，上面做砾石滤水层，在地面以上再像图 7-9(a) 那样做一个夯实的土台。最后一种做法虽然较复杂，造价略高，但防水效果最好。山西浮山县有一户窑洞居民是这样进行的防水处理，在 1976 年和 1981 年两次雨水集中的年份，全村的窑洞都出现渗漏现象，唯独这一家窑洞完好不漏。

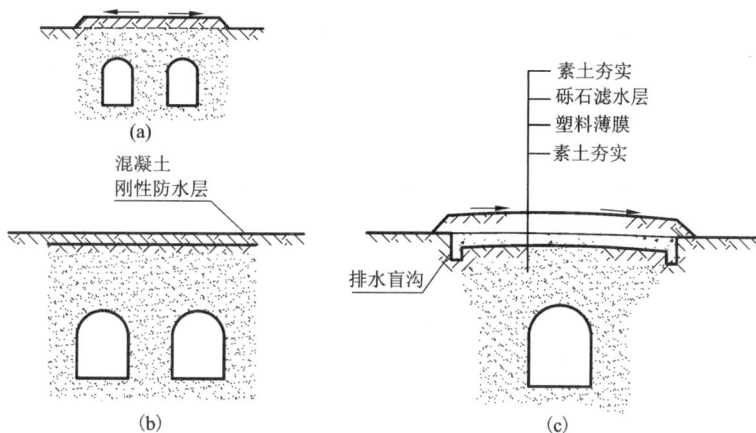

**图 7-9 窑洞顶部的几种防水处理措施**

由于传统窑洞没有防水措施，一般不敢在顶部进行种植，因为植物根部吸水，使水集中在洞顶土体中，必然要向下渗透，如果再大量浇水，则渗漏更难防止。

为了防治窑洞的水害，在居住过程中加强管理也是很重要的，例如对窑脸采取加固措施，或砌砖，或抹灰，可以防止黄土表层的风化和雨水的冲蚀；还要经常清除洞顶部的积水，疏通排水沟。

### 7.2.4 窑洞的环境问题

1. 窑洞内部环境的评价

古代人类选择穴居，主要是因为在洞穴中能够避风雨，防寒暑。清朝文人白汝璜有文曰："山中多土窑，天愈寒则内愈暖，天愈暖则内愈凉。"这就是现在人们常说的，窑洞"冬暖夏凉"的特点，也是窑洞民居经过千百年延续至今的主要原因之一。

地下空间具有良好热稳定性的特点，在窑洞建筑中表现了出来，不过由于窑洞都有一个面朝向室外，其热稳定性比完全封闭的地下空间自然要差一些，但是与室外条件和处于同样条件下的地面住房相比，窑洞仍具有明显的"冬暖夏凉"优势。

地下空间的热稳定性使窑洞内部环境受外界气候变化的影响较小，从这个意义上看，具备人在其中居住的有利条件。我国的黄土高原，一般在地面以下 6 m，土体温度就基本稳定，10 m 以下可保持恒定。对于日平均气温的变化，在地面以下 0.5 m 即无影响。例如在西安地区，夏季绝对最高温度为 38~40℃，冬季最低为 -10℃，而在地表以下 4~6 m 的土地常年温度为 14~17.5℃（夏季），波动幅度仅 1.5℃，冬季为 14.5~16.5℃，波动幅度也只有 2.5℃。

但也应该看到，窑洞也存在一定的缺陷，主要表现在：

①窑洞内的气温在夏季比地面平房中要低，冬季要高，但这只是相对于地面建筑而言，其绝对数字与人体舒适的温度区相比，还有很大距离。一般认为，舒适室温的下限为 16~18℃，上限为 21~26℃。根据实测资料，传统窑洞室温在一年中约有 7 个月处于舒适区，冬季低于舒适温度 5~6℃，夏季大体上在舒适温度范围内。因此，认为窑洞在冬季不需供热就很舒适，因而节能效益高的观点，是没有充分依据的。

②窑洞的室内外温差较大，特别是在夏季，超过了人的生理适应能力。按一般的生活习惯，冬季室内外温度即使相差 15～20℃，也较容易适应，因为人们都有进出脱、穿外衣的习惯；夏季则不然，如果从室外进入窑洞而不增加衣服，虽然开始时感觉凉爽，但很容易感冒。

③室内温度给人的舒适感，除其绝对值适当外，还有温度、湿度、风速等的综合作用问题。夏季洞内外温差过大，会使进入的空气相对湿度增高，高到一定程度后，室内将出现凝水现象，在这种情况下，尽管温度较低，也是不舒适的。因此不难理解，夏季潮湿是窑洞居民的普遍反映，也是传统窑洞的主要缺点之一。

④从多传统数窑洞通风不良和实地感受情况来看，其空气清洁度与自然通风良好的地面住房相比有较大的差距，这也是有待解决的问题之一。

⑤传统窑洞中一般都光线不足，在距门窗 2～3 m 处，照度仅为 100 lx，进深越大，里边越暗，与正常照度标准相差较远，这也是普遍反映和需要解决的问题。

此外，窑洞内的听觉环境要比地面房屋好得多，特别是下沉式窑洞，窑村、窑院中都很安静，室内则更少受外界噪声的干扰。但是，如果窑洞室内体积超过 150 m³，且用砖砌，则混响时间较长，对谈话有一定影响，小于 80 m³ 时则较为合适。

2. 窑洞内部环境的改进措施

窑洞内部环境的改善，除冬季适当供热，提高室温外，最主要的措施应是改进夏季的通风，在不使用人工降温降湿的条件下，加强自然通风，以提高室内温度，减小室内外温差，避免室内结露，还可以改善空气的清洁度。只要花费不太高的代价，就可以在几个方面同时取得较好的效果。近年来，国内有些单位提出了不少改进窑洞通风的方案，有的还进行了工程试验。下面重点介绍几种改进方案。

①设置排风井方法：在窑洞后端顶部开一个垂直的排风井，如图 7-10(a) 所示，增加空气的对流，比传统的袋形洞内通风有明显的改善。据估算，当室外温度为 30℃，洞内为 15℃ 时，排风井的截面面积为 0.05 m²(23 cm×23 cm)时，室内换气次数即可达到 6 次，虽比地面建筑的自然换气次数要少，但比传统窑洞已有很大改进。但是这种做法对于洞顶土层较厚的靠山窑有一定困难，因此有一种在窑洞前端做一个排风井，在洞内加吊顶的通风方案[见图 7-10(b)]，吊顶在洞后端处留一个缺口，使下面的空气靠热压差通过吊顶层从排风井排出，形成对流，效果也较好。

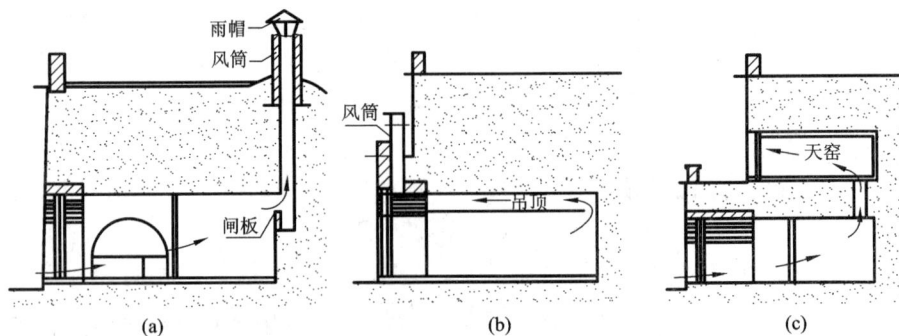

图 7-10　改善窑洞内部环境的几种方案

②采用"天窗通风"方法：即利用地形将窑洞做成上下两层，在后端挖一个相通的竖井，使空气从下层窑洞进入，从上层排出，形成循环，如图 7-10(c) 所示。如果适当加大竖井面积，则对窑洞后部的采光也会有一定程度的改善。

③利用地形使窑洞能前后贯通的方法：对于下沉式窑洞，如果在规划设计时适当将窑院连在一起，其中一部分窑洞即可前后贯通。这种方式与地面建筑的穿堂很接近，效果较好。

④利用地道通风的方案：做法是将窑洞地面架空，形成地道，使夏季高湿空气先经过足够长的低温地道除湿后，从窑洞后端进入室内，再从前端的竖井排出。

以上几种改进方案，经实施后进行的现场测定结果如表 7-1 所示。可以看出，采用新的通风方式后，窑内温度变化不大，差别基本在半度的范围之内；但湿度都比传统窑洞的湿度有明显的下降，下降幅度在 12% ~20%。

表 7-1    河南巩县窑洞不同通风方式的效果比较

| 条件\项目 | 室外 | 地面平房 | 两层"天窗" | 前后通窑 | 后端加排风井 | 前端加排风井 | 传统窑洞 |
|---|---|---|---|---|---|---|---|
| 空气温度(℃) | 32 | 29 | 25.5 | 25 | 25 | 25 | 26 |
| 相对湿度(%) | 75 | 79 | 72 | 70 | 71 | 75 | 84 |

### 7.2.5  窑洞民居的发展前景

对我国黄土高原传统窑洞民居的优缺点，已经有了比较统一的认识。单纯从学术角度出发，赞誉之词较多，因为窑洞民居是一种文化遗产，部分窑洞也具有较高的建筑艺术水平，应该加以继承和发扬。客观的来看，窑洞是数以千万计的农村人口赖以生活的居住空间，是西北广大地区国计民生的大事，要完全以地面房屋取代窑洞是极不现实的。因此，我们应该积极开展科研和试验工作，逐步用现代技术对传统窑洞加以改造，使之逐步接近或达到现代化住宅的科学标准。

## 7.3  覆土住宅建筑

### 7.3.1  美国的覆土住宅

覆土住宅在 20 世纪 60 年代起源于美国，是指在平地上或挖开的地基上，用常规方法建造一幢住宅，在结构工程完成后，屋顶和外墙面积的 50% 以上用一定厚度的土覆盖，其余部分(主要为朝阳面)仍然外露的一种半地下式住宅。这种住宅不同于地下室中的住宅，因为地下室的顶部以上还有上部建筑，不能覆土。

20 世纪 60 年代初，由于核战争的危险加剧，美国的城市居民纷纷到郊区或更远的地方建造私人的防核微粒沉降掩蔽所。1961 年在西亚图世界博览会上，展出了一幢这种地下住宅，很多人参观后开始建造。其中一些人与自己的住宅相结合，既为了解决战时防护问题，又要求平时居住舒适，建造速度还要快，于是出现了多种形式的地下或半地下住宅。

战争危机过去以后，从 20 世纪 60 年代中期到 70 年代中期，大城市环境污染日益严重，城市居民再一次向郊区迁移，到环境较好的地方去自建住宅。由于半地下覆土住宅适于建在常规住宅不宜建造的地段，如坡地、洼地等处，地价比较便宜，一些建筑师从保护环境出发，为了使建筑与自然更加和谐，也推动了覆土住宅的发展。建筑师威尔士提出，要建造"不破坏地面空间的建筑"；建筑师约翰逊 1965 年在一个湖畔设计了一幢覆土住宅，使之与周围的地形和自然景观得到很好的统一。

1973 年，由中东战争引起的石油禁运，造成了世界性的石油危机，于是建筑节能受到广泛的重视，进行了很多探索和研究，取得一定成效。就是在这样的社会、经济背景下，在 1974 年后，覆土住宅就迅速发展起来。

在能源危机的前几年，人们对于覆土住宅的节能优势尚未完全认识，在 1976 年全美以节能型覆土住宅仅有 50 幢，但所显示出的节能潜力已引起政府和建筑界的重视。美国能源署和几个州的能源署都制订了试验和发展覆土住宅的计划，出资支持建造试验性工程，以便取得实际节能效果后再进一步推广。到 1980 年，全国已建成各类覆土住宅 2200～3000 幢，主要分布在中部各州，其中以明尼苏达、威斯康星、俄克拉荷马三州最为集中。在东北和西北的几个州中也有一定数量。

按美国政府计划，到 2000 年全国覆土住宅数量应从 1980 年的 2200 幢发展到 160000 幢。然而，这一计划看来不一定能完全实现，因为 20 世纪 80 年代中期起，世界石油价格回落，再加上几年的努力，在节能方面已取得明显效果，对能源的危机感已远不如 70 年代。因此，以节能为主要目的而兴起的覆土住宅，市场竞争力减弱，发展势头随之变缓。

当然，能源价格回落只是暂时的现象，世界性的传统能源（煤、油、天然气等）的储量与日益增长的能源需求量之间的矛盾必然继续加剧，在一定的政治、经济条件下，新的能源危机还可能再次发生。因此，虽然美国的覆土住宅由于投资者和购房者的兴趣受市场影响而下降，以致发展速度放慢，但是一些研究机构仍在以提高建筑质量，进一步降低能耗和造价，从而提高覆土住宅的市场竞争力为目标，坚持理论研究和工程试验工作。同时，在覆土住宅建设中所取得的节能成果，正逐步扩大推广到各种类型的地下公共建筑中去。

### 7.3.2 覆土住宅的类型与特点

1. 早期的几种覆土住宅建筑

在覆土住宅发展初期，建筑形式多种多样，圆形、椭圆形或拱形、壳形屋顶结构比较多。取决于所选择的地形和结构形式。下面是美国人设计的几种覆土住宅。

图 7-11 是卡尔斯基夫妇自己设计的两层覆土住宅，位于威斯康星州的一座小山丘上，覆土厚度约 1 m，是在朋友和一些建筑工人的帮助下建造的。住宅结合地形采用了一个椭圆和两个圆相连的平面，后面附一个矩形的车库，面积 186 m$^2$。外墙用预制混凝土砌块围成，抗御土压力比较有效，屋顶和楼板为现浇钢筋混凝土。

图 7-12 是威斯康星州另一个覆土住宅，面积 232 m$^2$，建于 1972 年，取得在寒冷地区节能 25% 的效果。建筑物使用预制双曲钢筋混凝土壳体组装成两个落地拱形结构，使墙与顶成为一体。这幢覆土住宅被认为是与地形和自然环境很好结合的一个范例。

图 7-13 是建筑师摩根设计的覆土住宅，面积 140 m$^2$，位于佛罗里达州的温暖地区，故节能并不是主要目的，而是为了不让建筑物凸出地面，以免遮挡从街道向海岸的视线，从而

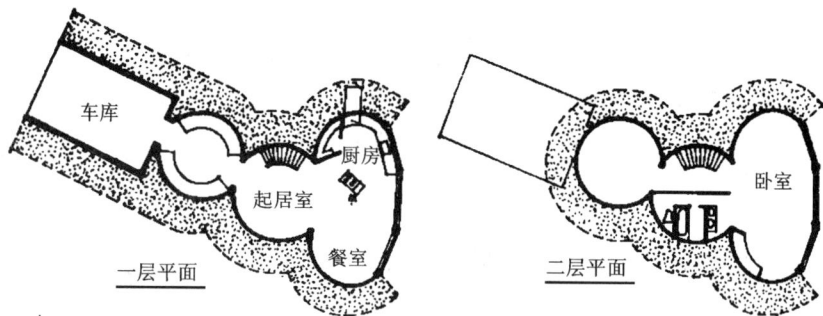

图 7 – 11  一种覆土住宅的结构平面图

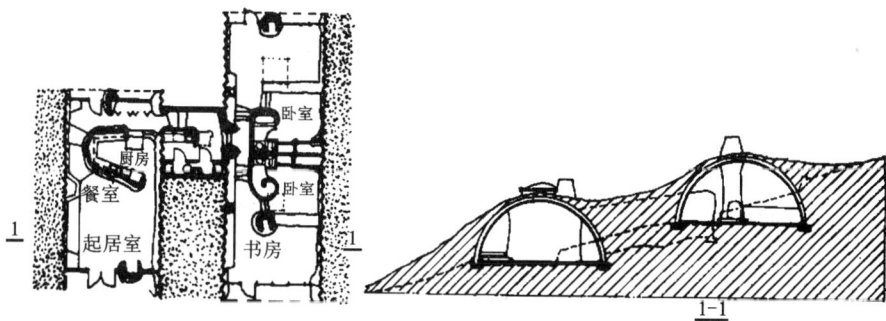

图 7 – 12  拱结构覆土住宅的结构平、剖面图

形成一种不破坏当地自然环境的建筑风格。结构采用两个钢筋混凝土壳体，中间用楼板分为上下两层，两壳体的端部切口后露出地面作为出入口，覆土后就如山坡上出现一对"眼睛"，很有特色。

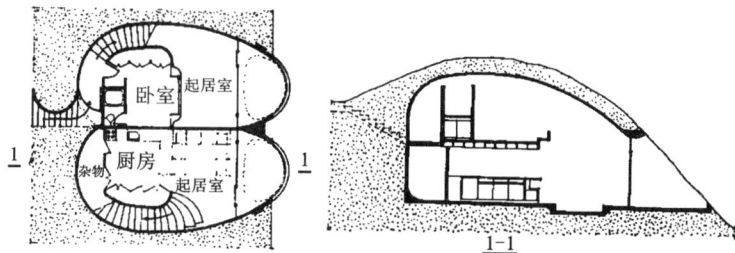

图 7 – 13  钢筋混凝土壳体结构覆土住宅平、剖面图

2. 基本类型

早期的覆土住宅从节能方面注意较多，对于通风和被动太阳能的利用考虑还不够周到，比较封闭；平面和空间布置比较复杂，不利于降低造价，也不利于快速施工和迅速推广。在经过一个阶段的实践后，经过一些研究机构的总结，在建筑平面、结构、通风、日照等方面加以简化或加强，使覆土住宅的内部环境进一步得到完善，节能作用也有所提高。在建筑布置上，逐渐形成了以下三种基本类型。

（1）直线式

这是一种适合于寒冷地区的典型布置，宅群沿山坡从上往下呈直线式布置。住宅平面多为矩形，为的是尽量扩大朝南的敞开墙面以接受太阳能，如图 7－14 所示。结构也很简单，一面坡的屋顶既便于在上面覆土，也利于更多的阳光进入室内。

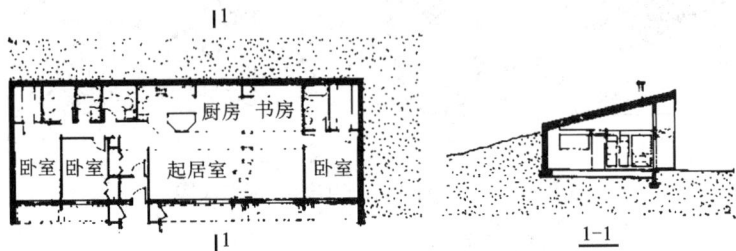

图 7－14　矩形平面覆土住宅

（2）天井式

这是一种适合于温暖地区的典型布置，如图 7－15 所示。所有敞开的墙面均朝向天井内院，即并不强调朝向，与中国传统的四合院和下沉式窑洞的布局很相似。这种布置方式用地比较紧凑，天井内院中很幽静，缺点是看不到户外的景观。

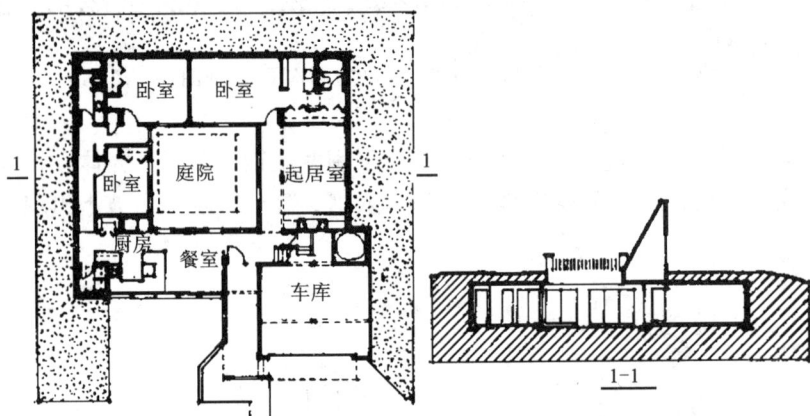

图 7－15　天井式覆土住宅

（3）穿堂式

穿堂式的宅群布置基本上同直线式，住宅平面亦多为矩形，但四周外墙上可根据需要开窗，室内的通风和光线更接近于普通地面房屋，节能效果当然比前两种要差些。

3. 覆土住宅形式与通风

对覆土住宅通风和日照的研究表明，直线式住宅的开敞面背向冬季主导风向，可以减少墙面的空气渗透，室内空气在负压作用下还可部分排出，如图 7－16（a）所示。天井式住宅没有方向性，从任何方向来的风均可在天井上部形成负压，促进室内的排气，但在庭院内易形成湍流，对排风不利，如图 7－16（b）所示。图 7－16（c）、（d）是当开敞面朝向夏季主导风向时，在后墙或屋顶后部开一个通风窗或天窗，可以形成空气对流，对夏季通风十分有利。

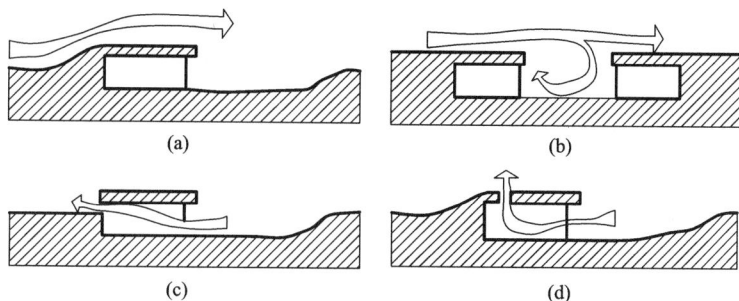

**图 7-16　覆土住宅类型与通风关系**

4．*覆土住宅类型与日照和节能*

从日照的角度看，为了在冬季阳光能照入室内，夏季则不照入，对住宅的进深、屋顶坡度、天窗、遮阳板等在 6 月和 12 月的不同作用进行了分析，结果如图 7-17 所示，从图中可以看出，增设天窗和加大屋顶坡度都有利于在冬季获取更多的阳光。此外，以建筑热工学观点，同样面积的覆土住宅，如果做成两层，外围护结构的总面积就会比一层时减少 1/3。项试验结果表明，两层与一层相比，冬季可节能 2340 kW·h，夏季节能 543 kW·h。因此，从节能的角度来看，两层的覆土住宅更经济。

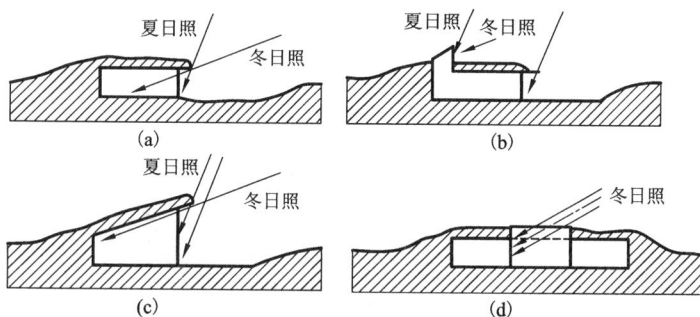

**图 7-17　覆土住宅类型与日照关系**

(a)平层顶；(b)坡屋顶；(c)平顶设天窗；(d)下沉式

5．*覆土住宅的最佳布置方式*

综合了通风、日照、层数、地形等多种因素之后，在不同坡度的地形上，单层和两层直线式覆土住宅的最佳布置如图 7-18 所示。图中以一幢住宅为单元进行典型布置，单层住宅面积 186 m²，两层的面积 372 m²，二者的占地面积相同。可以看出，坡度越陡，土地的使用效率就越高，这也说明覆土住宅在利用坡地和节约用地方面的突出优点。

单幢的覆土住宅一般适于在农村或城郊建造，一家一户使用。在单幢基础上又发展出一种城市型的单元式两层覆土住宅，外墙面积更少，节能效果更显著。明尼阿波利斯市对这种住宅进行试验，正面朝南，背后和屋顶全部覆土，共有 12 个单元，其中 9 个的建筑面积为 98 m²，3 个为 129 m²。整个屋檐部都为太阳能集热器，增加了主动太阳能供热装置，透视示意图如图 7-19 所示。

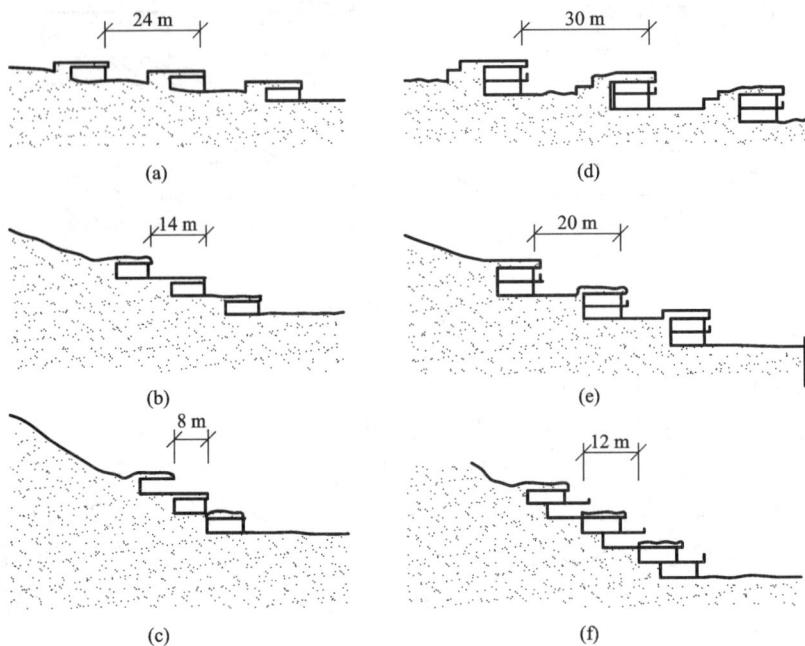

**图 7 – 18　覆土住宅的最佳布置方式**

(a)坡度 10%，单层；(b)坡度 30%，单层；(c)坡度 50%，单层；
(d)坡度 10%，二层；(e)坡度 30%，二层；(f)坡度 50%，二层

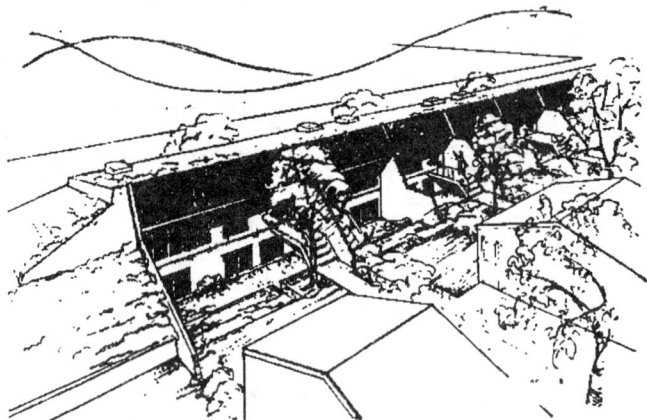

**图 7 – 19　单元式二层覆土住宅透视图**

### 7.3.3　覆土住宅的规划

当分散的单个覆土住宅发展到一定规模时，就需要解决以覆土住宅为主的小区规划问题。覆土住宅区的规划在地形选择，道路布置，场地排水，建筑布置，以及建筑与自然的关系等许多方面，与常规的居住区规划都有较大差异。覆土住宅区的显著特点就是形成一种在茂密树林中若隐若现的独特风格。

地形与建筑物类型有着密切的关系，美国曾对明尼阿波利斯地区达科它县一块面积为858亩的丘陵地进行了分析。如果建常规的住宅，这块地段上只有21%的面积适于建设，另有32%可勉强建设（坡度偏大）；但若一律建覆土住宅，则适建面积可扩大到64%，还有11%经边坡加固后也可使用，土地利用率达到75%，这是很诱人的。

1. 地形与选址

地形有坡地、台地、平地等，经对比分析，对于覆土建筑，最佳的地形是坡地。坡地的优点是排水容易、利于采光、便于扩建；其缺点是给水工程需要往上送水、整理斜坡地形需增加投资。

对覆土住宅而言，8%～15%的坡度对单层住宅最适宜，15%～25%时对二层或三层覆土住宅（含错层布置）合适，超过25%后则需要增加一些特殊的技术处理。

当选定了要开发的山地时，建设的重点将影响到开发的效益。典型的选址方式有两种，第一种是以山顶为中心，即首先开发山顶，然后再从上至下逐渐开发，由于山顶视野开阔、通风条件好、排水便利，具有较高的开发优势，但也存在着集聚性差、给水不利的弱点；第二种是以山谷为中心，即首先开发山脚沿线，然后从下至上逐渐开发，这种方式的特点是给水便利、集聚性强，不足是通风条件不够好、视野不够开阔。究竟采用何种方式，还需综合多方面的因素谨慎决定。

2. 选择朝向

覆土住宅的开口朝向因素有日照、采光、视景与通风等。在这几个因素中，日照应该是最重要的，即应优先选择阳面（向阳的一面），而非阴面（背向太阳的一面）。它与采光、通风等因素有互通之处，日照好，势必采光也好，亦有利于通风。当然视景也是十分重要的，现代化的覆土住宅，除了节能外，其视景也是重要的卖点。但是，能将这几个因素都涉及是不可能的，这是规划中客观存在的问题。

3. 配套设施的考虑

配套设施有多种，最重要的是停车场。由于地形具有一定的坡度，使覆土住宅小区的交通组织比在平地上困难一些。为了使居住在山坡上的住户仍能将私人小汽车开到宅前并且有地方停车，需要认真进行道路和停车场的规划。图7-20是建筑师约翰逊1980年规划设计的一座覆土住宅村，坐落在明尼阿波利斯市郊区，南临密西西比河，不但阳光充足，风景优美，还在底层布置了地下停车库，较好地解决了坡地居民的交通问题。

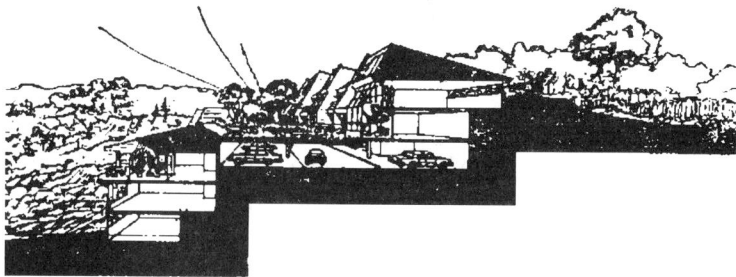

图7-20 覆土住宅与地下停车库的综合布置

### 7.3.4 覆土住宅的节能潜力

为了维持一座建筑物内部的正常温度，不受或少受外界气温变化的影响，需要向建筑物供热或供冷，以抵消由于室内外温差而造成的建筑物的失热和进热。空气渗透和围护结构的传热是影响建筑物热稳定的主要因素。

土层和岩层是一个大蓄热体，使包围在其中的地下建筑与外部的温差小、温度波动的幅度也小，这对于控制建筑物的失热与进热，是一个十分有利的条件。同时，地下空间的封闭性，使通过各种孔、口和缝隙渗透进入空内的空气量减少，冷空气的进入和热空气的逸出都比在地面上少得多。

因此，用于建筑物供热或供冷的能耗主要有两个方面，即对进入的空气(包括引入的和渗入的)加热或降温，和抵消出于围护结构传热而造成的失热(冬季)或进热(夏季)。据美国对一幢面积为 142 $m^2$ 的高质量地面住宅的测定资料，为了抵消冬季的冷空气渗透所需的能耗，占总能耗的 15%；为抵消围护结构传出的热量，所需能耗为 64%，两项共占 79%。如果这幢建筑物在地下或半地下覆土，则第一项能耗由于密闭性提高而基本免除，第二项也由于传热量大大减少，能耗会大幅度降低，只剩下总能耗的 20% 用于通风和适当空气调节即可。

图 7-21 是在同样气候条件下的三幢大小相同的建筑物，其中 7-21(a) 为不隔热的地面建筑，7-21(b) 为加隔热层的地面建筑，7-21(c) 为覆土 50 cm，顶板上铺 10 cm 隔热层的半地下覆土建筑。在冬季室内保持气温 20℃，夏季 25℃ 的情况下分别进行了能耗测定。结果如表 7-2 所示。由表中可知，半地下覆土建筑在冬季的能耗仅为不隔热建筑物的 3.6%，为隔热的 7.4%；在夏季为不隔热的 13.6%，为隔热的 15%。

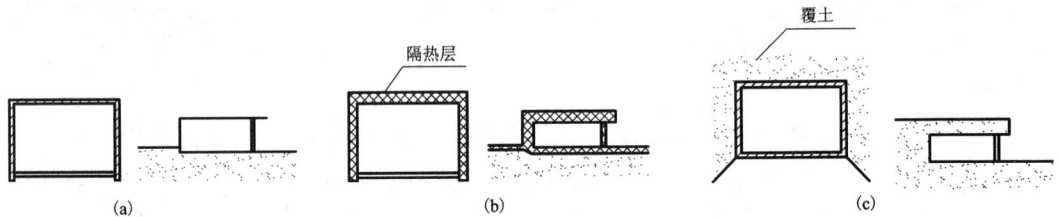

图 7-21 覆土建筑与地面建筑的热工条件比较

表 7-2 不同热工条件下的建筑物能耗比较

| 时间<br>建筑编号<br>能耗<br>(kW·h) | 冬季(共7个月) | | | 夏季(共5个月) | | |
|---|---|---|---|---|---|---|
| | a | b | c | a | b | c |
| 围护结构传热 | -12935 | -10186 | -4043 | +3658 | +3173 | -960 |
| 通风 | -1544 | -1544 | -1544 | | | |
| 内部热源散热 | +5900 | +5900 | +5900 | +1700 | +1700 | +1700 |
| 总能耗 | -8570 | -5830 | +313 | +5358 | +4873 | +731 |

注：正号表示进热，负号表示失热。图中建筑编号 a、b、c 分别与图(a)、(b)、(c)相对应。

这还只是半地下覆土建筑，如果是完全的地下建筑，节能潜力将更大。由于半地下覆土住宅朝南的墙壁和门窗的传热量是相当大的。但是这种暴露又是必要的，因为主要居室可以有天然采光和得到太阳的辐射热，可以改变人们不愿意完全住在地下环境中的心理。因此，应当充分利用太阳能，以抵消开敞面所增加的能耗。在充分发挥覆土和被动太阳能的综合作用基础上，美国一些科学家提出了使覆土住宅"能源独立"的设想，一方面增加主动太阳能的利用系统，解决夜间或阴天时的热能贮存问题，另一方面增设一个利用冬季天然冷源的空调系统，解决夏季供冷问题。图 7 - 22 是这样一个综合系统的示意图。在建筑物顶部背阴处安装盘管，管中有一种低温液体(冷媒)进行循环，利用冬季的严寒使冷媒低于 0℃，并引入一个地下冰库中，使库内的水冻成冰；到夏季则使冰慢慢化成冷水，引至送风口将进入的空气冷却，同时还有除湿作用。除一台小泵外，基本上摆脱了常规能源。

图 7 - 22　覆土住宅的能源独立系统示意图

### 7.3.4　覆土住宅的经济问题

覆土住宅作为一种新的建筑形式，其生命力取决于市场竞争力，而影响竞争力的主要因素是一次投资的多少和使用后节能效益的高低。

从美国的实践看，覆土住宅的一次投资与地面上同面积的高标准住宅相近，比地面上大量建造的普通住宅略高。明尼苏达州曾建了两幢覆土住宅，一个单层，一个两层，对造价进行了分析，并与地面住宅做了比较。结果是，单层造价为 387 美元/m²，两层为 450 美元/m²。这些造价中均未包括土地费。一般来说，覆土住宅土地费比在平地上建高标准住宅的土地费要低，考虑到这个因素，可以认为覆土住宅的一次性投资在一般情况下与地面上相同标准的住宅造价没有明显的差别。如果覆土住宅集中在一起大量建造，造价还有可能降低。但是，即使覆土住宅的造价与地面住宅持平或略低，人们仍可能选择地面住宅，除非覆土住宅表现出突出的优点。在这一点上，覆土住宅的节能效益在能源价格高昂的情况下，对于购房者有着相当大的吸引力。因此，把一次投资与节能效益综合起来分析，才能揭示出覆土建筑真正的经济性。

为此，美国有的学者提出"全使用期费用"的概念，将一次买房的费用、土地费用、保证金、税、保险金、能源费、维修费及其他杂项开支都加在一起，按 30 年使用期计算，然后进行比较。很明显，覆土住宅的土地费、能源费、保险金、维修费等项目均低于地面住宅，因而这样的比较结果对覆土住宅有利。据德克萨斯大学的一个研究材料，当覆土住宅的土建造价比地上常规住宅高 28% 时，使用 30 年后的总开支却低 12% ~ 20%。另据该大学对三个覆土住宅方案的分析，一次投资比地面常规住宅高14%，而三个方案的能源费分别为地面住宅的40%，20%和10%，其造价高出的部分在使用后第15年、第11年和第9年即可从能源的节约中得到补偿，30年后，还可进一步节省17%～30%。

由此可见，由于覆土住宅能耗减少而带来的效益，在整个经济分析中占有举足轻重的地位。进一步挖掘其节能潜力，最大限度地实现"能源独立"，对于推动建筑节能的进展，无疑是很有意义的。

## 思 考 题

1. 简述地下居住建筑存在的条件。
2. 简述窑洞的类型和各自布局的特点。
3. 分析窑洞的安全问题及其对策。
4. 覆土住宅的类型有哪些？各自特点是什么？

# 第8章 城市地下管线

城市地下管线是城市基础设施的重要组成部分，承担着城市规划、建设、管理的重要基础信息。城市地下管线如给排水、通信、燃气、电力、暖气、工业等管线，就像人体中的"血管"和"神经"，日夜担负着输送物质、能量和传输信息的功能，是城市赖以生存和发展的物质基础，被称为城市的"生命线"。随着我国城市化的不断扩张，面对城市建设的飞速发展，各种城市地下管线数量将不断增加，各管线的走向也将错综复杂，为了解决这些城市地下管线基础设施存在的问题，为此必须对城市地下管线进行合理的规划与设计，使城市地下管线布局更加合理，服务更加完善。

## 8.1 城市管线分类

城市管线的种类繁多、结构复杂，但大体上可根据管线的功能、管线的敷设方式、管线的埋设深度、管道内的压力情况等进行分类。

### 8.1.1 按管线的功能分类

城市管线按功能主要可分为排水管道、给水管道、燃气管道、热力管道、工业管道、电力电缆和电信电缆等七大类，每类管线按其传输的物质和用途又可分为若干种（见图 8-1）。

1. 排水管道

排水管道按排水的性质分为雨水管道、生活污水管道、两污合流管道、工业废水管道等，主要接受、输送和净化城市、工厂以及生活区的各种污水，包括工业废水、生活污水、雨水。排水管道系统按排出的方式分为合流式、分流式和组合式三种。合流式是将生产废水、生活污水和雨水经由一条共同的管道排出；分流式是每一种污水经独立的管道排出；组合式是将需要处理的生产废水和生活污水经由一条管道排出，将不需要处理的生产废水和雨水经由另一条管道排出。

一般排水管道按管材分为钢筋混凝土管、混凝土管、铸铁管、石棉水泥管、陶土管、陶瓷管、砖石管等。排水管道除了预制的圆形管外，还有现场砌筑的非圆形沟道，如方沟、拱形沟、马蹄形沟、卵形沟等。

我国的排水管道主要是钢筋混凝土管，其公称内径是统一的，但壁厚有差异。内径一般在 200~2000 mm，其中内径≤800 mm 的排水管道占总长的 85%，内径在 800~2000 mm 的占 15%。

2. 给水管道

给水管道可按水的用途分为生活用水、消防用水、工业用水、农业用水等输水和配水管道。

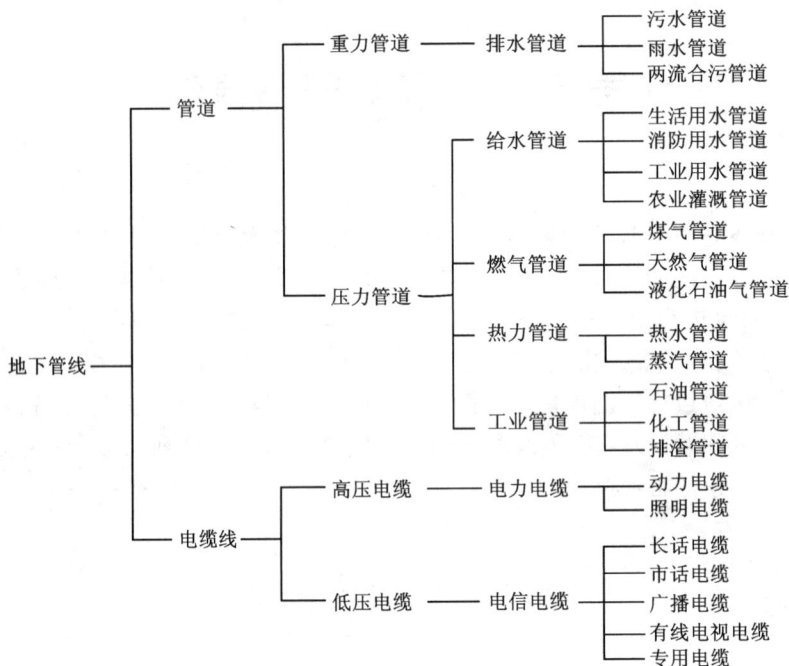

图 8-1　地下管线的分类

　　由给水管道组成的给水系统一般可由水源地(江河、湖泊、水库、水井)取水,通过主干管道(明渠、隧道、大口径管道)送到水厂,经水厂净化处理后,再由主管道送到各用水区(住宅区、工厂、企事业单位等)。各用水区根据各自的需要和条件,敷设本区的给水管道系统。

　　在我国,使用最广泛的给水管道是铸铁管(分承插口和法兰口两种)和钢管(直径在150 mm 以下的管道中广泛应用),其次为预应力混凝土管、石棉水泥管、聚乙烯(PE)塑料管等。

　　3. 燃气管道

　　燃气管道按其所传输的燃气性质分为煤气、天然气、液化石油气输配管道。

　　燃气管道的材质多为钢管(主要是无缝钢管和焊接钢管),其次是承插口的铸铁管(用于低压煤气)和聚氯乙烯(PVC)塑料管(在一定的温度和压力下使用)。燃气管道的直径一般在15~1500 mm 之间。

　　4. 热力管道

　　热力管道按其所输送的介质分为热水管道和蒸汽管道两种,一般采用无缝钢管和钢板卷焊管。

　　5. 电力电缆

　　电力电缆按其功能可分为动力电缆(输电或配电)、照明(路灯)电缆、电车电缆等,按电压的高低可分为电压电缆、高压电缆和超高压电缆三种。电力电缆的埋设方式有直埋、穿管、管块三种方式。穿管埋设时一般使用单孔钢管和聚氯乙烯(PVC)塑料管,其次为石棉水泥管、陶瓷管;最普通、使用得最多的管块是混凝土矩形断面的管块,它是一种多孔组合式结构的管材,有单孔、双孔、四孔、六孔、九孔、十二孔、二十四孔等形式。

6. 电信电缆

电信电缆主要包括市话电缆、长话电缆、广播电缆、电视电缆,以及军用、铁路等专用电信电缆等。

电信电缆的埋设方式有直埋、穿管、管块三种方式。

7. 工业管道

工业管道按其所传输的介质分为石油、重油、柴油、液体燃料、氧气、氢气、乙烯、乙炔、压缩空气等油气管道,氯化钾、丙烯、甲醇等化工管道,工业排渣、排灰管道,以及盐卤和煤浆输送管道等。

工业管道一般为钢管和塑料管。

### 8.1.2 按敷设方式分类

可分为地下埋设和架空敷设 2 类。地下埋设又可分为沟内埋设和地下直埋等,架空管线又分为高架、中架和低架等。

### 8.1.3 按埋设深度分类

分为浅埋和深埋。所谓浅埋,是指覆土深度小于 1.5 m 的管道。我国南方土壤的冰冻线较浅,对给排水、燃气管等没有影响,尤其是热力管,电力电缆等不受冰冻的影响,均可浅埋。我国北方的土壤冰冻线较深,对水管和含水分的管道在寒冷情况下将形成冰冻威胁,加大覆土厚度避免土壤冰冻的影响,使管道覆土厚度大于 1.5 m,称为深埋管道。

### 8.1.4 按管道内压力情况分类

分为压力管和重力管道 2 类。给水管、燃气管、热力管等一般为压力输送,属于压力管道;排水管道大都利用重力自流方式,属于重力管道。

## 8.2 地下管线的敷设

在工程地质条件较好、地下水位较低、土壤和地下水无腐蚀性、地形平坦、风速较大并要求管线隐蔽时,无腐蚀性、毒性、爆炸危险性的液体管道,含湿的气体管道,以及电缆和水力输送管道等,通常采用地下敷设。根据管线的性质、同一路径管线的数量、施工和检修的条件以及总平面图布置的要求,地下管线敷设方式分为直埋敷设、管沟敷设两种方式。

### 8.2.1 直埋敷设

直埋敷设是指各种管线相对独立,分别敷设在道路下不同空间位置;包括单管(线)埋地敷设,管组埋地敷设和多管埋地敷设三种,如图 8 - 2 所示。

直接埋地敷设在工业企业中应用最为广泛。因为它不需要建造管沟、支架等构筑物,施工简单,投资最省,不占用空间,不影响通行,管道的防冻条件和电缆的散热条件也较好。但它也有缺点,主要是管路不明显,增加和修改管线难,管线泄漏不易发现,检修时需要开挖。一般把不需要经常检修、自流怕冻的给水管道、排水管道、城市煤气管道、低黏度的燃油管道、水利输送管道以及同一路径根数较少的电缆常采用此种方式敷设。

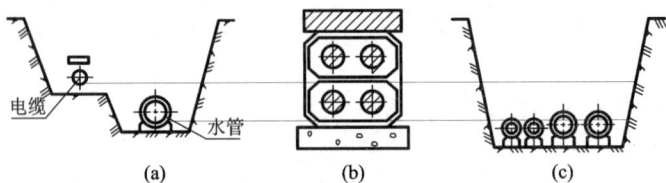

**图 8-2 直接埋地敷设**

(a)单管直埋；(b)管组直埋；(c)多管同槽埋地

直埋敷设的一般原则和规定：

(1)在严寒或寒冷地区给水、排水、燃气等工程管线应根据土壤冰冻深度确定管线的覆土深度；热力、电信、电力电缆等工程管线以及严寒或寒冷地区以外的地区工程管线应根据土壤性质和地面承受荷载的大小确定管线的覆土深度。工程管线的最小覆土深度应符合表 8-1 的规定。

**表 8-1 工程管线的最小覆土深度**

| 序号 | | 1 | | 2 | | 3 | | 4 | 5 | 6 | 7 |
|---|---|---|---|---|---|---|---|---|---|---|---|
| 管线名称 | | 电力管线 | | 电信管线 | | 热力管线 | | 燃气管线 | 给水管线 | 雨水排水管线 | 污水排水管线 |
| | | 直埋 | 管沟 | 直埋 | 管沟 | 直埋 | 管沟 | | | | |
| 最小覆土深度(m) | 人行道下 | 0.50 | 0.40 | 0.70 | 0.40 | 0.50 | 0.20 | 0.60 | 0.60 | 0.60 | 0.60 |
| | 车行道下 | 0.70 | 0.50 | 0.80 | 0.70 | 0.70 | 0.20 | 0.80 | 0.70 | 0.70 | 0.70 |

注：10 kV 以上直埋电力电缆管线的覆土深度不应小于 1.0 m。

(2)工程管线在道路下面的规划位置，应布置在人行道或非机动车道下面。电信电缆、给水输水、燃气输气、污雨水排水等工程管线可布置在非机动车道或机动车道下面。

(3)工程管线在道路下面的规划位置宜相对固定。从道路红线向道路中心线方向平行布置的次序，应根据工程管线的性质、埋设深度等确定。布置次序宜为：电力电缆、电信电缆、燃气配气、给水配水、热力干线、燃气输气、给水输水、雨水排水、污水排水。对于分支线少、埋设深、检修周期短的工程管线和输送可燃、易燃物质的工程管线及损坏时对建筑物基础安全有影响的工程管线应远离建筑物。

(4)工程管线在庭院内建筑线向外方向平行布置的次序，应根据工程管线的性质和埋设深度确定，其布置次序宜为：电力、电信、污水排水。

(5)沿城市道路规划的工程管线应与道路中线平行，其主干线应靠近分支管线多的一侧，工程管线不宜从道路一侧转向另一侧。道路红线宽度超过 30 m 的城市干道宜两侧布置给水配水管线和燃气配气管线；道路红线宽度超过 50 m 的城市干道应在道路两侧布置排水管线。

(6)各种工程管线不应在垂直方向上重叠敷设。

（7）沿铁路、公路敷设的工程管线应与铁路、公路平行。当工程管线与铁路、公路交叉时宜采用垂直交叉方式布置；受条件限制，可倾斜交叉布置，其最小交叉角宜小于30°。

（8）河底敷设工程管线应选择在稳定河段，埋设深度应按不妨碍河道的整治和管线安全的原则确定。当河道下面敷设工程管线时应符合下列规定：

①在一至五级航道下面敷设，应在航道底设计高程2 m以下；

②在其他河道下面敷设，应在河底设计高程1 m以下；

③当在灌溉渠道下面敷设，应在渠底设计高程0.5 m以下。

（9）工程管线之间及其建（构）筑物之间的最小水平净距应符合《城市工程管线综合规划规范》（GB50289—98）的规定。当受道路宽度、断面及现状工程管线位置等因素限制难以满足要求时，可根据实际情况采取安全措施后减少其最小水平净距。

（10）对于埋深大于建（构）筑物基础的工程管线，其与建（构）筑物之间的最小水平距离，应按下式计算，并折算成水平净距后与《城市工程管线综合规划规范》（GB50289—98）规定的数值比较，采用较大值。

$$L = \frac{(H - h)}{\mathrm{tg}a} + \frac{b}{2} \qquad\qquad (8-1)$$

式中：$L$——管线中心至建（构）筑物基础边水平距离（m）；

$H$——管线敷设深度（m）；

$h$——建（构）筑物基础底砌置深度（m）；

$b$——开挖管沟宽度（m）；

$a$——土壤内摩擦角（°）。

（11）当工程管线交叉敷设时，自地表向下的排列顺序宜为：电力管线、热力管线、燃气管线、给水管线、雨水排水管线、污水排水管线。

（12）工程管线在交叉点的高程应根据排水管线的高程确定。工程管线交叉时的最小垂直净距应符合《城市工程管线综合规划规范》（GB50289—98）有关的规定。

### 8.2.2 管沟敷设

管沟敷设分为通行地沟、半通行地沟和不通行地沟三种。

1. 通行地沟敷设

当管道通过不允许开挖的路段，或当管道数量多或管径较大，管道一侧垂直排列高度≥1.5 m时可以考虑采用通行地沟敷设方式。

通行地沟内采用单侧布管和双侧布管两种方法，如图8-3所示。

通行地沟中，自管子保温层表面到沟壁的距离为120～150 mm，至沟顶点的距离为300～350 mm，至沟底的净高≥1.8 m，并在转角处、交汇处和直线段每隔200 m距离（装有蒸汽管道时，不宜大于100 m）设一个入孔或安装孔，安装孔长度应能安下长度为12.5 m的热轧钢管，一般为0.8 m×5 m。通行地沟敷设的主要优点是工作人员可以进入沟内对管道进行安装和检修，维护和管理方便。此外管沟内管线均为多层布设，管线占地面积相对较少。其缺点是投资很大，建设周期长。一般中小型企业较少采用通行地沟，大型企业只是在总平面布置拥挤、管线密集的局部地段，通过论证比较认为经济合理时采用。城市中管线密集的主干道、次干道下面通过分析认为合理时也可以采用通行地沟。

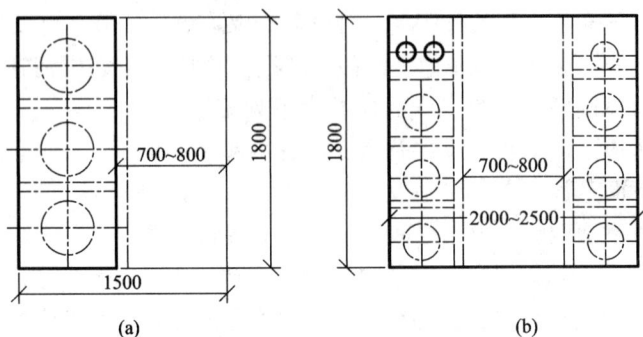

**图 8-3　通行地沟敷设**

(a)单排布置；(b)双排布置

**2. 半通行地沟**

当热力管道通过的地面不允许开挖，或当管子数量较多且采用架空敷设又不合理，或采用通行地沟敷设的地沟宽度受到限制时，可采用半通行地沟敷设。半通行地沟的布置如图 8-4所示。半通行地沟中，自管道或保温层外表面至沟壁距离为 100～150 mm，至沟底距离为 100～200 mm，至沟顶距离为 200～300 mm，半通行地沟宽度为 1.2～1.4 m，采用单侧布置时，通道净宽度宜为 0.5～0.6 m，采用双侧布置时，通道净宽不小于 0.7 m，每隔 60 m，设置一个检修输入口，入口应高出周围地面。它的优点是可以使工作人员可以弓身进入沟内操作。

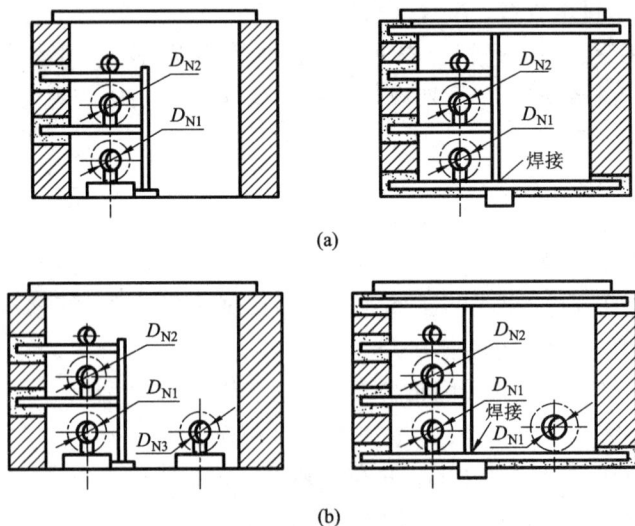

**图 8-4　半通行地沟**

(a)三管布置；(b)四管布置

与不通行的地沟相比，虽然检修条件有所改善，但管沟耗材较多，投资较贵，工程中应用不太广泛，一般只是在同一路径的电缆根数多时或地下压力水管和动力管数量较多，管径较大或距离较长时，才采用此种敷设方式。

3. 不通行地沟

不通行地沟用于单层敷设性质相同的管线。其布置如图 8 - 5 所示。

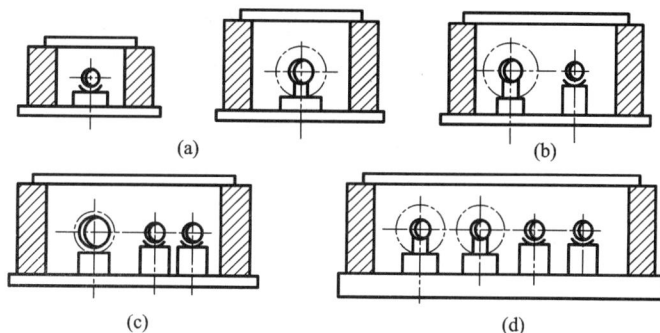

**图 8 - 5　不通行地沟敷设**
(a) 单管布置；(b) 双管布置；(c) 三管布置；(d) 四管布置

不通行地沟中，自管道或保温层中外表面至沟壁距离为 100 ~ 150 mm，至沟底距离为 100 ~ 200 mm，至沟顶距离为 50 ~ 100 mm。其剖面形状有矩形、半圆形和圆形三种，常用的不通行地沟为矩形剖面。不通行地沟尺寸小，占地少，并能保证管线在地沟里自由变形。此外，对比架空敷设和采用其他管线形式，它耗材少，投资省。它的缺点是工作人员不能进入沟内操作，发现事故较难，检修时不方便。一般同一路径根数不多的电缆和距离较短、数量较少、直径较细的给水管、蒸汽管等采用此种敷设方式。

### 8.2.3　综合管沟

随着城市化进程的推进和土地开发强度的增加，城市管线数量不断增加，越来越多的管线敷设加剧了城市地下空间的紧张，纵横交错的地下管线，给城市改建、扩建工作带来了极大的不便，管道的安全可靠性也受到了极大的挑战。传统的市政管线敷设方式必须

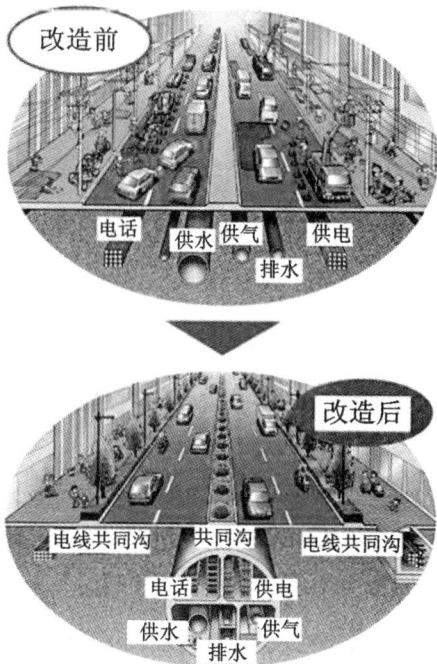

**图 8 - 6　采用共同沟的市政管线布置图**

反复开挖路面进行施工，形成人们常见和批评的所谓"拉锁马路"，严重影响了城市的交通与市容，干扰了市民的正常生活和工作秩序。对于这种现状一方面要立足于现有技术，强化市政管线的综合规划设计，加强各相关部门的协调、统筹。另一方面要探索、学习国内外市政管线敷设的新技术、新方法。

　　早在 19 世纪末和 20 世纪初，法国、日本等国的城市为了合理充分地利用地下空间，避免路面开挖给城市带来的诸多不利，积极探索采用综合地下管线和共同沟(综合管沟)。共同沟——综合管沟(亦称地下综合管沟或地下城市管道综合走廊)是指将几类性质不同的工程管线集中敷设在同一空间内的构筑物，即在城市地下建造一个隧道空间，将市政、电力、通信、燃气、给排水等各种管线集于一体，设有专门的检修口、吊装口和监测系统，实施统一规划、统一设计、统一建设和管理。如图 8-6 所示为改造前和改造后采用共同沟的市政管道布置图。迄今共同沟的发展已经有 160 多年的历史，但在我国仍属于新兴事物。西方国家城市发展建设的经验证明，城市地下管线共同沟是解决城市地下管线难题的有效途径。我国目前许多城市都在开展共同沟的研究，上海在 1993 年规划建设了我国第一条现代共同沟——浦东新区张杨路共同沟。

　　1.综合管沟的分类

　　(1)按其功能分类

　　可分为干线综合管沟(共同沟)、支线综合管沟(共同沟)和综合电缆沟。

　　干线综合管沟(见图 8-7)一般布置在城市道路的机动车道或城市道路的中央下方，主要收容的城市管线为电力、电信、自来水、燃气、热力等管线，有时根据需要也将排水管线收容在内。在干线综合管沟内，电力从超高压变电站输送至一、二次变电站，电信主要为转接局之间的信号传输，燃气主要为燃气厂至高压调压站之间的输送。一般不直接为沿线周边地区用户服务。

　　支线综合管沟(见图 8-8)一般布置在城市道路的两旁非机动车道或人行道的下方，主要收容城市中各种供给支干线，与用户直接相连并为周边用户提供服务。

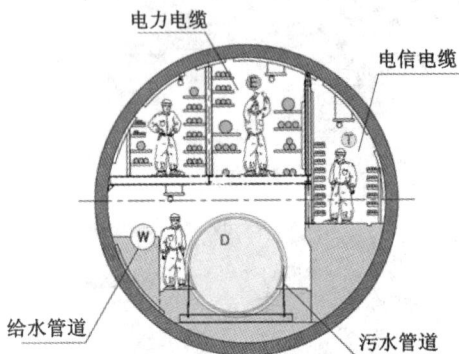

图 8-7　干线综合管沟

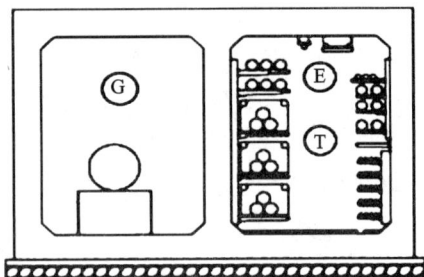

图 8-8　支线综合管沟

　　综合电缆沟一般布置在城市道路两旁的非机动车道或人行道的下方；主要收容各种电力电缆、通信光缆、军警特种通行光缆等各种信息传输光缆等。

　　(2)按施工方法分类

　　可分为暗挖法综合管沟、明挖工法综合管沟和预制拼装式综合管沟。

　　暗挖法综合管沟是在地下管线综合管沟的建设过程中，采用盾构法(TBM 掘进法)、钻爆等施工方法进行施工，其断面形式一般采用圆形或椭圆形。采用暗挖法施工的综合管沟造价较高，但其施工过程对城市交通影响较小，可以有效降低综合管沟建设的外部成本，如施工造成的交通延迟成本、拆迁成本等。一般适合于城市中心区或深层地下空间开发中的综合管沟的建设。

明挖法施工的综合管沟一般采用矩形断面形式，其直接成本相对较低，适合于城市新区的综合管沟的建设，或与地铁、道路、地下街、管线整体更新等整合建设，其综合管沟一般分布在道路浅层。

预制拼装式综合管沟，即将综合管沟的标准段在工厂进行预制加工，而在建设现场现浇综合管沟的接出口、交叉部特殊段，并与预制标准段拼装形成综合管沟本体。预制拼装式综合管沟可以有效地缩短与降低综合管沟施工的工期和造价。预制拼装式综合管沟适用于城市新区或高科技园区。

2. 综合管沟(共同沟)的优点

采用综合管沟来敷设城市地下管网系统与传统直埋敷设式管网系统相比较有如下优势：

①综合管沟可减少道路开挖的次数，从而保证路面畅通，保持路面的完整与美观，使路面的使用寿命延长 2~3 倍。

②综合管沟能有效缩短管线施工的工期，还可避免盲目施工引起的各种管线的损坏，使管网故障率较少到最低程度。

③综合管沟埋设管道的空间利用率高，能进入内部作定期巡回检查，并可随时进行换修，因此各管线间的故障及相互影响大为减少，还可以全面回收旧管材。

④有利于管沟内各种管线的运营管理和集中维护，提高工程的综合质量、投资效率及管理层次。

3. 综合管沟的规划

综合管沟规划是城市各种地下市政管线的综合规划，因此其线路规划应符合城市各种市政管线布局的基本要求，并应遵循如下原则：

(1)综合原则

综合管沟是对城市各种市政管线的综合，因此在规划布局时，应尽可能地让各种管线进入综合管沟内，以充分发挥其作用。

(2)长远原则

综合管线规划必须充分考虑城市发展对市政管线的要求。

(3)相结合原则

综合管沟应与地铁、道路、地下街等建设相结合，综合开发城市地下空间，提高城市地下空间开发利用的综合效益，降低综合管沟的造价。

4. 综合管沟的布局形式

综合管沟是城市的市政设施，因此其布局与城市的形态有关，与城市路网紧密结合，其主干综合管沟主要在城市主干道下，最终形成与城市主干道相对应的布局形态。在局部范围内，支干线综合管沟布局应根据该地域的情况进行合理布局。综合管沟的布局形式有以下几种：

(1)树枝状

综合管沟以树枝状向其服务地区延伸，其直径随着综合管沟的延伸逐渐变小。树枝状综合管沟总长度短，管路简单，投资省，但当管网某处发生故障时，在其以后部分受到影响比较大，可靠性相对较差。而且越到管网末端，质量越下降。这种形式常出现在城市局部区域内的支干综合管沟或综合电缆沟的布局中。

（2）环形

环形布置的综合管沟的干线相互连通，形成闭合的环状管网。在环状管网内，任何一条管道都可以由两个方向提供服务，因而提高了服务的可靠性。环状网管路长，投资大，但系统的阻力小，降低了动力损耗。

（3）鱼骨状

鱼骨状布置的综合管沟，以干线综合管沟为主骨，向两侧辐射出许多支线综合管沟或综合电缆沟。这种布局分级明确，服务质量高，而且网路线短，投资小，相互影响小。

5. 采用综合管沟（共同沟）集中敷设情形

当遇到下列情况之一时，工程管线宜采用综合管沟集中敷设：

①交通运输繁忙或工程管线设施较多的机动车道、城市主干道以及配合兴建地下铁道、立体交叉等工程地段。

②不宜开挖路面的路段。

③广场或主要道路的交叉处。

④需同时敷设两种以上工程管线及多回路电缆的道路。

⑤道路与铁路或河流的交叉处。

⑥道路宽度难以满足直埋敷设多种管线的路段。

6. 综合管沟（共同沟）敷设的基本要求

①综合管沟内宜敷设电信电缆管线、低压配电电缆管线、给水管线、热力管线、污雨水排水管线。

②综合管沟内相互无干扰的工程管线可设置在管沟的同一个小室；相互有干扰的工程管线应分别设在管沟的不同小室。

电信电缆管线与高压输电电缆管线必须分开设置；给水管线与排水管线可在综合管沟一侧布置，排水管线应布置在综合管沟的底部。

③工程管线干线综合管沟的敷设，应设置在机动车道下面，其覆土深度应根据道路施工、行车荷载和综合管沟的结构强度以及当地的冰冻深度等因素综合确定；敷设工程管线支线的综合管沟，应设置在人行道或非机动车道下，其埋设深度应根据综合管沟的结构强度以及当地的冰冻深度等因素综合确定。

④通行管沟内应有足够的空间供通行，检修；应有通风、照明及积水排泄等措施。

由于综合管沟的建设投资巨大，未形成规模难以发挥作用，产生效益。鉴于我国城市目前经济发展水平，再加上各相关部门实行条块分割的管理体制，难以进行大规模的综合管沟的建设。相信合理地进行综合管沟的规划建设，将有利于提高城市投资环境，促进开发开放，保障居民的生活、工作秩序，保持良好的自然环境，为城市的立体化发展打下基础。采用综合管沟进行市政管线的敷设必将成为未来城市建设、发展的趋势和潮流。

# 8.3　市政管线的综合布置

各种市政管线的性能和用途各不相同，承担设计单位和施工时间也先后不一。对各种管线工程如不进行综合布置安排，势必产生各种管线在平面、空间的互相冲突和干扰，如厂外和厂内管线，局部与整体等。这些矛盾如不在规划设计阶段加以解决，就会影响到工业建设的速度和人民的生活，还会浪费国家资金。因此，市政管线工程综合布置是城市总体规划的一个重要组成部分。

管线综合就是搜集城市规划地区范围内各项管线施工的规划设计资料（包括现状资料），加以分析研究，进行统筹安排，并发现解决它们之间以及它们与城市其他各项工程之间的矛盾，使它们在城市用地上占有合理的位置，以指导单项工程下一阶段的设计，并为管线施工以及今后的管理工作创造有利的条件。

所谓统筹安排就是将各项管线按统一的坐标及标高汇总在总体规划平面图上，进行综合分析，发现矛盾。如单向工程原来布置的走向不合理或与其他管线发生冲突，就可建议该项管线改变走向或标高，或做局部调整。如单向工程不存在上述问题，则根据原有的位置肯定它们的位置。

随着现代城市公用事业的快速发展，城市道路下铺设的市政管线的种类和数量也趋于繁多。在有限的道路断面宽度下，若缺乏对管线布置的综合考虑，第一容易导致施工中各种管线互相冲突，影响施工。第二容易导致使用中各种管线互相干扰，甚至产生安全事故。所以对各种市政管线的综合考虑和合理布置十分必要。

## 8.3.1　影响市政管线布置位置的因素

市政管线的布置位置主要考虑管线的使用性质、检修周期、覆土深度、易燃和损坏时对建筑物基础安全影响等因素。

### 1. 使用性质因素

主要是考虑各种管线分支线的多少和其他设施的连接方便等因素。例如电力电缆、通信电缆、给水配水管、燃气配气管等分支线多，一般布置在比较靠近道路红线的位置。给水输水管、燃气输气管等分支线少，适宜布置在远离道路红线的位置。雨水管一般每隔 25 ~ 50 m 就需要雨水篦子连接，所以雨水管适宜布置在近车行道边线的位置，在断面宽度不足的情况下，雨水管还可以布置慢车道下。

### 2. 检修周期因素

检修周期短的管线一般不适合布置在机动车道，而适宜布置在绿化带下。绿化带宽度不足的情况下可以选择布置在人行道下。例如电力电缆、给水配水管。检修周期长的管线在横断面空间有限的情况下则可以选择布置在非机动车道、机动车道下。

### 3. 覆土深度因素

各种管线都有最小覆土深度要求。实际工程中，多数管线的覆土深度要比最小覆土深度大。覆土深越大的管线适宜布置在离建筑物基础越远位置，例如污水管、雨水管等覆土深度通常较大的管线适宜布置在离道路红线最远的位置。相反，电力电缆、通信电缆等覆土深度小的管线可以布置在离道路红线近的位置。

4.易燃和损坏时对建筑物基础安全影响因素

主要是燃气配气管、燃气输气管等易燃和损坏时容易发生爆炸的管线应布置在离建筑物较远的位置。

### 8.3.2 市政管线综合布置的一般原则

市政管线综合布置的原则如下：

(1)厂界、道路、各种管线的平面位置和竖向位置应采用统一的坐标系统和标高系统，避免发生混乱和互不衔接。如有几个坐标系统和标高系统时，须加以换算，取得统一。

有的大工厂，为了本身设计和施工的方便，往往自设一个坐标系统。但是，工厂厂界的转角和工厂管线的进出口则应使用统一的坐标系统和标高系统，并须取得不同坐标系统的换算关系，以便核对。

(2)充分利用现状管线，只有当原有管线不适应生产发展的要求和不能满足居民生活需求时，才考虑废弃和拆迁。

(3)对于基建期间施工用临时管线，也必须予以妥善安排，尽可能使其和永久管线结合起来，成为永久管线的一部分。

(4)安排管线位置时，应考虑今后的发展，应留有余地，但也要节约用地。

(5)在不妨碍今后的运行、检修和合理占有土地的情况下，应尽可能缩短管线长度以节省建设费用。但需避免随便穿越和切割可能作为工业企业和居住区的扩展备用地，避免零乱，使今后管理和维修不便。

(6)居住区内的管线，首先考虑布置在居住区内(街坊)的道路下，其次为次干道下，尽可能不将管线布置在交通频繁的主干道的行车道下，以免施工或检修时开挖路面和影响交通。

(7)埋设在道路下的管线，一般应和路中心线或建筑红线平行。同一管线不宜自道路的一侧转到另一侧，以免多占用地和增加管线交叉的可能。

(8)在道路横断面中安排管线位置时，首先考虑布置在人行道与非机动车道下，其次才考虑将修理次数较少的管线布置在机动车道下。往往根据当地情况，预先规定哪些管线布置在道路中心线的左边或右边，以利于管线的设计、综合和管理。但在综合过程中，为了使管线安排合理和改善道路交叉口中管线的交叉情况，可能在个别道路中会变换预定的管线位置。

(9)各种地下管线从建筑红线向道路中心线方向平行布置的次序，根据管线的性质、埋设深度等来决定。可燃、易燃和损坏时对房屋基础、地下室有危险的管道，应该远离建筑物远一些。埋设较深的管道距离建筑物也较远。一般布置次序如下：

①电力电缆；

②电信管道或电信电缆；

③空气管道；

④氧气管道；

⑤燃气或乙炔管道；

⑥热力管道；

⑦给水管道；

⑧雨水管道；

⑨污水管道。

（10）编制管线综合时，应使道路交叉口中的管线交叉点越少越好，这样可以减少交叉管线在标高上发生矛盾。

（11）管线发生冲突时，要按具体情况来解决，一般是：

①未建设管线让已建成管线；

②临时管线让永久管线；

③小管道让大管道；

④压力管道让重力自流管道；

⑤可弯曲的管线让不易弯曲的管线。

（12）沿铁路敷设的管线，应尽量和铁路线路平行；与铁路交叉时，尽可能成直角交叉。

（13）可燃、易燃的管道，通常不允许在交通桥梁上跨越河流。在交通桥梁上敷设其他管线，应根据桥梁的性质、结构强度、并在符合有关部门的情况下加以考虑。管线穿越通航河流时，不论架空或是在河道下通过，均须符合航运部门的规定。

（14）电信线路和供电线路通常不合杆架设，在特殊情况下，征得有关部门同意，采取相应措施后（如电信线路采用电缆或皮线等），可合杆架设。同一性质的线路应尽可能地合杆，如高低压供电线等。

高压输电线路和电信线路平行架设时，要考虑干扰的影响。

（15）综合布置管线时，管线之间或管线与建筑物、构筑物之间的水平距离，除了要满足技术、卫生、安全等要求外，还须符合国防上的规定。

### 8.3.3　市政管线的综合

1. 综合工作阶段的划分

各项管线工程从规划到建成，有几个不同的工作阶段。管线工程的综合可分为规划综合阶段和设计综合阶段。

（1）规划综合阶段

管线工程规划综合是以各管线工程的规划资料为依据进行总体布置并编制综合示意图。主要任务是解决各项管线工程主干管线在系统布置上存在的问题，并确定主干管线的走向。对于管线的具体位置，除了有条件的以及必须定出的个别控制点外，一般不作规定，因为单项工程在下阶段设计中，根据测量选线和管线的位置将会有若干的变动和调整（沿道路敷设的管线，则可在道路横断面图中定出）。

（2）设计综合阶段

按照城市规划工作阶段来划分，设计综合相当于详细规划的工作。它根据各项管线工程的初步设计资料来进行综合。设计综合不但要确定各项管线工程具体的平面位置，而且要检查管线在竖向上有无问题，并解决不同管线在交叉处所发生的矛盾，这是和规划综合在工作深度上的主要区别。由于各项管线工程的建设有轻重缓急之分，设计进度也先后不一，因此，设计综合往往只能在大多数工程或者几项主要工程的初步设计的基础上进行编制，而不可能等待所有各项工程都完成了初步设计才着手进行。

设计综合完成后，可以进行各项管线工程施工详图设计。各管线施工之前，城市建设管理部门应进行施工详图检查，以解决因设计进一步深入或因客观情况变化而产生的新的矛盾。由于施工详图完成后往往就进行施工，所以核对和检查工作通常只能个别进行，而难于集中几项工程的施工详图同时进行。在单项工程施工前，通常要先向城市建设管理部门申请，经许可后方可施工。核对和检查施工详图的工作一般划入城市建设管理工作范围之内。

综上所述，不同的综合工作阶段有着不同的任务和内容，它们既有区别，又有联系，前一工作阶段为后一工作阶段提供条件，后一阶段又补充和修改前一阶段的内容。划分了工作阶段，就可以根据不同发展阶段的工作性质确定不同的任务和内容，从而采取相应的措施。但是，城市有大有小，有复杂，有简单，建设任务有轻重缓急，因此必须根据具体情况来划分工作阶段，不能机械加以区分。

2. 规划综合的编制

(1)规划综合编制的方式

编制管线工程规划综合有两种基本方式。一种是由各种建设单位分别作出各单项工程的规划，城镇建设(规划)部门搜集各单项工程的规划文件和图纸，进行综合。在综合过程中举行必要的设计会议研究解决主要的、牵涉面较广的问题。做出规划综合草图后，邀请有关单位讨论定案。另一种方式是组织有关单位共同进行规划和综合，遇到问题当时就可以解决，定案也比较迅速。

(2)规划综合要编制的两种图纸

1)管线规划综合平面示意图

比例为1:5000～1:10000。比例尺的大小随城市的大小、管线复杂程度而定，尽可能和城市总体规划的比例尺一致。

①平面示意图的内容包括：

a)自然地形：地物、地貌及等高线等；

b)现状：现有工厂、建筑物、铁路、道路、给水、排水等各种管线以及它们的主要设备和构筑物(如铁路战场、自来水厂、污水处理厂等)；

c)规划的工业企业厂址、规划的居住区、道路网、铁路等；

d)各种规划管线的布置和它们的主要设备及构筑物，有关的工程措施，如防洪堤、排洪沟等；

e)标明道路横断面所在地段等。

②管线规划综合平面示意图的一般编制方法如下：

a)在硫酸纸上打好坐标方格网，然后把地形图垫在下面描绘地形，坐标方格网要求打得准确，否则会影响规划综合平面图的准确性。

b)将现有的和规划的工厂、道路网按坐标在平面图上绘出，并根据道路的宽度画出建筑红线，如果在总体规划阶段还没有计算出道路中心线交叉点的坐标，则根据道路网规划图复制。

c)根据现在资料，把各种管线绘入图中。

d)把规划和设计的管线的平面布置逐一用铅笔绘入图中，这样可以从图中发现各项管线在平面布置上的问题，进行研究和处理。综合安排妥当，问题都已解决，然后上墨，并标注必要的数据和扼要的说明。

由于管线综合图纸往往需要复制许多份，因而通常采用单色图例。为了图面清晰，突出管线工程，地形、工厂、道路等可用暗红色绘图墨水绘制，管线用黑色墨水绘制。

2)道路标准横断面图

规划综合图通常和绘制道路标准横断面图一起进行，因为在道路平面图中安排管线位置时与道路横断面的布置有着密切的联系，有时会由于管线在道路横断面中配置不下，需要改变管线的平面布置，或者变动道路各组成部分在横断面中的原有排列情况。

道路标准横断面图，比例通常采用1∶200，图中包括如下内容：

①道路的组成部分，如机动车道、非机动车道、人行道、分车带和绿化带等。

②现状和规划设计的管线在道路中的位置，并注有各种管线与建筑线之间的距离。目前还没有规划而将来要修建的管线，在道路横断面中为它们预留出位置。

③道路横断面的编号。

道路标准横断面图的绘制方法比较简单，即根据该路中的管线布置逐一配入道路规划所作的横断面，注上必要的数据。但是，在配制管线位置时，必须反复考虑和比较，妥善安排。例如，道路两旁行道树，若过于靠近管线，可能导致树冠高于架空线路发生干扰，树根易影响地下管线。这些问题一定要加以合理解决。

在编制规划综合图纸的同时，应编写管线工程综合的简要说明书，内容包括：所综合的管线、应用的资料和它们的准确程度，对规划设计管线进行综合安排的原则和根据，单项工程进行下一阶段设计时应注意的问题。

3.设计综合的编制

设计综合阶段，要编制管线工程设计综合平面图、管线交叉点标高图和修订道路标准断面图等三种图纸。

(1)管线综合平面图

图纸比例通常采用1∶5000，图中内容和编制方法，基本上和规划综合图相同，而在内容的深度上有所区别。

(2)管线交叉点标高图

这张图纸的作用主要是检查和控制交叉管线的高程——竖向位置，图纸大小和比例及管线布置和综合平面图相同(在综合平面图上复制而成但不绘地形，也不可注坐标)在道路的每个交叉口上编上号码，便于查对。

(3)修订道路标准横断面图

图纸比例和内容与规划综合时所绘制的道路标准横断面图相同(1∶200)。编制设计综合时，有时需要调整规划综合时所作的布置，对原来配置在道路断面中的管线位置进行补充修订。道路标准横断面的数量较多，通常绘制、汇订成册。

在现状道路下配置管线时，应尽可能保留原有的路面。但需要根据管线拥挤程度、路面质量、管线施工时对交通的影响以及近远期结合等情况作方案比较，而后确定管线的位置。同一道路的现状横断面和规划横断面均应在图中表示出来。表示的方法，或用不同的图例和文字注释绘在一个图中，或将二者分上下两行绘制(或左右并列)。

设计综合所做图纸的种类，应根据城市的具体情况而有所增减。如管线简单的城市或者图纸比例较大，可将综合平面图、管线交叉点标高图合并，甚至三种都绘制在一张图纸上。管线情况复杂时可增绘辅助平面图。有时，根据管线在道路中的布置情况，采用较大的比例尺，按道路逐条逐条地进行综合和绘制图纸。总的目的是要保证质量，又要使综合工作量简化。

设计综合说明书的基本内容和规划综合说明书内容相仿，对发现问题以及处理意见要记入说明书中。

规划设计阶段的管线综合完成后,城市建设管理部门必须对这些工程加以管理。为了便于管理,需要根据各项工程竣工图纸编制管线工程现状图,以反映各种管线在实地上的情况,使管理人员对地上、地下的管线了如指掌。

# 思 考 题

1. 试比较直埋敷设、管沟敷设及综合管沟的优缺点。
2. 结合城市地下管线的敷设现状及问题,简述综合管沟的敷设意义和发展趋势。
3. 根据我国城市市政管线布设的现状,阐述城市市政管线综合布置的意义。

# 第9章 地下人防建筑

## 9.1 概述

人民防空(civil air defense)是国防建设的重要组成部分,是指国家根据国防需要,动员和组织人民群众防备敌人空中袭击、消除空袭后果所采取的措施和行动,简称"人防"。而人民防空工程(简称人防工程)是战时掩蔽人员、物资,保护人民生命和财产安全的重要场所,是实施人民防空最重要的物资基础。

地下人防建筑是结合地面建筑修建的人防工程,它是人防工程的重要组成部分,也是人防工程的主体,与其他类型人防工程一样,地下人防建筑物具有国家规定的防护能力和各项战时防空功能。

随着社会的进步,国民经济和科学技术的发展,人民防空的功能范围不断扩展。除了战时防备敌人空中袭击、减轻战争危害外,在应付和平时期自然灾害、突发事故以及保障和促进经济发展等方面,人防工程也发挥着重要作用。

### 9.1.1 人防工程的特点

人防工程属于现代防护工程的重要组成部分,当航空武器出现后,绝大多数防护工程都位于地表以下,成为地下建筑物或构筑物,因此人防工程与普通地下建筑既有区别又密切相关。其主要特点有:

1.受武器和作战方针影响大

人防工程的主要功能是抵御各类预定武器杀伤破坏作用,对工程在防护方面提出的技术指标称为防护指标或要求,按防护指标设计和建造的工程便具有预定的防护功能。根据工程性质、功能与重要性的不同,其防护指标也不相同,可以是较低指标,如仅防战斗部弹片或仅防放射性灰尘,也可以是很高的指标,如抗核武器触地爆炸甚至是钻地爆炸。

武器的发展是客观存在的,但防护指标和要求是根据战争和武器发展的特点研究和分析后主观提出的,是工程设计的依据。防护指标和要求提出,除了受到武器发展和战争形态转变的影响,还受到作战方针与经济条件等的影响。如有的工程主要按抵御核生化武器的各项杀伤破坏因素考虑,而有的工程则只需按常规武器的破坏作用考虑;当采取城镇居民以战时人员疏散为主的策略时,则可以少建人防工程,反之则需要多建。总之,防护指标和要求受多种因素制约,它既影响着整个城市防灾抗空袭的方式,又影响着具体工程的防护指标与要求的确定。

2.受气候、外界环境影响小

包围着地下建筑的岩石和土壤具有良好的热稳定性和密闭性。因此地下建筑可以少受或不受严寒、酷暑和风沙等恶劣气象的影响,也便于形成恒温、恒湿、超净或防震的内部环境。

工程周围的岩石和土壤还使地下建筑具有良好的抗地震性能。1976年中国唐山地震时,市区民用建筑严重破坏和倒塌的达 1116.95 万 m²，占原有建筑的 95.53% 。但市内人防工程、矿山坑道等地下工程却较好地得以保存，特别是防空地下室震后基本完好无损，当时在里面的人员并无伤亡。

### 3. 具有较好的防护能力

岩石和土壤是廉价甚至是免费的防护层，它可以很容易地实现对弹片、热辐射、毒剂和核辐射等的防护。较厚的人工防护层可以抵御炮弹、炸弹的杀伤破坏作用，也可以削弱冲击波；十几米厚的自然岩石防护层可完全抵御炸弹或数兆帕冲击波作用；数十以至数百米厚的自然岩石防护层还可以抗弹触地爆炸作用。当岩石中工程顶部以上有足够厚度的自然防护层时，则除了出入口部分需要考虑特殊的防护措施以外，其主体部分的冲击波荷载都可以由岩石承受而不再作用在工程之上，这一点在地上即使花费很高代价也是不易做到的。正是由于这种特点，即使是未按预定防护指标设计的地下建筑物，也具有一定的抗力，特别是抗常规武器的能力。同时，由于工程暴露征候少，因而容易伪装，不易被发现，难以被摧毁。

### 4. 利于改善城市地面环境

目前我国大、中城市的市区用地紧张，在繁华地段则是寸土寸金。修建平战结合的人防工程是解决城市用地紧张的好办法之一。同时，利用地下空间开发的方式可以减少甚至取消高架道路等有碍城市美观的设施，增加城市绿地景观与广场，有效地改善城市环境。在国内外，为了保存绿地而采用地下建筑的实例已不罕见。

### 5. 施工复杂、造价较高

修建人防工程需要大量开挖或覆盖土、石，才能获得必要的空间。在软土或破碎的岩石中，特别是在地面建筑密集区的软土中开挖，技术更为复杂。除个别情况外，大多数人防工程都要考虑防水防潮问题。地下水位高又不能自流排水的工程可能全部处于地下水位之下，其防水问题尤为重要和复杂。由于地下工程施工一般较地面建筑复杂，因而投资也较多，而当其他条件相同时，人防工程由于考虑到工程防护问题，投资要明显高于非防护的地下工程。预定抵御的武器种类越多，防护标准越高，投资也就越大。

## 9.1.2 人防工程在现代战争中的作用

和平与发展是当今世界的两大主题。然而，战争的危险依然存在，各类杀伤破坏武器仍在日新月异地发展。因此，人们在做出制止战争发生的各种努力的同时必须加强城市人防工程的建设，普及人防知识。

### 1. 现代战争的启示

（1）第二次世界大战的启示

自从飞机出现后，各类航空武器在军事领域得以迅速发展。在第二次世界大战中，各国竞相研制新型飞机和航空武器。各参战国也均遭受到不同程度的轰炸，给人民的生命财产带来了巨大的损失。武器的发展，促使人们寻求新的防护措施。英国是较早重视城市防护工作的国家之一。早在 1917 年伦敦就成立了"防空指挥部"。二战开始后进一步加强城市和工业区的民防措施，开始有计划地修建各类防空工程。据 1940 年 11 月初调查，伦敦全市约有 40% 的人口在各种掩蔽工事中过夜，其中 4% 在地铁，9% 在公共掩蔽工事，27% 的在家庭掩蔽工事中。民防体系发挥的巨大作用大大减少了居民的伤亡，在整个二战期间，英国平均每受弹 1t 伤亡仅 1 人。

二战期间，原苏联也广泛采取了民防措施，对保存战争潜力、夺取城市保卫战的胜利起到了重要作用。列宁格勒是仅次于莫斯科的原苏联第二大城市，是德军侵略原苏联的首要目标之一。在长达 3 年的保卫战中，全市大量构筑了防空工事。在德军轰炸最猛烈的 1941 年 9 月和 10 月中，德军共轰炸了 61 次，投弹 3 万余吨，然而全市仅有 6536 人伤亡，平均受弹 1 t 只伤亡 0.2 人。

德国和日本由于采取民防措施较晚，伤亡比较大，平均每受弹 1 t 分别伤亡 1.7 人和 5.5 人。而旧中国几乎没有像样的民防措施，日本侵华 8 年间共出动飞机 2.5 万架次，共投弹 21.3 万余枚，炸死我国人民 33 万余人，炸伤 22 万余人，平均受弹 1 t 伤亡 8.7 人。第二次世界大战血的教训告诉我们，在大量使用航空武器的今天，城市人防设施是现代战争的强大盾牌。城市有了大量的人防工程，战争造成的人员及财产的损失将大大降低。战争的突然性在增强，任何一方为了有效地保护自己，必须长期坚持构筑自己的坚实盾牌——人防工程。

（2）海湾战争的启示

1991 年 1 月，海湾战争爆发，在 42d 的战争中，以美国为首的多国部队，出动飞机 10 万余架次，平均每天投弹和发射导弹约 2 万 t，爆炸威力空前。

10 多年来，伊拉克花费约 500 亿美元建造了大量的国防、民防设施，其人防设施可容纳几百万人，这些工程通过地产相互连接在一起，一些单个工程的墙厚达 1.0 ~ 2.0 m，具有极高的防护能力。巴格达建成有设备、功能完善的地下城，这座地下城在 20 世纪 60 年代开始兴建，1981 年完工，建筑面积约 50 km²，在海湾战争中不仅保护了居民的生命财产安全，而且也保护了大量的兵力兵器免遭损失。

伊拉克这样一个面积 45 万 km²、人口 1000 余万的国家，能顶得住美、英、法等世界强国组成的多国部队大规模毁灭性的空袭长达一个多月之久，使多国部队一直不敢贸然发动地面进攻，如果伊拉克没有强大的国防、民防设施是不可想象的。

（3）科索沃战争的启示

1999 年 3 月至 5 月，以美国为首的北约，出动大规模海空军力量，对原南斯拉夫联盟共和国进行了军事打击。这场战争虽然持续时间不长，但诸多新型武器装备在战争中得到运用，各种新式战法经历了战争的实践检验，是一场典型的高技术条件下的局部战争。在短短的 78 天内，南境内有 40 座城市、400 多个目标遭到了北约的轰炸。

但在科索沃战争中始终处于劣势的南军，由于凭借了良好的素质、防空设施和复杂的地形，较成功地保证了 80% 的市民藏身，其武装力量并未遭受致命打击，80% 的重型装备得以保存。南联盟的军民在高强空袭面前较好地处理了目标安全、歼来敌和保存防空实力三者的关系，这对于我们今后加强人民防空建设、保证战争潜力有着深刻的启迪。

2. 人防工程在现代战争中的作用

人防工程作为国防力量建设的重要组成部分，在现代战争中有以下几方面的作用：

①和平时期对战争的遏制作用。现代战争中，无论大国或小国都普遍认识到，防御力量和防护能力是国防威慑力量的重要组成部分。进攻武器体系、防御武器体系及防护工程体系是国防威慑力量的有机整体，进攻武器系统越发展，防护工程体系的作用就越大。因此各国都将防护工程体系的建设提高到战略地位，而人防工程正是防护工程体系中的重要组成部分。

②战争初期对敌进攻的迟滞作用。城市人防工程作为防护工程体系中的重要组成部分，可消耗大量价值昂贵的高技术兵器和大量兵力，使战场上的军事力量的对比向有利于自己的一方

转化，同时为自己充分调动力量应战赢得时间。现代战争空袭是战争初期的基本作战样式，在空袭战中，防御方若能顶得住进攻方的"三板斧"，战争将可能向有利于防御方转化。

③对战争潜力、经济发展能力和保护作用。人防工程可以保护城市人员和各类物资的安全，因此对国家战争潜力和经济发展能力提供了高效的保护作用。

### 9.1.3 人防工程的分类与分级

人防工程主要是保障人民群众对敌空袭坚持斗争和掩蔽安全的防护性建筑物，其分类主要是按照工程的构筑方式及使用功能分类；另外，不同使用功能的工程以及不同区域内的工程，其抗力级别与防化级别也不相同。

1. 人防工程的分类

（1）按工程构筑方式分类

按工程的构筑方式，人防工程主要分为明挖工程与暗挖工程。

明挖工程是指工程上部自然防护在施工中被扰动的工程。它受地质条件影响小，使用方便，作业面大，与地面建筑及地下管线的关系较为密切。主要适用于抗力要求不高或不宜暗挖使用的条件下使用。明挖工程按上部地面建筑又可分为单建式工程和附建工程。上部无大型或固定地面建筑物的称为单建式工程；上部有地面建筑的称为附建工程，也称为防空地下室。

暗挖工程是指上部自然防护层在施工中未被扰动的工程。施工中受地面及地下管线的影响小，工程的抗力随护层厚度的增加有不同程度的提高。结构断面尺寸因有岩土起承载作用而可减小，但施工受地质影响较大。暗挖工程按照在山体或平原地区的修建方式可分为地道式和坑道式工程。

（2）按战时使用功能分类

按战时的使用功能人防工程可分为：指挥通信工程、医疗救护工程、防空专业队工程、人员掩蔽工程和配套工程五大类。

①指挥通信工程：即各级人防指挥所。人防指挥所是保障人防指挥机关战时能够不间断工作的人防工程。

②医疗救护工程：医疗救护工程是战时为抢救伤员而修建的医疗救护设施。医疗救护工程根据作用和规模的不同可分为三等：一等为中心医院，二等为急救医院，三等为救护站。

③防空专业队工程：防空专业队工程是战时为保障各类专业队掩蔽和执行勤务而修建的人防工程。根据《中华人民共和国人民防空法》的规定，防空专业队伍包括抢险抢修、医疗救护、消防、治安、防化防疫、通信、运输七种。其主要任务是：战时担负抢险抢修、医疗救护、防火灭火、防疫灭菌、消毒和消除沾染、保障通信联络、抢救人员和抢运物资、维护社会治安等任务，平时协助防汛、防震等部门担负抢险救灾任务。

④人员掩蔽工程：人员掩蔽工程是战时主要用于保障人员掩蔽的人防工程。根据使用对象的不同，人员掩蔽工程分为两等：一等人员掩蔽所，指战时坚持工作的政府机关、城市生活重要保障部门（电信、供电、供气、供水、食品等）、重要厂矿企业和其他战时有人员进出要求的人员掩蔽工程；二等人员掩蔽所，指战时留城的普通居民掩蔽工程。

⑤配套工程：配套工程是战时用于协调防空作业的保障性人防工程，主要包括：区域电站、区域供水站、人防物资库、人防汽车库、食品站、生产车间、疏散干（通）道、警报站、核生化监测中心等工程。

（3）按防护特性分类

按防护特性人防工程分为甲类与乙类工程。甲类人防工程是指战时能抵御预定的核武器、常规武器和生化武器袭击的工程；乙类人防工程是指战时能抵御预定的常规武器和生化武器袭击的工程。甲、乙两类人防工程均应考虑防常规武器和生化武器，其主要区别在甲类人防工程设计应考虑防核武器，乙类工程不考虑核武器。在甲、乙两类人工程设计中主要在防早期核辐射、口部设置和抗力要求等相关方面有所不同。至于工程是按甲类还是乙类设计，主要由人防主管部门根据国家的有关规定，结合该地区的具体情况确定。

2. 人防工程的分级

（1）防常规武器抗力分级

人防工程防常规武器的抗力根据打击方式分为直接命中和非直接命中两类。直接命中的抗力级别按常规武器战斗部侵彻与爆炸破坏效应分为四级，分别为1级、2级、3级、4级；非直接命中的抗力级别按常规武器战斗部爆炸破坏效应分为两级，分别为5级和6级，不考虑战斗部对介质的侵彻作用。

（2）防核武器抗力分级

人防工程的抗力等级主要用以反映人防建筑能够抵御敌人核袭取能力的强弱。其性质与地面建筑的抗震裂度有些类似，是一种国家设防能力的体现。抗力等级是按照防核爆炸冲积波地面超压大小划分的。人防建筑的抗力等级与其建筑类型之间有着一定的关联，但没有直接关系。防核武器抗力级别共分为九级，即1级、2级、2B级、3级、4级、4B级、5级、6级和6B级。某抗力等级的人防工程对应的防核爆冲击波地面超压值大小以及常规武器破坏的作用，是根据国家制定的《人民防空工程战术技术要求》的规定确定。目前常见的面广量大的防空地下室一般为防常规武器抗力级别5级和6级；防核武器抗力级别4级、4B级、5级、6级和6B级。防常规武器抗力级别5级和6级。防核武器抗力级别4级、5级、6级和6B级。

（3）防化分级

防化分级是以人防工程对化学武器的不同防护标准和防护要求划分的等级，防化等级也反映了对生物武器和放射性沾染等相应武器（或杀伤破坏因素）的防护。防化等级是依据人防工程的使用功能确定的，防化等级与其抗力等级没有直接关系。

## 9.2 地下建筑物防护规划

地下空间建筑的防护主要包括总体规划、平面布局、竖向设计、口部布局、建筑构造等方面的要求。在战争条件下建筑防护体现"以防为主"的方针，其特点表现为按防护等级要求建造，造价高，跨度小，梁板柱断面尺寸大，建造速度快等；在和平时期体现"以使用为主、平战结合"的方针，地下空间建筑按平时使用设计，其特点为跨度大、防护能力低或无防护等级要求、梁板柱断面小、埋深浅等，对这样的地下空间建筑采取临战前进行适当加固即可达到防护等级要求，对于相对长期和平年代的大量地下空间建筑具有较多优越性。近十几年的战争经验说明，发生战争的前兆是十分明显的，甚至提前告之宣战对方，允许对方有准备，以显示战争中武器的先进性及战争的透明度，利用这样的时间差采取临战前加固的方式不失为一种好的策略。和平时期争取的时间越长，综合国力越高，其军事也越强大，战争的胜利因素是多方面的，如国家强大、民族团结，具有现代化的军队与装备、坚固的防护体系等，如何处理好"平时和战时"这对矛盾的关系是一个十分重要的战略方针问题。

### 9.2.1 规划的基本原则依据

**1.结合城市的战略地位、现状及发展**

城市的战略地位是国家防护等级确定的重要依据，它包括城市在战争中可能遭受的打击程度、城市在平时及战争中的重要性程度，如工业化城市、商业化城市、资源化城市、政治及经济中心城市等，根据其重要性程度确定其防护规划原则，如我国政治经济中心北京、金融中心上海，以及东北的沈阳应该说是重要性程度很高的城市，其防护规划的要求也相应提高。规划由城市总体防御规划——区级防御规划——单位及小区防御规划等组成，充分利用现有的防护规划及地下空间工程规划体系，结合新建拟建体系全盘考虑，应将全部防护规划作为一个大系统工程进行分析处理，由总系统至一级子系统、二级子系统等系统间具备协调匹配的特征，既相互联系又各自独立，使防护规划系统能在战争时期达到"保存自己，消灭敌人"的目的。

**2.突出平时与战时的结合**

在相对和平时期坚持"平战结合"的方针是重要的指导方针，它既能考虑到和平期的生产与生活以增强国家实力，又能在战争期起到有效防御的目的。"平战结合"应针对大量建造的工业与民用、市政与电力、交通与人防等所有地下空间建筑。

**3.防护工程体系规划同城市规划结合**

每个城市都有不同规划类型，将其与城市防护规划结合。在规划的同时直接考虑战争时的城市状况，根据城市的重要性等级确定规划的防御程度。

**4.结合城市地貌、地质及施工运输等技术条件**

充分利用城市的地形地貌和地质状况可减少建造费用。如大连的山区特征、岩石地质条件决定建筑规划的深埋及暗挖可能性增加，地形条件有利于伪装，充分利用天然屏障可减少防护规划成本等因素。

**5.结合城市的经济与技术条件**

每个城市的经济条件不同，可根据现有经济发展水平进行规划。防护工程规划要付出巨大财力、物力，当条件不具备时其规划应留有余地，分近、中、远期分阶段进行，针对具体情况具体分析，包括充分利用原有的防护设施并进行切实可行的有效开发利用，将已建、新建、远期建造结合起来。

**6.完善的防护体系**

一个好的防护规划应具备良性的循环系统，如交通、生活、生产、指挥、医疗、动力、贮存、电力、抢救、攻击等所有系统的有机组合，这些系统平时可直接为社会服务，战时则同样担负起战时职能。

**7.确定系统间的防护规划等级**

城市乃至区、街道、企事业单位应制定相当防护规划等级，并根据其等级进行系统规划。等级根据其在战时的重要性程度来划分，如电厂、电视宣传等重要性程度高，因为它可能是敌人重点打击的对象，而农村的乡镇则可能不会遭到袭击等。

**8.应结合现代高技术战争特点**

现代战争特点主要是战争的目的与打击方式有所改变，攻击及准确性大大提高，因此在防护系统规划中必须考虑到现代战争的特点。在近几年的战争中，激光精确制导炸弹、钻地武器、联合制导攻击武器、钻地核武器等现代高精端武器成为主要攻击性武器，增大了对地下防护设施的摧毁力度，如何在规划中考虑这些特点研究防护规划是目前的首要任务，这种现代高技术战争模式启发了世界人民。

### 9.2.2 规划的内容

城市防护规划的内容包括如下几个方面：

1. 交通运输系统

这些系统包括地铁、地下公路、步行街、步道、隧道等，它由主干线系统、子干线及二级子干线系统组成，要求贯通并各自有独立的防护体系，这些系统平时可用于交通运输。

2. 各级指挥系统

指挥系统应按省级、市级、区级、街道级等分层次组成，平时可用于正常运营的管理或防灾指挥中心，战时即转变为指挥系统。指挥系统是保障战争胜利的核心，防护等级要求较高。

3. 医疗救护系统

战时伤亡是不可避免的因素，建立强大的医疗救护系统可减少伤亡程度，保护有生力量及人民的生命。该系统平时可作为医院服务于人民。

4. 动力与信息系统

动力系统包括电力、水暖、通风、燃气等。它是战时各系统运行的保障，没有了动力也就等于丧失了战斗力。信息网络是战时的耳目，充分利用已有的网络组成的系统才能使指挥得以实现。

5. 物资贮存与补给系统

物资是人们得以生活和工作的保障。丰富的物资补给将增强战斗力，可使保卫战争得以坚持。这些系统平时可作为物资库存使用。

6. 生产、生活及对敌作战的运行

该系统包括工作、学习、办公、出行、生活、掩蔽及对敌进行攻击等内容。战时该系统应仍能正常运行，该系统的运转可使正常的生产、生活持续进行，这也是赢得战争的必要条件。

除前述的各个防护系统之外还有更多的其他具体内容，例如具体规划、面积、覆盖区域、疏散与留守比例，城市自然、气候、水文地质等，水平及竖向设计，伪装程度与重要设施的处理，考虑的因素很多，是一个十分庞杂的大系统，这里仅涉及其主要方面。

### 9.2.3 防护规划的主要依据

1. 城市核毁伤效应

核毁伤分析主要包括城市基本调查分析、毁伤效应标准的确定、核袭击的火力预测、毁伤后果预测、防范措施的制定等内容。

核毁伤预测的主要内容有效应范围、重要目标破坏程度、建筑交通的破坏情况、人员伤亡比例、生命线系统设施（水、电等）的破坏情况、次生灾害造成的损失情况、放射性及化学武器的杀伤情况等。

2. 疏散比例

我国是一个人口众多，城市数量多的国家，在战时城市留城人口的数量与疏散人口数量是我国人防建设中的重要问题。城市人口在战争时期不可能全部掩蔽,过多的人口留城会增加战时补给的困难,也不可能全部疏散,必须有人戍守阵地,保卫家园,消灭敌人。我国在城市人防建设中明确指出城市人口在战前与临战前应予以疏散。

根据有关学者对某市的人口结构、职业结构、健康结构、需要陪护结构多方面研究,确定该市城区战时应以0%~60%的比例疏散为宜。表9-1为我国一些一、二类城市的疏散比例。

表9-1 部分城市的疏散比例

| 城市名称 | 宁波 | 芜湖 | 蚌埠 | 杭州 | 合肥 | 上海 | 沈阳 | 南京 | 杭州 |
|---|---|---|---|---|---|---|---|---|---|
| 防护类型 | 二 | 二 | 二 | 二 | 一 | 一 | 一 | 一 | 一 |
| 疏散比例(%) | 65 | 70 | 60 | 68 | 60 | 60 | 60 | 76 | 60 |

表9-1中的数值平均为64.33%,通过对某市留城人员的比例抽样调查得出留守人员为28%~34%,这样取其平均数在30%左右。如果从另一角度的核毁伤分析超压区留城比例为29.6%。从防护工程可能提供的防护能力分析,30%这一比例比较符合近时期的人防建设的实际情况,因为留城比例越大则需要的防护工程数量就越多。

3. 有关标准及规划

(1)使用面积人均1 $m^2$

(2)粮库规划/$m^2 = \dfrac{0.5 \times 45 \times 留城人员}{1000}$

(3)食油库面积 = $\dfrac{食油标准 \times 消耗时间 \times 留城人口}{食油比例 \times 2}$

(4)水库面积 = $\dfrac{食油标准 \times 储存时间 \times 留城人口}{人口相对密度 \times 2}$

(5)燃油库面积 = $\dfrac{耗油标准 \times 每日运行里程 \times 车辆数 \times 消耗时间}{2}$

(6)医药及医疗器械库规模 = 0.05 × 受伤人数

(7)工程防护等遵照国防委的有关规定执行

4. 防护设施比例

各级各类防护设施比尚无统一可执行的规定,有关学者给出的全国各类人防工程参考比例如表9-2、9-3所示。

表9-2 全国各类人防设施比例(1989)

| 类别 | 人员掩蔽 | 指挥通信 | 医疗救护 | 后勤保障 | 生产车间 | 连通干道 | 合计 |
|---|---|---|---|---|---|---|---|
| 面积比(%) | 72 | 2.0 | 1.5 | 2.7 | 1.3 | 20.5 | 100 |

表9-3 某重点设防城市人防设施比例

| 类别 | 指挥通信 | 医疗救护 | 专业车库 | 后勤保障 | 居民掩蔽 | 专业队隐蔽 | 地下通道 | 其他 | 合计 |
|---|---|---|---|---|---|---|---|---|---|
| 面积比(%) | 2.9 | 5.2 | 4.3 | 8.5 | 48.2 | 6.6 | 22 | 2.3 | 100 |

### 9.2.4 防护规划实例

1. 某城市中心区防护规划

图9-1为某城市中心区防护规划示意图。

2. 某工厂区防护规划

图9-2为某工厂区防护规划示意图。

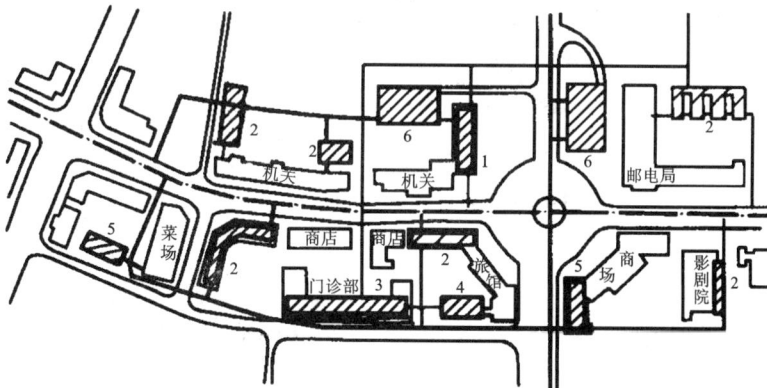

**图9-1 某城市中心防护规划示意图**

1—指挥所和防空专业队掩蔽所;2—人员掩蔽所(平时作为旅馆、招待所);3—救护站(平时作为门诊部);
4—食堂(战时作为主食加工厂);5—商店(战时作为物资库);6—车库(战时作为人员掩蔽所)

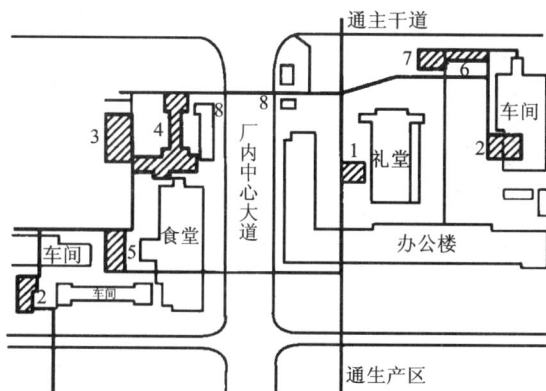

**图9-2 某工厂区防护规划示意图**

1—指挥所;2—人员掩蔽所(平时作为车间办公室);3—救护站;4—食堂(战时作为人员掩蔽所);
5—会议室、厕所(战时作为人员掩蔽所);6—备用电站;7—浴室;8—战斗自卫工事

3. 上海市黄浦区地下空间规划

图9-3是上海市黄浦区地下空间开发的总体规划,该规划内容包括以地铁1、2号线为轴心地下CBD(Central Business District,中央商务区)体系。以人民广场为中心的三个商业中心。三个娱乐中心,南京路下设地下商业街、福州路设地下文化街、延安路为地下交通干线、金陵路为地下特色街、西藏路为地下休闲娱乐街。规划中做到以地铁为依托、地下地上相协调、防护体系完备且平战结合、规划有连续与发展弹性等。

**图9-3 上海市黄浦区地下空间规划**

## 4. 某工厂防护区规划示意图

工厂防护区也是地下防护的一个重要组成部分，其规划示例见图9-4。

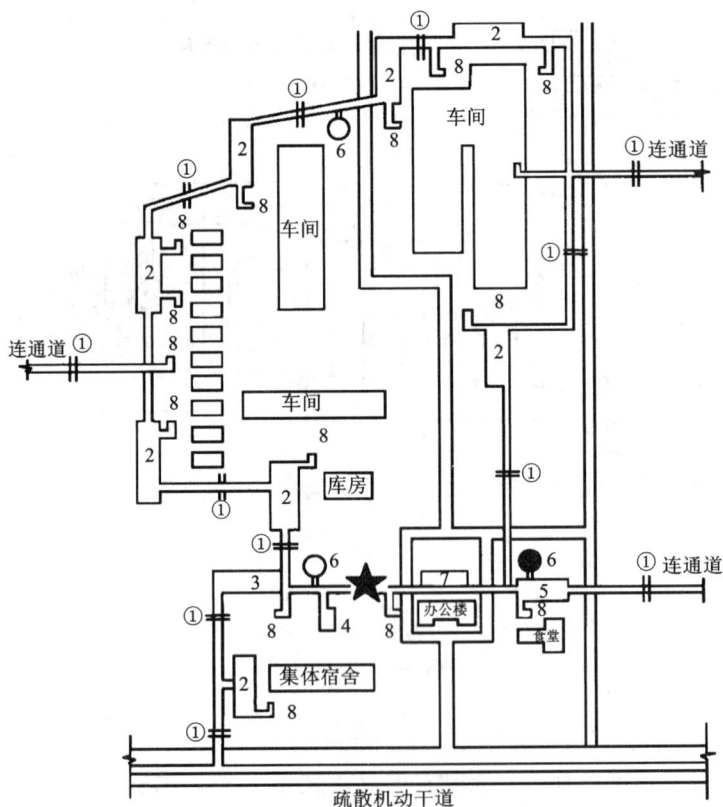

**图9-4 工厂防卫区人防工事平面布局示意图**

1—指挥所；2—人员掩蔽工事；3—专业队伍掩蔽工事；4—电站；5—粮库、厨房；
6—水井；7—救护站；8—出入口；①—防护密闭门

# 9.3　地下人防建筑的口部防护设计

地下人防建筑的防护通常分为主体防护和口部防护。地下人防建筑处于地下，为使之与地面或地面建筑物保持必要的联系，如人员、设备的进出，工程通风换气，给排水及内外联系所设置的各种管线等，就必须设置一定数量的孔口，这些孔口统称口部，它既是工程联系的重要途径，又是容易暴露和遭受敌方攻击破坏的主要目标，同时也是工程防护的最薄弱部位。因此口部防护设计是地下人防建筑战时防护的关键环节，也是地下人防建筑设计中的重点和难点。

## 9.3.1　出入口的分类及特点

**1. 按设置位置分类**

地下人防建筑出入口按设置位置可分为：

①室内出入口。是指通道的出地面段（即无防护顶盖段）位于地下人防建筑上部建筑范围以内的出入口。其通常与上部建筑的楼梯间同位置设置，战时空袭后，由于建筑物的倒塌，室内出入口容易被堵塞，因此室内出入口战时只能用作工程战时次要出入口。

②室外出入口。是指通道的出地面段位于地下人防建筑上部建筑范围以外的出入口。由于其出地面段位于上部建筑范围以外，与室内出入口相比，空袭后遭倒塌物堵塞的可能性较小，所以室外出入口一般用作工程战时主要出入口。有些工程虽然敞开段位于上部建筑范围以外，但因过于贴近上部建筑，当上部建筑倒塌时，极易被堵塞，因此需在敞开段上方设置防倒塌棚架。

③工程连通口。人防工程（包括地下人防建筑）之间在地下相互连通的出入口。地下人防建筑中防护单元之间的连通口又称为单元连通口。

**2. 按战时使用功能分类**

地下人防建筑出入口按战时使用功能可分为：

①主要出入口。战时空袭前后能保证人员或车辆不间断地进出，且使用较为方便的出入口。主要出入口在战时应不易被破坏、堵塞，并应设置必要的防护设施，以便在各种条件下保障人员、车辆方便地进出，因此主要出入口应该选用室外出入口。主要出入口并不一定是地下人防建筑中最宽敞的出入口，应以满足战时使用要求和防护要求为前提。

②次要出入口。主要供平时或战时空袭前使用，当空袭使地面建筑遭破坏后可以不再使用的出入口。次要出入口可不考虑防堵塞措施，因而室内出入口（如楼梯间）即可作为次要出入口。一个地下人防建筑或一个防护单元可根据需要设一个或者多个次要出入口。

③备用出入口。平时一般不使用，战时在必要时（如其他出入口被破坏或被堵塞时）才被使用的出入口。备用出入口应在空袭条件下不易被破坏、堵塞。备用出入口一般采用竖井式，因而往往与通风竖井结合设置。

④设备安装口。与地面建筑的设备安装口相似，是大型设备（如大型通风机、柴油发电

机组等)无法由正常出入口进出时,而设置的专用孔口,设备安装完毕,此口即可进行封堵。

### 9.3.2 出入口的形式及特点

按平面形状出入口分为直通式出入口、单向式出入口和穿廊式出入口。按纵坡度出入口分为水平式出入口、倾斜式出入口和垂直式出入口。选择出入口形式的主要原则是:除满足使用条件外,主要针对常规武器和核武器冲击波的破坏作用特点,增强出入口的防堵塞能力,以及减少作用于出入口通道内防护密闭门的压力。

①直通式出入口。防护密闭门外的通道在水平方向上无转折的称为直通式出入口,如图9-5所示。直通式出入口形式简单,出入方便,造价较低,但对防炸弹射入和防早期核辐射及防热辐射不利;特别是遭核袭击后,大量的抛掷物可能会从地面进入通道内,并直接堆积在防护密闭门外,从而影响防护密闭门的开启。

②单向式出入口(亦称拐弯式)。防护密闭门外的通道在水平方向上有90°左右转折,而从一侧通至地表的称为单向式出入口,如图9-6所示。单向式出入口结构形式简单,人员出入较方便,同时可以避免直通式出入口的诸多缺点,但大型设备进出不便,其造价也略高于直通式。地下人防建筑经常采用此种出入口形式。

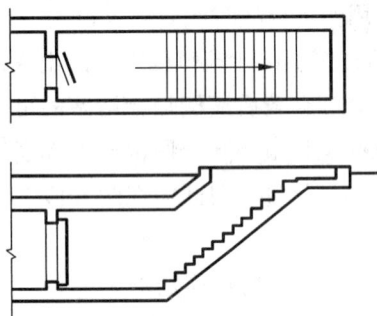

图9-5 直通式出入口

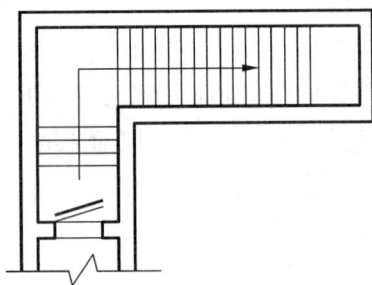

图9-6 单向式出入口

③穿廊式出入口。防护密闭门外的通道在水平方向上有90°左右转折,而从两侧通至地表的称为穿廊式出入口,如图9-7所示。穿廊式出入口进出较方便,且不宜被堵塞,并对防早期核辐射、防热辐射均有利。同时位于地面的敞开段在形式上是两个独立的出入口,因此其防常规武器以及防堵塞能力较高。其缺点是占地面积较大,结构形式复杂,造价较高,一般用于高抗力的人防工程之中。

④垂直式出入口。小型垂直式出入口主要是指结合通风竖井设置的应急出入口,如图9-8所示。竖井式出入口占地面积小,造价低,防护密闭门上受到的荷载小,防早期核辐射、防热辐射性能好,但进出十分不便,结合应急出入口的竖井平面净尺寸不宜小于1.0 m×1.0 m,并应设置爬梯。

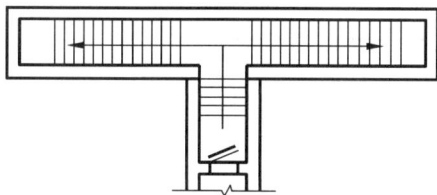

图 9-7 穿廊式出入口

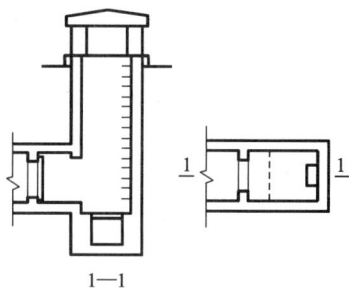

1—1

图 9-8 竖井式出入口

### 9.3.3 出入口的数量

出入口的数量对工程的使用、防护性能以及造价影响较大。出入口数量增多，便于人员和设备的进出，同时可以提高工程出入口对常规武器的防护能力；但出入口数量过多，将会影响工程对核冲击波、毒剂等的防护，使防护设施与设备增多，同时增加了非使用性面积，提高了工程造价。因此，确定出入口数量时，应考虑工程的使用性质、规模及容量，以及地面建筑和人员分布情况。现行规范对工程出入口数量规定如下：

1. 通常要求

地下人防建筑每个防护单元不应少于两个出入口，而且其中至少有一个阶梯式（或坡道式）的室外出入口。且两个出入口中不包括防护单元之间的连通口或竖井式出入口。即一个防护单元至少有一个室外出入口和一个室内出入口，或有两个室外出入口。

2. 某些特殊工程要求

城市遭空袭后，由于地面建筑物的倒塌，出入口极易被堵塞。为确保战时消防专业队装备掩蔽部、大型物资库（指掩蔽面积大于 6000 $m^2$ 的物资库）和中心医院、急救医院使用的可靠性，要求工程宜分别设置两个室外出入口，同时为了尽量避免一枚炸弹同时破坏两个出入口，要求两个出入口设置在不同方向，并在可能的条件下保持最大距离。

3. 相邻两防护单元共用出入口情况

当地面环境不允许工程设置多个出入口时，工程两相邻防护单元可在防护密闭门外共设一个室外出入口，如图 9-9 所示且应满足下列条件：当相邻防护单元的抗力等级不同时，共设的室外入口应按高抗力要求设计。

①当两相邻防护单元均为人员掩蔽工程，或其中一侧为人员掩蔽工程而另一侧为物资库时。

（2）当两相邻防护单元均为物资库，且建筑面积之和不大于 6000 $m^2$ 时。

需要注意的是：室外出入口的共用段必须设置在两相邻防护单元防护密闭门以外；同时其共用段的宽度应与两防护密闭门宽度总和相适应。

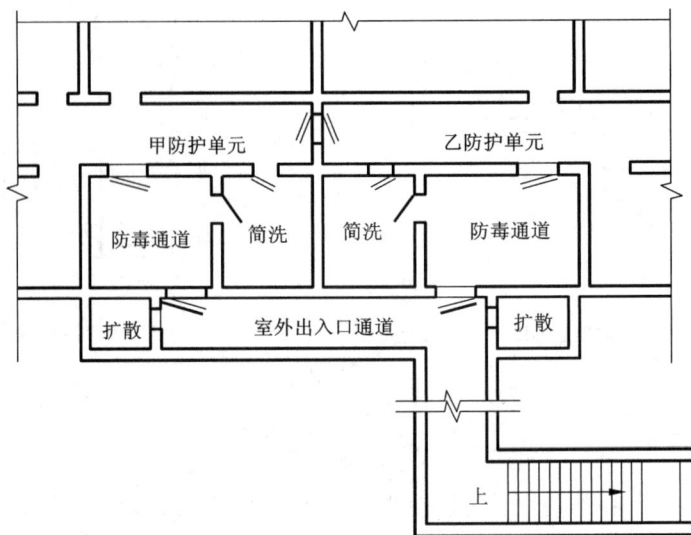

**图 9 - 9　相邻防护单元共设一个室外出入口**

### 9.3.4　室外出入口的设置

1. 室外出入口的口部建筑形式

甲类地下人防建筑中，战时作为主要出入口的室外出入口，其通道出地面段（无顶盖段）宜布置在地面建筑的倒塌范围以外。其口部建筑应满足下列要求：

①当室外出入口的通道出地面段设置在地面建筑倒塌范围以外时，可根据平时使用要求不设置口部建筑，但要设置相应的安全围护设施，如图 9 - 10 所示；也可根据平时使用需求设置单层的轻型口部建筑，轻型口部建筑是指采用轻质薄壁材料建造，且容易被冲击波吹散的建筑物。

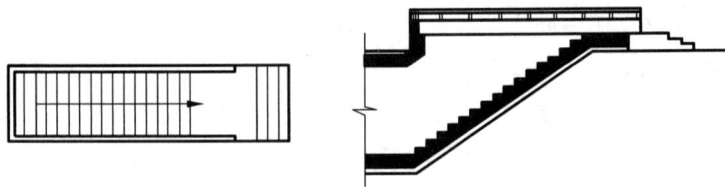

**图 9 - 10　开场式室外出入口形式**

②因受条件限制，室外出入口的通道出地面段设置在地面建筑倒塌范围以内时，核 4 级、核 4B 级的甲类地下人防建筑，口部建筑应采用防倒塌棚架，防倒塌棚架是在预定的冲击波压力和建筑物倒塌荷载的分别作用下，使口部建筑不致坍塌而采取的一种结构做法，如图 9 - 11 所示。核 5 级、核 6 级以及核 6B 级的甲类地下人防建筑，当平时设置口部建筑时应采用防倒塌棚架；当平时不宜设置口部建筑时，应在临战时在倒塌范围内的通道出地面段上方设置装配式防倒塌棚架。

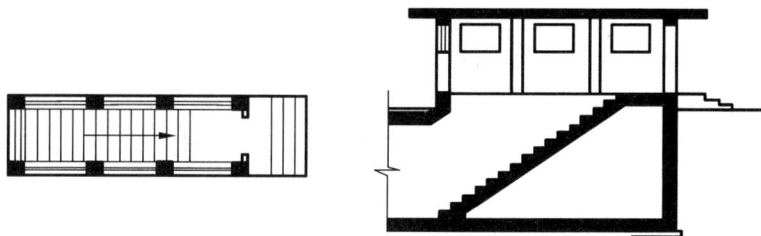

图 9 – 11　室外出入口的防倒塌棚架

　　室外出入口是保证地下人防建筑战时能够发挥作用的重要部位，因此要求尽可能布置在倒塌范围之外，以免被倒塌物堵塞。由于投弹点和倒塌物飞散的任意性，即使在倒塌范围之外，仍需注意防堵塞问题。如果在密集的建筑群中，室外出入口确无条件布置在地面建筑倒塌范围之外时，则其口部建筑应按防倒塌棚架设计，其顶盖和柱子应该具有足够的抗力，使其在倒塌荷载和预定冲击波荷载的分别作用下均不会倒塌。

　　2. 其他设置要求

　　地下人防建筑的室外出入口应考虑防雨措施，同时在有暴雨或有江河泛滥可能的地区，应考虑室外出入口防地面水倒灌措施，主要内容有：

　　①出地面的平台应高出自然地面，其值按当地具体条件确定，一般取值为 450 mm。

　　②在踏步最外侧的自然地面处设置雨水截水沟。

　　③敞开式出入口应考虑一定的围合设施，同时在防护密闭门外的通道内及踏步平台处增设雨水截水沟。

　　地下人防建筑一般都建设在城市地下，由于地面上布满了各种建筑物、道路等，因而分散在各处的室外出入口容易做到对空隐蔽，在室外出入口设置与周边环境相协调的口部建筑，即可起到良好的伪装作用。

## 9.3.5　室内出入口及电梯等井道的设置

　　室内出入口的设置，主要取决于地下人防建筑及地面建筑平时的使用要求。当上部建筑底层与地下人防建筑的平时使用功能一致时（如上、下均为商场的营业厅等），室内出入口可设置在建筑楼梯间内，以便于上下连通，有益于平时的管理和使用；当地下人防建筑的平时功能与上部建筑关联不大时，其平时使用的室内出入口宜与上部建筑的出入口分开设置，这样既可避免相互干扰，又方便地下人防建筑的管理。

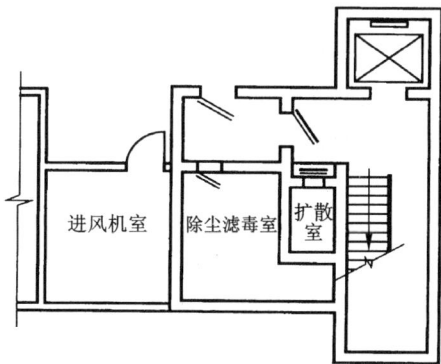

图 9 – 12　小高层住宅电梯处理方式

　　随着我国经济发展迅猛，高层甚至是超高层建筑越来越多，电梯成为建筑必不可少的重要交通联系设施。战时由于供电没有保证，而且在空袭中地面建筑又容易遭到破坏，故地下人防建筑战时不考虑使用电梯，为便于平时使用，电梯通向地下人防建筑内部时，必须将电梯间设置于防护密闭区以外。图 9 – 12 所示为某小高层住宅下的地下人防建筑室内出入口，电梯与楼梯均位于防护密闭门外的非防护区中。除了电梯外，高层建筑中还有许多设备所用的各类管道竖井，处理它们的方式与电梯相似，应组织好各类管线及管道，尽可能集中设置，而后将其置于防护密闭区以外。在高层建筑中利用建筑核心筒四周剪力墙将非防护密闭区围合起来，这样楼梯、电梯及相关管道井都围合其中，该做法是最简便、防护最可靠的处理方式。

### 9.3.6 出入口尺寸指标

1. 出入口的尺寸

地下人防建筑出入口的通道、踏步和门洞尺寸应根据其战时及平时的使用要求，并结合防护密闭门、密闭门的定型尺寸确定。

地下人防建筑人员出入口根据战时的使用需要，其最小尺寸按表 9-4 的规定确定。

表 9-4 战时出入口最小尺寸（m）

| 工程类别 | 门洞 | | 通道 | | 楼梯 |
| --- | --- | --- | --- | --- | --- |
| | 净宽 | 净高 | 净宽 | 净高 | 净高 |
| 人员掩蔽工程、配套工程 | 0.8 | 2.0 | 1.5 | 2.2 | 1.0 |
| 医疗救护工程、专业队队员掩蔽部 | 1.0 | 2.0 | 1.5 | 2.2 | 1.2 |

注：战时备用出入口的门洞最小尺寸可按宽×高 = 0.7 m × 1.6 m；通道最小尺寸可按 1.0 m × 2.0 m。

战时人防汽车库的车辆出入口的最小尺寸应根据车辆的车型尺寸确定，最小尺寸当单车行驶时不宜小于 3.5 m，双车行驶时不宜小于 7.0 m。

人防物资库的主要出入口尺寸宜按物资进出口设计，建筑面积小于等于 2000 m² 物资库的进出口门洞净宽不宜小于 1.5 m；建筑面积大于 2000 m²，物资库的进出口门洞净宽不宜小于 2.0 m。

2. 人员掩蔽工程出入口宽度

为保障地面人员能够迅速、顺利地进入地下人防建筑，地下人防建筑中人员掩蔽工程战时出入口（不包括竖井式出入口、连通口和防护单元之间的连通口）的门洞净宽之和应按掩蔽人数每 100 人不小于 0.3 m 计算确定。为了避免人员过于集中，每个门的通过人数不应超过 700 人。即虽然门洞宽大于 2.1 m，也只能按通过 700 人考虑。与人员出入口相对应的通道和楼梯净宽不应小于该门洞的净宽。

当人员掩蔽工程的两相邻防护单元共用一个出入口时，共用通道和楼梯的净宽应按两出入口预定通过总人数的每 100 人不小于 0.3 m 计算确定。

### 9.3.7 通风口等设备孔口的设置及防护

为满足地下人防建筑的使用功能，必须设置相应的通风、给排水、电气以及通信等系统。因此地下人防建筑除了设置必要的人员、设备进出口以外，还应设置各种内部设备系统的专用孔口。这些孔口也是工程防护的重点。

1. 通风口简介

地下人防建筑通风口主要包括进风口、排风口，以及工程内部电站的排烟口。根据通风设备的工作状态，其通风方式可分为三种：

①清洁式通风。工程外无毒剂等沾染时的通风称为清洁式通风。自然通风只能在清洁式通风时使用。

②滤毒式通风。工程外部染毒（沾染）情况下仍需要进行通风的工程，在进风系统上需安装滤毒设施，以使毒剂等不通过进风系统进入工程内部。此种通风方式称为滤毒式通风。滤毒式通风只能采用机械通风。此时除正在进行通风的进排风口外，其余孔口均应关闭。

③隔绝防护。工程外染毒时，所有孔口均关闭，人员靠工程内部空间储存的空气维持工作和生活，这种措施称为隔绝防护。其适用于下述情况：工程内无滤毒通风设施，或工程内虽有滤毒通风设施，但工程外毒剂性质未查明或滤毒器不能过滤某种毒剂时；因火灾，工程周围空气温度剧烈上升或严重缺氧时。所有有防毒要求的工程，均应采取隔绝防护措施。

**2.通风口的数量及位置**

对平时开发利用的地下人防建筑，由于其平时的通风量与战时的通风量相差较大，工程平时和战时通风方式也有所不同，因此，平时进风口及排风、排烟口宜单独设置。鉴于上述原因，在设计平战两用的地下人防建筑时，通风口的设计内容主要包括平时专用的进风口、排风排烟口，战时专用的进风口、排风口和排烟口（柴油电站专用），及平战两用的通风口等。如图9-13为某人防工程战时进风系统平面示意图。

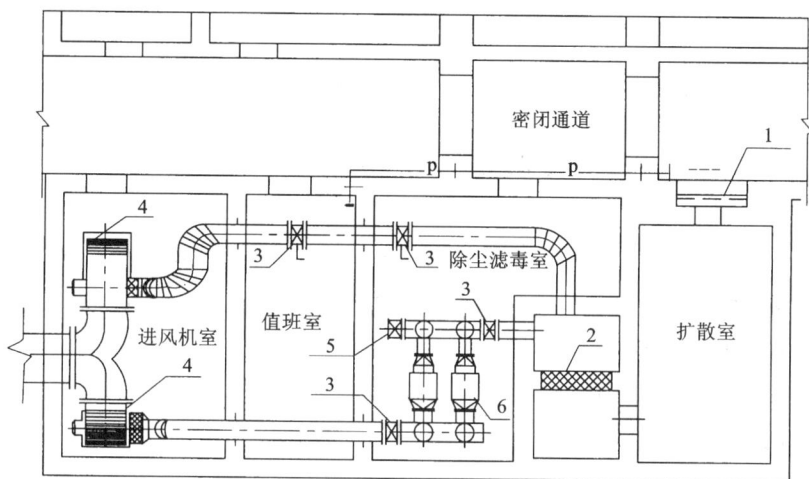

**图9-13 某人防工程进风系统平面示意图**

1—防爆波活门；2—除尘器；3—密闭阀门；4—进风机；5—换气阀门；6—过滤吸收器

（1）通风口数量

地下人防建筑平时通风口的数量主要由工程的规模以及防火分区划分等因素确定。地下人防建筑战时进风口的数量主要由工程的规模、防护分区数量以及通风量所确定。一般情况下，工程每个防护单元的进风口数量为1~2个；对于通风可靠性要求高，或风量需求较大的工程，其数量也可以增多。

地下人防建筑的战时排风口不宜过多，一般情况下，每个防护单元的排风口数量为1个。因为滤毒通风时风量较小，且需要排风量小于进风量，有的工程还要利用排出的空气给防毒通道和洗消间换气,设置一个排风口完全能满足使用要求。

(2)通风口的位置要求

进风口和排风口宜在室外单独设置。室外通风口一般采用位于上部建筑投影范围之外,并与其具有一段距离的独立式室外通风口。当不具备设置独立式室外通风口时,可采用设在地下人防建筑外墙外侧的附壁式室外通风口;或者采用设置在外墙内侧,但上端风口朝向室外的附壁式通风口,如图9-14所示。所有通风口应采取防雨及防地表水等措施,同时供战时使用以及平战两用的通风口当设置在倒塌范围以内时,应采取防倒塌、防堵塞措施。

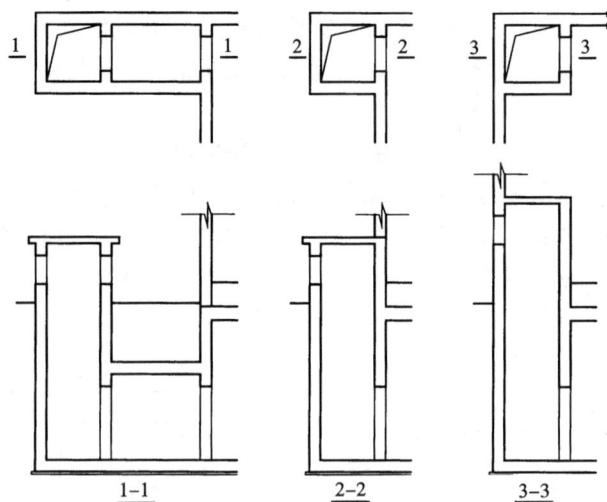

图9-14 室外通风口示意图

室外进风口宜设置在排风口和电站排烟口的上风侧。进风口与排风口之间的水平距离不宜小于10.0 m;进风口与电站排烟口之间的水平距离不宜小于15.0 m,或高差不宜小于6.0 m。

3.通风口与出入口的关系

医疗救护工程、专业队队员掩蔽部、人员掩蔽工程以及食品站、生产车间、电站控制室等战时设置有防毒通道、洗消间或简易洗消间的工程,其战时排风口应与战时主要出入口(室外出入口)相结合设置。这是因为洗消间、简易洗消间和防毒通道都要利用通风超压通风换气,并把污秽空气及时排到室外,因而要求洗消间、简易洗消间和防毒通道要与排风口相结合,当然排风口也应设在作为主要出入口的室外出入口附近(最好将排风口设排风竖井,不要设在出入通道内)。

对于用作二等人员掩蔽部的乙类地下人防建筑和核5级、核6级、核6B级的甲类地下人防建筑,当室外确实没有单独设置进风口的条件时,其风口可以结合室内出入口设置,但在防爆波活门外侧的上方楼板结构应按防倒塌设计,或在防爆波活门的外侧采取防堵塞措施,如图9-15所示。

对于有防毒要求但不设洗消间的地下人防指物资库,在室外染毒情况下,这类工程没有人员出入,而且因内部人员很少,可以在较长时间内与室外隔绝,保持密闭状态。故其主要出入口可不设防毒通道和简易洗消间,其进风系统中也可不设滤毒通风,只设清洁通风和隔绝通风,因此在无条件单独设置室外进风口时,其战时进风口可设在室外出入口(即主要出入口);为了防止厕所污浊空气的扩散,排风口宜靠近厕所设置,如图9-16所示。

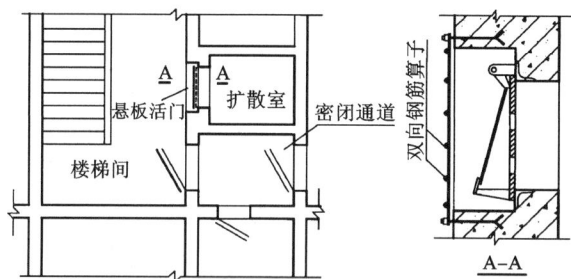

图9-15 设在室内出入口的进风口防堵塞措施

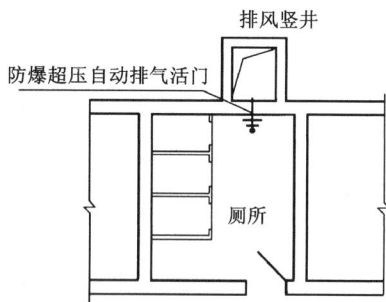

图9-16 排风口设置在厕所示意图

### 4.通风口对毒剂等的防护

前面已经阐述过,根据工程的不同要求,地下人防建筑通风系统对毒剂的防护主要采用隔绝式防护和滤毒式通风两种方式。对通风口而言,隔绝式防护就是将进风及排风口的密闭阀门关闭,做到既不进风也不排风。而滤毒式通风就是在进风系统上安装除尘滤毒设备,采用过滤吸收的方法,消除毒剂、生物战剂及放射性物质。普通地下人防建筑的除尘滤毒设备主要包括滤尘器和过滤吸收器,滤尘器主要用于滤除空气中的灰尘;过滤吸收器主要用于滤除和吸收毒烟、毒雾、生物战剂以及各种毒剂的蒸汽,图9-17所示为SR型过滤吸收器。

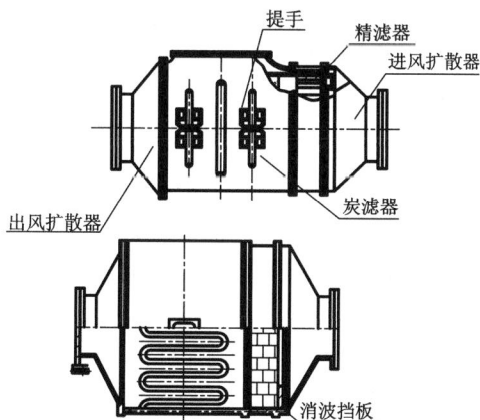

图9-17 SR型过滤吸收器

为安放除尘滤毒设备,要求在防空地下室的进风口处设置除尘室和滤毒室(根据工程情况可合并设置为除尘滤毒室)。由于战时室外染毒情况下,过滤吸收器使用一定时间后毒剂达到饱和状态,当更换过滤吸收器时,除尘滤毒室可能会染毒,故除尘滤毒室应设在

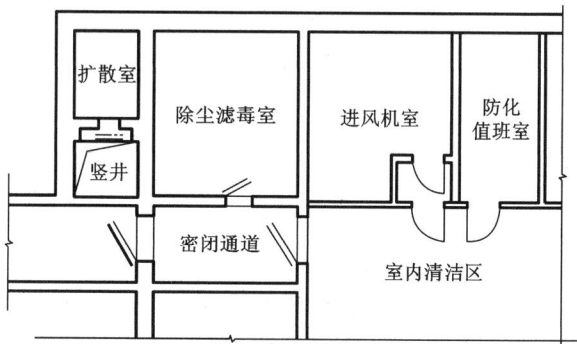

图9-18 防尘滤毒室与进风机布置

染毒区。为了不污染清洁区,要求在更换过滤吸收器时,应该在不经过清洁区的情况下,把染毒的过滤吸收器直接送到室外。为了使工作人员方便地进出清洁区,应将除尘滤毒室的门设在既能通往室外,又能通往室内清洁区的密闭通道(或防毒通道)内,并设置密闭门。为缩

短负压管段的长度，一般将除尘滤毒室邻近进风口且宜与进风机室相邻设置。为了便于操作和管理，进风机室应设在清洁区，如图9-18所示。

除尘滤毒室尺寸大小除满足设备及安装位置外，还应考虑设备检修的距离；其密闭门的尺寸应满足过滤吸收器等设备进出的最小尺寸要求。

# 9.4 地下人防建筑的主体工程设计

地下人防建筑的"主体"是指防空地下室中能满足战时防护和主要功能要求的部分，对于有防毒要求的地下人防建筑，即指最后一道密闭门以内的部分。由于地下人防建筑现在几乎都具有平时与战时的双重使用功能，工程的平时使用功能反映到主体设计中，在平面布局、功能组织、交通联系等方面的指标与设计原理基本与地面建筑相类似。

## 9.4.1 基本要求

地下人防建筑主体设计是工程形成防护空间的重要部分，工程主体设计除了要遵循相应的原则外，随着工程战时功能不同，其规模及各项技术指标都不相同。

1. 主体设计的主要原则

（1）满足防护要求

地下人防建筑主体设计必须具有可靠的预定防护能力。在设计中应利用一切可利用的客观有利条件，尽可能提高工程的防护能力。如合理选定平面布局、结构尺寸，利用天然材料增加自然防护层，合理伪装，合理布置工程内部各个组成部分，合理划分防护分区等。

（2）满足使用要求

应坚持人防建设与经济建设协调发展、与城市建设相结合的原则，充分发挥其战备效益、社会效益和经济效益。平战两用的地下人防建筑除满足战时使用要求外，还应满足平时的使用要求。在设计中应正确处理及协调两种要求之间的矛盾，尽量做到使两种不同的使用功能对平面布局、空间尺寸以及环境要求相近，力求使建筑空间在平时和战时都能充分发挥作用。

（3）与上部条件相适应

地下人防建筑与其他人防工程类型相比，最为显著的特征就是其上有地面建筑。在工程主体设计时，特别是地下人防建筑的平面布局、结构选型、柱网尺寸以及承重墙等必须与上部建筑协调。同时，应将充分利用上部建筑在战时的防护作用，减少其基础的投资作为地下人防建筑主体设计的重要手段之一。

（4）具有良好的经济效果

地下人防建筑单位面积造价显著高于普通地下室，工程防护措施应用合理与否对工程造价的影响也很大。应在满足使用要求和防护要求的条件下力求经济是地下人防建筑设计的重要原则。提高建筑空间利用率，注重与上部建筑协调，采取适宜的层数、跨度和断面形式，力求各部位抗力协调等都有利于降低工程的造价。

2. 工程相关规模与指标

（1）医疗救护工程

医疗救护工程根据作用不同分为三等：一等为中心医院，二等为急救医院，三等为救护站。医疗救护工程的规模应按不同的等级，以及依据地下人防建筑的实际条件确定。表9-5为规范医疗救护工程规模确定的参照表。

**表9-5 医疗救护工程的规模**

| 类别 | 规模 | | |
| --- | --- | --- | --- |
| | 有效面积($m^2$) | 床位(个) | 人数(含伤员) |
| 中心医院 | 2500~3000 | 150~250 | 390~530 |
| 急救医院 | 1700~2000 | 50~100 | 210~280 |
| 急救站 | 900~950 | 15~25 | 140~150 |

注：中心医院、急救医院的有效面积中含电站，救护站不含电站。

医疗救护工程净高除了手术室等特殊房间应按照设备及使用要求确定外，一般房间的净高为2.6~2.8 m，通道净高为2.2~2.4 m。

(2)防空专业队与人员掩蔽工程

防空专业队工程和人员掩蔽工程的面积标准和室内净高应符合表9-6的要求。其他地下人防建筑(除医疗救护工程外)的室内净高(指结构板底至室内地面的高度)不宜小于2.4 m，战时作为各种用途的地下人防建筑的室内梁底或管底至地面的净高不得小于2.0 m。图9-19所示为防空专业队工程中装备掩蔽部以及人防汽车库净高取值标准；图9-20所示为防空专业队队员掩蔽部以及人员掩蔽部等其他地下人防建筑净高取值标准。

**表9-6 防空专业队、人员掩蔽工程的面积标准和室内净高**

| 项目名称 | 面积标准 | | 净 高 |
| --- | --- | --- | --- |
| 防空专业队工程 | 装备掩蔽部 | 轻型车 40~50 $m^2$/台 | 梁底和管底至地面净高 ≥车高+0.2 m |
| | | 重型车 50~80 $m^2$/台 | |
| | 队员掩蔽部 | 3.0 $m^2$/人 | 室内净高≥2.4 m |
| 人员掩蔽工程 | 1.0 $m^2$/人 | | |

注：表中的面积标准均为掩蔽面积；防空专业队装备掩蔽部宜按停放不小于轻型车设计。

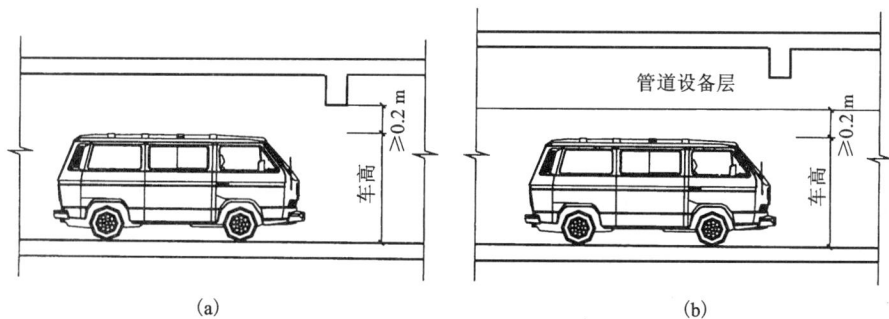

**图9-19 车辆掩蔽净高示意图**

(a)顶部无设备管道；(b)顶部有设备管道

掩蔽面积是指供人员掩蔽使用的有效面积，其值为地下人防建筑的有效面积（供人员、设备使用的面积，其值为地下人防建筑的建筑面积与结构面积之差）中扣除以下各部分面积后的面积：①口部房间、通道面积；②通风、给排水、供电等专业设备房间面积；③厕所、盥洗室面积。

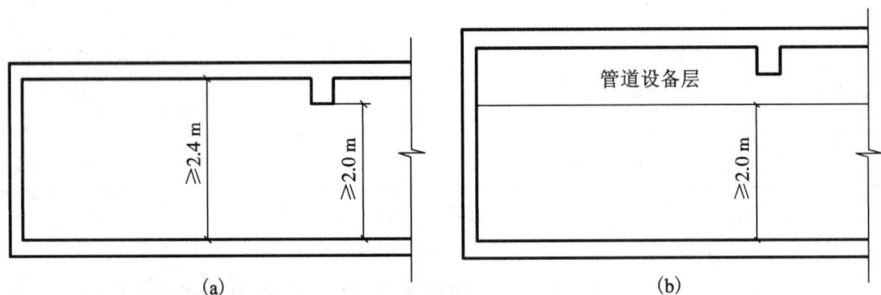

**图9-20　人员掩蔽净高示意图**
(a)顶部无设备管道；(b)顶部有设备管道

**3.防早期核辐射主体构件尺寸要求**

地下人防建筑与地面建筑相比，一个重要的区别在于对工程各构件尺寸大小的选择有诸多因素的影响，除了包括静荷载、爆炸动荷载、覆土荷载、倒塌荷载等主要荷载影响因素外，还有早期核辐射防护、防水保护层、结构保护层等特殊因素。地下人防建筑外侧结构保护层厚度一般取50 mm。

（1）顶板

为了保证室内人员不受早期核辐射的伤害，地下人防建筑的顶板应满足必要的厚度要求。战时室内有人员停留的地下人防建筑中，乙类地下人防建筑的钢筋混凝土顶板厚度不宜小于250 mm。甲类地下人防建筑，当顶板上方有上部建筑时，钢筋混凝土顶板的最小防护厚度$(d_d)$应满足表9-7的要求；当顶板上方无上部建筑时，钢筋混凝土顶板的最小防护厚度$(d_d)$应满足表9-8的要求。

**表9-7　有上部建筑的甲类防空地下室顶板最小防护厚度(mm)**

| 城市海拔（m） | 剂量限值（Gy） | 防核武器抗力等级 | | | |
|---|---|---|---|---|---|
| | | 6B, 6 | 5 | 4B | 4 |
| ≤200 | 0.1 | 250 | 460 | 820 | 970 |
| | 0.2 | | 360 | 710 | 860 |
| >200 ≤1200 | 0.1 | | 540 | 860 | 1010 |
| | 0.2 | | 430 | 750 | 900 |
| >1200 | 0.1 | | 610 | 930 | 1070 |
| | 0.2 | | 500 | 820 | 960 |

表 9 - 8　无上部建筑的甲类防空地下室顶板最小防护厚度（mm）

| 城市海拔<br>（m） | 剂量限值<br>（Gy） | 防核武器抗力等级 | | | |
|---|---|---|---|---|---|
| | | 6B，6 | 5 | 4B | 4 |
| ≤200 | 0.1 | 250 | 640 | 1000 | 1150 |
| | 0.2 | | 540 | 890 | 1040 |
| >200<br>≤1200 | 0.1 | | 720 | 1040 | 1190 |
| | 0.2 | | 610 | 930 | 1080 |
| >1200 | 0.1 | | 790 | 1110 | 1250 |
| | 0.2 | | 680 | 1000 | 1140 |

甲、乙类防空地下室的顶板厚度均可计入顶板结构层上的混凝土地面厚度。当顶板厚度不满足要求时，甲类防空地下室应在顶板上面覆土，覆土的厚度（$h_t$）不应小于最小防护厚度与顶板厚度（$d_l$）之差的 1.4 倍。即当顶板厚度 $d_l$ 小于 $d_d$ 时，其顶板上方的覆土厚度 $h_t$ 应满足式（9-1）的要求：

$$h_t \geq 1.4(d_d - d_l) \qquad (9-1)$$

式中：$h_t$——覆土的厚度；

　　　$d_d$——最小防护厚度；

　　　$d_l$——顶板厚度。

对于核 4 级、核 4B 级、核 5 级的甲类防空地下室，当顶板厚度不满足表 9-7 的要求时，若其上方设有管道层（或普通地下室），如图 9-21 所示，满足下列各项要求时，顶板上面可不覆土。

①管道层（或普通地下室）的外墙，战时没有门窗等孔洞。

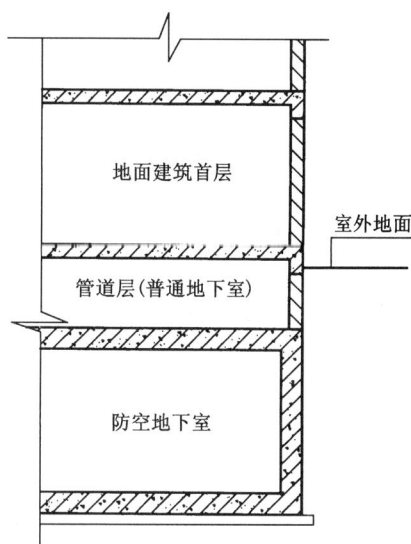

图 9 - 21　有管道层<br>（普通地下室）剖断示意图

②管道层（或普通地下室）的顶板厚度与地下人防建筑顶板厚度之和不小于最小防护层厚度；当管道层（或普通地下室）的顶板为空心楼板时，应已折算成实心楼板的厚度计算。

③当管道层（或普通地下室）的顶板高出室外地面时，其高出室外地面的厚度与地下人防建筑顶板厚度之和不小于最小防护层厚度；高出室外地面的外墙折算厚度等于外墙的厚度乘以材料换算系数（材料换算系数：混凝土、钢筋混凝土和石砌体可取 1.0；实心砖砌体可取 0.7；空心砖砌体可取 0.4）。

（2）外墙

战时室内有人员停留的顶板底面不高出室外地平面（即全埋式）的地下人防建筑，其外墙顶部应采用钢筋混凝土。乙类地下人防建筑外墙顶部的最小防护距离（见图 9-22），不应小于 250 mm；甲类地下人防建

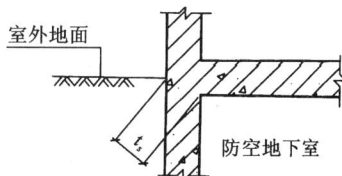

图 9 - 22　乙类防空地下室<br>外墙顶部最小防护厚度

筑外墙顶部的最小防护距离不应小于表9－7的要求。

战时室内有人员停留的顶板底面高于室外地平面（即非全埋式）的乙类地下人防建筑和非全埋式的核6级、核6B级甲类地下人防建筑，室外地平面以上的钢筋混凝土外墙厚度不应小于250 mm。

当地下人防建筑的外墙顶部不能满足最小防护厚度时，应在外墙顶部的外侧或内侧采取局部加厚措施，墙外侧加厚做法可以通过平战功能转换措施实现，如图9－23所示。

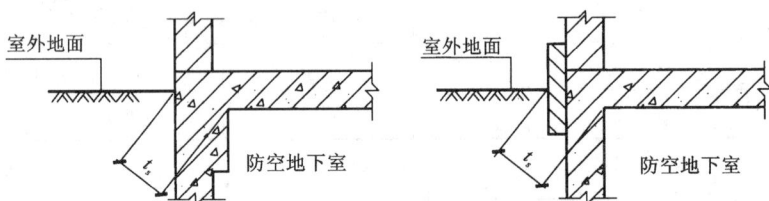

图9－23　外墙顶部的局部加厚做法

### 9.4.2　工程防护分区

常5级及以下的地下人防建筑其结构不具备抗炸弹直接命中的能力，因此此类地下人防建筑主要通过设置防护单元以及抗爆单元等防护分区来抗击常规武器的打击，以提高战时工程抗破坏能力和掩蔽人员及物资的安全。

1.防护分区设置原则与指标

（1）防护分区设置原理

常5级及以下的地下人防建筑主要通过设置防护单元将工程划分为若干个独立自成体系、具有完备防护密闭特征的单元，以缩小炸弹破坏的范围，提高工程的抗打击及破坏能力。工程在每个防护单元中按照一定的要求设置抗爆挡隔墙，划分若干个抗爆单元，以提高掩蔽人员与储备物资的生存概率。如图9－24所示，当常规炸弹直接命中"人员掩蔽单元一"中的"抗爆单元二"时，"人员掩蔽单元一"被破坏，但由于工程设置了三个防护单元，每个防护单元又自成体系，因此其他两个单元不仅没有被破坏而且依然具有一定防护密闭能力；由于防护单元内部设置了抗爆单元，因此"人员掩蔽单元一"中除"抗爆单元二"外，其他三个抗爆单元中的掩蔽人员由于抗爆挡隔墙的防护作用具有一定的安全度，在"人员掩蔽单元一"，被破坏后可以向其他防护单元或人防工程转移。

（2）防护分区面积指标与设置原则

防护单元、抗爆单元的面积指标是划分防护分区最重要的依据。若面积指标设定得太小，同等条件下就会增加多个防护单元，也就增加了出入口数量、防护设备设施等。不仅对工程平时使用功能、城市建设造成影响，增加工程造价，而且由于常规武器内爆炸效应，其威力可能破坏多个防护单元或抗爆单元，反而会影响工程的生存概率。若面积指标设定得太大，划分防护单元和抗爆单元的意义就会大打折扣。

现规范规定医疗救护工程、防空专业队工程、人员掩蔽工程和配套工程应按表9－9的要求划分防护单元和抗爆单元。

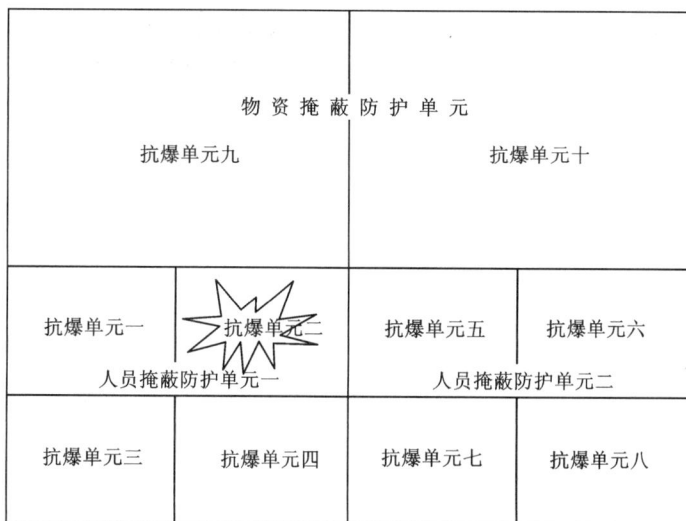

**图 9 - 24　防空地下室防护分区作用原理示意图**

**表 9 - 9　防护单元、抗暴单元建筑面积(m²)**

| 工程类型 | 医疗救护工程 | 防空专业队工程 | | 人员掩蔽工程 | 配套工程 |
|---|---|---|---|---|---|
| | | 人员掩蔽部 | 装备掩蔽部 | | |
| 防护单元 | ≤1000 | | ≤4000 | ≤2000 | ≤4000 |
| 抗爆单元 | ≤500 | | ≤2000 | ≤500 | ≤2000 |

注:地下人防建筑内部为横墙承重的房间布置时,可不划分抗爆单元。

考虑到当上部建筑层数较多,其多层楼板共同作用可以起到一定的遮弹作用,因此规范规定当地下人防建筑的上部建筑的层数为十层或多于十层(地下人防建筑上方的地下室层数可计入上部建筑层数)时,可不划分防护单元和抗爆单元。当此类高层建筑有低于十层的裙房或没有上部建筑,若建筑面积不大于 200 m² 时,可不划分防护单元和抗爆单元;当建筑面积超过 200 m² 时,应按表 9 - 10 的要求划分防护单元和抗爆单元。

对于多层的乙类地下人防建筑和多层的核 5 级、核 6 级、核 6B 级的甲类地下人防建筑,当其上下相邻楼层分别划分为不同防护单元时,位于下层及以下的各层可不再划分防护单元和抗爆单元。

2.防护单元及防护单元隔墙构造

(1)防护单元的设置要求

地下人防建筑内部设置防护单元首先是为防止由于规模过大,遭敌人炸弹命中的概率高,生存概率低;其次是为防止由于规模大,掩蔽的人员、物资多,一旦遭破坏使得室内人员伤亡(物资损坏)过大;最后是为防止一旦遭破坏,整个地下人防建筑丧失使用功能。为保证地下人防建筑的生存概率,地下人防建筑中的每个防护单元应满足下列要求:

①防护单元内防护设施和内部设备应自成系统。也就是说每个防护单元都应设置独立的

进排风、供电、给排水、人员生活以及相应的防护密闭等设施。

②防护单元内部不应设置伸缩缝或沉降缝。为保证每个防护单元的防护密闭特性，单元内部不能设置伸缩缝或沉降缝。若工程由于某种需要设置伸缩缝或沉降缝时，应在防护单元之间利用双单元隔墙进行设置。

③每个防护单元不应少于两个出入口(不包括竖井式出入口、防护单元之间的连通口)，其中至少设置一个阶梯式(或坡道式)直通地面的战时主要出入口。

(2)防护单元隔墙

相邻防护单元之间应设置防护密闭隔墙，亦称为防护单元隔墙。防护单元隔墙应为整体浇筑的钢筋混凝土墙。一般情况下为单墙，当相邻防护单元之间设有伸缩缝或沉降缝时，单元隔墙应采用双墙。并应满足下列要求：

①甲类地下人防建筑的防护单元隔墙的厚度应按照相应的抗力要求计算得出。

②乙类地下人防建筑防护单元隔墙的厚度常5级不得小于250 mm；常6级不得小于200 mm。

(3)单防护单元隔墙连通口设计

为保证战时维护管理以及疏散人员方便，两相邻防护单元之间应至少设置一个连通口。在单防护单元隔墙上开设连通口时，应在其两侧各设置一道防护密闭门，或在连通口处设置一道连通口专用双向受力防护密闭门。若相邻防护单元的防护等级不同，高抗力的防护密闭门应设置在低抗力防护单元一侧，低抗力的防护密闭门应设置在高抗力的防护单元一侧，如图9-25所示。为保证两道门均能同时关闭，墙两侧设有防护密闭门的门框墙厚度不宜小于500 mm。

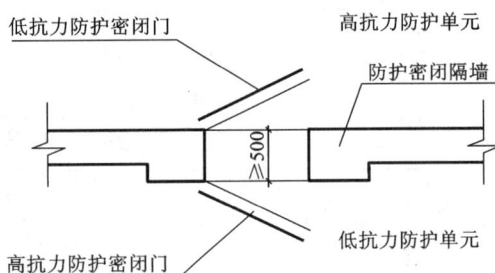

图9-25 单防护单元隔墙连通口做法

对于有防毒要求的防护单元，无论出入口还是连通口，都要求设置两道密闭门，以保障工程的防毒密闭性能。如图9-25所示，当高抗力防护单元被常规武器破坏后，位于高抗力防护单元一侧低抗力防护密闭门作为低抗力防护单元的防护密闭门，而高抗力防护密闭门则作为低抗力防护单元的密闭门使用；反之，当低抗力防护单元被常规武器破坏后，位于低抗力防护单元的高抗力防护密闭门作为高抗力防护单元的防护密闭门，而低抗力防护密闭门则作为高抗力防护单元的密闭门使用。

乙类地下人防建筑防护单元之间连通口的防护密闭门设计压力值宜为0.03 MPa。甲类地下人防建筑防护单元之间连通口的防护密闭门设计压力值应符合下列规定：

①当两相邻防护单元的防核武器抗力等级相同时，其连通口的防护密闭门设计压力值应符合表9-10的规定。

表9-10 抗力相同相邻防护单元连通口防护密闭门的设计压力值(MPa)

| 防核抗力等级 | 6B | 6 | 5 | 4B | 4 |
|---|---|---|---|---|---|
| 防护密闭门设计压力 | 0.03 | 0.05 | 0.10 | 0.20 | 0.30 |

②当两相邻防护单元的防核武器抗力等级不同时，其连通口的防护密闭门设计压力值应符合表 9 - 11 的规定。

表 9 - 11　抗力不同相邻防护单元连通口防护密闭门的设计压力值（MPa）

| 防核抗力等级 | 6B 级与 6 级 | 6B 级与 5 级 | 6 级与 5 级 | 5 级与 4B 级 | 5 级与 4 级 | 4B 级与 4 级 |
|---|---|---|---|---|---|---|
| 低抗力一侧设计压力 | 0.05 | 0.10 | 0.10 | 0.20 | 0.30 | 0.30 |
| 高抗力一侧设计压力 | 0.03 | 0.03 | 0.05 | 0.10 | 0.10 | 0.20 |

（4）双防护单元隔墙连通口设计

当两相邻防护单元之间设有伸缩缝或沉降缝，且需要开设连通口时，其防护单元之间的连通口设计如图 9 - 26 所示，在两道防护密闭隔墙上应分别设置防护密闭门，且防护密闭门至变形缝的距离（$L_m$）应满足防护密闭门门扇开启的要求。

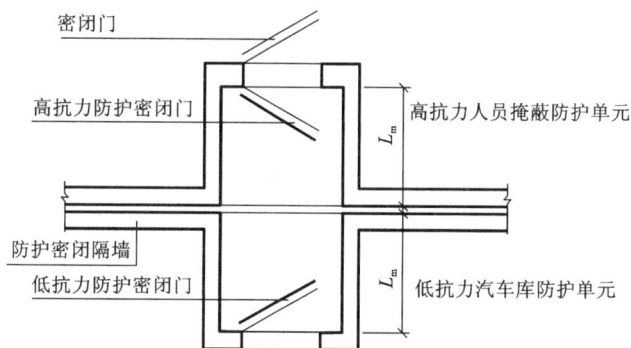

图 9 - 26　有变形防护缝防护单元隔墙连通口设置方式

此类情况下，乙类地下人防建筑防护单元之间连通口的防护密闭门设计压力值宜为 0.03 MPa。甲类地下人防建筑当两相邻防护单元的防核武器抗力等级相同时，其连通口的防护密闭门设计压力值应符合表 9 - 10 的规定；当两相邻防护单元的防核武器抗力等级不同时，其连通口的防护密闭门设计压力值应符合表 9 - 12 的规定。

表 9 - 12　抗力不同相邻防护单元连通口防护密闭门的设计压力值（MPa）

| 防核抗力等级 | 6B 级与 6 级 | 6B 级与 5 级 | 6 级与 5 级 | 5 级与 4B 级 | 5 级与 4 级 | 4B 级与 4 级 |
|---|---|---|---|---|---|---|
| 低抗力一侧设计压力 | 0.05 | 0.10 | 0.10 | 0.20 | 0.30 | 0.30 |
| 高抗力一侧设计压力 | 0.03 | 0.03 | 0.05 | 0.10 | 0.10 | 0.20 |

（5）上下相邻防护单元设置要求

在多层地下人防建筑中，当上下相邻两楼层被划分为两个防护单元时，其相邻防护单元之间的楼板应为防护密闭楼板。当防护单元之间连通口设置在上层楼层时，应在防护单元隔墙的两侧各设一道防护密闭门，如图9－27所示；当防护单元之间连通口设置在下层楼层时，应在防护单元隔墙的上层单元一侧设一道防护密闭门，如图9－28所示。这是因为当防护单元之间连通口设置在上层楼层时，有部分下层单元的空间位于上层，因此设置双防护密闭门是当下层单元可能被破坏后保证上层单元的防护密闭特性要求；当防护单元之间连通口设置在下层楼层时，下层防护单元完全位于上层单元之下，因此常规武器打击后只有上层单元最可能被破坏，因此只需设置一道开向上层单元的防护密闭门即可满足防护要求，但为了保证下层单元的防毒密闭特性，有防毒要求的下层防护单元应增设一道密闭门。此类情况下，防护密闭门的设计压力值应符合上述单防护单元隔墙上连通口防护密闭门设计压力值。

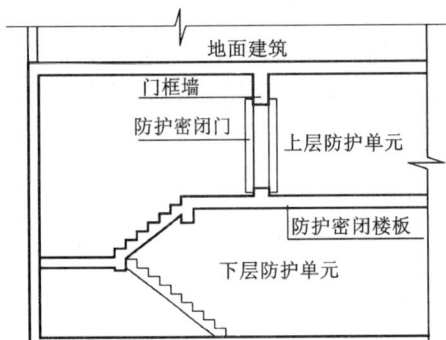

图9－27　连通口设置在上层做法　　　　图9－28　连通口设置在下层做法

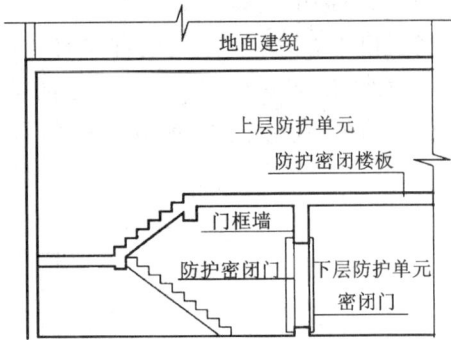

多层地下人防建筑划分防护单元比较复杂，设计时应考虑各种因素的影响，如上下层交通联系方式、使用功能需要以及造价等因素。考虑到平时使用方便，在两处位置设置了上下连通的自动扶梯。在这种情况下，垂直方向上划分防护单元要比水平方向上划分防护单元无论在防护可靠度、使用功能以及造价等方面都比较合理。主要原因如下：

①不需要封闭或者封堵上下楼层连通的各类垂直交通，简化了平战功能转换措施，便于实现可靠的防护密闭特性。

②当设置垂直的防护单元隔墙后，上下层的楼板可以按照普通楼板设计，简化了设计计算复杂程度以及降低了造价。

③各防护单元与地面的联系较为紧密，便于实现直通地面的室外出入口。

3. 抗爆单元及单元挡隔墙构造

抗爆单元的作用是：一旦某防护单元被炸弹击中，尽可能地减少人员伤亡数量。在一个较大的防护单元内，分设抗爆单元之后，一旦某抗爆单元被炸弹击中，相邻抗爆单元的人员可免受伤害。设计中只考虑在遭袭击时减少人员的伤亡，而在遭袭击后，该防护单元即已丧失防护功能，因此不要求抗爆单元的防护设备或内部设备自成体系。抗爆单元之间的抗爆挡隔墙的作用是阻挡炸弹气浪及碎片，防止相邻抗爆单元内的人员受伤害。因此，对抗爆挡隔墙的材质、强度、做法和尺寸等都有一定的要求。

相邻抗爆单元之间应设置抗爆隔墙，两相邻抗爆单元之间应至少设置一个连通口，在连通口处抗爆隔墙的一侧应设置抗爆挡墙，如图9－29所示，抗爆挡墙的材料和厚度应与抗爆隔墙一致。

不影响平时使用的抗爆挡隔墙，宜在平时采用厚度不小于120 mm厚的钢筋混凝土或厚度不小于250 mm的混凝土整体浇筑；不利于平时使用的抗爆挡隔墙可在临战时构筑。

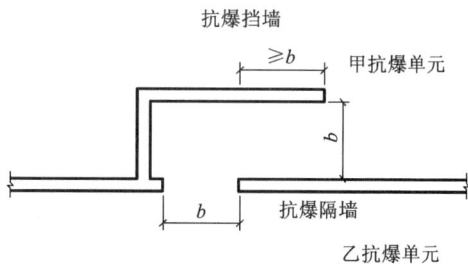

图9-29 抗爆挡墙设置

**4.防毒分区**

大部分地下人防建筑，如救护医疗工程、防空专业队队员掩蔽部、人员掩蔽工程以及食品站、生产车间、区域供水站、电站控制室、物资库等主体均有防毒要求，满足防毒要求的区域，即有集体防护功能的区域称为清洁区(密闭区)。能抵御预定的核爆动荷载作用，但允许染毒的区域称为染毒区(非密闭区)。为了保证地下人防建筑能够发挥预定的战时功能，必须严格划分清洁区和染毒区。

地下人防建筑中的下列房间、通道及设施战时允许染毒：

①扩散室、密闭通道、防毒通道、预滤室、滤毒室、简易洗消间或洗消间。

②医疗救护工程的分类厅及其所属的急救室、厕所、染毒衣物存放间等。

③柴油发电站机房及其进、排风机室、贮油间等。

④汽车库和工程机械库的停车部分。

⑤战时不需要防毒的其他房间或通道。

为了保证地下人防建筑清洁区不被污染，在清洁区和染毒区之间应设置密闭隔墙。其厚度不应小于200 mm，并在染毒区一侧墙面用水泥砂浆抹光。当密闭隔墙上有管道穿过时，应采取密闭措施。在密闭隔墙上开设门洞时，应设置密闭门。

## 思 考 题

1.人防工程有哪几种分级？

2.人防工程的防护规划内容包括哪些方面？

3.人防工程出入口的分类和形式有几种？

4.简述人防工程主体工程设计的基本内容。

# 第10章　地下工程防水技术

　　地下工程由于深埋于地下，时刻受地下水的渗透作用，如防水的问题处理不好，致使地下水渗漏到工程内部，将会带来一系列问题：影响人员在工程内部正常的工作和学习；使工程内部的装修和设备加快锈蚀。而使用机械排除工程内部渗漏水，需要耗费大量能源和经费，并且大量的排水还可能引起地面和地面建筑物不均匀沉降和破坏等。因此为使地下工程能合理正常的使用，充分发挥其经济效益、社会效益、战备效益，必须对地下工程进行防水处理。

　　由于早期技术和材料的不成熟，地下工程防水最早是参照屋面防水的做法来进行的。然而，地下和地上环境是截然不同的，随着工程的实践，人们认识到地下工程防水设计和施工应遵循"防、排、截、堵相结合，刚柔相济，因地制宜，综合治理"的原则。

　　在地下工程防水技术标准方面，我国在20世纪80年代制订国家标准，长期以来，为设计、施工单位选取防水标准和防水方法提供了可遵循的依据与准则。2008年和2011年相继修订的《地下工程防水技术规范》（GB50108—2008）和《地下防水工程质量验收规范》（GB 50208—2011）为地下工程防水技术的发展和提高地下工程的防水质量及其可靠性发挥了重要作用。

　　我国地下工程防水技术发展的基本状况与特征是：随着石油、化工、建材工业的快速发展和科技事业取得的成就，防水材料已从少数品种迈向多类型、多品种格局。合成高分子材料、高聚物改性沥青材料、防水混凝土、聚合物水泥砂浆、水泥基防水涂层材料和各类堵漏、止水材料，已在各类防水工程中被广泛应用。

## 10.1　地下工程防水设计

　　地下工程由于是修建在地下，若修建在含地下水的地层中，不仅会受到地下水的有害作用，还会受到地面水的影响。如果没有可靠的防水措施，地下水就会渗入，从而影响结构物的使用寿命。因此，在修建地下工程时，应根据工程的水文地质情况、地质条件、区域地形、环境条件、埋置深度、地下水位高低、工程结构特点及修建方法、防水等级、工程用途和功能要求、材料来源等技术经济指标综合考虑确定防水方案。

### 10.1.1　地下工程的防水等级和防水设防要求

　　1. 地下工程防水等级与适用范围

　　根据《地下工程防水技术规范》（GB50108—2008），地下工程的防水等级分为四级，各级的标准和其适用范围如表10-1所示。

表 10 – 1  地下工程防水等级标准与适用范围

| 防水等级 | 标准 | 适用范围 |
|---|---|---|
| 一级 | 不允许渗水，结构表面无湿渍 | 人员长期停留的场所；<br>因有少量湿渍会使物品变质、失效的贮物场所及严重影响设备正常运转和危及工程安全运营的部位；极重要的战备工程 |
| 二级 | 不允许漏水，结构表面可有少量湿渍；<br>工业与民用建筑：湿渍总面积不大于总防水面积(包括顶板、墙面、地面)的 1/1000，单个湿渍面积不大于 0.1 m²，任意 100 m² 防水面积不超过 1 处；<br>其他地下工程：湿渍总面积不大于总防水面积的 6%，单个湿渍面积不大于 0.2 m²，任意 100 m² 防水面积不超过 4 处 | 人员经常活动的场所；<br>在有少量湿渍的情况下不会使物品变质、是小的贮物场所及基本不影响设备正常运转和工程安全运营的部位；<br>重要的战备工程 |
| 三级 | 有少量漏水点，不得有线流和漏泥砂；<br>单个湿渍面积不大于 0.3 m²，单个漏水点的漏水量不大于 2.5 L/d，任意 100 m² 防水面积不超过 7 处 | 人员临时活动的场所；<br>一般战备工程 |
| 四级 | 有漏水点，不得有线流和漏泥砂；<br>整个工程平均漏水量不大于 2 L/(m²·d)，任意 100 m² 防水面积的平均漏水量不大于 4 L/(m²·d) | 对渗水无严格要求的工程 |

2. 地下工程的防水设防要求

①地下工程的防水设防要求，应根据使用功能、结构形式、环境条件、施工方法及材料性能等因素合理确定。

a)暗挖法地下工程的防水设防要求应按表 10 – 2 选用；

b)明挖法地下工程的防水设防要求应按表 10 – 3 选用。

表 10 – 2  暗挖法地下工程防水设防要求

| 工程部位 | | 衬砌结构 | | | | | | 内衬砌施工缝 | | | | 内衬砌变形缝(诱导缝) | | | | |
|---|---|---|---|---|---|---|---|---|---|---|---|---|---|---|---|---|
| 防水措施 | | 防水混凝土 | 塑料防水板 | 防水砂浆 | 防水卷材 | 金属防水层 | 外贴式止水带 | 遇水膨胀止水条(胶) | 防水密封材料 | 中埋式止水带 | 水泥基渗透结晶型防水涂料 | 中埋式止水带 | 外贴式止水带 | 可卸式止水带 | 防水密封材料 | 遇水膨胀止水条(胶) |
| 防水等级 | 一级 | 必选 | 应选一种至二种 | | | | | 应选二种 | | | 应选 | 应选一至二种 | | | | |
| | 二级 | 应选 | 应选一种至二种 | | | | | 应选一种 | | | 应选 | 应选一种 | | | | |
| | 三级 | 宜选 | 宜选一种 | | | | | 宜选一种 | | | 应选 | 宜选一种 | | | | |
| | 四级 | 宜选 | 宜选一种 | | | | | 宜选一种 | | | 应选 | 宜选一种 | | | | |

表 10-3 明挖法地下工程防水设防要求

| 工程部位 | 主体结构 | | | | | | | 施工缝 | | | | | | | | 后浇带 | | | | | 变形缝（诱导缝） | | | | | |
|---|---|---|---|---|---|---|---|---|---|---|---|---|---|---|---|---|---|---|---|---|---|---|---|---|---|---|
| 防水措施 → / 防水等级 ↓ | 防水混凝土 | 防水砂浆 | 防水卷材 | 膨润土防水材料 | 防水涂料 | 塑料防水板 | 金属防水板 | 遇水膨胀止水条(胶) | 中埋式止水带 | 外贴式止水带 | 外抹防水砂浆 | 水泥基渗透结晶型防水涂料 | 预埋注浆管 | 外涂防水涂料 | 膨胀混凝土 | 补偿收缩混凝土 | 外贴式止水带 | 预埋注浆管 | 遇水膨胀止水条(胶) | 防水密封材料 | 中埋式止水带 | 外贴式止水带 | 可卸式止水带 | 防水密封材料 | 外贴防水卷材 | 外涂防水涂料 |
| 一级 | 应选 | 应选一至二种 | | | | | | 应选一种 | | | | | | | 应选 | 应选 | 应选二种 | | | | 应选 | 应选一至二种 | | | | |
| 二级 | 应选 | 应选一种 | | | | | | 应选一至二种 | | | | | | | 应选 | 应选 | 应选一至二种 | | | | 应选 | 应选一至二种 | | | | |
| 三级 | 应选 | 宜选一种 | | | | | | 宜选一至二种 | | | | | | | 应选 | 应选 | 宜选一至二种 | | | | 应选 | 宜选一至二种 | | | | |
| 四级 | 宜选 | — | | | | | | 宜选一种 | | | | | | | 应选 | 应选 | 宜选一种 | | | | 应选 | 宜选一种 | | | | |

②对于处于侵蚀性介质中的工程，应采用耐侵蚀的防水混凝土、防水砂浆、卷材或涂料等防水材料；

③处于冻融侵蚀环境中的地下工程，其混凝土抗冻融循环不得少于 300 次；

④结构刚度较差或受振动作用的工程，宜采用延伸率较大的卷材、涂料等柔性防水材料。

### 10.1.2　地下工程防水设计的一般规定

地下工程的防水设计应符合如下规定：

①地下工程应进行防水设计，并应做到定级准确、方案可靠、施工简单、耐用适用、经济合理。

②地下工程防水方案应根据工程规划、结构设计、材料选择、结构耐久性和施工工艺等确定。

③地下工程的防水设计，应根据地表水、地下水、毛细管水等的作用，以及由于人为因素引起的附近水文地质改变影响确定。单建式的地下工程，宜采用全封闭、部分封闭的防排水设计；附建式的全地下或半地下工程的防水设防高度，应高出室外地坪工程 500 mm 以上。

④地下工程迎水面主体结构应采用防水混凝土，并应根据防水等级的要求采取其他防水措施。

⑤地下工程的变形缝(诱导缝)、施工缝、后浇带、穿墙管(盒)、预埋件、预留通道接头、桩头等细部构造，应加强防水措施。

⑥地下工程的排水管沟、地漏、出入口、窗井、风井等，应采取防倒灌措施；寒冷及严寒地区的排水沟应采取防冻措施。

⑦地下工程的防水设计，应根据工程的特点和需要搜集下列资料：

a)最高地下水位的高程、出现的年代，近几年的实际水位高程和随季节变化情况；

b)地下水类型、补给来源、水质、流量、流向、压力；

c)工程地质构造，包括岩层走向、倾角、节理及裂隙；含水地层的特性、分布情况和渗透系数；溶洞及陷穴、填土区、湿陷性土和膨胀土层等情况；

d)历年气温变化情况、降水量、地层冻结深度；

e)区域地形、地貌、天然水流、水库、废弃坑井以及地表水、洪水和给水排水系统资料；

f)工程所在区域的地震烈度、地热、含瓦斯等有害物质的资料；

g)施工技术水平和材料来源。

⑧地下工程防水设计，应包括下列内容：

a)防水等级和设防要求；

b)防水混凝土的抗渗等级和其他技术指标、质量保证措施；

c)其他防水层选用的材料及其技术指标、质量保证措施；

d)工程细部构造的防水措施，选用的材料及其技术指标、质量保证措施；

e)工程的防排水系统、地面挡水、截水系统及工程各种洞口的防倒灌措施。

### 10.1.3　地下工程的防水措施

地下工程采取的防水措施是多种多样。按工程分类，其设计采用的围护结构形式、主体防水方案和选用防水材料种类，如表 10-4 所示。

表 10-4　地下工程的防水措施

| 工程类别 | 围护结构(主体)形式 | 重要防水部位 | 主体防水方案 | 主要防水材料种类 |
|---|---|---|---|---|
| 隧道工程 | 喷锚结构 衬砌结构(复合式衬砌、离壁式衬砌、贴壁式衬砌、套衬) | 内衬砌的垂直施工缝 内衬砌的变形缝 衬砌管片的接缝及灌浆孔 预留通道接头 | 喷射防水混凝土衬砌 注浆防水 衬砌防水砂浆抹面 衬砌防水涂层 自流、机械排水系统 渗沟与盲沟排水 | 喷射防水混凝土,防水混凝土衬砌及管片,防水剂,防水砂浆,防水卷材,防水涂料,各种堵漏、注浆、止水材料,各类接缝与密封材料(外贴式、中埋式、可卸式止水带,密封膏,遇水膨胀止水条)等 |
| 地下构筑物 | 混凝土结构 砌体结构 防爆结构 | 施工缝 变形缝 构造节点 穿墙管 埋设件 | 防水混凝土结构 防水层(包括防水砂浆、卷材、涂料、涂膜、金属防水层) 构造节点等部位止水堵漏处理 排水系统 | 防水混凝土,堵漏、注浆、止水材料,弹性体接缝与密封材料,各类防水剂、防水砂浆、防水卷材、防水板、金属板、防水涂料等 |
| 地下建筑物 | 防水混凝土结构 钢筋混凝土结构 砌体结构 套衬结构 | 桩头 施工缝 后浇带 变形缝 窗墙管 埋设件 预留孔洞 孔口 出入口 | 防水混凝土结构 防水层(包括防水砂浆、卷材、涂膜防水层) 构造节点等部位止水堵漏处理 排水系统 | 防水混凝土,膨胀混凝土,普通防水砂浆与聚合物防水砂浆,高聚物改性沥青防水卷材、防水涂料、弹性体接缝与密封材料(金属、橡胶类止水带,遇水膨胀止水条,密封膏)等 |

注:对不同类别工程应首先根据工程性质、用途及规范规定的防水等级与防水标准要求,确定方式方案和选用防水材料。

1.地下建(构)筑物

由于多数地下建筑物工程建在城市,场地狭窄,施工困难,因此工程设计和防水方案都需结合场地环境和施工条件综合考虑。

除围护结构已较普遍采用掺外加剂的防水混凝土外,防水等级为一、二级的围护结构主体迎水面还应选用一种或两种防水材料防水层,满足多道设防的要求。

外防外贴法、外防内贴法仍是卷材防水层的基本施工方法。为保证卷材防水层搭接边的黏结质量,需选用可供热熔法、焊接法施工的防水卷材及防水板,以确保接缝防水的可靠性。

地下构筑物防止渗漏的关键仍然在于必须采取综合措施,重点处理好工程的施工缝、变形缝、构造节点、出入口、穿墙管件、预埋件等部位的防水,精心施工是十分重要的环节。

2.隧道工程

隧道工程围护结构的衬砌材料主要是钢筋混凝土,因此必须采取各种措施提高混凝土自身的防水性能,所用防水混凝土的抗渗等级不得低于 P8。同时还应周密处理衬砌各部位的接缝防水,尤其是现浇混凝土衬砌的施工缝和变形缝,以及预制混凝土衬砌管片的接缝与注浆孔。

## 10.2　地下建(构)筑物的防水

地下建筑物的防水可分为两部分,一是混凝土结构主体防水;二是混凝土结构细部构造防水。

### 10.2.1　混凝土结构土主体防水

混凝土结构主体防水采用的措施有:防水混凝土、水泥砂浆防水层、卷材防水层、涂料防水层、塑料防水层、金属防水层、膨润土防水材料防水层等措施。

1.防水混凝土

防水混凝土是一种具有高的抗渗性能,并能达到防水要求的一种混凝土。

(1)防水混凝土的一般要求

①防水混凝土可以通过调整配合比,或掺加外加剂、掺合料等措施配制而成,其抗渗等级不得小于 P6。

②防水混凝土的施工配合比应通过试验确定,试配混凝土的抗渗等级应比设计要求提高 0.2 MPa。

③防水混凝土应满足抗渗等级要求,并应根据地下工程所处的环境和工作条件,满足抗压、抗冻和抗侵蚀性等耐久性要求。

(2)防水混凝土的设计

①防水混凝土的设计抗渗等级,应符合表 10 - 5 的规定。

表 10 - 5　防水混凝土设计抗渗等级

| 工程埋置深度 $H$(m) | 设计抗渗等级 |
|---|---|
| $H < 10$ | P6 |
| $10 \leqslant H < 20$ | P8 |
| $20 \leqslant H < 30$ | P10 |
| $H \geqslant 30$ | P12 |

注:①本表适用于Ⅰ、Ⅱ、Ⅲ类围岩(土层及软弱围岩)。

②山岭隧道防水混凝土的抗渗等级可按国家现行有关标准执行。

②防水混凝土的环境温度不得高于 80℃;处于侵蚀性介质中防水混凝土的耐侵蚀性要求应根据介质的性质按有关标准执行。

③防水混凝土的结构底板的混凝土垫层,强度等级不应小于 C15,厚度不应小于 100 mm,在软弱土层中不应小于 150 mm。

④防水混凝土结构,应符合下列规定:

a)结构厚度不应小于 250 mm;

b)裂缝宽度不得大于 0.2 mm,并不得贯通;

c)钢筋保护层厚度应根据结构的耐久性和工程环境选用,迎水面钢筋保护层厚度不应小于 50 mm。

**2. 水泥砂浆防水层**

（1）水泥砂浆防水层的一般要求

①防水砂浆应包括聚合物水泥防水砂浆、掺外加剂或掺合料的防水砂浆，宜采用多层抹压法施工。

②水泥砂浆防水层可用于地下工程主体结构的迎水面或背水面，不应用于受持续振动或温度高于80℃的地下工程防水。

③水泥砂浆防水层应在基础垫层、初期支护、围护结构及内衬结构验收合格后施工。

（2）水泥砂浆防水层的设计要点

①水泥砂浆的品种和配合比设计应根据防水工程要求确定。

②聚合物水泥防水砂浆厚度单层施工宜为6~8 mm，双层施工宜为10~12 mm；掺外加剂或掺合料的水泥防水砂浆厚度宜为18~20 mm。

③水泥砂浆防水层的基层混凝土强度或砌体用的砂浆强度均不应低于设计值的80%。

水泥砂浆防水层的材料要求和施工要求参见相关规范。

**3. 卷材防水层**

卷材防水层是将几层卷材用胶结材料粘贴在结构基层上而构成的一种防水工程。这种防水技术目前使用比较普遍，常用于屋面、地下室及地下构筑物的防水工程。

（1）卷材防水层一般规定

①卷材防水层宜用于经常处在地下水环境，且受侵蚀性介质作用或受振动作用的地下工程。

②卷材防水层应铺设在混凝土结构的迎水面。

③卷材防水层用于建筑物地下室时，应铺设在结构底板垫层至墙体防水设防高度的结构基面上；用于单建式的地下工程时，应从结构底板垫层铺设至顶板基面，并应在外围形成封闭的防水层。

（2）卷材防水层的设计要点

①防水卷材的品种规格和层数，应根据地下工程防水等级、地下水位高低及水压力作用状况、结构构造形式和施工工艺等因素确定。

②卷材防水层的卷材品种可按表10-6选用，并应符合下列规定：

a)卷材外观质量、品种规格应符合国家现行有关标准的规定；

b)卷材及其胶黏剂应具有良好的耐水性、耐久性、耐刺穿性、耐腐蚀性和耐菌性。

**表10-6　卷材防水层的卷材品种**

| 类　　别 | 品种名称 |
|---|---|
| 高聚物改性沥青类防水卷材 | 弹性体改性沥青防水卷材 |
|  | 改性沥青聚乙烯胎防水卷材 |
|  | 自黏聚合物改性沥青防水卷材 |
| 合成高分子防水卷材 | 三元乙丙橡胶防水卷材 |
|  | 聚氯乙烯防水卷材 |
|  | 聚乙烯丙纶复合防水卷材 |
|  | 高分子自黏胶膜防水卷材 |

③卷材防水层的厚度应符合表 10 - 7 的规定。

表 10 - 7 卷材防水层的卷材品种

| 卷材品种 | 高聚物改性沥青类防水卷材 | | | 合成高分子类防水卷材 | | | |
|---|---|---|---|---|---|---|---|
| | 弹性体改性沥青防水卷材、改性沥青聚乙烯胎防水卷材 | 自黏聚合物改性沥青防水卷材 | | 三元乙丙橡胶防水卷材 | 聚氯乙烯防水卷材 | 聚乙烯丙纶复合防水卷材 | 高分子自黏胶膜防水卷材 |
| | | 聚酯毡胎体 | 无胎体 | | | | |
| 单层厚度 (mm) | ≥4 | ≥3 | ≥1.5 | ≥1.5 | ≥1.5 | 卷材：≥0.9 黏结料：≥1.3 芯材厚度：≥0.6 | ≥1.2 |
| 双层总厚度 (mm) | ≥(4+3) | ≥(3+3) | ≥(1.5+1.5) | ≥(1.2+1.2) | ≥(1.2+1.2) | 卷材：≥(0.7+0.7) 黏结料：≥(1.3+1.3) 芯材厚度：≥0.5 | — |

注：①带有聚酯毡胎体的自黏聚合物改性沥青防水卷材应执行国家现行标准《自黏物改性沥青聚酯胎防水卷材》JC898；
②无胎体的自黏聚合物改性沥青防水卷材应执行国家现行标准《自黏橡胶沥青防水卷材》JC840。

④阴阳角处应做成圆弧或 45° 坡角，其尺寸应根据卷材品种确定。在阴阳角等特殊部位，应增做卷材加强层，加强层宽度宜为 300 ~ 500 mm。

**4. 涂料防水层**

涂料防水层是在自身有一定的防水能力的结构表面涂刷一定厚度的防水涂料，经过常温胶联固化后，形成一层具有一定坚韧性的防水涂料膜的防水方法。根据防水几层的情况和使用部位，还可以将加固材料和缓冲材料铺设在防水层内，以达到提高涂料膜防水效果、增强防水层强度和耐久性的目的。涂料防水层由于防水效果好、施工简单、方便，特别适合于表面形状复杂的结构防水施工。它不仅使用与建筑物的屋面防水、地面防水，而且还广泛用于地下防水以及其他工程的防水。

（1）涂料防水层的一般要求

①涂料防水层应包括无机防水涂料和有机防水涂料。无机防水涂料可选用掺外加剂、掺合料的水泥基防水涂料、水泥基渗透结晶型防水涂料。有机防水涂料可选用反应型、水乳型、聚合物水泥等涂料。

②无机防水涂料宜用于结构主体的背水面，有机防水涂料宜用于地下工程主体结构的迎水面，用于背水面的有机防水涂料应具有较高的抗渗性，且与基层有较好的黏结性。

（2）涂料防水层的设计要点

①防水涂料品种的选择应符合下列规定：

a) 潮湿基层宜选用与潮湿基面黏结力大的无机防水涂料或有机防水涂料，也可采用先涂无机防水涂料而后再涂有机防水涂料构成复合防水涂层；

b) 冬期施工宜选用反应型涂料；

c) 埋置深度较深的重要工程、有振动或有较大变形的工程，宜选用高弹性防水涂料；

d) 有腐蚀性的地下环境宜选用耐腐蚀性较好的有机防水涂料，并应做刚性保护层；

e）聚合物水泥防水涂料应选用Ⅱ型产品。

②采用有机防水涂料时，基层阴阳角应做成圆弧形，阴角直径宜大于50 mm，阳角直径宜大于10 mm，在底板转角部位应增加胎体增强材料，并应增涂防水涂料。

③防水涂料宜采用外防外涂或外防内涂（见图10-1、图10-2）。

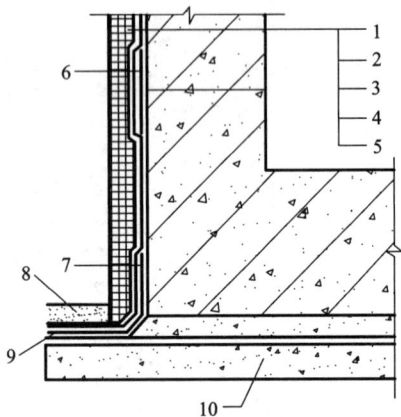

图10-1 防水涂料外防外涂构造

1—保护墙；2—砂浆保护层；3—涂料防水层；
4—砂浆找平层；5—结构墙体；6—涂料防水层加强层；
7—涂料防水加强层；8—涂料防水层搭接部位保护层；
9—涂料防水层搭接部位；10—混凝土垫层

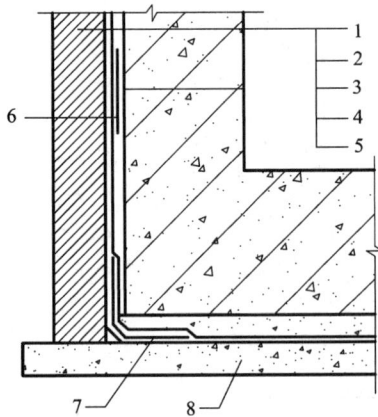

图10-2 防水涂料外防内涂构造

1—保护墙；2—涂料保护层；3—涂料防水层；
4—找平层；5—结构墙体；
7—涂料防水加强层；8—混凝土垫层

④掺外加剂、掺合料的水泥基防水涂料厚度不得小于3.0 mm；水泥基渗透结晶型防水涂料的用量不应小于1.5 kg/m²，且厚度不应小于1.0 mm；有机防水涂料的厚度不得小于1.2 mm。

5.塑料防水板防水层

除了卷材和涂料防水层，塑料防水板防水层也是一种柔性防水。

（1）塑料防水板防水层的一般规定

①塑料防水板防水层宜用于经常受水压、侵蚀性介质或受振动作用的地下工程防水。

②塑料防水板防水层宜铺设在复合式衬砌的初期支护和二次衬砌之间。

③塑料防水板防水层宜在初期支护结构趋于基本稳定后铺设。

（2）塑料防水板防水层的设计要点

①塑料防水板防水层应由塑料防水板与缓冲层组成。

②塑料防水板防水层可根据工程地质、水文地质条件和工程防水要求，采用全封闭、半封闭或局部封闭铺设。

③塑料防水板防水层应牢固地固定在基面上，固定点的间距应根据基面平整情况确定，拱部宜为0.5~0.8 m、边墙宜为1.0~1.5 m、底部宜为1.5~2.0 m。局部凹凸较大时，应在凹处加密固定点。

6.金属防水层

对于一些抗渗性要求较高的构筑物来讲，金属防水层占有十分重要的位置和实用价值。

金属防水层可用于长期浸水、水压较大的水工及过水隧道，所用的金属板和焊条的规格及材料性能，应符合设计要求。金属板的拼接应采用焊接，拼接焊缝应严密。竖向金属板的垂直接缝，应相互错开。主体结构内侧设置金属防水层时，金属板应与结构内的钢筋焊牢，也可在金属防水层上焊接一定数量的锚固件（见图 10－3）。主体结构外侧设置金属防水层时，金属板应焊在混凝土结构的预埋件上。金属板经焊缝检查合格后，应将其与结构间的空隙用水泥砂浆灌实（见图 10－4）。

金属板防水层应用临时支撑加固。金属板防水层底板上应预留浇捣孔，并应保证混凝土浇筑密实，待底板混凝土浇筑完后应补焊严密。金属板防水层如先焊成箱体，再整体吊装就位时，应在其内部加设临时支撑。金属板防水层应采取防锈措施。

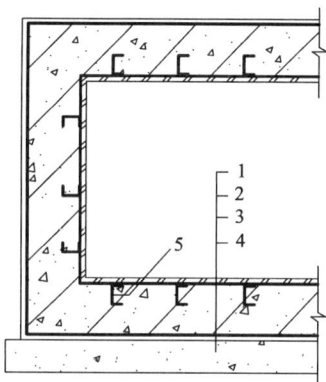

**图 10－3　金属板防水层（一）**
1—金属板；2—主体结构；3—防水砂浆；
4—垫层；5—锚固筋

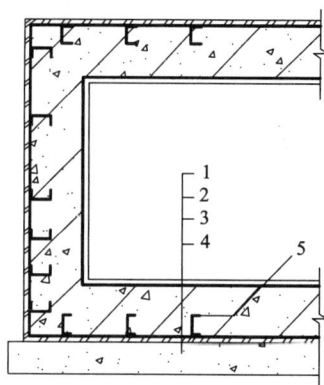

**图 10－4　金属板防水层（二）**
1—防水砂浆；2—主体结构；3—金属板；
4—垫层；5—锚固筋

## 10.2.2　混凝土结构细部构造防水

混凝土结构细部构造防水主要包括变形缝、后浇带穿墙管（盒）、埋设件、预留通道接头、桩头、孔口等的防水。

1. 变形缝

变形缝是沉降缝与伸缩缝的总称。变形缝是地下防水的薄弱环节，防水处理比较复杂、最易发生渗漏，如处理不好则会影响到地下工程的正常使用和使用寿命。这是由于缝的构造复杂且处于变形和位移的位置所决定的。

当水压及变形量较大时，防水混凝土墙体及地板应设置变形缝，设置变形缝应尽量避免地下室通过变形或使缝的位置避开不易处理的部位。

（1）变形缝的一般要求

①变形缝应满足密封防水、适应变形、施工方便、检修容易等要求。

②用于伸缩的变形缝宜少设，可根据不同的工程结构类别、工程地质情况采用后浇带、加强带、诱导缝等替代措施。

③变形缝处混凝土结构的厚度不应小于 300 mm。

（2）变形缝的设计要点

①用于沉降的变形缝最大允许沉降差值不应大于 30 mm。

②变形缝的宽度宜为 20～30 mm。

③变形缝的防水措施可根据工程开挖方法、防水等级按表 10－1 选用。变形缝的几种复合防水构造形式，如图 10－5，图 10－6，图 10－7 所示。

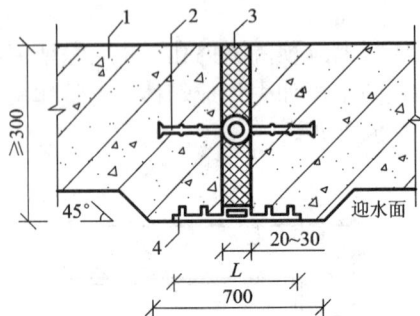

图 10－5 中埋式止水带
与外贴防水层复合使用（单位：mm）

外贴式止水带 L≥300
外贴防水卷材 L≥400
外涂防水涂层 L≥400

1—混凝土结构；2—中埋式止水带；
3—填缝材料；4—外贴止水带

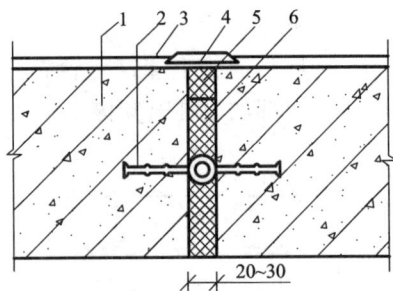

图 10－6 中埋式止水带与
嵌缝材料复合使用（单位：mm）

1—混凝土结构；2—中埋式止水带；
3—防水层；4—隔离层；
5—密封材料；6—填缝材料

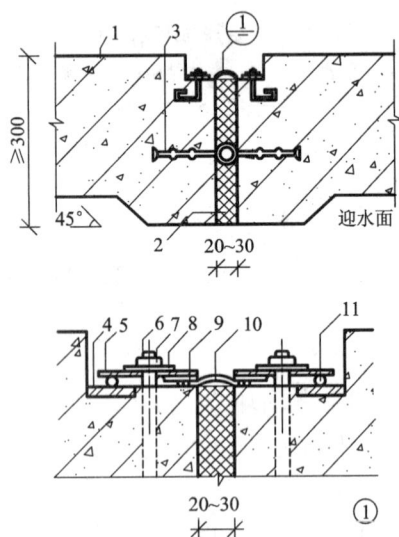

图 10－7 中埋式止水带与
可卸式止水带复合使用（单位：mm）

1—混凝土结构；2—填缝材料；3—中埋式止水带；
4—预埋钢板；5—紧固件压板；6—预埋螺栓；
7—螺母；8—垫圈；9—紧固件压块；
10—Ω 型止水带；11—紧固件圆钢

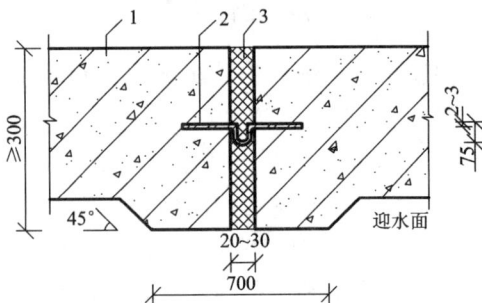

图 10－8 中埋式止水带
金属止水带（单位：mm）

1—混凝土结构；2—金属止水带；3—填缝材料

④环境温度高于50℃处的变形缝，中埋式止水带可采用金属制作（见图10-8）。

2. 后浇带

后浇带是一种刚性的接缝，当地下建筑工程不允许留设变形缝时，为了减少混凝土结构的干缩、水化收缩，可在结构受力和变形较小的部位设置后浇带，以减少或避免混凝土收缩引起的混凝土结构裂缝。

（1）后浇带的一般规定

①后浇带宜用于不允许留设变形缝的工程部位。

②后浇带应在其两侧混凝土龄期达到42天后再施工；高层建筑的后浇带施工应按规定时间进行。

③后浇带应采用补偿收缩混凝土浇筑，其抗渗和抗压强度等级不应低于两侧混凝土。

（2）后浇带的设计要点

①后浇带应设在受力和变形较小的部位，其间距和位置应按结构设计要求确定，宽度宜为700~1000 mm。

②后浇带两侧可做成平直缝或阶梯缝，其防水构造形式宜采用图10-9、图10-10、图10-11、图10-12所示。

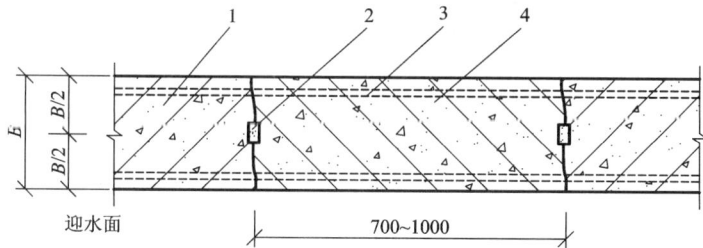

图 10-9  后浇带防水构造（一）（单位：mm）

1—先浇混凝土；2—遇水膨胀止水条（胶）；3—结构主筋；4—后浇补偿收缩混凝土

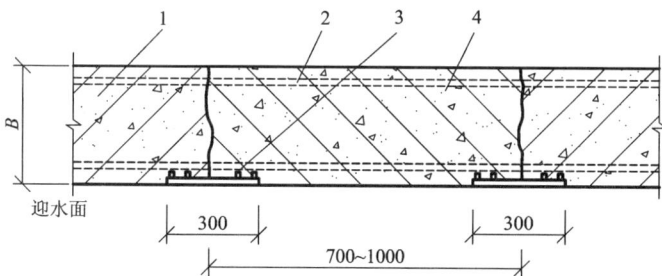

图 10-10  后浇带防水构造（二）（单位：mm）

1—先浇混凝土；2—结构主筋；3—外贴式止水带；4—后浇补偿收缩混凝土

③采用掺膨胀剂的补偿收缩混凝土，水中养护14天后的限制膨胀率不应小于0.015%，膨胀剂的掺量应根据不同部位的限制膨胀率设定值经试验确定。

3. 穿墙管（盒）

当有管道穿过地下结构的板墙时，由于受到与周边混凝土的黏结能力、管道的伸缩、结构变形等诸多因素的影响，管道周边与混凝土两者之间的接缝就成为防水的薄弱环节，应采取必要的措施进行防水设防。

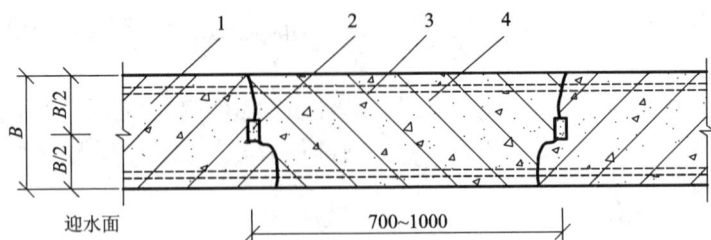

图 10 – 11　后浇带防水构造(三)(单位：mm)

1—先浇混凝土；2—遇水膨胀止水条(胶)；3—结构主筋；4—后浇补偿收缩混凝

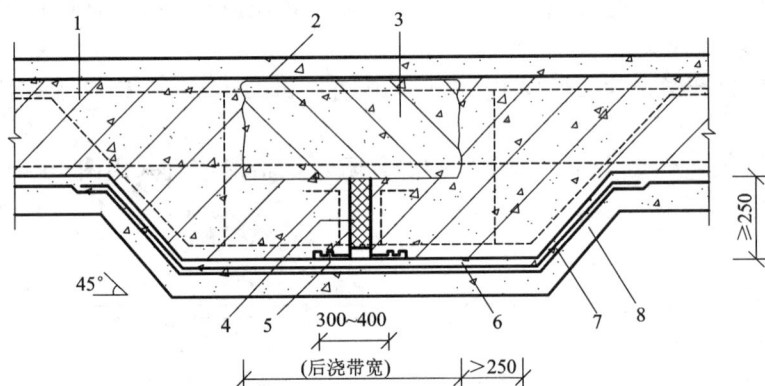

图 10 – 12　后浇带超前止水带构造(单位：mm)

1—混凝土结构；2—钢丝网片；3—后浇带；4—填缝材料；

5—外贴式止水带；6—细石混凝土保护层；7—卷材防水层；8—垫层混凝土

穿墙管(盒)的一般规定：

①穿墙管(盒)应在浇筑混凝土前预埋；

②穿墙管与内墙角、凹凸部位的距离应大于 250 mm；

③结构变形或管道伸缩量较小时，穿墙管可采用主管直接埋入混凝土内的固定式防水法，主管应加焊止水环或环绕遇水膨胀止水圈，并应在迎水面预留凹槽，槽内应采用密封材料嵌填密实。其防水构造形式宜采用图 10 – 13、图 10 – 14 所示。

④结构变形或管道伸缩量较大或有更换要求时，应采用套管式防水法，套管应加焊止水环(见图 10 – 15)。

⑤穿墙管防水施工时应符合下列要求：

a)金属止水环应与主管或套管满焊密实，采用套管式穿墙防水构造时，翼环与套管应满焊密实，并应在施工前将套管内表面清理干净；

b)相邻穿墙管间的间距应大于 300 mm；

c)采用遇水膨胀止水圈的穿墙管，管径宜小于 50 mm，止水圈应采用胶黏剂黏满固定于管上，并应涂缓胀剂或采用缓胀型遇水膨胀止水圈。

⑥穿墙管线较多时，宜相对集中，并应采用穿墙盒方法。穿墙盒的封口钢板应与墙上的预埋角钢焊严，并应从钢板上的预留浇注孔注入柔性密封材料或细石混凝土(见图 10 – 16)。

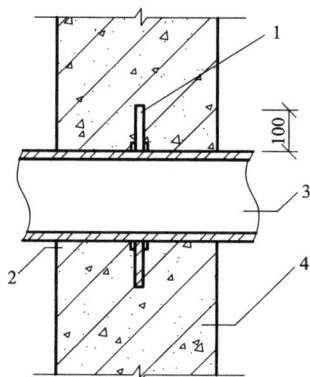

图 10 – 13　固定式穿墙管防水构造(一)(单位: mm)
1—止水环; 2—密封材料;
3—主管; 4—混凝土结构

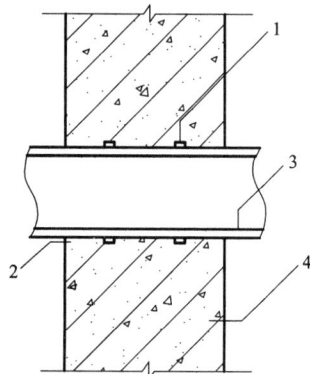

图 10 – 14　固定式穿墙管防水构造(二)
1—遇水膨胀止水圈; 2—密封材料;
3—主管; 4—混凝土结构

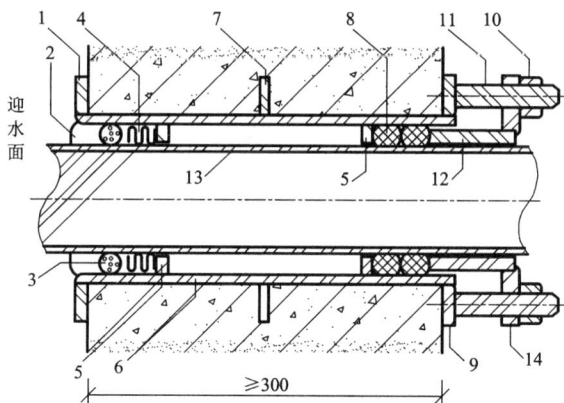

图 10 – 15　套管式穿墙管防水构造(单位: mm)
1—翼环; 2—密封材料; 3—背衬材料; 4—填充材料;
5—挡圈; 6—套管; 7—止水环; 8—橡胶圈; 9—翼盘;
10—螺母; 11—双头螺栓; 12—短管; 13—主管; 14—法兰盘

⑦当工程有防护要求时,穿墙管除应采取防水措施外,尚应采取满足防护要求的措施。

⑧穿墙管伸出外墙的部位,应采取防止回填时将管体损坏的措施。

4. 埋设件

结构上的埋设件应采用预埋或预留孔(槽)等。

埋没件端部或预留孔(槽)底部的混凝土厚度不得小于 250 mm,当厚度小于 250 mm 时,应采取局部加厚或其他防水措施(见图 10 – 17)。预留孔(槽)内的防水层,宜与孔(槽)外的结构防水层保持连续。

5. 预留通道接头

预留通道是指地下工程的进出口或地下室与地下通道之间的接口部位,该部位往往处于上部结构的变化部位或地下室与室外坡道的连接处等,其接缝应有一定的沉降差,因此其接缝构造应采用柔性材料,使其具有适应变形的能力。预留通道接头处的最大沉降差值不得大于 30 mm。预留通道接头应采取变形缝防水构造形式(见图 10 – 18,图 10 – 19)。

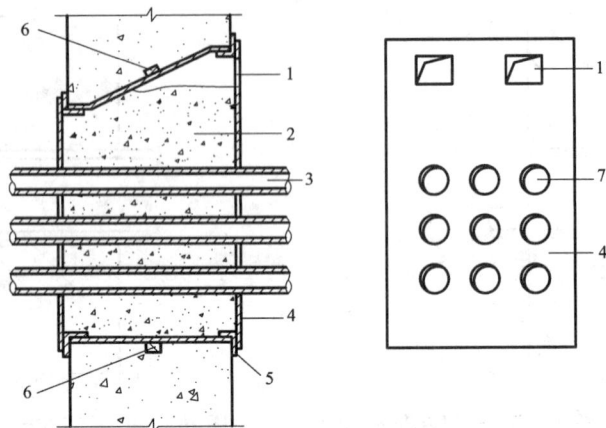

**图 10 – 16　穿墙群管防水构造**

1—浇注孔；2—柔性孔材料或细石混凝土；3—穿墙管；4—封口钢板；

5—固定角钢；6—遇水膨胀止水条；7—预留孔

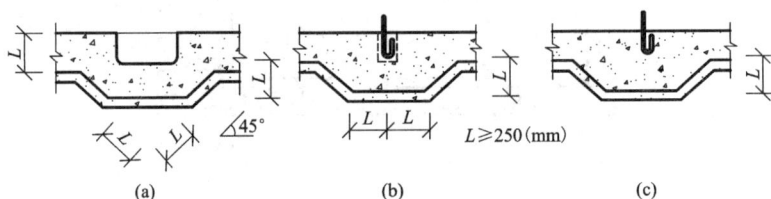

**图 10 – 17　预埋件或预留孔(槽)处理**

(a)预留槽；(b)预留孔；(c)预埋件

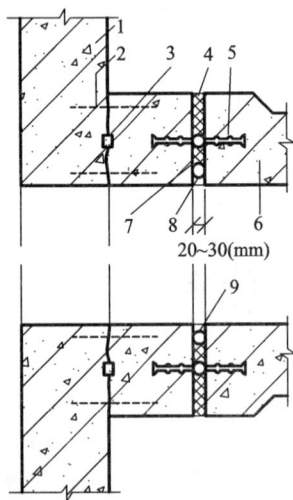

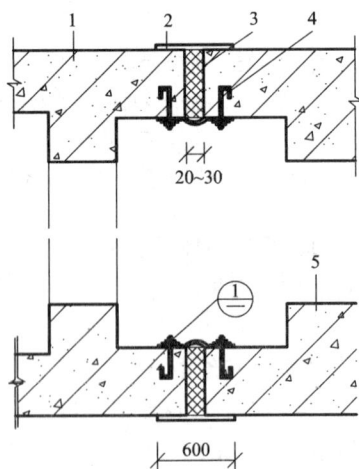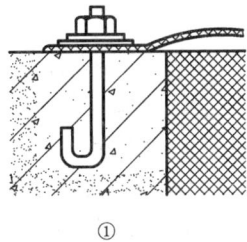

**图 10 – 18　预埋通道接头防水构造(一)**

1—先浇混凝土结构；2—连接钢筋；

3—遇水膨胀止水条(胶)；4—填缝材料；

5—中埋式止水带；6—后浇混凝土结构；

7—遇水膨胀橡胶条(胶)；

8—密封材料；9—填充材料

**图 10 – 19　预埋通道接头防水构造(二)(单位：mm)**

1—先浇混凝土结构；2—防水涂料；3—填缝材料；

4—可卸式止水带；5—后浇混凝土结构

其他细部构造如桩头、孔口等的防水可参见相关标准或规范。

# 10.3 地下工程渗漏水治理

地下工程渗漏水是严重的病害，是工程隐患，危害极大。目前我国隧道与地下工程渗漏较普遍，有的在建设之中就发生了渗漏，据不完全统计，约有 1/3 的隧道存在渗漏。隧道与地下工程存在渗漏，不仅影响使用，而且治理渗漏的费用也颇大。

## 10.4.1 治理原则

在渗漏水治理前，应熟悉掌握工程的原防排水设计、施工记录和验收资料，对原防排水的位置，施工中的防水设计变更，材料选择做到心中有数；施工时应按先顶(拱)后墙而后底板的顺序进行，宜少破坏原结构和防水层；有降水和排水条件的地下工程，治理前应做好降水、排水工作。

## 10.4.2 混凝土裂缝及防水

混凝土裂缝是常见的现象，裂缝的产生与防水设计有密切关系。实践表明，在具有一定厚度(如 30 cm 左右)和承受水压不太大的防水混凝土建(构)筑物中，表面裂缝宽度小于或等于 0.2 mm 时，尚不致造成影响使用的明显渗漏。当水压不大、轻微渗漏时，这种混凝土的裂缝具有自愈能力，同时对钢筋锈蚀影响也不明显。因此，处于地下水(淡水中)的混凝土允许裂缝宽度，其上限可定为 0.2 mm，在特殊重要工程裂缝允许宽度可控制在 0.1～0.15 mm。

## 10.4.3 处理措施

①大面积严重渗漏水可采取下列措施：

a)衬砌后和衬砌内注浆止水或引水，待基面无明水或干燥后，用掺外加剂防水砂浆、聚合物水泥砂浆、挂网水泥砂浆或防水涂料等加强处理；

b)引水孔最后封闭；

c)必要时采用贴壁混凝土衬砌。

②大面积轻微渗漏水和漏水点，可先采用速凝材料堵水，再做防水砂浆抹面或防水涂层等永久性防水层加强处理。

③渗漏水较大的裂缝，宜采用钻斜孔法或凿缝法注浆处理，干燥或潮湿的裂缝宜采用骑缝注浆法处理。注浆压力及浆液凝结时间应按裂缝宽度、深度进行调整。

④结构仍在变形、未稳定的裂缝，应待结构稳定后再进行处理。

⑤需要补强的渗漏水部位，应选用强度较高的注浆材料，如水泥浆、超细水泥浆、自流平水泥灌浆材料、改性环氧树脂、聚氨酯等浆液，必要时可在止水后再做混凝土衬砌。

⑥锚喷支护工程渗漏水部位，可采用引水带或导管排水，也可喷涂快凝材料及化学注浆堵水。

⑦细部构造部位渗漏水处理可采取下列措施：

a)变形缝和新旧结构接头，应先注浆堵水或排水，再采用嵌填遇水膨胀止水条、密封材料，也可设置可卸式止水带等方法处理；

b)穿墙管和预埋件可先采用快速堵漏材料止水，再采用嵌填密封材料、涂抹防水涂料、水泥砂浆等措施处理；

c)施工缝可根据渗水情况采用注浆、嵌填密封防水材料及设置排水暗槽等方法处理，表面应增设水泥砂浆、涂料防水层等加强措施。

# 思 考 题

1.简述地下建(构)筑物防水和地上建(构)筑物防水的区别。

2.混凝土结构主体防水和细部构造防水各自具有哪些措施？

3.地下工程渗漏水处治的原则有哪些？

# 第11章 地下建筑的环境控制

地面建筑可以依靠自然调节，如天然采光、自然通风等，来保持良好的建筑环境，这样做既节省能源，又可获得较高质量的光线和空气，而地下建筑，包括地面上的无窗建筑的封闭环流，则更多地要依靠人工控制。大部分地下建筑的所有界面都包围在岩石或土壤之中，直接与介质接触，这使得内部空气质量、视觉和听觉质量，以及对人的生理和心理影响等方面，都有一定的特殊性，加上认识上的局限和物质上的限制，要全面达到地下建筑功能所要求的环境标准，是比较困难的。长期以来，形成了一种"地下建筑环境不如地面建筑环境"的社会心理。应当说，这是客观现实的反映，因为这两种环境质量，确实在不同程度上存在着差别。在消除这一差距的过程中，已经取得很大的进步，例如日本的地下街、前苏联的地下铁道等，在环境上都已得到较高的评价。但必须看到，在建筑环境这一新学科中，还存在着许多待开发待研究的领域，要想取得比较完满的结果，还需做出巨大的努力。不同的建筑功能，对环境有不同的要求，因此建筑环境有生活环境、生产环境、贮物环境等多种类型，但是只要有人活动，就首先要满足生理上的客观需要，同时还要考虑一些心理因素。在地下建筑环境中，应确立在不同情况下的几种标准即舒适标准，人在这种环境中能正常进行各种活动而没有不适感；最低标准，指维持生命的最低要求和极限标准，如果低于这个标准，对人体健康就会产生致病、致伤，甚至致死的危险。本章着重从地下建筑的热湿负荷计算、通风与空调以及地下环境控制等方面对地下建筑环境的有关问题进行简要的论述。

## 11.1 地下建筑热湿负荷计算

地下建筑的传热特性与地面建筑不同。地下建筑具有蓄热能力强，热稳定性好，温度变化幅度小和夏季潮湿等特点。据国外某些文献记载，地下建筑冬季采暖空调耗热量有的约为地面同类型工厂的10%，国内有的工程也进行了相类似的比较，约为地面同类工程的5%～12%。

地下建筑受进风温度，通风班制，通风量，生产班制，埋深，洞室尺寸和几何形状等因素的影响，围护结构的传热过程是比较复杂的。为了便于工程设计计算，根据洞室的几何形状进行分类简化，以便用不同的传热微分方程来描述不同类型围护结构的传热问题，并求得问题的解。

在热工计算中，一般是根据地下建筑的几何尺寸将建筑物简化成两类，即"当量圆柱体"和"当量球体"。所谓"当量圆柱体"，是指建筑物长宽比大于2，而长宽比小于2的地下建筑则视为"当量球体"。

### 11.1.1 围护结构热传导计算

地下建筑围护结构在传热过程的同时，还伴随着复杂的传湿过程。有研究表明蒸汽渗透的存在对壁面温度的变化没有多大影响。因此，在围护结构的传热计算中，湿传导对热传导的影响,可以忽略不计(严重的地下水运动和裂隙水除外)。

围护结构表面散湿受洞室内温湿度、气流速度及水文地质条件的影响,是不稳定的。壁面做过防潮处理或做衬砌的地下建筑,壁面散湿量一般不大。但对于一般通风地下建筑,夏季洞室内潮湿的主要原因是由于通风带进湿源及壁面传热,使洞室内空气温度偏低的结果。

从传热来说,地表面温度年周期性变化对地下建筑围护结构传热的影响,是否可以忽略不计,是划分深埋与浅埋地下建筑的主要条件。计算结果表明,一般当地下建筑覆盖层厚度大于6~7 m时,地表面温度年周期性变化对地下建筑围护结构传热的影响可以忽略不计。

地下建筑内表面一般都做衬砌,其热物理系数 $\lambda_b$ 和 $a_b$ 与基岩(或土壤)的热物理系数 $\lambda$ 和 $a$ 往往不同。在热工计算中,如果两者相差不大时,可取 $\lambda$ 和 $a$。如果两者分别相差较大时,则应根据热作用周期长短来确定。对于计算年平均和年周期性波动传热时,热物理系数应取基岩(或土壤)数值;对于计算日周期性波动传热时,应取衬砌数值,$\lambda_b$ 和 $a_b$,无衬砌时,取 $\lambda$ 和 $a$。本节所介绍的传热计算方法,包括了深埋和浅埋地下建筑,重点阐述公式的物理意义,至于公式的推导过程这里不作论述。

1. 气象参数和地温参数的确定

(1)气象参数

地下建筑传热计算的气象参数,应根据地下建筑周期性传热的特点来收集。一般是根据附近气象台(站)近10年的气象观测资料,按热工计算要求进行统计整理。如果建设点与气象站的海拔高差较大时,应对收集的气象参数进行修正。

收集的内容主要有:

①气象站的海拔高度 $H_1$;

②大气压力 $B$;

③温度;

④空气水蒸气分压力 $P_c$ 和含湿量 $d$。

(2)地温参数

地温受地表面温度年周期性变化和日周期性变化的影响,发生周期性变化。地温周期性变化的幅值随地层深度的增加按自然指数规律减小。由于温度日周期性波动的周期小,工程上一般不考虑地表面温度日周期性变化对地温的影响,地温参数随地层深度 $y$ 和时间 $T$ 的变化,可按下式计算:

$$t(y, \tau) = t_0 + \theta_d e^{-\sqrt{\frac{\omega_1}{2a}}y} \cos\left(\omega_1\tau - \sqrt{\frac{\omega_1}{2a}}y\right) \qquad (11-1)$$

式中:$y$——从地表面算起的地层深度(m);

$\tau$——从地表面温度年波幅出现算起的时间(h);

$t(y, \tau)$——在 $\tau$ 时刻,深度为 $y$ 处的地温(℃);

$t_0$——地表面年平均地温(℃);

$a$——地层材料的导温系数(m²·h⁻¹);

$\omega_1$——温度年周期性波动频率(h⁻¹)。

2. 预热期热负荷的确定

地下建筑竣工后,由于围护结构内部存在大量的施工水,室温较低,不宜投入使用,需经过一段时间加热烘烤,提高围护结构温度,并配合适当通风,带走围护结构散发到洞室内的水汽，使洞室内空气温湿度达到使用要求。预热负荷的大小主要取决于预热期的长短和预热温度。

设计预热负荷时，应与平时使用的加热负荷结合来考虑。如果预热负荷大于平时使用负荷，预热时可增加临时性加热设备给予补充。为了获得一定的加热深度，预热气不宜太短，一般为 1~3 月。

目前预热有两种加热制度：恒热预热和非恒热预热。恒热预热使用于干燥而室温偏低的地下建筑；对于潮湿的洞室，宜采用非恒热预热（通风预热方式）。现介绍如下：

（1）恒热预热

恒热预热过程，洞室内空气温度 $t(\tau)$ 和壁面温度 $t(r_0, \tau)$ 与壁面热流强度 $q(q$ 为常数）之间的关系式如下：

$$q = K[t(\tau) - \tau_0] \tag{11-2}$$

$$t(r_0, \tau) = t_0 + \left(\frac{1}{K} - \frac{1}{\alpha}\right)q \tag{11-3}$$

式中：$q$——恒热预热壁面热流强度$[\text{kcal}/(\text{m}^2 \cdot \text{h} \cdot ℃)]$；

　　　$t_0$——年平均气温（℃）下岩石初始温度；

　　　$K$——围护结构传热系数$[\text{kcal}/(\text{m}^2 \cdot \text{h} \cdot ℃)]$；

　　　$\alpha$——换热系数$[\text{kcal}/(\text{m}^2 \cdot \text{h} \cdot ℃)]$，一般取为 5~7（1 kcal = 4.1868 kJ）。

下面介绍不同情况下的传热系数 $K$ 的确定。

①如果衬砌材料的热物理系数 $\lambda_b$ 和 $a_b$ 与基岩（或土壤）的热物理系数 $\lambda$ 和 $a$ 分别相差不大时，系数 $K$ 可按下式计算：

$$K = \frac{1}{\dfrac{1}{\alpha} + \dfrac{1.13\sqrt{\alpha\tau}}{\beta\lambda}} = \frac{1}{\dfrac{1}{\alpha} + \dfrac{1.13r_0\sqrt{Fo}}{\beta\lambda}} \tag{11-4}$$

式中：$Fo$——傅立叶准数，$Fo = \dfrac{\alpha\tau}{r_0^2}$；

　　　$\tau$——预热时间（h）；

　　　$\beta$——建筑物形状因素，平壁 $\beta = 1$；"当量圆柱体"地下建筑 $\beta = 1 + 0.38\sqrt{Fo}$；"当量球
　　　　体"地下建筑 $\beta = 1 + \sqrt{Fo}$。

②如果衬砌材料的热物理系数 $\lambda_b$ 和 $a_b$ 与基岩（或土壤）的热物理系数 $\lambda$ 和 $a$ 分别相差较大时，则系数 $K$ 应分两种情况来考虑：

a）如果加热计算深度 $\delta(\delta = 1.13\sqrt{a_b\tau})$ 小于或等于衬砌厚度 $\delta_b$ 时，则 $K$ 值仍按上式计算，但式中热物理系数应取 $\lambda_b$ 和 $a_b$。

b）如 $\delta > \delta_b$ 时则系数 $K$ 值应按下式近似计算：

$$K = \frac{1}{\dfrac{1}{\alpha} + \dfrac{\delta_b}{\beta_b\lambda_b} + \dfrac{1.13r_0\sqrt{Fo}}{\beta\lambda}\left(1 - \dfrac{\delta_b}{1.13r_0\sqrt{Fo_b}}\right)} \tag{11-5}$$

式中：$\delta_b$——衬砌厚度（m）；

　　　$Fo_b$——傅立叶准数，$Fo_b = \dfrac{\alpha_b\tau}{r_0^2}$；

$\beta_b$——建筑物形状因素，平壁 $\beta = 1$；"当量圆柱体"地下建筑 $\beta_b = 1 + 0.38\sqrt{Fo_b}$；"当量球体"地下建筑 $\beta_b = 1 + \sqrt{Fo}$。

（2）非恒热预热

一般通风情况下的预热过程为非恒热预热。洞室内的空气温度受进风温度周期性变化的影响，发生周期性变化。由于预热期相对不长，因此进风温度年变化对洞室内空气温度的影响，可以忽略不计，只考虑进风温度日变化大的影响。

设进风日平均温度为 $t'_{wp}(℃)$，温度日波幅为 $\theta_{n2}(℃)$，通风量为 $G(kg/h)$，空气比热为 $C[kcal/(m^2 \cdot h \cdot ℃)]$，换热系数为 $\alpha[kcal/(m^2 \cdot h \cdot ℃)]$，预热负荷为 $Q(kcal/h)$。洞室内表面积为 $F(m^2)$，年平均低温为 $t_0(℃)$，在连续均匀送排风情况下预热，"当量圆柱体"地下建筑内，白天空气最高温度和晚上空气最低温度按下式计算：

$$t(\tau) = t'_{np} + \theta_{n2} \tag{11-6}$$

$$t'_{np} = \left(t'_{wp} + \frac{Q}{GC}\right)\frac{f(Fo,\ Bi') + H}{1 + H} + \frac{[1 - f(Fo,\ Bi')]t_0}{1 + H} \tag{11-7}$$

式中：$t(\tau)$——通风预热过程中洞室内的空气温度（℃）；

$t'_{np}$——通风预热过程，洞室内的空气日平均气温（℃）；

$t'_{wp}$——洞室外空气日平均温度（℃），取月平均温度值；

$H$——参数，$H = \dfrac{GC}{\alpha F}$

$Bi'$——准数，$Bi' = \dfrac{HBi}{1 + H}$；

$\theta_{n2}$——洞室内空气温度日波幅（℃）；

$f(Fo,\ Bi')$——参数，根据准数 $Fo$ 和 $Bi'$ 值确定，具体取值可参照《地下建筑暖通空调设计手册》。

从式中可以看出，通风预热过程洞室内的空气升温速度，不仅取决于通风量和热负荷的大小，而且也取决于进风日平均温度 $t'_{wp}$ 的高低，故夏季通风预热比冬季有利。

3. 地下建筑壁面传热量的确定

如前面所述，地下建筑围护结构传热过程是一个不稳定过程。但随着使用时间的增长，恒温传热过程逐步趋于稳定，年波动传热过程逐步进入准稳定状态。

深埋地下建筑围护结构的传热主要受洞室内的空气温度变化的影响，而浅埋地下建筑围护结构的传热，除了受洞室内温度变化的影响外，还受地表面温度年周期性变化的影响，传热过程较为复杂。下面分别介绍深埋和浅埋地下建筑壁面传热量的计算方法。

（1）深埋地下建筑

1）恒温建筑

地下建筑是指洞室内的空气温度恒定不变的地下建筑。恒温过程中，壁面热流强度 $q_1$ 和壁面温度 $t(r_0,\ \tau)$ 随准数 $Fo$ 和 $Bi$ 的变化关系如下：

$$q_1 = \alpha(t_{nc} - t_0)[1 - f(Fo,\ Bi)]m \tag{11-8}$$

$$t(r_0,\ \tau) = [t_0 + (t_{n0} - t_0)f(Fo,\ Bi)]m + (1 - m)t_{nc} \tag{11-9}$$

式中：$t_{nc}$——洞室内的空气恒温温度（℃）；

$f(Fo, Bi)$——壁面恒温传热计算参数，根据准数 $Fo = \dfrac{ac}{r_0^2}$ 和 $Bi = \dfrac{ar_0}{\lambda}$ 值确定；

$m$——壁面传热修正系数，衬砌结构 $m$ 为 1；对于离壁式衬砌结构或衬套结构，当建筑物周围为岩石时，$m$ 为 0.72；为土壤时，$m$ 为 0.86。

恒温传热计算参数 $f(Fo, Bi)$，是随时间的增加而增大，并逐步趋于稳定。稳定的时间一般约 3~5 年。为了不使设计的恒温负荷过大或过小，参数 $f(Fo, Bi)$ 采取的时间为 2 年左右。

恒温地下建筑在投入使用之前，一般要经过一段时间的预热，使室温达到使用温度之后再恒温。预热期对恒温初期的传热量有较大的影响，随着恒温时间的增长，影响愈来愈小，可以忽略不计。计算恒温初期壁面传热量时，应考虑预热期的影响。从预热阶段过渡到恒温阶段，传热过程是较复杂的。为了便于工程设计计算，建议采用近似方法将预热时间当量转换为恒温时间。转换的原则是根据预热时间，求出传热系数 $K$，按下式计算恒温传热计算参数 $f(Fo, Bi)$：

$$f(Fo, Bi) = 1 - \frac{K}{\alpha} \tag{11-10}$$

根据参数 $f(Fo, Bi)$ 和 $Bi$ 准数，得傅立叶准数 $Fo$ 值。则预热时间当量转换为恒温时间，可按下式确定：$\tau = \dfrac{Fo r_0^2}{\alpha}$。

2）一般通风地下建筑

一般通风地下建筑是指非恒温地下建筑。这类建筑壁面传热量受进风温度年周期性变化的影响，发生年周期性变化。一般通风地下建筑壁面热流强度等于恒温热流强度 $q_1$ 与年波动热流强度 $q_2(r)$ 之和。热流 $q_2(r)$ 是以年为周期，近似按余弦规律变化的，可按下式确定：

$$q_2(r) = \frac{\theta_{n1} \lambda m}{r_0} f(\varepsilon, \eta) \cos[\omega_1 \tau + \beta(\varepsilon, \eta)] \tag{11-11}$$

式中：$\theta_{n1}$——洞室内空气温度年周期性波动波幅（℃）；

$f(\varepsilon, \eta)$，$\beta(\varepsilon, \eta)$——壁面年周期性波动传热计算参数和壁面热流超前角度（°），根据准数 $\varepsilon = r_0 \sqrt{\dfrac{\omega_1}{\alpha}}$，$\eta = \dfrac{\lambda}{\alpha} \sqrt{\dfrac{\omega_1}{\alpha}}$ 值确定；

$r$——自洞室内空气温度年波动出现最大值为起点的时间（h）。

（2）浅埋地下建筑

浅埋地下建筑的构造形式有单建式和附建式两种形式（见图 11-1）。浅埋恒温地下建筑围护结构的传热，受地表面温度年周期性变化的影响，也以年周期性变化。下面分别介绍单建式和附建式浅埋恒温地下建筑壁面传热量的确定方法。

1）恒温地下建筑壁面传热量的确定方法

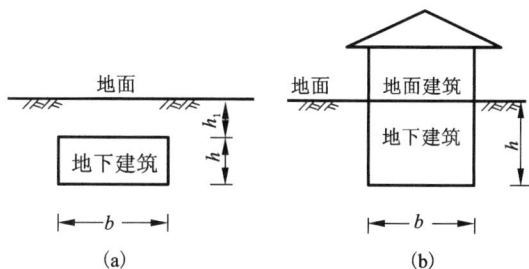

**图 11-1　浅埋地下建筑构造型式示意图**

（a）单建式；（b）附建式

①单建式。

单建式恒温地下建筑壁面传热量 $Q_1$，等于洞室内的空气年平均温度 $\tau_{nc}$ 与年平均地温 $t_0$ 之差引起的壁面传热量及地表面温度年周期性变化的壁面传热量 $Q_s$ 之和，即：

$$Q_1 = (t_{nc} - t_0)N + Q_s$$
$$N = 2\alpha l(h + b)(1 - T_{\rho b})$$
$$Q_s = \pm \alpha l\theta_d(b\Theta_{db1} + 2hy\Theta_{db2}) \qquad (11-12)$$

式中：$N$——壁面年平均传热计算参数；

$\quad\quad l$——建筑物长度(m)；

$\quad\quad b$——建筑物宽度(m)；

$\quad\quad T_{\rho b}$——年平均温度参数，$T_{\rho b} = \dfrac{K_\rho Bi}{1 + K_\rho Bi}$；

$\quad\quad Q_s$——地表面温度年周期性波动引起的壁面传热量，夏季由壁面向洞室内放热，$Q_s$ 为"$-$"，冬季由洞室内向壁面传热，$Q_s$ 为"$+$"；

$\quad\quad \Theta_{db1}, \Theta_{db2}$——年周期性波动温度参数，根据基岩(或土壤)的 $\lambda$ 和 $\alpha$ 值及覆盖层厚度确定，可参照《地下建筑暖通空调设计手册》取值。

②附建式。

附建式浅埋恒温地下建筑壁面传热量 $Q_1$ 为三部分之和，一是洞室内的空气年空气温度 $t_{nc}$ 与年平均温度 $t_0$ 之差引起的壁面传热量；二是地面建筑与地下室温差引起的，通过楼板传递的热量；三是地表面温度年周期性波动通过建筑物侧墙壁传递的热量，即

$$Q_1 = (t_{nc} - t_0)N + Q_s$$
$$N = \alpha l(b + 2h)(1 - T_{\rho b})$$
$$Q_s = blK(t_{nc} - t'_{n\rho}) \mp 2\alpha hl\theta_\alpha\Theta_{db} \qquad (11-13)$$

式中：$N$——参数；

$\quad\quad T_{\rho b}$——平均温度参数，根据基岩(或土壤)的导热系数 $\lambda$，建筑物宽度 $b$ 和高度 $h$ 值；

$\quad\quad Q_s$——壁面传热量第二部分与第三部分之和；

$\quad\quad K$——楼板传热系数；

$\quad\quad \Theta_{db}$——地表面温度年周期性波动时，引起的侧墙面温度参数，根据基岩(或土壤)的 $\lambda$ 和 $\alpha$ 及建筑物高度 $h_d$ 确定。

如果地面建筑与地下室的换热系数 $\alpha_{上}$、$\alpha_{下}$ 相等，令它们等于 $\alpha$，则系数 $K$ 可写成：

$$K = \dfrac{\alpha\lambda_b}{\alpha\delta + 2\lambda_b} \qquad (11-14)$$

式中：$\delta$——地下室与地面建筑之间楼板的厚度(m)；

$\quad\quad \lambda_b$——楼板材料的导热系数；

$\quad\quad t'_{n\rho}$——地面建筑空气日平均温度。

2)一般通风浅埋地下建筑

一般通风浅埋地下建筑壁面传热量，受洞室内空气温度和地表温度年周期性变化影响，其值等于恒温传热量 $Q_1$ 与年波动传热量 $Q_2$ 之和。下面分别介绍单建式和附建式建筑内空气平均温度出现最高(或最低)时的壁面波动传热量 $Q_s$ 的计算方法。

①单建式。

$$Q_s = \pm\theta_{n1}M$$
$$M = 2\alpha l(b+h)(1-\Theta_{nb})$$
$$(11-15)$$

式中：等号右边的符号为"+"时，表示夏季由洞室向壁面传热；为"-"时，表示冬季壁面向
　　　洞室内放热。

　　　$\theta_{n1}$——洞室内空气温度波幅，$\theta_{n1} = t_{n\rho} - t_{nc}$；

　　　$t_{n\rho}$——夏季洞室内空气日空气温度；

　　　$t_{nc}$——洞室内空气平均温度；

　　　$M$——壁面年周期性波动传热计算参数；

　　　$\Theta_{nb}$——单建式浅埋地下建筑洞室内空气温度年周期性波动的温度参数（或土壤）的 $\lambda$
　　　　　和 $\alpha$ 及覆盖层厚度 $h_d$ 值确定。

②附建式。

附建式浅埋地下建筑壁面年波动传热量 $Q_2$ 的计算式与单建式计算式形式相同，即：

$$Q_2 = \pm\theta_{n1}M$$
$$M = \alpha l(2h+b)(1-\Theta_{nb} - \frac{bK}{\alpha})$$
$$(11-16)$$

式中：$\Theta_{nb}$——附建式浅埋地下建筑室温年周期性波动的温度参数，根据基岩（或土壤）$\lambda$ 和 $\alpha$
　　　　　及（0.5b+h）值确定。

### 11.1.2　设备、照明和人体等散热量

　　正确地计算出洞室内的设备、照明和人体等散热量，对于确定降湿方法，保证洞室内温
度和湿度，特别是对于夏季洞室内的防潮尤为重要。

　　1.洞室内散热量的计算考虑原则

　　洞室内散热量的计算应在全面考虑散热和散湿的前提下综合考虑下属原则：

　　①有无空调要求，散热量计算应不同。有空调要求的洞室，应准确计算设备，照明和人
体等散热量；无空调要求的洞室，当设备散热量很大，人体散热量所占比重很小时，则人体
散热量可以忽略不计。

　　②不同季节，散热量计算也不同。夏季为了防止工作区温度过高，应按洞室内的设备、
照明和人体等散热量的最大值计算总散热；冬季为了防止工作区温度过低，只应计算稳定可
靠的散热量，不稳定、不经常使用的设备散热量，则不应计算。

　　③不同运行班次的洞室，散热计算也不同。三班制工作的洞室，冬季的设备、照明和人
体等散热量应按最小负荷班进行计算；夏季则应按最大负荷班进行计算。一班制或两班制工
作的洞室，冬季一般可不计算照明和人体的散热量；夏季则应按最大负荷量计算这部分散
热量。

　　v 计算洞室内的总散热量时，应同时考虑设备、照明和人体等散热量，因为这几种散热量
不存在时间的延迟问题。

　　具体的设备有着特定的散热量，可以依据具体设备得到，在这里不做详细说明。

　　2.照明散热量

　　（1）白炽灯

$$Q = 860n_4\sum N$$
$$(11-17)$$

（2）荧光灯

$$Q = 860 n_4 n_5 n_6 \sum N \qquad (11-18)$$

式中：$\sum N$——计算房间内照明灯功率之和（kW）；

      $n_4$——蓄热系数，三班制可取 0.9，两班制可取 0.8，一班制可取 0.7；

      $n_5$——考虑整流器消耗功率的系数，当整流器设在计算房间内可取 1.2；设在计算房间外可取 1.0；

      $n_6$——灯罩隔热系数，当荧光灯罩上都穿有小孔，下部为玻璃管，利用自然通风散热于顶棚内时，可取 0.5 ~ 0.6；荧光灯罩无通风孔，视顶棚内通风情况，可取 0.6 ~ 0.8；当无玻璃罩时，可取 1.0。

3. 人体散热量

$$Q = nq \qquad (11-19)$$

式中：$n$——工作人数（人）；

      $q$——每个人散发的热量（kcal/h·人）。

### 11.1.3　湿负荷计算

由于潮湿地下建筑存在的重要问题，因此正确地分析和计算地下建筑的散湿量是暖通空调设计的一个重要依据。地下建筑湿源主要包括围护结构、工艺设备、化学反应、材料含水蒸发、人体及人为散湿和外部空气带入洞内的水分等。

1. 围护结构散湿量的计算及测试

（1）影响围护结构表面散湿的因素

①地质条件与季节。围护结构表面散湿量的多少与当地地质条件，岩石的破碎情况，地下水、地下水丰富与否，以及季节等有关。

②围护结构的形式。如毛洞、衬砌结构（贴壁式衬砌、离壁式衬砌）、衬套和内部构筑物（指洞内建房子）。

③围护结构的材料和厚度。如为毛洞，则岩石完整性好的传入湿量少，完整性差的传入湿量多。如为衬砌、衬套和内部构筑物，除与岩石情况有关外，还与衬砌衬料，厚度和防水层的做法及材料有很大关系。

④洞室内空气温湿度。内温度高，相对湿度大，则洞室内空气含湿量大，水蒸气分压力高，因而传入的湿量少。洞室内温度虽高，但相对湿度小，则壁面容易干燥，则壁面水蒸气分压力就会变小，从而引起岩体内向壁面散湿的加大，也即增加了壁面散湿量。

⑤洞室内风速。围护结构表面散湿量与空气流速有关，风速越大，散湿量越大。

⑥建筑物的使用时间。使用时间长，岩体逐渐烘干，散湿量逐渐减小。在设计新的地下建筑时，选用的散湿量，应采用接近稳定时的数据。

⑦施工水。在建造洞体围护结构时，由建筑材料如混凝土、砖、砂、石、水泥砂浆、水磨石等带进围护结构的水分，其中一部分水分子在围护结构建好后，将继续向洞内散发，这部分水称为施工水。施工水的多少可用围护结构全湿的概略指标进行估算，如表 11-1 所示。

表 11-1  围护结构全湿的概略指标

| 材料名称 | 含水量（kg/m³） |
|---|---|
| 混凝土或钢筋混凝土 | 180 ~ 250 |
| 砖砌墙体 | 110 ~ 270 |
| 水泥砂浆 | 300 ~ 450 |

（2）围护结构内表面散湿量的计算

在设计中，一般围护结构内表面散湿量的计算，大多采用同类型情况的经验数据，属于改造工程时，应尽量用本工程的实测数据。为了帮助分析问题，对散湿量的计算的理论公式做些简单介绍，供设计时参考。一般散湿量的围护结构内表面的散湿量可按下式计算：

$$W = F \times \omega \qquad (11-20)$$

式中：$F$——地下建筑围护结构内表面总面积（$m^2$）；

$\omega$——围护结构内表面平均单位面积的散湿量（$g/m^2 \cdot h$）。

衬砌结构、离壁式衬砌结构和内部构筑物的壁面散湿量可按环形空间内空气与洞内空气的水蒸气分压力差来计算。在围护结构两侧不存在风压差，同时在围护结构内没有水蒸气凝固时，通过围护结构的水蒸气扩散量可按下式计算：

$$\omega = \frac{1}{R_0}(P_{c\omega} - P_{cn}) \qquad (11-21)$$

式中：$P_{c\omega}$——环形空间内空气的水蒸气分压力（Pa）；

$P_{cn}$——洞内空气的水蒸气分压力（Pa）；

$R_0$——围护结构扩散的水蒸气总压力，等于各层阻力之和，即：

$$R_0 = R_n + R_1 + R_2 + \cdots + R_i + R_\omega$$
$$= R_n + \frac{\delta_1}{\mu_1} + \frac{\delta_2}{\mu_2} + \cdots + \frac{\delta_i}{\mu_i} + R_\omega \qquad (11-22)$$

$R_\omega$——围护结构外表面的蒸汽转移阻（$Pa \cdot m^2 \cdot h/g$），当没有风时 $R_\omega = 27$，有风时 $R_\omega = 13$；（1 mmHg = 133.322 Pa）

$R_n$——围护结构内表面的蒸汽转移阻（$Pa \cdot m^2 \cdot h/g$），计算时可近似取 $R_n = 27$；

一般因 $R_\omega$，$R_n$ 比 $R_0$ 小得多，在计算中可以忽略不计。

$R_1$，$R_2$，$\cdots$，$R_i$——围护结构各层材料的蒸汽渗透阻（$Pa \cdot m^2 \cdot h/g$）；

$\mu_1$，$\mu_2$，$\cdots$，$\mu_i$——围护结构各层材料的蒸汽渗透系数（$g/Pa \cdot m \cdot h$）；可查相关采暖通风设计手册；

$\delta_1$，$\delta_2$，$\cdots$，$\delta_i$——各层材料的厚度（m）。

（3）围护结构内表面单位面积散湿量测定方法

由于围护结构内表面散湿是一个很复杂的过程，上述的几个计算公式，都是在理论上做了很多假定，使问题简化。这些假定在一定程度影响了计算的准确性，另外公式中有些参数，在地下建筑物中很难准确确定，因此围护结构内表面单位面积散湿量的确定，通常采用现场实测方法。目前壁面散湿量的测试方法较多，也很不统一，下面主要介绍温差法和机械吸湿法。

1) 温差法

温差法是将参数(温度、湿度)稳定的空气送入洞内,再由洞的出口测定空气参数,用下式计算壁面散湿量:

$$\omega = \frac{d_2 - d_1}{F} L\gamma \qquad (11-23)$$

式中:$d_2 - d_1$——洞出口与进口空气含湿量之差(g/kg,干空气);

$F$——进出空气的平均容重;

$\gamma$——洞内的测试面积;

$L$——测试期间的通风量($m^2/h$)。

采用湿插法测定壁面散失量时,要求进风参数稳定,进出口空气参数和通风量测量准确,且等于使用时要求的值,否则将影响测试结果的准确性。

2) 机械吸湿法

此种方法是将测试的洞室密闭,用空调器或去湿机收集壁面散发到空气中的水分。壁面散失量可用下式计算:

$$\omega = \frac{G}{F \cdot \tau} \qquad (11-24)$$

式中:$G$——空调器或去湿机水分重量(g);

$F$——洞内测试面积($m^2$);

$\tau$——测试时间(h)。

这种方法在测试时,应力求保持洞内空气参数的稳定,如波动大会影响测试数据的准确性。

2. 外部空气带来的水分

当洞室外空气的含湿量大于洞室内空气的含湿量时,未经处理的洞室外空气进入洞室内,就会使洞室内空气增湿。外部空气带来洞室内的湿量按下式计算:

$$W = G(d_w - d_n) \qquad (11-25)$$

式中:$G$——进入洞室内未经处理的空气量(kg/h);

$d_w$——洞室外空气的含湿量(g/kg,干空气);

$d_n$——洞室内空气的含湿量(g/kg,干空气)。

3. 材料含水蒸发

材料进洞前的含水量较大或被淋湿,进洞后就会蒸发水分使洞内湿度增大。材料水分蒸发的含湿量可按下式近似计算:

$$W = G(d_w - d_n) \qquad (11-26)$$

式中:$G$——材料的质量(kg);

$u_1$——材料最初含水率(%);

$u_2$——在洞内一定的温度下,材料最终含水率(%);

$t$——含水率 $u_1$ 变到 $u_2$ 所延续的时间(h)。

4. 人体散湿量

$$W = nw \qquad (11-27)$$

式中:$n$——工作人数;

$w$——每个人散发的湿量(g/h 人)。

5. 人为散湿量

包括湿衣、湿鞋、雨具等带入洞室内，以及洞室内人员日常生活引起的水分蒸发，如洗脸毛巾和吃饭、喝水的水分蒸发，人员出入厕所等房间，开门和从鞋上带出的水分蒸发等。为了减少这些人的散湿，设计中应与建筑、工艺等很好配合，合理布置湿源，如在洞口设置雨具存放室，加强洞室内管理等措施。由于这部分散湿量很难准确确定，在设计时，一般对长期在洞室内的人员按 $30 \sim 40$ g/(人·h)计算，预防措施较好的取下限，措施不完善的取上限。

# 11.2　通风空调系统与设备

## 11.2.1　通风系统及设备

通风系统也就是风流流动的路线。从进风口到排风口，以通风机为动力、包括坑道网路或管道网路、三防设施、消音装置等组成的空气流动系统，称为工程的通风系统。

1. 地下工程通风系统的设计原则

地下工程通风主要有以下设计要点：通风方式的选择、通风机房及进、排风口部分的设置、动力站房及其他辅助用房的设置、通风机及电动机的选择、通风管道的选择及布置形式等。

(1)地下工程通风方式选择

在地下工程设计时，首先要因地制宜地决定通风系统。设计人防工程的通风系统时，应根据具体情况决定通风方式、风机位置、网路联结、分区划段、风量分配、防止漏风、清洁和滤毒转换等问题。地下建筑的通风方式一般可分为三种：自然通风、机械通风、自然通风和机械通风相联合。

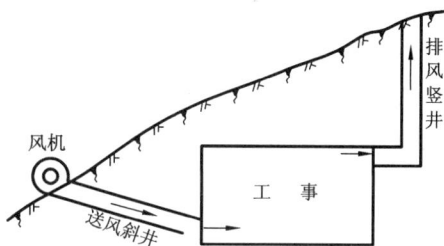

**图 11 - 2　机械送风、自然排风示意图**

1)自然通风

自然通风是指利用自然风压或热压的作用，进行有组织的空气流动，以达到通风换气的目的。当地下建筑为洞形不复杂的通道式或贯穿式，且洞体又不长(约 70 m 左右)，在洞室外空气含湿量较小的地区，对温度、湿度要求又不高的地下建筑，可以考虑采用自然通风方式。自然通风要注意利用风压和热压。利用风压作用的自然通风首先需该地区的风向比较稳定，有利用的可能，同时，必须要有贯穿的洞口，才能充分利用风压的作用。利用热压作用的自然通风要求室内外有较大的温差，两个洞口要有一定的高差，温差、高差越大，自然通风的效果越好。

2)机械通风

当地下结构较长时(地铁等)，主要采用机械通风。机械通风方式是指依靠机械设备送、排风，使洞室内达到要求的送、排风量及区域速度场。对洞形较复杂，面积较大的洞室或温、湿度有一定要求或需排除有害气体，都需要采用这种方式，它能充分发挥通风空调的技术效能。机械通风要注意使送风量应稍大于排风量，以维持洞室内一定的正压，这是为了防止没有经过处理的洞室外空气或烟尘等侵入。

3）自然通风与机械通风联合的通风

自然通风与机械通风联合通常有两种方式：一是自然进风、机械排风方式。此种方式对洞室内温湿度要求不高，洞形不复杂（最好是通道式结构或带有一定引洞的天然洞）的地下建筑，洞深不超过 100 m。冷加工车间，可考虑采用自然进风、机械排风；二是机械进风、自然排风方式。对于有一定温湿度要求的地下建筑物，洞形不复杂，洞深不宜超过 100 m，洞室内有害物较少，可采用这种通风方式。机械送风可以根据洞室内工艺生产要求，对洞室外空气进行处理，然后均匀地将新鲜空气送到洞室内工作区域，再通过地下建筑的另一端集中排风（可利用施工竖井或专门设置的自然排风道），使地下建筑内处于正压状态。其缺点是洞内有害物不能及时地就地排出，会造成洞室尾部的空气卫生条件较差，对于产生有害物较多的地下建筑物不宜采用这种方式。

（2）通风机房和进、排风口部的设置

1）进、排风口的数量

一般宜有两个。其中一个为进风，一个为排风。大型工厂应根据工艺要求和气流组织形式来确定。但数量也不宜过多，以利战时的防护。

2）通风口和风道的布置

进风口可利用引洞上部的空间，采用隔断，使进风道与人行通道分开。这种进风道布置简单。排风口可利用斜井和竖井，在排风口处设置轴流风机或专设排风机房。进、排风口的设防标准，应根据地下建筑的性质和设计要求而定，并应与洞室出入口的防护能力相适应。

3）通风机房的布置

在考虑车间平面布置的同时，就应充分考虑通风方式和通风系统的布置。通风机房在车间平面布置上，既要考虑使用方便，又要考虑节省管道。在一般情况下，送风机房布置在引洞与主洞联结处为好。排风机房如选用轴流风机也可不设机房，而将排风机置于排风道中。通风机房的数量，应根据实际情况确定，在大型地下建筑内需设数个时，一般情况下，宜分散布置，集中控制。通风机房与车间相通的门应为隔声门，以防噪声对车间的干扰；通向车间的通风管道一般应设消声器。

（3）动力站及其他辅助房间的设置

锅炉房、电站、空压机站不应和生产车间放在一起，而上述每个站房均应单独设在一个洞室里，自成系统。通风机室、水泵房、污水池和变电室等小型房间或使用上联系密切的房间可放在主要生产车间内，但应做好减振与消声。空压机站、电站等有较大振动和产生噪声的房间，应做好减振和消声。

（4）通风机和电动机的选择原则

为了减少噪声和振动，通风机应根据所输送空气的性质及风量和风压的要求，尽量选用高效率，低转数的通风机。通风机的选择应兼顾冬、夏季风量不同的要求。地下生产车间一般可不设置备用通风机。但对于产生有剧毒气体或散发危害较大的有害气体的车间，一般应设置备用通风机。通风机在洞室内时，应配用封闭型电动机。通风机室应考虑设备操作和维修所需的面积，有条件时应设置便于操作和观察的值班室。

当采用多台通风机并联时，应注意下列问题：

①并联通风机的规格性能和运行工况要尽量相同,并联台数越少越好。

②各台并联通风机的吸入端或压出端,管道上必须装设密闭性能好的阀门,属于远距离集中控制的并联通风机,应选用电动阀门并与通风机进行联锁。

(5)通风管道的选择及布置形式

通风管道布置可以因地制宜采用多种形式:通过无通风管的坑道通风(见图11-3)、利用吊顶做通风管道、还可以利用地沟通风(见图11-4)、还可以利用走廊设置风管通风(见图11-5)等。

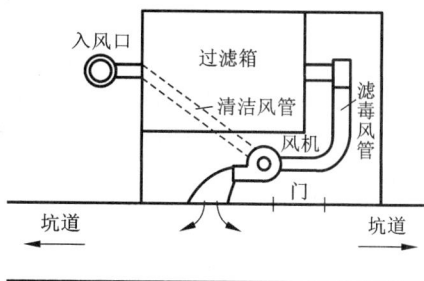

图11-3 工事壁预留送风口通风示意图

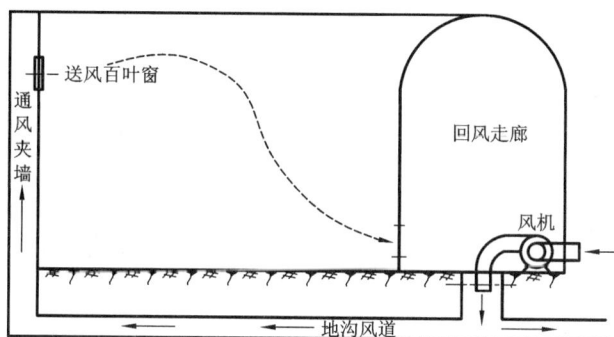

图11-4 地沟送风示意图

地下建筑通风管材的选择应满足严密、防腐、防潮和防火等要求。通风管道按使用的材料划分主要有以下几种:

1)土建风道

土建风道适用于风量大的主风道,土建风道一般系指采用砖、混凝土、钢筋混凝土和石棉瓦等材料制成的。对防腐、防潮和防火都有较好的效果。

土建风道的形式:利用引洞、导洞作为通风道;利用洞室拱顶空间;环形空间;侧墙风道;地沟风道。

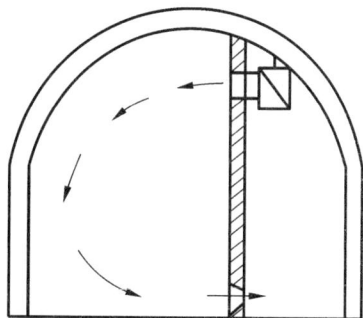

图11-5 走廊设风管送风示意图

2)铁皮风管

铁皮风管主要适用于小风量的风管和支管,并在无法利用土建风道时,也可采用铁皮风管。铁皮风管严密性好。安装铁皮风管时应注意以下几点:敷设在地下建筑的铁皮风管应适当加厚并应保证涂漆质量,风管外表面宜涂乳白色调和漆;铁皮风管的保湿,一般采用纤维板、矿棉外包玻璃丝布或预制膨胀珍珠岩保湿管等材料。

3)塑料风管

塑料风管内壁光滑,质地密实,制作简单,防潮性能好,在不易产生火灾的地下建筑中是一种较好的管材。

2. 地下工程通风设备

地下工程的通风设备主要是风机、电机及风管。风机是通风系统中的原动力。通风机按旋转轴和气流之间的相互关系分为两大类：轴流式通风机与离心式通风机。

轴流式通风机又称螺旋桨式通风机，空气扰动的方向与旋转轴平行。一般构造的轴流式风机的压力低，不适用于浓毒装置的人防通风，仅可用于有污浊空气的房间的局部排气。离心式通风机所送出空气的方向与旋转轴成90°角，沿辐向流动。它是由蜗牛形外壳1、工作轮2、电动机3组成。因工作轮做回转运动，叶片中的气体受到离心力的作用，从而向外送出，产生风压和风量。空气从进风口4，经工作轮送入外壳，再经出风口5送入通风管道之中。

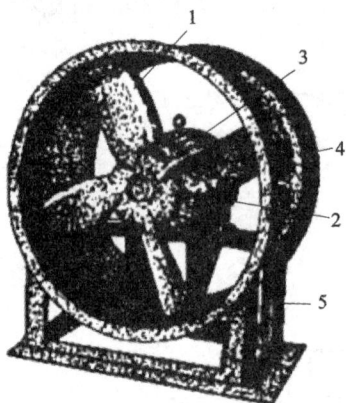

图 11-6 轴流式通风机示意图
1—叶轮；2—轮毂；3—电动机；
4—风筒；5—支架

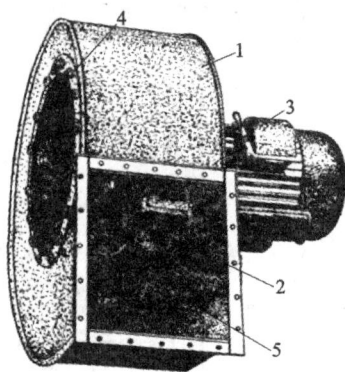

图 11-7 离心式通风机示意图
1—蜗牛形外壳；2—工作轮；3—电动机；
4—进风口；5—出风口

## 11.2.2 空调系统及设备

1. 空气调节系统

随着科学技术的发展，空气调节技术也得到了不断的改进和提高，出现了大量的新设备和控制仪表，可用来组成多种形式的空气调节系统，为在不同的工程中选用最佳系统方案创造了条件。出于不同的要求，在空气调节系统分类上也各有不同，为了便于说明系统设计及运行特点，推荐采用按处理负荷介质种类分类的方法。目前最常用的有全空气系统及空气—水系统，分述如下：

（1）全空气系统

全空气系统是指全部室内热湿负荷，均由经过集中处理的空气介质所吸收，不需另外的二次冷却。目前常用的集中式空调系统，就属于这种类型。

在全空气系统中，按照控制室温的方式又可分为定风量系统和变风量系统两种。定风量系统把风量作为一个常量，用改变送风温度来补偿室内热负荷的变化，从而维持室温不变；变风量系统则把送风温度作为常量，用改变送风量补偿室内热负荷的变化以维持室温不变。变风量系统具有节省能量，减少运行费用和安装方便等特点。

不论是定风量系统还是变风量系统，都可以按处理空气的流程分为单风道和双风道系统。单风道系统空气经过同一台冷却器、加热器处理后，由一条主风道分别送入各房间，为了维持室内温度，必须在进入房间的支风道上安装室温控制加热器或变风量末端装置。双风道空气分别经过加热和冷却器，再相应地经过热、冷两条主风道送出，在进入房间之前，经双风道末端装置，按照室温要求以适当的比例混合热冷空气。双风道系统虽然末端装置和风道都较复杂，一次投资较高，但在节能和运行灵活等方面，仍有可取之处。

系统的选用应根据上述特点结合实际工程要求并进行技术经济比较决定。

全空气系统适用生产、科研及舒适性空调工程中，可满足多种使用要求，如气流组织，温湿度控制及洁净度控制等。在一般情况下，其主要优点是：

①空气处理设备可集中安装，统一管理和维修，在使用房间中不需敷设冷、热介质及凝结水管道；

②在过渡季，可利用全新风消除余热余湿，减少冷冻机运行时数，也降低了能量消耗；

③全空气的双风道系统，对于同一系统中的各个房间具有较大的适应能力，例如在同一时间内，可以满足某些房间冷却而另一些房间加热的要求，而整个系统的运行制度不必改变；

④由于设备集中布置，便于能量的再生和利用。例如，利用夏季排风预冷进风，利用冬季排风预热进风等；

⑤对于装有局部排风的房间，便于补偿排风；

⑥可设计成为任何形式的气流组织。

全空气系统也有一些缺点，如下：

①作为冷热介质的空气热容较小，容积流量大，风道断面及其所占用的空间也大；

②一般需设单独的采暖系统，以供非生产时间使用；

③在无自动平衡风道的系统中（如低速的再热系统），各房间的风量平衡比较困难，特别是同一系统中有些房间关掉了送风，造成了风量的重新分配。

（2）空气—水系统

这种系统空气介质仅处理小部分室内负荷，大部分室内负荷则由设在空调房间中的二次冷却器处理，因而就避免了冷热抵消造成的能量浪费，同时，也解决了大风道及占用空间的问题。诱导空调器及风机盘管等，皆属于这种系统。如回风量较少，也可不设回风道，更有利于节省空间。这种系统在旅游建筑中应用较多。在地下建筑或空间窄小的改建工程中，有条件地采用空气—水系统，也是可行的。

在地下建筑中采用空气—水系统，必须对负荷特点，可供利用的空间以及冷冻机运行时数，进行周密分析以后，确实合理时再予选用。

空气—水系统的主要优点如下：

①节省空间，节省投资；

②调节二次冷却，可以补偿室内负荷变化，有一定的节能效果；

③二次冷却器可用于冬季的采暖；

④可避免各房间的空气串通（指不设回风的空调—水系统），有利于卫生和安全。

空气—水系统的主要缺点有：

①全年固定新风不变，因而，过渡季也无法利用新风消除室内热湿负荷，延长了冷冻机的运行时间，造成了能耗和运行费用的增加；

②除湿能力小(二次冷却按"干冷"设计)，在湿负荷较大的地方采用，受到限制；

③设备分散在各使用房间中，不便于集中管理和维修；

④由于末端装置已固定，气流组织的灵活性受到限制；

⑤产生有害气体、粉尘的房间不能采用。

2. 空调系统的选用

在满足技术要求的前提下，一个合理的设计必须是一次投资和运行费用综合节省，对于节能要特别重视，这是选用空调系统的重要依据。

在进行一次投资和运行费用的综合比较时，一次投资回收年限一般以5年为宜，对于投资少，收效快的企业，如轻工、纺织等，则应适当缩短回收年限。

另外，也应考虑到近年来我国空调技术、设备和专用仪表的发展还是较快的，例如，变风量末端装置及系统控制，双风道及高速系统的末端装置，低噪声的风机盘管，价廉耐用的温度调节器以及微差压控制器等，有的已定型生产，有的已在工程中使用。所有这些技术上的进步，对于选用合理的系统形式，是很有益处的。

3. 空调系统的空气处理方案

地下建筑的空气调节，通常根据被调房间的性质、热湿负荷特点、洞室内要求的参数等条件，相应地选择合理的空气处理方案。一般常用的空气处理方案有三种形式，即直流式、一次回风式，二次回风式。当采用一次或二次回风式系统时，则必须考虑洞室内空气全部排换的可能。排换的方法，一般利用空调系统的回风机或专设排风机排出；若自然排风也能达到排换要求时亦可采用。

空气处理方案确定后，一般先做夏季工况的计算，因为夏季要求的风量往往比冬季大。然后做冬季和过渡季工况的计算。

空调系统是否设计自动化装置，应从工程需要、节能多少，通过技术经济比较来确定。一般当空调室温允许波动范围较小或各房间温度需要单独控制时，应设置室温调节加热器以便分别对被调房间进行精调。室温调节加热的方式一般采用电加热器。

若有消声要求时，要设消声器。至于排风方式有机械排风和自然排风两种(后者很少采用)，当用机械排风或机械回风而室内又有消声要求时，则排风机前也要设消声器。

4. 通风降湿系统试运行及调整

通风降湿系统安装完毕，应根据设计要求，进行试运转及调整。

(1)采暖系统的试运转及调整

采暖工程竣工后，应首先仔细检查系统的管线、附件、设备及仪表是否符合设计和安全的要求，然后做系统的水压试验和管道的冲洗，消除各种施工误差、漏气、堵塞等问题。试用及调整与地面部分相同。需指出的是，对地下工程来说，采暖管道的严密性具有很重要的意义，管道渗漏会造成洞室内空气潮湿，影响设备寿命和产品质量。空气加热器是升温通风降湿系统的主要加热设备。试运转前应检查进出口阀门、疏水器、空气加热器、压力表等是否符合设计要求，从外观上看是否有异常的地方，检查完毕、可以试气。开始试气时，由于冷凝水较多。先打开疏水器旁通阀，把系统中凝结水排到回水管中去，直到旁通阀很热时，即可关闭旁通阀。空气加热器投入运行后，检查其散热表面是否有冷热不均现象，如有，则应找出原因进行处理。

（2）通风系统的试运转及调试

通风系统施工完毕，应首先检查风机和电动机的型号、规格与设计是否相符，风机和电机安装是否牢固，皮带松紧是否合适，皮带型号、根数是否符合要求，有无防护罩，启动阀和调节阀是否灵活，然后检查通风管道各连接处是否严密，风机和风管内有无杂物，管道支架是否牢固等，一切检查完毕，可以启动通风机。启动通风机时，应先关闭启动阀，待启动风机后逐渐打开启动阀（中、小型通风机可以直接启动）。这时要注意风机叶轮的转动方向和震动程度，轴承箱的油温及有无漏油。如无异常情况，待风机运转稳定后，再测量风量和风压。若风机的实际风量和风压不符合设计要求，则应及时找出原因进行处理。

在一般情况下，风机的风量和风压不足的原因有：风机转数不足、风机反转、风管漏风、系统阻力过大或局部堵塞、叶轮装配间隙过大、风机轴与叶轮松动等。

风机的风量和风压正常后，按设计要求调整各送、排风支管和风口的风量。

（3）氟利昂制冷系统的试运转

氟利昂制冷系统安装完毕，应进行如下工作：

①吹污；

②正压下气密性试验；

③在真空条件下的气密性试验；

④向系统灌制冷剂；

⑤试运行；

⑥排空气。

通过如上的试运转，如果没有发现其他问题，则制冷系统可正式投入运行。

## 11.3 地下空间热湿环境和空气质量的检测与控制技术

### 11.3.1 热湿环境和空气质量的检测

湿热环境对人体有较大影响。在没有空调的地下工程，由于受太阳辐射和地层温度场的影响，围护结构表面及室内空间沿垂直方向存在明显的温度变化梯度，即夏天上高下低，冬天上低下高。因此，夏季地下工程中的人们普遍反映：腿部以下身段感觉凉，须穿着较多的衣服。易患关节炎。另外，由于土坡和结构体的掩蔽作用，夏季和冬季地下与地上的温度差别较大（夏季3~5℃，地下工程是个大冷辐射场；冬天5~15℃，是个大暖辐射场），因此，初次进入地下环境的人们，往往易患感冒。

空气是由多种气体按定比例所组成，其中的氧气是维持生命所必需的。空气中含氧量的变化，在一定范围内对人的机体影响较小，正常情况下，氧含量应为21%（体积比下同），当到10%以下时开始有头晕、气短、脉搏加快等现象，5%是维持生命的最低限度。为此，美国规定民防掩蔽所中的空气含氧量不低于17%，瑞典对防空地下室中空气含氧量的要求是18%，短时间可降低到16%。保证空气中有足够氧含量的措施是调节通风系统的通风量。一氧化碳是有害气体，但在自然空气中含量很少，在地下工程中，由于各种因素的影响可能使一氧化碳的浓度升高，超过一定限度时，对人体会造成危害，故应严加控制。此外，在特殊的地下工程中还有可能出现其他的有害气体，例如在煤层中施工隧道可能会出现瓦斯，公路隧道使用过程中,因汽车尾气出现的 CO,$SO_2$ 等,均对人体产生一定影响,在平时应加强对地下空间空气质量进行监测。

1.测定洞室外气象参数

洞室外气象参数是运行管理的主要依据。但在我国有些洞室附近,往往缺乏气象资料。因此,应设置气象观察点,每隔一定时间(在生产时间,间隔 2 h 左右,在非生产时间,间隔可大一些,但都应包括 2 点,8 点,14 点,20 点,测定洞室外空气温度、相对湿度、风向、风速等参数并做好记录。在有条件的地方,可以测定该地区的地温和大气压力。运行人员可以根据这些洞室外气象参数的变化,结合生产要求对采暖通风系统进行调节。并通过气象资料的积累,掌握本地区洞室外气象参数的变化规律,给经济合理运行提供依据。

2.测定洞室内空气参数

为了满足洞室内空气设计参数的要求,应对洞室内空气参数进行检测。

在地下工程的施工过程中,施工环境对施工人员的身体健康有很大影响,因此在施工阶段,对地下工程施工现场应进行环境监测,监测内容主要有:粉尘浓度、瓦斯浓度、一氧化碳浓度、烟雾浓度等。

地下工程竣工投入使用后,运行人员应每隔 2 h 左右对洞室内空气的温度和相对湿度测定一次,并做好记录。然后,根据这些已测定的温度和相对湿度,结合设计规定的空气参数,对采暖通风系统进行调整,洞室内工作区的气流速度可每个季节测定一次。然后,根据所测定的结果和设计规定的风速,调节风量。通风量宜每个季节调节一次。

温度和相对湿度的测试仪表一般布置在洞室前部、中部、尾部,离地面 1.2 ~ 1.8 m 处的工作区内,有特殊要求的房间应单独布置。

测定方法有:人工测试法,自记测试法及遥测法等。

①人工测试法。运行人员每隔一定时间到各测试点去观测温湿度表后进行记录。

②自记测试法。安放在各测试点的自记温湿度计自动记录各测试点温湿度,运行人员定期更换记录纸定期校正仪器。

③遥测法。运行人员在机房遥测各测试点的温湿度,然后分别进行记录。

3.地下空间环境检测常用仪器

地下空间环境检测常用仪器主要分为温度测试仪表、湿度测试仪表、风速和风量测试仪表等。

(1)温度测试仪表

主要有膨胀式温度计(包括玻璃温度计、双金属温度计、压力式温度计)、热电偶温度计、电阻温度计、半导体温度计、复点测温计、地温表、电位差计等。

(2)湿度测试仪表

①干湿球湿度计:主要有立式温湿度计、手摇湿度计、通风温湿度计(阿斯曼温湿度计)、自记干湿球湿度计;

②毛发湿度计,自记温度计与自记湿度计合为一体的自记温湿度计,可同时测定温度和湿度;

③露点湿度计;

④电阻湿度计;

⑤遥测通风干湿表。

(3)风速和风量的测试仪表

1）翼型和杯型风速计

翼型风速计适用于风速在 5 ~ 10 m/s 范围，杯型风速计适用于风速在 1 ~ 40 m/s 范围，风速计分人工记时和自动记时两种。

2）卡他温度计

卡他温度计按其适用范围可分为普通的、高温的、镀银的三种。普通卡他温度计用于测定 30℃ 以下的空气气流，高温卡他温度计用于侧定 50℃ 以下的空气气流，镀银卡他温度计用于测定有热辐射作用的高温环境空气气流。卡他温度计的缺点是反应慢，不能用于测量变化很快的空气流速。

3）热电风速计

4）皮托管

皮托管是测定通风管道中空气流速的仪器，与倾斜式微压计或补偿式微压计配合使用。

5）微压计

有倾斜式和补偿式微压计两种。

（4）其他测试仪表

一氧化碳检测仪、二氧化硫检测仪、转速表、钳形电流电压表、功率表、秒表等。

## 11.3.2　热湿环境和空气质量的控制

个地下建筑要满足生产工艺和人体健康的要求，除搞好设计、施工两个环节外，运行控制起着重要作用。洞室内工艺设备、产品和生产人员，对空气的温湿度有一定的要求，但洞室外的空气温湿度和洞室内的热湿负荷是随时变化的。因此，为了满足洞室内空气的温湿度要求，一般需对洞室外进风进行适当的处理。这时，不仅需要一定的采暖通风设施，还必须搞好运行控制工作。

我国地下建筑的使用实践说明，一个完善的通风空调系统，如果没有科学的运行控制工作，就不能充分发挥通风空调设备的效能，也无法满足洞室内空气参数的要求。

1. 建立健全的管理制度

合理的运行管理制度是搞好运行管理的保证。为确保通风降湿系统的运行管理，应该建立合理的规章制度。

一般的规章制度有：

①岗位责任制度。规定通风班长、值班长、位班人员、维修人员的工作内容及责任交接班制度——规定交接班的内容、交接手续、责任的划分等。

②巡回检查制度。规定通风值班人员和维修人员巡回检查的时间、内容及要求。设备运行操作制度规定各种设备的启动、运转、停车时的操作方法及注意事项。设备维护保养制度规定设备维护保养方面的要求及内容。

除上述这些制度外，还应根据生产要求，结合洞室外气象条件与通风设施的具体情况，制定通风运行操作规程。如规定各季节工作区域温度、湿度、空气流速、相应的降温方法及调节和运行方法。

要搞好运行管理工作，不仅要有这些规章制度，还要有执行这些规章制度的专职运行管理人员。包括有：技术人员、运行工人、维修工人，并应列入工厂人员编制计划。对运行人员应进行必要的技术培训工作，加深对运行管理的重要性的认识，掌握其操作方法。做到安全合理运行,降低运行费用。

2. 整理运行资料,建立运行档案

为了搞好运行管理工作,应对各种运行资料进行认真的整理工作,整理后立档保存。各种运行资料有:

①运行日记。记载每个运行班在运行中出现的问题和处理结果、设备运行情况、对下一班的要求等内容。

②空气温湿度记录表。记载洞室外空气和相应的洞室内空气温湿度。

③空气温湿度变化图表。用图表表示洞室内外空气温湿度的变化情况。

④洞室内工作区气流速度测定表。

⑤设备档案。记载该设备投入运行时间,运行情况,各种参数的测定值,出事故的时间、原因及处理结果,大修时间、原因及修后的运行情况等。

建立这些运行档案,是总结经验,保证通风系统正常运行的可靠措施。

3. 通风空调的自动控制

实现通风空调系统调节自动化,不仅可以提高被调参数的调节精度,降低电量的消耗,节约通风空调系统的运转费用,同时,还可以减轻劳动强度。减少运行管理人员,提高劳动生产率。因此,近年来随着自动调节及电子技术的发展,已出现了利用顺控器、集成电路、射流技术,微处理机及电子计算机等于通风空调系统的自动调节中,实现了补偿控制系统及通风空调中央控制管理系统。

通风空调自动控制是根据被调参数(如温度、相对湿度、压力、压差、浓度位差)的实测值与给定值之偏差,用一套自动控制系统(组成不同的调节环节)控制各参数的偏差值,使之处于允许的波动范围内。自动控制系统主要由敏感元件、调节器、执行机构及调节机构等部分组成。通风空调系统的自动控制系统可以按以下几个方面分类:

①按调节器使用能源分为直接作用式及间接作用式(电动电子式、气动式、电—气动式等)。

②按调节规律分:位式、恒速、比例积分(即 PI)、比例积分微分(即 PID)等。

③按被调参数分:温度、湿度、浓度、超净恒压、位差等。

④按给定值的形式分:定值调节系统、程序调节系统及随动调节系统等。

ⓐ定值调节系统。使被调量保持恒定或基本上恒定的系统。如高精度恒温除湿空调系统的自动控制。

ⓑ程序调节系统。当系统的给定值按事先已知的时间函数和某一过程变化时如气候或环境试验系统的自动控制。

ⓒ随动调节系统。当被调节的给定值跟随某一变量变化时的调节系统。如舒适性空调,为了节省能量和达到舒适的目的,室内基准温度随着室外温度变化而变化。

# 思 考 题

1. 简述地下建筑热、湿负荷计算要点。

2. 地下工程通风方式有哪些?其设计原则是什么?

3. 地下空间热、湿环境检测要点有哪些?

4. 如何控制热、湿环境和空气质量?

# 第12章 地下建筑的防灾技术

地下建筑内部的灾害可分为两大类，即自然灾害和人为灾害及这两种灾害可能造成的次生灾害。自然灾害主要是气象灾害和地质灾害，如洪水、地震、地陷等；人为灾害主要为意外事故灾害，如火灾、爆炸、交通事故等。

地下建筑对于外部发生的各种灾害都具有较强的防护能力，但是对于发生在地下建筑内部的灾害，特别像火灾、爆炸等，要比地面上危险得多，防护的难度也大得多。这是由地下建筑比较封闭的特点所决定的。发生在地下建筑内部的灾害多是人为灾害，都有较强的突发性和复合性，其灾害严重程度与综合防灾能力有直接关系。因此，应当从地下环境的特点出发，认真搞好地下建筑的规划与设计，按照不同的使用性质和开发规模，采取严格的综合防灾措施，以保障平时使用中的安全。

下面在介绍地下建筑灾害类型、特点及系统防治技术的基础上，重点对地下建筑内部灾害的主要类型——火灾的防护规划与设计，进行较系统的介绍。

## 12.1 地下建筑内部灾害的类型及特点

### 12.1.1 地下建筑内部灾害的主要类型

地下建筑内部灾害的类型多样，与地面建筑基本相同，但同地面建筑相比，地下建筑往往抗御外部灾害的能力强，而抗御内部灾害的能力弱。后者对于前者起着制约作用，因此，保障地下建筑的内部安全，是充分发挥其使用功能、并能抗御外部灾害的先决条件。

地下建筑内部的主要灾害有火灾、爆炸、风和水灾、空气恶化、施工事故、公用设施事故等。日本在1991年曾对1970—1990年间日本国内地下建筑发生的内部灾害，以及日本国以外1969年以前发生的灾害事例进行了调查与统计。按不同用途的地下建筑发生灾害事件的件数统计数字如表12-1所示，对几种主要灾害损失统计如表12-2所示。从表中可以看出：

①在日本的626件灾害中，人员活动比较集中的地下街、地铁车站、地下步行道等各种地下设施和建筑物地下室中发生的次数约占40%，说明在这些工程中发生灾害的可能性较大，应引起高度重视；

②在所调查的灾害中，火灾的次数最多，约占30%，空气质量恶化约占20%，二者相加约占一半，因为空气质量事故多由火灾引起，故火灾是地下建筑内部次数最多的灾害，其他灾害发生次数一般不超过5%；

③以缺氧、中毒为主要特征的内部空气质量恶化现象，在建筑物地下室、地下停车场等处发生的次数较多，过去尚未受到足够的重视，因此应列为地下建筑内部灾害的主要类型。

由表12-1可见，建筑物地下室中发生的各种灾害的次数，都多于其他用途的地下建筑，其原因有两个方面：一是由于日本的城市大型建筑物中，很多附建有地下室，如东京市23个区内就有76.9%（地下公用设施空间未计入）；二是地下室分布较广，用途较多，故灾害发生率较高。

表12-1　地下建筑发生灾害事件的件数统计

| 灾害种类<br>地下空间用途 | 灾害事例件数（件） | | | | | | | | | | | 用途比例关系（%） |
|---|---|---|---|---|---|---|---|---|---|---|---|---|
| | 火灾 | 爆炸 | 风和水灾 | 空气恶化 | 结构破坏 | 公用设施事故 | 施工事故 | 交通事故 | 犯罪 | 其他 | 总计 | |
| 地下街 | 51<br>(59) | 1<br>(1) | 1<br>(1) | 0<br>(0) | 0<br>(0) | 4<br>(4) | 1<br>(1) | 0<br>(0) | 1<br>(1) | 2<br>(2) | 61<br>(69) | 9.5<br>8.4 |
| 地下步行街 | 3<br>(3) | 0<br>(0) | 3<br>(3) | 0<br>(0) | 0<br>(0) | 1<br>(1) | 0<br>(0) | 0<br>(0) | 0<br>(0) | 0<br>(0) | 7<br>(7) | 1.1<br>0.8 |
| 地下停车场 | 6<br>(7) | 0<br>(0) | 3<br>(3) | 4<br>(4) | 0<br>(0) | 0<br>(0) | 1<br>(1) | 2<br>(2) | 1<br>(6) | 1<br>(1) | 18<br>(24) | 2.9<br>3.0 |
| 其他地下设施 | 2<br>(5) | 3<br>(9) | 0<br>(0) | 21<br>(27) | 0<br>(0) | 0<br>(0) | 1<br>(2) | 0<br>(0) | 0<br>(0) | 1<br>(1) | 18<br>(44) | 4.5<br>5.4 |
| 建筑物地下室 | 69<br>(93) | 12<br>(20) | 3<br>(5) | 15<br>(15) | 0<br>(0) | 1<br>(1) | 9<br>(10) | 1<br>(1) | 8<br>(6) | 4<br>(4) | 117<br>(155) | 18.7<br>19.2 |
| 地下车站 | 21<br>(34) | 0<br>(0) | 2<br>(2) | 0<br>(0) | 0<br>(0) | 0<br>(0) | 0<br>(0) | 0<br>(0) | 6<br>(8) | 6<br>(7) | 35<br>(52) | 5.6<br>6.4 |
| 地铁隧道 | 9<br>(18) | 0<br>(1) | 1<br>(1) | 1<br>(1) | 0<br>(0) | 1<br>(1) | 7<br>(8) | 1<br>(6) | 0<br>(1) | 4<br>(9) | 24<br>(47) | 3.5<br>5.8 |
| 铁路隧道 | 3<br>(14) | 0<br>(2) | 5<br>(6) | 0<br>(0) | 2<br>(3) | 1<br>(1) | 8<br>(8) | 2<br>(5) | 2<br>(3) | 13<br>(25) | 36<br>(58) | 5.8<br>7.2 |
| 公路隧道 | 11<br>(17) | 0<br>(2) | 0<br>(0) | 2<br>(2) | 1<br>(1) | 0<br>(0) | 11<br>(12) | 11<br>(10) | 0<br>(0) | 0<br>(0) | 45<br>(54) | 7.2<br>6.7 |
| 其他隧道 | 0<br>(0) | 0<br>(0) | 0<br>(0) | 0<br>(1) | 0<br>(0) | 0<br>(0) | 5<br>(8) | 0<br>(0) | 0<br>(1) | 0<br>(0) | 5<br>(10) | 0.8<br>1.2 |
| 公用设施 | 8<br>(11) | 8<br>(22) | 7<br>(7) | 70<br>(70) | 0<br>(0) | 1<br>(1) | 57<br>(64) | 5<br>(6) | 1<br>(1) | 47<br>(47) | 207<br>(243) | 33.1<br>33.0 |
| 矿　　山 | 8<br>(9) | 11<br>(12) | 0<br>(0) | 9<br>(9) | 8<br>(8) | 1<br>(0) | 0<br>(0) | 0<br>(0) | 0<br>(0) | 6<br>(6) | 43<br>(45) | 6.9<br>(5.5) |
| 其　　他 | 0<br>(0) | 0<br>(1) | 0<br>(0) | 0<br>(0) | 0<br>(0) | 0<br>(0) | 0<br>(1) | 0<br>(0) | 0<br>(0) | 0<br>(0) | 1<br>(2) | 0.2<br>0.3 |
| 总　　计 | 191<br>(270) | 35<br>(71) | 25<br>(28) | 122<br>(138) | 11<br>(12) | 10<br>(11) | 101<br>(115) | 22<br>(32) | 17<br>(31) | 92<br>(101) | 626<br>(809) | 100.0<br>100.0 |
| 件数比例关系(%) | 30.5 | 5.6 | 4.0 | 19.5 | 1.8 | 1.6 | 16.1 | 3.5 | 2.7 | 14.7 | 100.0 | |

注：①其他灾害包括地震、火山喷发、地陷、滑坡、山崩、雪灾、雷击等；

②括弧中为日本国以外1969年以前的数字；

③资料来源于童林旭编译，地下空间内部灾害的类型与成因，地下空间，1996，16(4)：228～232。

在表12-2中，除矿山灾害属特殊情况，在城市地下建筑利用中一般可不考虑外，可以看到第18项是死伤人数最多的一次灾害，即1970年4月8日日本大阪市地铁2号线施工现场发生的由爆炸引起的火灾；另外两项分别是1980年8月18日日本静冈市站前金城地下街

发生的煤气爆炸和1987 年11 月18 日英国伦敦国王十字地铁站厅内发生的火灾，共伤亡 337
人。这些情况说明，火灾和爆炸是地下建筑内部造成生命财产损失最严重的灾害类型。

表 12 − 2　几种主要灾害的损失统计

| 序号 | 灾害类型 | 地下工程类型 | 灾害损失 | | |
|---|---|---|---|---|---|
| | | | 死（人） | 伤（人） | 财　产 |
| 1 | 火灾 | 地下街（日） | 0 | 4 | 220 m² 吊顶和墙烧毁 |
| 2 | | 停车场（日） | 1 | 1 | 不详 |
| 3 | | 变电站（日） | 3 | 0 | 经济损失 18 亿日元 |
| 4 | | 煤矿（日） | 88 | 16 | 450 m 巷道烧毁 |
| 5 | | 地铁站厅（日） | 2 | 3 | 整流器及配线系统烧毁 |
| 6 | | 地铁站厅（英） | 31 | 55 | 600 m² 站厅烧毁 |
| 7 | | 地铁隧道（美） | 0 | 34 | 2 节车厢烧毁 |
| 8 | | 铁路隧道（美） | 1 | 46 | 2 节车厢烧毁 |
| 9 | | 铁路隧道（日） | 16 | 2 | 大块落石，114 m² 护桩烧毁 |
| 10 | | 铁路隧道（日） | 1 | 48 | 高压及通信电缆烧毁 |
| 11 | | 公路隧道（日） | 7 | 2 | 吊顶塌落，毁车 189 辆 |
| 12 | | 公路隧道（日） | 6 | 5 | 毁车 13 辆 |
| 13 | 气体爆炸 | 地下街（日） | 15 | 238 | 经济损失 21 亿日元 |
| 14 | | 贮气罐（美） | 2 | 0 | 工厂的 10% 破坏，损失数亿美元 |
| 15 | | 矿山（日） | 11 | 4 | 支护架变形 |
| 16 | | 矿山（日） | 52 | 24 | 不详 |
| 17 | 火引爆炸 | 煤矿（日） | 93 | 39 | 矿井因灭火用水淹没 |
| 18 | 爆炸引火 | 地铁隧道（日） | 79 | 420 | 2170 m² 烧毁 |
| 19 | 缺氧、中毒 | 停车场（日） | 3 | 2 | 无 |
| 20 | | 停车场（日） | 2 | 0 | 无 |
| 21 | | 地下室（日） | 0 | 44 | 无 |
| 22 | | 铁路隧道（日） | 0 | 16 | 无 |
| 23 | 水淹 | 地下街（日） | 0 | 0 | 邻近地下停车场被淹 |
| 24 | | 地下管线（日） | 0 | 7 | 无 |

注：资料来源于童林旭编译，地下空间内部灾害的类型与成因，地下空间，1996，16（4）：228～232。

## 12.1.2　地下建筑灾害的成因

地下建筑灾害的发生和扩大的原因复杂多样，不同灾害类型的成因如下：

1. 火灾的原因

引起火灾的原因主要有报警迟缓；场地不易找到，延误了初期灭火行动；消防队距火源
地过远；火源附近缺少水源；信息不能顺利传递；对避难人流进行了错误的引导，使之滞留

在火场；手动喷淋设备未启动；备用电源故障；风道和烟道的灭火设备失灵；混合式灭火设备(卤化物)因热气流作用而未能启动；排烟系统运转失灵，无法形成安全避难区；防火卷帘未开启，又无旁通小门；防火卷帘过早降落，使疏散人流发生混乱；逃生者逃跑，妨碍灭火水源的接通；地下室之间没有隔火设施，不利于控制火源和组织救火行动；木质易燃物较多。

2. 爆炸的原因

引起爆炸的原因有易燃气体泄漏；初期爆炸后的易燃气体扩散未被感知；易燃气体沿通风道向上扩散，地下室中未能嗅到气体的气味；二次爆炸使消防人员遭到严重伤亡；气体紧急闭门失灵；因热辐射使人无法关闭上部的闭门；对建筑物上部与地下两部分的特点缺乏了解而反应迟缓；报警延迟和消防队的到达因交通堵塞而受阻。

3. 缺氧和中毒事故的原因

缺氧中毒的原因有：感知迟缓；报警和救援延误；防火卷帘未开启；备用发电机启动后耗氧多；门关闭后空调停止；管理系统反应迟钝，不知如何应付紧急局面等。

4. 水淹的原因

地下建筑的水淹主要是由于相邻施工现场发生水害后因无阻隔，水浸入地下建筑内部，或者是因为在救灾过程中因不知水管位置使供水干管破裂，地下室的外门因内部空气超压而无法开启排水。

5. 电气事故原因

发生电气事故原因有事故原因查找时间拖延；未准备好需要更换的备用件；正常照明与事故照明系统之间切换时间过长而引起混乱。

综合以上各种灾害的成因，归纳起来可以概括为三个方面，即设计问题、设备问题和管理问题。其中由于管理不善而引起的灾害，包括因平时缺少维护制度而使一些设备遇灾失灵，是导致灾害发生或使灾害损失扩大的一个重要原因。

### 12.1.3 地下建筑的防灾特点

地下建筑的内部防灾与地面建筑的防灾，在原则上是基本一致的，但是，由于地下建筑的封闭环境所造成的疏散困难，救援困难，排烟困难，和从外部灭火困难等特点，使地下建筑内部的防灾问题更复杂、更困难，因防灾不当所造成的危害也就更严重。

地下建筑的最大特点是封闭性，除有窗的半地下室，一般只能通过少量出入口与外部空间取得联系，给防灾救灾带来许多困难，这主要表现如下方面：

①在封闭的室内空间中，容易使人失去方向感，特别是那些大量进入地下建筑但对内部布置情况不太熟悉的人，迷路是常有发生的，在这种情况下，发生灾害时，心理上的惊恐程度和行动上的混乱程度要比在地面建筑中严重得多，内部空间越大，布置越复杂，这种危险就越大。

②地下建筑处于城市地面高程以下，人从室内向室外的行走方向与在地面多层建筑中正好相反，这就使得从地下建筑到地面开敞空间的疏散和避难都要有一个垂直上行的过程，比下行要消耗体力，从而影响疏散速度；同时，自下而上的疏散路线，与内部的烟和热气流自然流动的方向一致，因而人员的疏散必须在烟和热气流的扩散速度超过步行速度之前进行完毕，由于这一时间差很短暂，又难以控制，故给人员疏散造成很大困难。

③地下建筑处于城市地面高程以下的特点，使地面上的积水容易灌入地下建筑内部，难

以依靠重力自流排水，容易造成水害，其中的机电设备大部分在底层，更容易因水浸而损坏。如果地下建筑处在地下水包围之中，还存在工程渗漏水和地下建筑上浮的可能。

④地下建筑的钢筋网和周围的土和岩石，对电磁波有一定的屏蔽作用，妨碍使用无线通信，如果有线通信系统和无线通信用的天线在灾害初期即遭破坏，将影响到内部防灾中心的指挥和通信工作。

⑤附建于地面建筑的地下室，一旦发生灾害，会对上部建筑物构成很大威胁。地面建筑的地下室与地面建筑上下相连，在空间上相通，这与单建式地下建筑有很大区别，单建式地下建筑在覆土后，内部灾害向地面上扩展和蔓延的可能性较小，而地下室则不然，一旦地下发生灾害，会对上部建筑物构成很大威胁，最后酿成整个建筑物受灾。

## 12.2 地下建筑综合防灾系统

城市地下建筑内部灾害的防治是一个复杂的系统工程，由地下建筑的防灾规划系统、地下建筑的减灾设计系统、地下建筑防灾减灾预报预警系统、地下建筑的防灾管理与指挥系统及地下建筑灾后修复重建系统等若干子系统组成，下面对其重点内容加以介绍。

### 12.2.1 地下建筑防灾减灾预报预警系统

#### 1.采取有效措施，控制灾源

地下建筑内部灾害的发生、发展，都是由某种灾害源引起的，如火灾的灾害源是明火和可燃物；爆炸的灾害源是可燃气体和易爆化学品等。因此，建立防灾减灾的预报预警系统，采取一系列措施，控制灾害源是城市地下建筑综合防灾系统中首要任务。

地下建筑用途的多样性，其内部存在这种或那种灾害源是不可避免的，关键的问题是如何采取有效的控制措施。如日本就要求地下商业街中，可燃物减少至每平方米营业面积 50 kg 以下，同时要求地下商业街的材料应以耐火极限在 1 h 以上的不燃材料为主。其次，对商业空间内明火的使用加以限制，并禁止吸烟。日本对地下商业街中的餐饮类店铺实行集中布置和统一管理，以控制易燃气体的使用，此外除结合顾客休息设施指定的吸烟处外，绝对禁止吸烟。

#### 2.设立灵敏的感知仪器与人工监视系统

一旦灾害发生，对灾害感知的快、慢、正、误，是能否控制灾情使之不致扩大的关键。感知迟缓或报警延误而使灾情迅速发展的事例时有所见。为此，设立灵敏的感知仪器与人工监视系统十分必要。一是应提高感知仪器设备的自动化程度和灵敏程度，包括烟感器、煤气泄漏报警器、有害气体检测器等，使之随时处于完好状态；二是设立人工监视系统，如在重点部位设置闭路电视摄像机等，以防自动系统失灵。在日本的大型地下商业街中，都有专职防灾人员实行 24 h 巡逻，以保证及时发现和验证灾情。

#### 3.建立快速警报系统

灾害被仪器感知后，信息传输到防灾总控制室或防灾中心，经计算机处理或人工的判断和证实后，才能发出警报和向外报警。这一过程越短越好，对救灾越有利，要及时通过有线广播系统发出警报和各种救灾指令，同时使用无线和有线两种通信设备向城市防灾部门报警，等待救援。

### 12.2.2　地下建筑的救灾系统

地下建筑的救灾首先做好灾害的初始控制，使灾害及时消灭在萌芽之中；当灾害在初始阶段失去控制，开始扩大和蔓延后，救灾系统的主要任务有两个：一是将内部所有人员安全撤离；二是实行有效的灭灾。

灾害初始控制系统的设置在地下建筑的防灾救灾中，应当将灾害感知系统与灾害初始控制系统自动联系起来，如自动喷淋系统、气路切断系统、通风排灾系统等，力求把灾害在刚一出现时就加以清除或使之得到抑制，以火灾为例，自动喷淋系统可以有效地将初始火灾控制在有限范围内，防止其扩大和蔓延，直至扑灭。据美国资料，建筑物火灾在全面喷淋情况下可使生命损失减至最小，因为喷淋系统的自动启动起到辅助警报的作用，还可使烟和空气降温，有利于延长人员避难的有效时间。为了使自动喷淋系统保持有效，应防止消防用水枯竭和管道因爆炸而被破坏。

地下建筑内部所有人员应撤离地下建筑内部，有长时间滞留其中的工作人员和短时间停留的外来人员。为了使大量对地下环境不太熟悉又没有受过防灾训练的外来人员不受伤害，最有效的途径是在防灾中心和受过防灾训练的工作人员的组织和引导下，在灾害没有危及生命之前撤离灾害现场，到达地面开敞空间的安全地带避难。为了做好这一工作，应保证最低限度的照明和适当数量的清洁空气是必要的，同时要对烟和有害气体等加以排除和阻隔，在建筑布置上要为人员疏散创造便捷的条件，如顺畅的通道、位置明显的安全出口等，并以广播、灯光指示牌等加以引导。

进行有效的灭灾。灾害开始蔓延和扩大后，除组织人员疏散外，应动员一切内部和外部的人力物力将灾害在尽可能短的时间内扑灭或消除。鉴于地下建筑的灾害从外部救援比较困难，主要应依靠内部的救灾设施。

### 12.2.3　地下建筑灾害指挥和管理系统

为了使以上各防灾救灾系统能正常运转，在灾害发生时能有效地起到救灾灭灾的作用，凡是达到一定规模的地下建筑，都应建立起与其使用性质和规模相应的综合防灾指挥和管理系统，一般可采用三级防灾体制：第一级是地下建筑内部装备的各种自动防灾、救灾、灭灾系统，第二级是内部的专职防灾人员和受过训练和其他工作人员，第三级是从外部来的城市防灾专业队伍。考虑到地下环境的特点，应强调以前两级为主。

据日本经验，凡中等以上规模的地下建筑，特别是外来人员非常集中的公共活动空间，都设立防灾中心，配备专职人员，除日常的维护、管理、训练等工作外，主要从事24 h的灾情监控和巡逻，对各种意外情况及时加以判明和处理。防灾中心同时也是各种防灾系统和设备的控制中心，从日本比较现代化的大型地下商业街来看，防灾中心的主要设备有：火灾自动感知设备，与消防、警察、救护部门的紧急通话设备，内部广播设备，通道上和安全出口的诱导照明设备，排烟设备，二氧化碳灭火设备(用于变电室)，无线通信辅助设备，闭路电视监视设备，煤气泄漏报警设备，有害气体浓度检测设备等。有的地下街中，还设有对盲人的导铃设备。

# 12.3 地下建筑的防火设计

## 12.3.1 概述

### 1. 火灾危害特点

地下建筑发生火灾时与地面建筑相比具有不同的特点,其危害更大。主要表现在如下几个方面:

(1)高温的危害

由于地下建筑的密封性好,出入口少,发生火灾时室内热量不宜排出且散热困难,使得环境温度很高。起火房间内温度可达 800 ~ 900℃,火源附近温度往往高达 1000℃以上。在高温的长时间作用下,混凝土容易产生爆裂,使得结构变形甚至倒塌。高温也使得可燃物较多的地下建筑内发生轰燃,导致火灾大面积蔓延。另外,高温对地下建筑内的人员产生灼伤甚至导致死亡,研究表明人在空气温度达 150℃的环境中只能生存 5 min。

(2)缺氧和中毒

地下建筑直接对外的门窗洞口或其他开口比较少,通风和排烟条件差,因此火灾时容易产生大量的烟气且烟气滞留在工程内不易排出。地下建筑火灾过程中氧气大量消耗,如果通风不好,空气中的氧含量急剧下降,一氧化碳含量剧增,容易导致人员窒息或中毒死亡。另外,许多可燃的商品、家具和装修材料在燃烧时会产生大量的有毒气体,刺激人的呼吸系统和神经系统,最终导致人员伤亡。

(3)火灾蔓延快

地下建筑中的楼梯间、管道、风道、地沟及通道与地面大气相通,一旦起火,这些部位成了火灾蔓延的主要途径。管道、楼梯间等垂直扩散速度比水平扩散速度大 3 ~ 5 倍,达 3 ~ 4 m/s。如火灾时未能及时控制通风空调等设备,会加快火灾蔓延速度。

(4)疏散困难

火灾对人的危害主要通过四种效应,即烧伤、窒息、中毒及高温热辐射。除此之外,在地下建筑中火灾对人的影响还表现在:①能见度低,逃离困难;②容易使人迷失方向感;③地下建筑基本位于自然地面标高以下,人从楼层向室外由下向上的行走方向与地面建筑的正相反,比下行要消耗体力,从而影响人员的疏散速度。

(5)火灾救援困难

①由于地下建筑密闭等特性,使得外部救援人员不容易掌握内部火灾情况;②地下建筑火灾烟气蔓延迅速,火灾影响范围广,救援人员很难确定真正的火源位置,且很多适用于地面建筑火灾救援的设备和工具,在地下建筑的火灾救援中无法发挥作用;③救援人员救援路线与室内疏散人员的疏散路线相对,矛盾突出;④灭火救援人员需配戴空气及氧气呼吸器,同时携带一些灭火器材,由于负重大,通道狭窄,难以接近火源。

总之,地下建筑若发生火灾,其危害性比地面建筑要严重得多,表 12 - 3 所示为 20 世纪 90 年代末统计的我国火灾情况。

表 12 - 3  火灾统计调查情况

| 火灾损失 | 火灾次数(次) | | | 死亡人数(人) | | | 直接经济损失(万元) | | |
|---|---|---|---|---|---|---|---|---|---|
| 年份 | 1997 | 1998 | 1999 | 1997 | 1998 | 1999 | 1997 | 1998 | 1999 |
| 高层建筑 | 1297 | 1077 | 1122 | 56 | 47 | 66 | 9683 | 4651 | 4750 |
| 地下建筑 | 4886 | 3891 | 4059 | 306 | 288 | 340 | 14102 | 13350 | 12953 |

2. 建筑物的耐火等级

我国《建筑设计防火规范》将建筑物分成一、二、三、四级。《高层民用建筑设计防火规范》则把高层民用建筑分为一、二两个耐火等级。各耐火等级的建筑物、对建筑构件的燃烧性能要求为:一级耐火等级,是钢筋混凝土结构或砖墙与钢筋混凝土结构组成的混合结构;二级耐火等级是钢结构屋顶、钢筋混凝土柱和砖墙的混合结构;三级耐火等级是木屋顶和砖墙的砖木结构;四级耐火等级是木屋顶和难燃烧体墙组成的可燃结构。

参照有关规范规定,地下建筑除口部建筑外,工程的耐火等级为一级。各类构件的燃烧性能和耐火极限均不低于表 12 - 4 的规定。

表 12 - 4  地下建筑各构件的燃烧性能和耐火极限

| 构件名称 | 燃烧性能和耐火极限(h) |
|---|---|
| 防火墙 | 非燃烧体 3.00 |
| 承重墙、柱、楼梯间和楼梯井的墙 | 非燃烧体 2.00 |
| 梁、顶部结构 | 非燃烧体 2.00 |
| 楼板和疏散楼梯 | 非燃烧体 1.50 |
| 疏散走道两侧的墙 | 非燃烧体 1.00 |
| 房间的墙 | 非燃烧体 0.75 |
| 吊顶 | 非燃烧体 0.25 |

3. 地下建筑防火设计要点

由于地下建筑具有上述的火灾特点,因此在进行地下建筑的防火设计中应具有比地面建筑更高的防火安全等级和内部消防自救能力,主要表现在以下几个方面。

(1)火灾的早期探测和报警

在防火设计中,火灾的探测和报警功能是由火灾自动报警系统来完成的。根据被保护建筑规模的大小,火灾自动报警系统可分为区域报警系统、集中报警系统和控制中心报警三类。这些系统通常都包含火灾探测与报警、报警信息处理和联动控制三大功能。火灾自动探测与报警系统各功能单元的协调工作可为发现火灾和尽快扑灭火灾发挥重要作用。

(2)控制火灾规模及蔓延范围

在建筑防火设计中,通常采用限制火灾荷载、限定防火间距、划分防火分区和设置自动灭火系统等措施控制火灾规模,防止火灾大面积蔓延。控制火灾的规模及其蔓延的范围,对于减小火灾造成的财产损失，减小火灾对人员疏散的影响具有重要意义，同时也利于火灾的救援。地下建筑一旦发生火灾，应将火灾的影响控制在尽可能小的范围内。一方面应尽量限制可燃物数量、避免存放易燃物；其次，对于储存可燃物较多的场所，应做好防火分区的划分与防火分隔措施，配置必要的灭火系统与设备。

（3）人员疏散设计

地下建筑火灾具有更大的危害性，特别是对人员的生命安全威胁较大。因此，人员疏散的设计应是地下建筑防火设计的首要内容。人员疏散不是一个孤立的问题，它不仅与疏散出口的数量、疏散宽度以及疏散距离等因素有关，而且涉及火灾时烟气的运动、烟气对人的危害、防排烟系统以及火灾自动报警系统等多方面的内容。

（4）火灾救援

由于地下建筑火灾外部救援实施困难，因此应加强内部自救措施：①主要依靠内部安全管理和值班人员，同时应发挥内部其他工作人员的作用，特别是人员数量较多、规模较大的地下建筑内应有一支训练有素的专业义务消防队；②消防值班人员应该对地下建筑内的布局和主要通道非常熟悉，了解各消防设施的位置及使用方法；③制定不同火灾情况下的火灾确认、人员疏散和灭火救援的应急预案；④加强日常的消防演练，减少人们对地下火灾的恐惧心理，避免出现人流的混乱。

尽管在地下建筑火灾中实施外部救援比较困难，但是外部救援还是非常必要的。所以，合理地设计地下建筑消防监控中心的位置和救援通道也是非常重要的。

## 12.3.2 防火分区与防烟分区

控制火灾规模，防止火灾大面积蔓延，使火灾的损失降到最低值，最有效方法就是根据建筑面积或层次将地下建筑划分为若干个防火分区，同时在防火分区范围内再划分防烟分区。防火分区的划分，既要从限制火灾蔓延，减少经济损失方面考虑，又要结合平时的使用和维护管理，防护单元的划分和节省投资等方面综合考虑。

### 1. 防火分区面积指标

地下建筑的防火分区可以根据工程的特点采用水平或垂直的方式进行划分。水平防火分区是指用防火墙将各层在水平方向上分隔的区域，防火墙直接砌筑在基础或钢筋混凝土的框架上，或直接砌筑、浇筑在钢筋混凝土底板或楼板上；垂直防火分区是指用耐火楼板划分的防火分区。在较大型多层的地下建筑中，可将两种划分防火分区的方式结合运用。

目前，我国与地下建筑防火设计相关规范主要有《高层民用建筑设计防火规范》GB 50045—95、《汽车库、修车库、停车场设计防火规范》GB50067—97、《建筑内部装修设计防火规范》GB50222—95 和《人民防空工程设计防火规范》GB50098—98 等。其中与防火分区相关的主要内容有：

①地下停车库防火分区允许最大建筑面积不应大于 2000 m²。

②室内地坪低于室外地坪面高度超过该层汽车库净高 1/3 且不超过净高 1/2 的汽车库，其防火分区最大允许建筑面积不超过 2500 m²。

③当停车库内设有自动灭火系统时，以上防火分区的最大允许建筑面积可增加 1 倍。

④高层建筑下的地下室防火分区允许最大建筑面积不应大于 500 m²，当设置有自动灭火系统时，每个防火分区的允许最大建筑面积可增加 1 倍；局部设置时，增加的面积可按该局

部面积的 1 倍计算。

⑤高层建筑内的商业营业厅、展览厅等，当设有火灾自动报警系统和自动灭火系统，且采用不燃烧或难燃烧材料装修时，地下部分防火分区的允许最大建筑面积为 2000 m²。

2. 防火分区构造措施

（1）防火墙及楼板

防火分区主要由防火墙或耐火楼板进行分隔，其要求如下：

①地下建筑内防火墙应直接设置在基础上或耐火极限不低于 3.0 h 的承重构件上。

②防火墙上不宜开设门、窗、洞口，必须开设时应设置能自行关闭的甲级防火门、窗。

③可燃气体和丙类液体管道不应穿过防火分区之间的防火墙；当其他管道需要穿过时，应采用不燃材料将管道周围的空隙紧密填塞；通风、空气调节系统的风管穿过防火墙或耐火楼板时应设置防火阀。

④通过防火墙或防火门下的管线沟，应采用不燃烧材料将通过处的空隙紧密填塞。

⑤上下两防火分区之间的耐火楼板不宜有孔洞，若设置孔洞时需设置可靠的防火措施。

⑥当地下建筑防护单元隔墙与防火分区的防火墙合并设置时，防护单元隔墙应符合防火墙耐火极限的判定条件。

（2）防火门、窗及卷帘

防火门、窗及卷帘主要设置在防火分区的防火墙上，以及特殊设备房间、疏散通道、封闭楼梯间或防烟楼梯间等出火口处，其主要功能是在不影响防火安全的前提下，建立各功能房间各防火区域、室内外之间的联系。设置要求如下：

①防火门、窗应划分为甲、乙、丙三级，最低的耐火极限分别为 1.2 h，0.9 h，0.6 h。如防火分区的防火隔墙上，以及消防控制室、消防水泵房、排烟机房、变配电室、通风和空调房间等应设置能自行关闭的甲级防火门窗。

②防火门应为向疏散方向开启的平开门，并能从任一侧手动开启。用于疏散走道、楼梯间以及前室的防火门，应采用常闭的防火门；常开的防火门，当发生火灾时，应具有自行关闭和信号反馈功能。

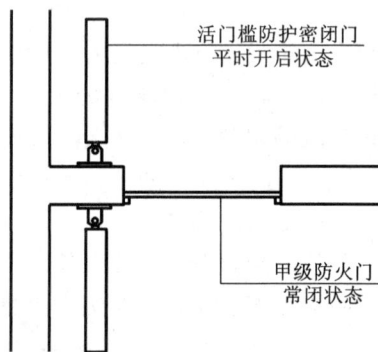

图 12-1　防护及防火隔墙上门设置示意图

③当平战结合人防工程的出入口或连通口处，防护密闭门或密闭门的安装与防火门设置有矛盾时，可采用图 12-1 所示的方法进行设置，防护密闭门、密闭门应选用无障碍的活门槛或降落式等形式。

④当工程中设置防火墙有困难时，可采用防火卷帘替代，防火卷帘应符合防火墙耐火极限的判定条件。此种卷帘平时收拢，发生火灾时卷帘降下，将火灾控制在较小的范围内。

4. 防烟分区与构造措施

地下建筑火灾造成的死亡人员中，被烟熏死的占一半以上，有的甚至高达 80%。为控制烟在建筑物内的任意流动，应在防火分区内划分若干个防烟分区。设置防烟分区的目的主要包括：一是为了在火灾发生时，将烟气控制在一定范围内；二是为了提高排烟口的排烟效果。

规范规定，每个防烟分区的使用面积不应大于 500 m²，当从室内地坪至顶棚或顶板的高度在 6 m 以上时可不受此限制。根据标准发烟量试验得出,在无排烟设施的 500 m² 防烟分区内,着火 3 min 后,从地板到烟层下端的距离约 4.0 m,由此可以看出,在规定的疏散时间内,由于顶棚较高,顶棚下积聚了烟层后,室内空间仍在比较安全的范围内。因此高度较大的房间可只设置一个防烟分区。

在防烟分区内,利用挡烟设施把烟围住,同时打开防烟分区内的排烟口如采光窗、通风竖井、孔洞等进行排烟。其排烟量大于或等于防烟分区内同时产生的烟量;担负一个防烟分区的排烟风机,排烟量应不小于 60 m³/(h·m²);担负两个以上时,应不小于 12 m³/(h·m²)。

常用的挡烟设施有挡烟垂壁、隔墙或从顶棚突出不小于 0.5 m 的梁等,如图 12-2 所示。

挡烟垂壁应用不燃材料做成,通常用钢丝网水泥构件、防火玻璃、铝合金构件、柔性防火布帘等做成,其下垂高度不小于 500 mm。

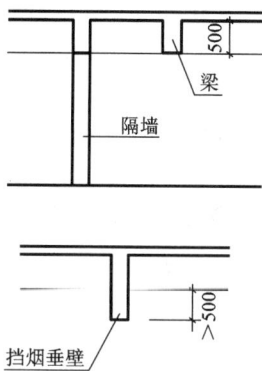

**图 12-2 挡烟垂壁的几种形式**

### 12.3.3 防火安全疏散设计

地下建筑的防火安全疏散设计应注重人流疏散路线的合理组织,不能只局限于疏散宽度和疏散间距等简单的设计指标上。应综合分析不同火灾位置的情况下,疏散线路、疏散通道、疏散出口的合理配置,避免出现局部拥堵。同时,应结合人们日常疏散的行为特点,在有限的疏散出口和疏散宽度的条件下,设计出合理高效的疏散系统。

1. 设计的主要原则

防火安全疏散设计是根据地下建筑的火灾特性,通过对火灾和烟气传播特性分析及疏散路线的设定,采取一系列的安全防火疏散措施,以保证地下建筑中的人员在紧急情况下迅速疏散,安全地撤离着火区域。在防火安全疏散设计中主要应体现以下几个原则:

(1)正确确定疏散时间

这是安全疏散设计的基本因素和考虑问题的基础。失火后,应使人员能在较短的时间内通过疏散口从危险地疏散到安全地——地下建筑外或避难处。因此至安全出口的最大步行距离、通道的宽度、出口数量以及大小,都必须满足安全疏散和疏散时间的要求。对于地下建筑,由于烟热的危害大,一般疏散时间确定为 3 min 以内。

(2)简明的疏散流线

地下建筑疏散系统的布局要尽可能地简单、清晰,平面规整划一,避免过多的曲折;内部空间完整易辨识,减少不必要的变化和高低错落;通道网络简单、直接,在主要通道的交汇点处可将空间放大,既丰富了空间,又方便人们识路,对于防灾疏散也很有利。同时在疏散系统中,应尽量使紧急疏散路线与通常进入和离开地下空间的路线一致,这比较符合人们的习惯,即大多数人寻求与他们进入建筑时相同的道路离开建筑。

(3)合适的疏散通道宽度

通道的布置应满足两方面的要求:一是系统简单,最大限度地减少人们迷路的可能性;二是要有与最大密度的人数相适应的宽度,以保持快速通过能力,防止在疏散时发生堵塞。通道的宽度,除满足平时使用要求外,还应在人员最多的情况下保持足够的通行能力,即在灾情发生后使沿通道疏散的人流以没有障碍物的正常速度疏散,以防止拥挤和堵塞。

(4)合理的安全出入口设置

出入口包括直通室外地面空间的出口和两个防火分区之间的连通口。为了满足及时疏散的要求,这些出入口应有足够的数量,并布置均匀,使每个出入口服务的面积大致相等,以防止在部分出入口处人流过分集中,发生堵塞。出入口的宽度应与服务面积上最大人流密度相适应,以保证人流在安全允许的时间内全部通过。

(5)通畅的垂直疏散

在地下建筑中,垂直疏散是逃避火灾最关键一环。在发生火灾时,平时使用的自动扶梯及电梯不能用于内部人员的疏散,应设置足够数量的封闭或防烟楼梯间进行疏散。每个防火分区都应有不少于两个有效的疏散方向,且至少有一个能直通室外、防烟楼梯间。在敞开式空间布置的楼层里,疏散楼梯间应尽量布置在楼层间敞开连接处的楼层之尽头部位,疏散楼梯间的宽度,应根据楼层设计疏散人数来确定。

2.安全疏散流程

人员安全疏散的基本流程为:水平疏散(功能房间、疏散通道、避难空间)→垂直疏散(楼梯、安全疏散出口)→安全区域(敞开的地面环境),如图12-3所示。由于地下建筑的某些特殊性,当人员在安全疏散时间内无法疏散到开敞的地面安全区域时,应设置工程内部的避难空间,使人员快速进入到相对安全的空间,而后再疏散出去。

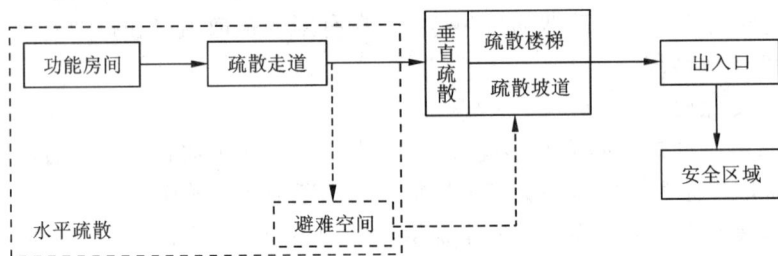

图12-3 安全疏散基本流程

3.安全疏散口、数量与指标

一般情况下,地下建筑的出入口都比较少,在此前提下,安全疏散口的位置设置、数量以及宽度等指标都直接影响着安全疏散设计的合理性与安全性。因此它是地下建筑安全疏散设计的关键环节。

(1)安全疏散口数量

①每个防火分区的安全疏散口不应少于2个,如图12-4所示;建筑面积不超过50 m²的房间或工程,且人数不超过10人时,可设置1个安全疏散口。

②当工程有两个或两个以上防火分区时,每个防火分区可利用防火墙上一个通向相邻防火分区的防火门作为第二个安全疏散口,但每个防火分区必须有一个直通室外的安全疏散口,如图12-5所示。

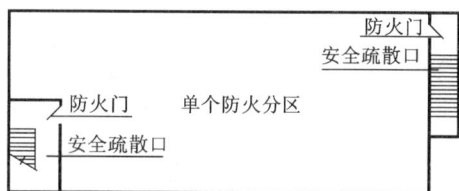

图 12-4 单个防火分区安全疏散口设置数量

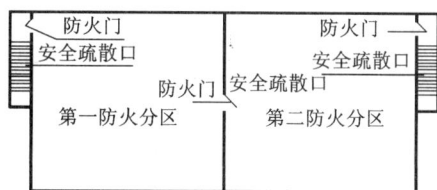

图 12-5 两相邻防火分区安全疏散口设置数量

③人数不超过 30 人且建筑面积不超过 500 m² 的工程，室内地坪与室外出入口地面高差不大于 10 m，其竖井内的垂直金属梯可作为第二个安全疏散口。

④每个防火分区安全疏散口之间或安全疏散口与相邻防火分区之间防火墙上的防火门，宜按不同方向分散设置；当条件限制需要同方向设置时，两个口之间的距离不应小于 5.0 m。

⑤地下停车库每个防火分区的人员安全疏散口不应少于 2 个；当防火分区内同一时间的人数不超过 25 人，或所停车辆不大于 50 辆时，可设 1 个人员安全疏散口。

（2）安全疏散口宽度指标

每个防火分区安全疏散口和相邻防火分区之间防火墙上防火门的总宽度，应按该防火分区设计容纳总人数乘以疏散宽度指标计算确定。室内地坪与室外出入口地面高差不大于 10 m 的防火分区，其疏散宽度指标应为每 100 人不小于 0.75 m；室内地坪与室外出入口地面高差大于 10 m 的防火分区，其疏散宽度指标应为 100 人不小于 1.00 m；楼梯或踏步的宽度不应小于对应的出口宽度。

每个防火分区的安全疏散口和相邻防火分区之间防火墙的防火门，其疏散人数平均每个不应大于 250 人，改建的工程可不大于 350 人，但其安全疏散口应设置在不同的方向。

安全疏散口、相邻防火分区之间防火墙上防火门及楼梯的最小净宽应符合表 12-5 所示的规定。

表 12-5 安全疏散口、相邻防火分区之间防火墙上防火门最小净宽（m）

| 工程名称 | 安全疏散口、相邻防火分区之间防火墙上防火门及楼梯宽 |
| --- | --- |
| 商场、公共娱乐场所、小型体育场所 | 1.4 |
| 医院 | 1.3 |
| 旅馆、餐厅、车间、其他民用工程 | 1.0 |

地下商场营业部分的疏散人数，可按每层营业厅和为顾客服务用房的使用面积之和乘以人员密度指标来计算，其人员密度指标为：地下一层为 0.85 人/m²，地下二层为 0.80 人/m²。地下娱乐场所最大容纳人数，应按该场所建筑面积乘以人员密度指标来计算，其人员密度指标为：放映厅为 1.00 人/m²，其他功能娱乐场所为 0.5 人/m²。

4. 水平疏散及疏散距离

对于水平方向的疏散，地下建筑与地面建筑基本没有什么本质的区别，只是由于防火分区面积以及疏散时间等指标的不同带来一些设计方面的问题。地下建筑水平疏散主要包括以下三个方面：

（1）安全疏散距离

安全疏散距离是根据人员疏散速度，在允许疏散时间内，通过疏散走道迅速疏散，并能透过烟雾看到安全疏散口或疏散标志的可见距离确定的，主要包括房间内到房间出入口的距离，以及房间出入口到工程安全疏散口的距离两部分内容。为了避免在紧急疏散时造成人员拥挤或被烟火同时封住，安全疏散应按照不同的两个方向进行，当只有两个方向疏散时，其安全疏散距离则要进行严格的限制。现行设计防火规范的主要规定如下：

①房间内最远点至该房间门的距离不应大于 15 m，如图 12 - 6 所示。

②房间门至最近安全疏散口或至相邻防火分区之间防火门的最大距离：医院应为 24 m，旅馆应为 30 m，其他工程应为 40 m。位于袋形走道两侧或尽端的房间，其最大距离应为上述相应距离的一半。图 12 - 7 所示为某地下建筑平时作为旅馆的安全疏散距离平面示意图。

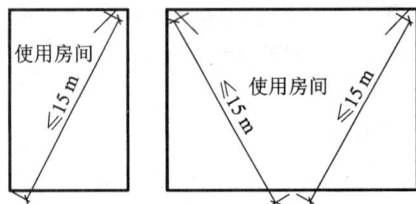

**图 12 - 6　房间内安全疏散区域**

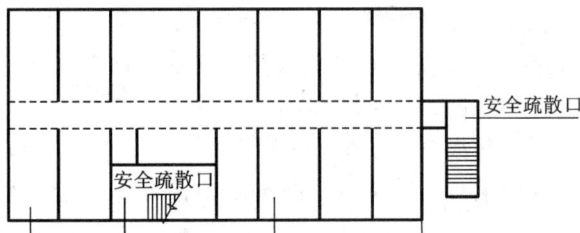

**图 12 - 7　某地下旅馆安全疏散距离示意图**

（2）疏散走道

疏散走道在地下建筑安全防火疏散设计中极为重要，疏散走道最小净宽应符合表 12 - 6 的规定。

**表 12 - 6　疏散走道的最小净宽（m）**

| 工程名称 | 单面布置房间 | 双面布置房间 |
| --- | --- | --- |
| 商场、公共娱乐场所、小型体育场所 | 1.5 | 1.6 |
| 医院 | 1.4 | 1.5 |
| 旅馆、餐厅 | 1.2 | 1.3 |
| 车间 | 1.2 | 1.5 |
| 其他民用工程 | 1.2 | 1.4 |

设有固定座位的电影院、礼堂的观众厅，其疏散走道、疏散出口等应符合下列规定：

①厅内的疏散走道净宽应按通过人数每 100 人不小于 0.8 m 计算，且不小于 1.0 m，走道的净宽不应小于 0.8 m。

②厅的疏散出口和厅外疏散走道的总宽度，平坡地面应分别按通过人数每 100 人不小于 0.65 m 计算，阶梯地面应分别按通过人数每 100 人不小于 0.8 m 计算；疏散口和疏散走道的

净宽均不应小于 1.4 m。

③观众厅每个疏散口的疏散人数平均不应大于 250 人。

除了疏散走道宽度指标之外，还应注意疏散口内外 1.4 m 范围内的疏散走道内不应设置踏步，其内不应有影响疏散的突出物和门槛，同时应减少曲折。

（3）水平疏散的组织

水平疏散的组织设计要点是结合防火分区控制安全疏散距离；设置足够数量的安全疏散口，尽可能形成双向疏散的安全疏散走道。

在方案设计时就要将合理疏散线路组织、消防方案、安全疏散口设置位置作为一个重要问题来考虑。保证水平通道有两个以上安全疏散口的"双向疏散原则"。安全疏散口是发生火灾时工程最主要的交通疏散途径，其位置首先应符合安全疏散距离的规定，也要顺应人在火灾时可能的疏散方向。

安全疏散口的设置原则：一是利用工程平时经常使用的主要出入口。由于人在疏散时习惯于熟悉线路，结合出入口设计布置有利其迅速寻找及时疏散；二是双向疏散。火灾时人进出房间后若在第一个方向受阻，必然折向另一方向疏散。为了保证在火灾时人流疏散的畅通，避免阻塞和混乱，标准层的通道形式应直捷通顺，少转弯或以不小于 90℃的直角转角，在转角处尽可能安排垂直向疏散口。

**5.垂直疏散及楼梯设置**

当地下建筑火灾发生后，只能通过唯一的垂直疏散设施(如封闭楼梯间、防烟楼梯间、自动扶梯等)才能到达地面开敞的安全区域，因此疏散楼梯的设计必须安全可靠。垂直疏散设施的主要设计要点是：按地下建筑规模、形式以及深度来确定不同形式的疏散楼梯；采取必要措施满足合理的安全疏散楼梯宽度；注重疏散楼梯的防火安全构造措施。

（1）疏散楼梯形式

地下建筑的疏散楼梯形式主要分为封闭楼梯和防烟楼梯两类。封闭楼梯间相对于防烟楼梯，其防火防烟安全性较低，应尽量靠近外墙以利于排烟，如图 12-8 所示；防烟楼梯间由于前室空间和两道防火门的分隔，能起到防止烟气袭人的作用，如图 12-9 所示。有关防火设计规范规定：

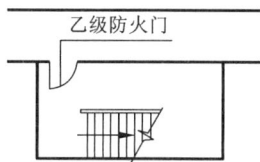

图 12-8 封闭楼梯　　　　　图 12-9 防烟楼梯

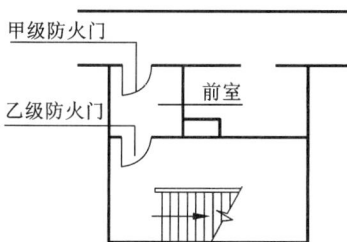

①平战结合的人防工程，当作为电影院、礼堂，建筑面积大于 500 m² 的医院、旅馆，建筑面积大于 1000 m² 的商场、餐厅、展览厅、公共娱乐场所、小型体育场所等，当底层室内地坪与室外出入口地面高差大于 10 m 时，应设置防烟楼梯间；当地下为两层，且地下第二层的室

内地坪与室外出入口地面高差不大于 10 m 时，应设置封闭楼梯间。

②地下停车库的人员疏散口应选择封闭楼梯间。如果条件允许，在地下建筑中应取消普通楼梯。

（2）疏散楼梯构造措施

疏散楼梯的构造措施主要包括：

①地下建筑的疏散楼梯间，在主体地面建筑首层应采用耐火极限不低于 2.0 h 的隔墙与其他部位隔开并应直通室外；当必须在隔墙上开门时，应采用不低于乙级的防火门，如图12－10所示。

②地下建筑与地上层不应共用楼梯间；当必须共用楼梯间时，应在地面首层与地下室出入口处，设置耐火极限不低于 2.0 h 的隔墙和不低于乙级的防火门隔开，并应有明显的标志。

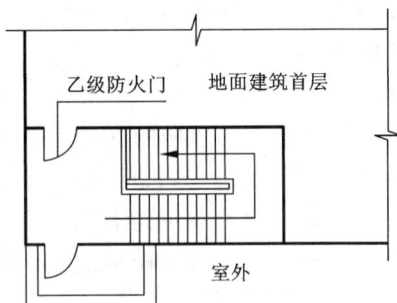

**图 12－10　地下建筑疏散楼梯**
**在地面建筑首层构造示意图**

③疏散楼梯间与防烟楼梯间的前室的内墙上，除开设通向公共走道的防火门外不应开设其他的门、窗、洞口。

④疏散楼梯入口处设置不低于乙级的防火门，并向疏散方向开启，如图 12－8 和图 12－9 所示。

⑤防火分区至防烟楼梯间的入口处应设置前室，前室的面积不应小于 6 m²；当与消防电梯合用前室时，其面积不应小于 10 m²；前室的门应为甲级防火门，如图 12－8 和图 12－9 所示。

⑥疏散用楼梯和疏散通道上的阶梯，不应采用螺旋楼梯和扇形踏步；当踏步上下两级所形成的平面角度不超过10°，且每级离扶手25 cm 处的踏步深度超过 0.22 m 时，可不受此限。

⑦疏散楼梯间在各层的位置不应改变；各层人数不等时，其宽度应按该层以下层中通过人数最多的一层计算。

# 12.4　不同类型地下建筑的防火技术要点

## 12.4.1　城市公路隧道防火要点

相对其他地下建筑，城市公路隧道虽然内部空间比较简单，但发生火灾的危险性较大，防火和灭火都有一定困难，因此，必须针对隧道火灾的特点，采取有效措施进行防护。这些措施有：

①车行道应有足够的宽度，尽量减少撞车的可能性，并在适当位置设避车线；

②隧道建筑材料不但要求不燃，而且要有较高的耐火极限值；

③当隧道长度超过 500 m 时，必须设置先进的感知、报警和自动灭火系统；

④加强对消防设备的管理，派专职人员巡逻，在沿线设置报警电话；

⑤针对隧道内大量油料燃烧的特点，采取有效的灭火措施，国外多次试验和隧道火灾的结果表明，轻水是一种对油火有效的灭火剂，只要将瓶装轻水与原有的喷水系统接通，即可喷出轻水，在油层表面形成泡沫薄膜，使火焰熄灭。

### 12.4.2 地下铁道防火要点

地下铁道是城市地下建筑人员最集中的类型之一，一旦发生火灾，后果将十分严重。从已有的地铁火灾事故实例看，发生火灾的原因和位置主要有运行中的车辆起火、车站内起火和隧道中起火等几种情况。因此，地下铁道的防火既要重视规划设计，又要重视运营管理。具体技术要点如下：

①若火源出现在运行中的车辆，应及时报警，并用便携式灭火器控制火源的同时，打开通往相邻车辆的门，待乘客撤离到两端无火车厢后将门关闭，非万不得已不能停车，应尽快驶向前方最近车站，组织人员疏散和灭火；

②如果火情发生在车站内，除控制火源外，应封闭防火单元以阻隔火势蔓延，防火隔墙和防火门应设置在不同类型的厅与厅之间；

③车站的各种厅、室中和售票处的可燃物最多，是重点防范的地点；

④由于站台与隧道互相连通，当车站内出现火源，可以从隧道中得到助燃空气，通向地面的厅、室和通道是自然的排气孔，因此燃烧比一般封闭的地下建筑中要猛烈，通风系统设计要考虑这些特点，并应考虑各种可能发生的情况，实行有效的排烟，以保证人员及时疏散；

（5）建立先进完善的消防设施，并加强管理与维护，是地铁防火的重要保证。

### 12.4.3 地下商业工程防火要点

地下商业工程人员集中仅次于地下铁道，但其中的可燃物要比地铁多，特别是地下综合体，同时又与相邻建筑物地下室相连通时，内部空间关系和人流往来更为复杂，迷路可能性增加，火灾的危害程度也就更大。国内外的经验说明，地下商业工程的防火，应从如下方面进行：

①应限制易燃和发烟量大的商品数量，禁止使用易燃的装修材料，限制明火的使用和在商业空间内禁止吸烟；

②建筑布置上力求简捷，减少灾情发生后顾客在慌乱中迷路的可能性；

③设置引导设施，使疏散的人流能够自己辨别方向，顺利到达安全出口；

④建立完善的火灾感知和报警系统、广播系统、照明系统等消防系统。

### 12.4.4 地下生产与贮存工程防火要点

在某些生产和物质贮存过程中，有发生燃烧或爆炸的危险，例如弹药生产的某些环节、某些化学品与燃油的贮存等都有火灾和爆炸的危险。该类地下建筑往往爆炸与火灾同时发生，爆炸后产生的空气冲击波会对人员、设备和厂房结构造成损坏。为此，防治此类灾害的技术要点如下：

①为限制冲击波的危害，易爆车间应布置在单独洞室中，尽量减少与其他洞室的连通；

②对爆炸产生空气冲击波的处理方法有三种，即利用周围足够厚的岩石和出入口处的重型防火门使之密闭爆炸、设置泄压竖井使冲击波直接泄出地面、使冲击波得到缓冲或扩散；

③对有燃烧危险的生产过程、设备和仓库等，防火的重点是放在隔断火源和灭火等措施上；

④将地下厂房划分成若干防火单元，面积大小根据消防设备所及的范围而定，在易燃区

附近设置防火隔离带；

⑤总体布置上，重要生产工段和人员密集部位应远离易燃和易爆车间，避开火势和爆炸方向。

### 12.4.5 地下停车库防火要点

在地下停车库中，由于行驶和停放的车辆都带有一定数量的燃油，因而发生火灾或爆炸的可能性较大，一旦发生后也难以扑救。从保护车辆不受损失和保证少数人员的安全的角度出发，各国对这个问题都极为重视，不惜付出较高代价，采用先进的防火和灭火设备，以确保安全。

地下停车场火灾的防治应从建筑布置上和设备上采取一系列措施，其技术要点如下：

①在停车间内划分成若干个防火隔间，以及时隔绝火源，控制其蔓延，把火灾损失控制在局部范围内。我国的《汽车库建筑设计防火规范》规定地下停车库的防火隔间面积为1000 $m^2$ 时，有自动喷淋灭火设施时面积可增加1倍。

②通过专设的排烟系统，将烟排走，以隔绝浓烟。但在人员完全撤离后，可停止排烟，利用烟对燃烧的明火起窒息作用。

③设置安全出口，其位置应使库内任一点的人员到达安全出口的距离不超过45 m，有自动喷淋设施的可增至60 m，使库内人员在火灾警报发出后1~2 min内撤出停车库。

④条件具备时，应设置自动喷水灭火系统，该系统具有安全可靠、经济实用、灭火成功率高等优点，国外地下车库已普遍使用此系统，国内正在推广使用。该系统一般由闭式喷头、管网、报警阀门系统、探测器、加压装置等组成。

⑤Ⅰ、Ⅱ、Ⅲ类地下车库宜设置火灾自动报警设备，并设置相应的消防控制室，对规模较大的火灾报警设备室、变电站及计算机通信监视中心宜设置卤代烷灭火系统。

## 思 考 题

1.地下建筑的防灾特点主要表现在哪些方面？

2.地下建筑综合防灾系统的组成有哪些？

3.简述地下建筑防火安全疏散设计的主要原则和流程。

# 第13章 地下建筑物与环境保护

　　随着城市规模的不断扩大，土地资源越来越稀缺，人们将目光转向地下，地铁、地下商场、地下车库等地下工程已经成为现代城市功能的地下载体。地下工程往往建设在城市繁华地段，在其施工和使用过程中，常引起周围地层的位移、变形、沉降与塌陷等地质环境效应，对周围地面建筑物及基础，地下早期人防和其他构筑物、公用地下管线和各种地下设施以及城市道路的路基、路面等都可能构成不同程度的危害。因此，了解地下建筑物施工及使用阶段的环境保护具有重要的实际意义。

　　我国目前及以后较长的时期内大规模开发的深度应该在地表下30 m以内（即浅层与次浅层），限于目前工程实践的认知，主要介绍这一层次开发对环境的影响。事实上，浅层开发对地面环境的影响也大于深层开发。因此，主要讨论浅层开发的几种主要施工方法对环境的影响。地下建筑物施工及使用对周围环境影响的主要因素如表13-1所示。

表13-1　对周围环境影响的主要因素

| 划分 | | 主要因素 |
|---|---|---|
| 自然环境 | 地下环境 | 地层变异、地下水变动、地下水变质、土壤污染、地下生态系统影响等 |
| | 地上环境 | 大气污染、噪声、振动、地表水水质污染、周围建筑物、路面、地上生态系统影响等 |
| 社会环境 | | 交通问题、景观、渣土问题 |

　　现在地下工程主要有隧道工程、基坑工程、沉井工程等，常见的施工方法有明挖法、暗挖法、盾构法、新奥法、矿山法等，各种施工方法对环境的影响是多方面的，而且对环境影响的表现形式也不是独立的，在这里仅分别针对不同的施工方法对环境的影响及应对措施进行介绍。

## 13.1　基坑开挖对周围环境的影响及应对措施

### 13.1.1　主要影响形式

基坑开挖对周围环境的影响主要有以下几个方面。

1. 边坡坍滑

基坑开挖首先涉及的是边坡问题，尽管边坡刷成了一定的坡度，但在自身重量和其他外力作用下，边坡土体仍将会产生向低处坍滑的趋势，究其原因是由于土体工作条件发生了变化，应力状态产生了质的改变，失去平衡从而产生滑动。基坑的边坡滑动有三种情况（见图13-1）。

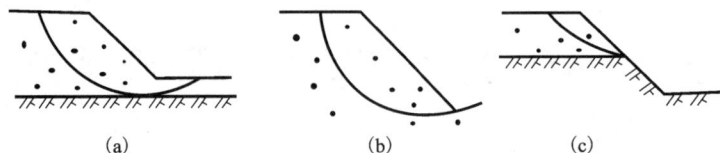

**图 13 – 1　基坑开挖边坡破坏形式**
(a)底部破坏；(b)斜面前破坏；(c)斜面内破坏

底部破坏往往形成在软土地层中，滑动圆心多发生在坡面中的垂直线上，破坏面位于基底软硬交互层；斜面前破坏，常发生在黏性土中。由于坡面倾角较大形成、基本破坏形式为坡前破坏；斜面内破坏，常在接近于斜坡面下面的硬层出现，且为坡间破坏。

2. 基底隆起

基坑开挖后，都会有不同程度的隆起现象发生。主要原因有四个方面：①由于土体挖除，自重应力释放，致使基底向上回弹；②基底上体回弹后，土体松弛与蠕变的影响，使基底隆起；③基坑开挖后，支挡结构向基坑内变位，在基底面以下部分的支挡结构向基坑方向变位时，挤推其前面的土体，造成基底的隆起；④黏性土基坑积水，因黏性土吸水使土体积增大而隆起。实践和研究表明，基坑的隆起量与基坑开挖后搁置的时间长短有关。据日本的实测数据，在不到 10 d 的基坑搁置时间中，隆起量增加约50%左右，这说明土壤具流变性。当基坑开挖深度较小时，因土壤蠕变引起的增加量不显著，随着开挖深度的增加，这种增加量的比例就会变大，因此，基坑开挖后应尽量减少基坑的搁置时间。

3. 地表沉降

在深基坑开挖进程中，所产生的地面沉降主要有三个原因：

①降水。有坑内降水和坑外降水两种方式，无论是哪种，都会使得坑外土体因失水压密而固结，导致地面沉降。由于坑外降水引起的沉降量和影响范围都远大于坑内降水，因此应尽量采用坑内降水方式(见图 13 – 2)。

②支护刚度不足。围护结构的横向变形导致地面沉降变形(见图 13 – 3)。

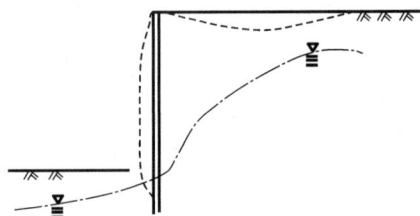

**图 13 – 2　基坑开挖引起的地表沉降**

③基底隆起。基底隆起不仅影响坑内施工，亦往往导致地表沉陷。

此外，还有一些次要原因如打锚杆、土钉孔时的漏水漏砂等导致的失水引起地表沉降。

地面沉降达到一定程度就会造成路面塌陷、周边建筑物开裂甚至倒塌、地下管线错位断裂等。

4. 流砂和管涌

当基坑以下的土为疏松的砂土层时，而且又作用着向上的渗透水压。当产生的动水力坡度大于砂土层的极限动水力坡度时，砂土颗粒就会处于悬浮状态，在渗透力作用下，细砂向上涌出，造成大量流土。在施工中所遇到的流砂(或管涌)常见有三种情况：①轻微涌砂，板桩缝隙不密，有一部分的细砂随着地下水一起穿过缝隙而流入基坑中，增加基坑的泥泞程度；②中等涌砂，在基坑底部尤其是靠近板桩的地方，常会出现有一堆细砂缓缓冒出，仔细

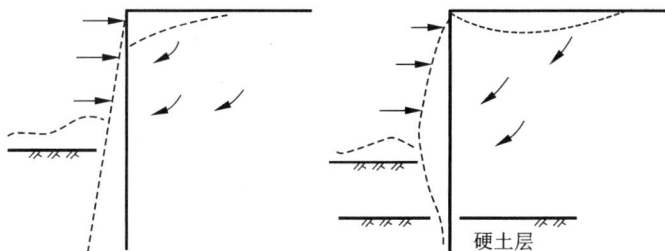

**图 13 – 3　支护结构变形与基底隆起、地表沉降的关系**

观察可见细砂堆中形成许多小小的排水槽,冒出的水夹杂着一些细砂颗粒在慢慢地流动;③严重涌砂,在出现轻微甚至中等涌砂时继续开挖。在某些情况下,流砂的冒出速度很快,有时就像开水初沸时的翻泡,此时基坑底部成为流动状态。

城市软土分布区,由于黏性土层和含水层相间分布,在止水帷幕失效或由于降水未达到要求时,在含有粉细砂含水层的地区,因过大的水张力,就会发生基坑大量涌砂,造成基坑坍塌和地面下沉。

5. 地下管线破坏

地下管线包括燃气管、给水管、排污管,以及各种电缆等。当基坑失稳时,带动周边的管线发生变形,乃至断裂。造成断电、断水、断气。

## 13.1.2　应对措施

1. 切实保证设计与施工的质量

放坡开挖时要注意基坑周围的环境,地面交通量的大小、基坑周围建筑的分布情况及现状、地下管线的分布情况等都要引起足够重视。

边坡滑动面的形成机理复杂,与坡率、岩土层理倾向等有关,必须严格计算、严格施工。最主要的就是边坡的坡率和开挖形式,施工中常有任意改动的现象。

对围护结构要着重注意以下两点:①设计要合理。不能出现单一的以强度控制作为设计依据,而应同时充分考虑变形控制,不能出现随意取消圈梁、结构配筋率偏低、桩径过小、桩距过大、锚索抗拔力设计值偏小、支护结构嵌入深度不足等现象;②施工要规范。要避免在基坑周边堆载、基坑开挖后暴露过久、施工排水量过大等现象。

2. 高度重视施工监测

监测的内容如下:

①围护结构监测。主要监测边墙、横撑、腰梁的变形与应力等;

②基坑稳定监测。主要监测坑壁的变形与基底的隆起;

③周围环境监测。监测土体变形、地表变形、建筑物沉降与倾斜等。

要及时将监测信息反馈以指导施工,以减少各种环境土工问题的发生。

3. 出现问题时的技术处理

环境土工问题一旦发生,应立即分析问题产生的原因,采取相应的处理措施,最大程度的减少环境损失。下面就常见问题的技术处理做一些介绍。

（1）基坑周围地表沉降量的控制

控制地表沉降的方法通常有两种：一是回灌，二是注浆。

1）回灌

一般回灌地下水，特殊情况下也回灌细砂。

灌水首先在建筑物与降水井之间挖回灌井，然后向地层注水，维持原始地下水位。值得注意的是，注水与降水是有一定冲突的，不降水则不能挖基坑，不注水则地表下沉。具体施作时，要注意水循环的规律。

对漏砂的砂质地层，可向地层中回灌细砂。若地层透水性较好，可直接由地面砂沟进行细砂回灌，若地层透水性较差，则在地面沿砂井布置一条砂沟，将水适时、适量地排入砂沟，水带着细砂从砂沟经由砂井缓缓灌入地层。

2）注浆

注浆通常有四种方法：

①渗入注浆。浆液渗入地层的空隙，胶凝成固结体。

②压密注浆。将浓稠的浆液注入土层中，使土体受压而胶结加固。

③劈裂注浆。在注浆压力的作用下土体被劈裂，形成脉状固结。

④高压喷灌注浆。喷嘴式注浆管从孔底往外抽，高压浆液与土粒搅拌成柱状固结体。

通常情况下，上面四种注浆方法的注浆压力从渗入注浆到高压喷灌注浆依次增大。

（2）对围护结构位移的控制

对围护结构位移的控制有以下常用方法：

①移走基坑周边的重型机械；

②在基坑内加强临时横撑；

③锚喷加固，但慎用钻孔式锚杆，宜用自进式锚杆，以防塌孔；

④坑壁注浆加固等。

（3）钻孔涌水的处理

当维护结构为排桩式地下连续墙，因施工需要钻孔打桩，可能发生涌水。解决办法是采用双液注浆堵漏。堵漏时，一般要考虑引水的措施，以降低涌水压力，才好实施注浆。具体做法是在钻孔中放置一根引水管（橡胶管、PVC 管均可），使涌水从管中涌出，这样，钻孔壁与该管之间的空隙范围内水量将大为减小，封堵该空隙，并等浆液初凝后，抽出水管，并封堵水管口，此时，可能水压力较大，但因水管口径小，加大注浆压力，封堵也是较为容易的。

（4）桩身漏水的处理

当发现基坑积水时，就有可能是围护桩墙漏水。解决办法是找到漏水位置，然后处理。当因搅拌桩分叉引起的漏水，向桩间分叉间隙填塞水泥粉、水玻璃堵漏；当为断桩涌水，此时动水压力较大，先在涌水处外侧打入钢筋，然后往钢筋与桩之间投入砂包，再利用水泥粉、水玻璃进行封堵。

（5）周边地下管线的处理

对地下管线的处理主要是以预先保护为主，首先要充分了解管线的类型、重要性、分布状态，然后判断可能形成土体滑动面的大致位置，管线是否在滑动面以内，根据判断结果提出管线处理措施，是迁移还是托换。

在施工过程中，地下管线如果发生事故，应马上采取应急方案：①变形偏大，采用顶托措施助其归位；②管道有轻微裂缝，就地补漏；③电缆断线，可换线补救；④状况严重，迅速通知相关技术部门解决。

## 13.2 盾构施工对周围环境的影响及应对措施

### 13.2.1 影响形式

盾构对地表产生的影响随深度而不同，越浅则影响越大。

原则上，盾构施工必须满足最小覆土厚度为 1~1.5 倍盾构直径的要求，但尽管是这样，在掘进过程中仍然会对地表产生一系列环境问题。主要体现如下。

1. 地表沉陷与隆起

（1）一般沉降

盾构施工对周围土体形成扰动，引起地表沉陷与隆起，地表沉降过程可以分为五个阶段，各阶段引起的地表沉降的百分比如表 13-2 所示。

表 13-2　各阶段引起的地表沉降的百分比

| 施工阶段 | 沉降百分比 |
| --- | --- |
| 盾构到达前的地表沉降 | <5% |
| 盾构到达时的地表沉降 | 10%~15% |
| 盾构通过时的地表沉降 | 10%~25% |
| 盾尾建筑空隙引起的沉降 | 20%~30% |
| 地层固结沉降 | 25%~40% |

可以看出，地层固结沉降量最大，其次是盾尾建筑空隙引起的沉降，这两项之和占到了总沉降量的50%~70%。

（2）特殊沉降

除了盾构施工过程中引起的一般沉降，在进出洞以及特殊地段施工时还会引起特殊沉降：①工作井周土体受盾构进出扰动后变形下沉；②工作井土壤冻结法施工，解冻时地表下沉；③通过软弱地层时，地基承载力低，盾构机下陷，地表下沉；④沿弯道推进，纠偏导致土体扰动，隧道直接上方地表下沉。

（3）隆起

地表隆起在总的地表变形量中所占比例不大，一般小于5%。沉降或多或少总会发生，而隆起并不一定会发生，它与盾构的推进力有关，推进力不足时地表变形表现为沉降，而推进力过大时则表现为隆起。一般来说，当盾构通过之后，隆起都会变为沉降。

显然，地表沉陷或隆起都是必须高度重视的环境土工问题。

2. 对地面建筑物的影响

盾构施工过程中引起地层应力发生重分布，致使上面围岩向开挖部分释放应力，从而引起上部围岩出现沉降槽，只要体现为越靠近盾构中线沉降越大，越远沉降越小，建筑物的沉降形式与地表沉降槽一致。沉降槽呈正态曲线分布。建筑物最大沉降通常发生在盾尾脱出管片阶段，即盾尾建筑空隙形成时。此外还有固结沉降，此类沉降比例最大，延续时间最长，应保持长期观察。

3. 对地下管线的影响

当地下管线位于沉降槽内时，盾构施工可能会导致周边的管线发生变形，乃至断裂。造成断电、断水、断气。

### 13.2.2 应对措施

1. 对地表变形的控制

(1)尽量采用闭胸式盾构

首先要从盾构选型开始，因为不同的盾构对地层的扰动是不一样的。早期盾构多为开胸式，现在则普遍为闭胸式，如土压平衡盾构、泥水平衡盾构等，闭胸式因始终对挖掘面有稳定的支撑，所以引起的地表沉降要比开胸式小得多。

(2)提高盾构的技术水平

随着环境保护的要求越来越严格，对地表沉降控制的要求也会越来越高，根本的途径仍然是要从盾构本身着手，比如，研制自适应式盾构，能够依照施工监测数据自动调整施工参数，如通过自动调整掘进姿态，就能将对周围土体的扰动进一步降低。

(3)管片防渗漏

围岩失水会引起地下水位的变化，从而导致地层固结沉降，盾构隧道是由一片片管片拼装而成，因此管片拼接处以及预留孔的防渗漏水就显得尤为重要。通常采取的措施是提高管片精度，选用质量及耐久性能达到要求的止水带，此外还得注意加强拼装质量等。

(4)加强管理，提高盾构施工技术

大部分地面沉降主要是由盾构施工引起的，主要表现及应对措施体现在以下几个方面：①盾尾间隙封堵不及时。采用的措施：及时进行盾尾注浆以充填这一空隙，并最好是同步注浆。②蛇行过大，纠偏产生空隙，引起地表变形。采取的措施：及时发现偏离，精确完成纠偏。③其他问题：千斤顶推力不均衡、开挖面排土不均衡、管片拼装误差、沿衬砌环圈注浆压力不对称、浆液流动性不好、地质条件突变等。这些都是在盾构施工过程中需要严格管理应对的。

(5)加强监控量测

对于装片式盾构隧道，只进行洞内量测隧道变形是不够的，还需加强地表量测。

2. 对地面建筑物变形的控制

对地面建筑物变形的控制主要有预防措施和补救措施两种。预防措施主要是在施工前对建筑物上部结构及基础进行加固，在条件允许的情况下还可以设置隔离墙，从而截断或减轻隧道施工的影响。补救措施主要是对出现裂缝的建筑物进行维修加固，对倾斜了的建筑物进行纠偏。

3. 地下管线

最简单的保护是尽量避开地下管线，城市地下管线的埋置深度一般在地下 6 m 以内，故盾构最好是在此深度之下，以避免与管线发生冲突。

管线出现问题的处理同基坑法，不重复。

## 13.3　浅埋暗挖法施工对周围环境的影响及应对措施

### 13.3.1　影响形式

浅埋暗挖法是在埋深浅的地层中采用爆破的方法来掘进，因此会产生一系列的环境影响。

1. 爆破污染

冲击波、震动、噪声，波及地表，使地面的道路、建筑物受震，造成人们的恐慌。废气排放到洞外，对大气产生污染。它们对洞外的影响必须控制在要求范围之内。

2. 地表沉降

类似于盾构施工，地表沉降也以沉陷槽形式出现，甚至于也会出现掘进面前方的地表隆起，但暗挖法施工能在洞内直接量测洞周壁面的变形，看起来，这是优点，然而壁面暴露更是缺点，它为地层变形提供了条件。一般来说，它对地表沉陷的控制难度要大于闭胸式盾构。

3. 地下管线

如同盾构法一样，浅埋暗挖法施工引起的地表沉降也可能会导致地下管线受损。不赘述。

### 13.3.2　应对措施

1. 爆破的科学管理

要采取控制爆破，对爆破装药量的大小，装药孔的排列形式进行优化，并进行爆破全程跟踪量测，量测不仅针对爆破效果，也包括对周围环境的污染监控，根据量测到的爆破数据来适时调整爆破参数，这是一种全程信息化的爆破方式。

2. 对地表变形的控制

（1）合理确定施工方法

为了抢进度而采用不合理的施工方法导致地表沉降显著的例子是很多的，因此针对具体的围岩条件要确定合理的施工方法，确定原则是：地质条件差，应分部开挖法，工序纵距应缩短；反之，采用大断面开挖法，工序纵距可适当拉长。

（2）合理选择辅助施工方法

辅助工法的工程费用是很高的，如何才能在确保地表变形得到有效控制的前提下尽量减少工程费用需要认真考虑。

3. 对地下管线的保护

同盾构法，不赘述。

## 13.4　地下建筑物施工对地下水环境的污染、破坏及应对措施

### 13.4.1　地下水环境的污染与破坏

地下建筑物的施工对地下水环境造成较大的污染和破坏，以前不注意这问题，现在必须

改正。随着地下空间开发规模的日渐扩大，水污染的程度呈上升趋势，主要体现在：

1. 施工废水

施工废水主要有两种，一是作业废水，主要有施工过程中的钻孔、爆破、喷锚、混凝土浇筑、注浆等造成，作业废水主要由洞外补充；二是由洞外渗入的地下水被污染形成的废水，地下水渗入洞内，形成积水，经施工机械穿行，并且机械排放的废气和爆破施工等产生的废气溶入其中，成为废水。这些废水含有许多有害金属离子等物质，固体悬浮物的浓度远远超标。

废水一部分从隧道内的水沟排出，流入地表水系统，其余的就地渗入地层，对当地水资源造成污染。

2. 施工技术措施对地下水系统的破坏

在地下建筑各种施工过程中采取的施工方法及处理措施对地下水系统也有很大破坏性，主要体现在：

(1)降低地下水

这尤其反映在基坑法和浅埋暗挖法中，盾构法除了闭胸式盾构不需降低地下水位外，开胸式盾构仍然需要降低地下水位来配合施工。降低地下水可能导致很多问题，首先可能导致水质恶化，降水后，地下水位形成下降漏斗，使得水的动力场和化学场发生变化，水中的某些物理化学成分和微生物含量会随之改变，这就可能导致原来的水质恶化；其次可能导致地下水均衡系统破坏，大范围的降低地下水位会形成地下大型疏干漏斗，致使周围池塘、泉水、沟渠等水位下降，破坏原有的地下水均衡系统。这种情况已是屡见不鲜。20世纪长沙修建贺龙体育馆时，曾经一度使附近的白沙井干涸。

(2)地层注浆

基坑法的边坡加固注浆、盾构法的管片背后注浆、浅埋暗挖法的地层加固注浆，都采用注浆来加固地层。换言之，几乎所有的地下施工方法都可能采用注浆。注浆会对周围环境带来影响，主要体现在：①使土壤硬结、植物稀疏。浅表地层的注浆会使得土壤硬结，导致植物稀疏，甚至不能生长，这种污染属于小范围局部污染；②污染水系。在注浆压力作用下，浆液可能顺着地层裂隙通达地面水系，常可见注浆之后，当地的河、塘、渠、沟之中水质变得浑浊，随着浆液污染水的流动，污染将扩散开来，这个影响是大范围的；③破坏地下水流通规律。浆液凝结硬化，在地下形成对水的障碍，这就有可能干扰地下水原有的流通规律，对水系分布产生影响。

### 13.4.2 应对措施

1. 现场施工污水的管理

沉淀池技术：将施工污水排入沉淀池，经沉淀后除去悬浮物质，若呈碱性、酸性，就进行中和处理，使污水中的油污上浮，然后吸附分离出去。

2. 注浆浆液的管理

基本的浆液有两种，即水泥浆液和化学浆液，二者都会污染水体，但化学浆液更甚。污染应对有以下措施：

(1)水泥浆液避免在裂隙发育的围岩中使用

在溶槽、溶洞四通八达的地区，水泥浆液只会在注浆点附近小的范围内凝固，不会对水系产生大的影响，因此调查清楚地质条件是关键。

（2）化学浆液避免有害物质

对于化学浆液，应注意药液的选择，尽量避免有害物质，并设观测井以监测水质状况，一旦发现有污染扩散，应立即停止，或改变浆液，或改变注浆方式，必须使注浆影响在可控制的范围之内。

3.污染水体的处理

（1）截断

设置截水墙、截渗沟或注浆帷幕等封闭截流的方法将被污染的地下水封闭在一定的范围之内，不让其扩散。

（2）净化

将污染的地下水抽出净化处理达标后供作他用或再注入地层，促进稀释净化，加速地下水质的恢复。

（3）化学解毒

将化学反应剂注入含水层，使其与污染物产生化学解毒反应。如利用臭氧或氯来破坏有机化合物，用氨基酸促进酮及多溴联苯降解，或注入菌液进行生物净化等。

4.地下水重分布调查

地下建筑物竣工以后，调查地下水的分布情况，并对比原来的地下水状况，如果变化很大，并出现不利于植被生长等情况，则应治理。

## 13.5 渣土对环境的污染及处理

### 13.5.1 影响形式

地下建筑物施工将产生大量的渣土，这是它的一个显著特点。因此，渣土的问题是地下建筑物施工要解决的首要问题。

1.出渣过程中的污染

出渣工作量最大、时间最长。因此，为了抢进度，渣车超载、超速的现象十分常见，大量土石方在外运途中造成尘土飞扬。

2.弃渣场地对环境的污染

弃渣场占用大量的土地，直接影响到当地的生态环境。在弃渣场，常常见到一大片黑黄的渣土，风一吹，扬起满天灰尘，下雨时，污水横流。而且，由于渣量大，为了节省土地，往往将渣土堆得很高，一遇暴雨，很容易导致渣堆边坡失稳、滑移和崩塌，就算是将其用挡土墙围住，也会有污水渗流入地下，形成对地下水的污染。更有甚者，有的弃渣是含放射性物质的，这种开阔式的堆放，将对周围环境造成严重的影响。

3.特殊情况的渣土污染

如泥水盾构，还需要采取专门的措施来处理渣土。泥浆从掘进面由管道送到地面后如果不经处理就装车运送，则会在运输途中对环境造成严重污染。

### 13.5.2 应对措施

**1.渣土处理**

对一般施工渣土可进行如下处理：①在洞口设置集土坑，将渣土先存入其中，待水分基本沥干后再行外运；②合理安排运输的时间和路线，避开城市活动高峰时期；③运渣车辆必须密封，并加强车辆的日常维修管理；④弃渣场地应做好防排水设施、挡护设施；⑤对弃渣场地进行绿化或复耕以减少对环境带来的负面影响。

泥水盾构法施工可采用特殊处理：在地面设置泥浆处理场，泥浆由管道输出到地面，经处理后，或运走、或返回泥舱室。泥浆分离处理系统分为多级，有一级、二级、三级、甚至四级，视渣土的性质而定。一级处理的对象是粒径较大的砂和砾石，工艺较简单，一般只需要振动筛进行筛分；一级处理时不能分离的淤泥等进入二级处理，添加絮凝剂使土粒絮凝成团，然后用压滤设备将其压成泥块；三级处理是挤压分离的水作pH调整，以保证排放后不破坏环境。

**2.渣土的利用**

利用程度越高，则丢弃的量越少，因而对环境的保护程度也就越高。同时也获得了经济效益。视渣土的性质，有的可作为围海造地的填土，有的经改良后可作为建筑材料，如道路的承重层、道路两旁隔音墙的材料等。

**3.带放射性物质的渣土处理**

当岩土中含有铀、镭、钍等核元素时，会产生γ射线，它发生衰变后，还会产生氡。γ射线和氡的辐射会危及人的身体健康。

对带放射性物质的渣土处理应特别慎重，首先应进行辐射环境影响专项评价，用以指导弃渣场地的选择和修建；然后合理选择弃渣场地位置，应远离人口居住区；在地基面施作混凝土隔离层，周围砌筑排水沟，并做好挡土墙防护；弃渣应分层夯实，最后覆盖不小于20 cm厚度的土层，并在上面植被；随时用测氡仪和伽玛辐射仪进行放射性物质监测，及时采取加强措施。

## 思 考 题

1.基坑开挖对周围环境有哪些影响？该如何应对？
2.盾构施工对周围环境的影响有哪些？其应对措施有哪些？
3.地下建筑施工对地下水环境有什么影响？其应对措施有哪些？

# 参考文献

[1] 陈立道，朱雪岩. 城市地下空间规划理论与实践. 上海：同济大学出版社，1997

[2] 陶龙光，巴肇伦. 城市地下工程. 北京：科学出版社，1999

[3] 童林旭. 地下建筑学. 济南：山东科学技术出版社，1994

[4] 童林旭，祝文君. 城市地下空间资源评估与开发利用规划. 北京：中国建筑工业出版社，2009

[5] 陈志龙，王玉北. 城市地下空间规划. 南京：东南大学出版社，2006

[6] 王文卿. 城市地下空间规划与设计. 南京：东南大学出版社，2000

[7] 关宝树，杨其新. 地下工程概论. 成都：西南交通大学出版社，2001

[8] 李德华. 城市规划原理. 北京：中国建筑工业出版社，2001

[9] 耿永常，赵晓红. 城市地下空间建筑. 哈尔滨：哈尔滨工业大学出版社，2001

[10] 中国工程院课题组. 中国城市地下空间开发利用研究. 北京：中国建筑出版社，2001

[11] 陈志龙，等. 城市地下空间总体规划. 南京：东南大学出版社，2011

[12] 陈立道，朱雪岩. 城市地下空间规划理论与实践. 上海：同济大学出版社，1997

[13] 吴敦豪. 城市地下空间开发利用与规范化管理实用手册. 银声音像出版社，2005

[14] 钱七虎，陈志龙. 地下空间科学开发与利用. 北京：江苏科学技术出版社，2006

[15] 朱建明，王树理，张忠苗. 地下空间设计与实践. 北京：中国建材技术出版社，2007

[16] 贺少辉. 地下工程. 北京：北京交通大学出版社，2008

[17] 牛凤瑞，潘家华，刘治彦. 中国城市发展30年（1978—2008）. 北京：中国社会科学文献出版社，2009

[18] 彭立敏，刘小兵. 地下铁道. 北京：中国铁道出版社，2006

[19] 彭立敏，刘小兵. 隧道工程. 长沙：中南大学出版社，2009

[20] 童林旭. 地下空间与城市现代化发展. 北京：中国建筑工业出版社，2005

[21] 童林旭. 地下汽车库建筑设计. 北京：中国建筑工业出版社，1998

[22] 束昱编. 地下空间资源的开发与利用. 上海：同济大学出版社，2002

[23] 杨延军，李建民，吴涛. 人民防空工程概论. 北京：中国计划出版社，2006

[24] 吴涛，谢金荣，杨延军. 人民防空地下室建筑设计. 北京：中国计划出版社，2006

[25] 朱合华，等. 城市地下空间新技术应用工程示范精选. 北京：中国建筑工业出版社，2011

[26] 李相然，岳同助. 城市地下工程实用技术. 北京：中国建材工业出版社，2000

[27] 李志业，曾艳华. 地下结构设计原理与方法. 成都：西南交通大学出版社，2003

[28] 易萍丽. 现代隧道设计与施工. 北京：中国铁道出版社，1997

[29] 孙均. 地下工程设计理论与实践. 上海：上海科学技术出版社，1996

[30] 严铭卿，宓亢琪，黎光华，等. 天然气输配技术. 北京：化学工业出版社，2005

[31] 张中和主编. 最新城市道路及地下管线设计手册. 北京：中国建筑工业出版社，2006

[32] 城市工程管线综合规划规范（GB50289—98）. 中华人民共和国建设部

[33] 韩程. 实际工程中市政管线的综合布置设计及技巧. 城市建设理论研究（电子版），2011(21)

[34] 刘建航，侯学渊. 基坑工程手册. 北京：中国建筑工业出版社，1997

[35] 中华人民共和国国家标准《地下铁道工程施工与验收规范》（GB 50299—1999）. 北京：中国建筑工业出版社. 1999

[36] 铁道部第二工程局编《铁路隧道施工规范》（TB 10204—2002）. 北京：中国铁道出版社，2002

［37］施仲衡，等.地下铁道设计与施工.西安：陕西科学技术出版社，1996

［38］孙钧，等.地下结构.北京：科学技术出版社，1998

［39］中华人民共和国国家标准《锚杆支护喷射混凝土支护技术规范》（GBJ 86—85）

［40］齐景岳，等.隧道爆破现代技术.北京：中国铁道出版社，1995

［41］王梦恕，等.工程机械施工手册——隧道机械施工.北京：中国铁道出版社，1992

［42］日本土木学会编.隧道标准规范（盾构篇）及解说.朱伟译.北京：中国建筑工业出版社，2001

［43］余彬泉，陈传灿.顶管施工技术.北京：人民交通出版社，2003

［44］周文波编著.盾构法隧道施工技术及应用.北京：中国建筑工业出版社，2004

［45］中华人民共和国国家标准《地下工程防水技术规范》（GB 50108—2008）.北京：中国建筑工业出版社，2008

［46］中华人民共和国国家标准《建筑地基基础设计规范》（GB 50007—2011）.北京：中国建筑工业出版社，2011

［47］中华人民共和国国家标准《建筑边坡工程技术规范》（GB 50330—2002）.北京：中国建筑工业出版社，2002

［48］沈春林.建筑防水工程设计.北京：中国建筑工业出版社，2007

［49］张光斗，王光纶.专门水工建筑物.上海：上海科学技术出版社，1999

［50］童林旭.地下建筑图说100例.北京：中国建筑工业出版社，2007

［51］黄福其，等.地下工程热工计算方法.北京：中国建筑工业出版社，1981

［52］地下建筑暖通空调设计手册编写组.地下建筑暖通空调设计手册.北京：中国建筑工业出版社，1983